T0135909

Ædificare

Revue publiée avec le soutien du Bureau de la recherche architecturale,
urbaine et paysagère du ministère de la Culture et de la Communication
(via le laboratoire Architecture, Territoire et Environnement
de l'École nationale supérieure d'architecture de Normandie)
et de l'Association francophone d'histoire de la construction

2021 – 1, n° 9

Ædificare

Revue internationale
d'histoire de la construction

Sous la direction de Philippe Bernardi,
Robert Carvais et Valérie Nègre

PARIS
CLASSIQUES GARNIER
2022

ISBN 978-2-406-12944-8
ISSN 2557-3659

SOMMAIRE

DOSSIER

PIERRE ET DYNAMIQUES URBAINES

Thème coordonné par Sandrine VICTOR, Philippe BERNARDI,
Paulo CHARRUADAS, Philippe SOSNOWSKA,
Arnaldo Sousa MELO et Hélène NOIZET

COMPTES-RENDUS / *BOOK REVIEWS*

COMPENDIA

ÉDITORIAL

Aux sources de la création de valeur : entreprises, entrepreneurs, ingénieurs et ouvriers

L'histoire de la construction demeure encore largement à écrire dans nos pays d'Europe occidentale et d'Amérique du Nord[1]. Elle l'est plus encore dans les pays émergents et en voie de développement. De multiples facteurs y concourent : ainsi l'extrême dispersion, mais aussi le nombre relativement faible des chercheurs qui s'y intéressent, en dehors des sociologues, des architectes ou des ingénieurs de formation. L'hétérogénéité de l'objet y contribue à coup sûr. Le mot construction lui-même est problématique et, suivant les approches, les disciplines, les époques, à géométrie variable. Pour ne considérer que le champ de l'économie, le terme recouvre des réalités très différentes selon que l'on considère la branche (la somme des produits du bâtiment et des travaux publics ou BTP), le secteur (l'ensemble des entreprises dont l'activité principale relève du BTP) ou la filière (des matériaux de construction au second œuvre en passant par le gros œuvre dans le bâtiment)[2]. Le constat est encore plus flagrant si l'on désagrège plus ou moins l'activité globale en spécialités, dont beaucoup relèvent du BTP sans, souvent, y appartenir en totalité (cas de l'industrie routière dans les travaux publics).

En même temps, se trouve rapidement posée la question des limites de la branche : jusqu'à quel point y rattacher l'exploitation d'ouvrages publics et, bien sûr, les matériaux de construction ? En France, par exemple, le génie civil ou le gros œuvre tirent beaucoup avantage de leurs

---

1 Voir sur ce point l'incontournable Antoine Picon (dir.), *L'art de l'ingénieur constructeur, entrepreneur, inventeur*, Paris, Le Moniteur-Centre Georges Pompidou, 1997 ; Dominique Barjot (ed.), "The Construction Industry in the 20th Century : an International Interfirm Comparison", *Revue Française d'histoire économique – The French Economic History Review*, n° 1, septembre 2014.

2 *Cf.* Notre « introduction » dans Dominique Barjot, *La Grande Entreprise Française de Travaux Publics (1883-1974)*, Paris, Economica, 2006, p. 9-31.

liens historiques avec l'une des plus puissantes industries cimentières du monde (jusqu'à sa fusion avec Holcim[3], en 2016, Lafarge était le numéro 1 mondial[4]). De même l'industrie routière a bénéficié et continue de bénéficier de ceux établis de façon précoce avec des pétroliers comme Shell-France (Colas, longtemps leader mondial de la route[5]), CFP-Total (Eiffage travaux publics), Esso Standard ou Mobil (Jean Lefebvre). Enfin, il n'est pas indifférent de savoir si, oui ou non, le BTP relève de l'industrie ou des services, la question ne se posant pas, en revanche, pour les matériaux de construction. Dans la comptabilité nationale française, le secteur du BP se trouve plutôt rattaché aux services ; en revanche, dans l'acception anglo-saxonne, toutes les activités productives peuvent être définies comme des industries, même s'il s'agit de services. C'est pourquoi la solution la plus commode et, sans doute, la moins inexacte, consiste à définir le BTP, composante dominante de la filière construction, comme une activité industrielle à caractère de services.

LA CONSTRUCTION, UNE FILIÈRE ÉCONOMIQUE MAJEURE

En France aujourd'hui, le bâtiment et les travaux publics (BTP) demeurent une filière majeure : en 2019, 7,7 % du PIB national pour 6,7 % de la main-d'œuvre (au lieu de 8 % et 6,5 % en 2017). C'est la moitié de l'industrie (respectivement 12,5 % du PIB national et 13,8 % de la main-d'œuvre en 2019). Il en ressort une évidence : au contraire de ce que l'on a connu jusqu'aux années 1960, le BTP se caractérise aujourd'hui par des niveaux moyens de productivité du travail supérieurs

---

3   Dominique Barjot (ed.), "Holcim : from the Family Business to the Global Leadership : an International Interfirm Comparison", in Barjot (Dominique) (ed.), "The Construction Industry in the 20th Century : an International Interfirm Comparison", *Revue française d'histoire économique, op. cit.*, p. 56-85.

4   Dominique Barjot, « Lafarge : de l'internationalisation à la firme mondiale, une résistible ascension ? (1947-2014) » in Champroux (Nathalie A.) et Torres (Félix) (dir.), « Les entreprises françaises face à la mondialisation ». "French companies facing globalisation", *Revue Française d'histoire économique – The French Economic History Review*, n° 15 (n° 1 – 2021), p. 38-60.

5   Dominique Barjot, « Un leadership fondé sur l'innovation, Colas : 1929-1997 », in Laurent Tissot, Béatrice Veyrassat (éds.), *Trajectoires technologiques, Marchés, Institutions. Les pays industrialisés, 19ᵉ-20ᵉ siècles*, Bern, Peter Lang, 2001, p. 273-296.

à la moyenne des activités industrielles. Il n'est donc pas erroné d'affirmer que ce même BTP est devenu l'un des points forts de l'économie nationale.

Parmi les facteurs majeurs de cette évolution, il y a bien sûr l'ouverture du marché européen et, surtout, l'entrée en force de grands groupes sur le marché, plutôt issu du génie civil, où les gains de productivité ont été beaucoup plus précoces. Si Vinci en constitue l'archétype[6], Eiffage (rachat de SAE par Fougerolle[7]) et Bouygues (Colas, Dragages TP, Losinger)[8] répondent aussi au modèle, certes dans une moindre mesure, Bouygues par exemple devant beaucoup à sa réussite en tant que promoteur immobilier. De fait, à l'échelle mondiale, les trois majors français (Vinci, Bouygues, Eiffage) apparaissent comme le mieux à même de résister à la concurrence chinoise, surclassant les grandes entreprises émergentes ou européennes par le niveau de leurs profits[9].

Il convient de nuancer cette observation, sans pour autant la remettre en cause. En effet, si l'industrie française du bâtiment est bien placée pour le gros œuvre la situation est plus inégale, avec des points forts (réseaux électriques, travaux d'étanchéité) et des points faibles (menuiserie métallique, notamment aluminium). De surcroît, il existe, comme dans la plupart des économies européens, un fossé grandissant entre les entreprises générales et leurs sous-traitants, la situation se trouvant accentuée sur les marchés extérieurs. Dans le génie civil, la France demeure extrêmement bien placée pour la construction des grands ouvrages en béton (Vinci et Bouygues sont des leaders mondiaux du béton précontraint), mais le retard est flagrant pour les ouvrages métalliques, malgré Eiffage ou des entreprises spécialisées comme Baudin-Chateauneuf, certes performantes, mais de très petite taille.

Cette hétérogénéité se retrouve en matière d'ingénierie[10]. Certes autour de Solétanche et de Freyssinet international s'est constitué l'un des plus puissants pôles mondiaux de l'ingénierie[11], mais Technip, numéro 3

---

6   Dominique Barjot, *La trace des bâtisseurs : histoire du Groupe Vinci*, Vinci, 2003.
7   Dominique Barjot, *Fougerolle. Deux siècles de savoir-faire*, Paris, Éditions du Lys, 1992.
8   Dominique Barjot, *Bouygues. Les ressorts d'un destin entrepreneurial*, Paris, Economica, 2013.
9   Dominique Barjot et Hubert Loiseleur des Longchamps (dir.), *Penser le monde de demain. Livre du centenaire de l'Académie des sciences d'outre-mer*, Paris, Éditions du Cerf, 2021, p. 47.
10   Dominique Barjot (dir.), « Les entreprises françaises d'ingénierie face à la compétition internationale », *Entreprises et Histoire*, juin 2013, n° 71.
11   Dominique Barjot, « Aux origines d'une vocation mondiale : la précontrainte de la STUP à Freyssinet International (1943-2000) », in Barjot (Dominique) (dir.), « Les entreprises françaises d'ingénierie face à la compétition internationale », *Entreprises et Histoire*, *op. cit.*, p. 83-99.

ou 4 mondial du secteur parapétrolier (à peu près à égalité avec Saipem, un groupe italien) a cessé d'être dominé par les intérêts français. De façon plus globale, le secteur de l'ingénierie *lato sensu* demeure, en France, trop dispersé, notamment en comparaison avec les leaders américains (Bechtel, Schlumberger, Halliburton et Fluor).

Enfin, la France a perdu des positions majeures dans le secteur des matériaux de construction. Certes Saint-Gobain demeure le leader mondial du verre, s'est imposé comme celui du plâtre, grâce à British Plaster Board (BPB) et a développé beaucoup ses activités de distribution (rivalité pour le leadership européen avec le britannique Wolseley, puis Ferguson-Plc et le danois Rockwool)[12]. Mais la fusion Lafarge-Holcim s'est faite très largement au détriment des intérêts français et au profit des Suisses alémaniques. Ciments français et Poliet et Chausson ayant cédé leurs activités cimentières à Italcementi, le seul producteur national demeure aujourd'hui Vicat Quant aux autres matériaux de construction, la constitution d'Arcelor-Mittal, la disparition de Pechiney[13] ou, à un moindre niveau, le dépôt de bilan de Matéris, tout cela atteste d'un déclin général de la branche. Tôt ou tard, ce déclin aura des conséquences fâcheuses sur le coût de la construction en France. La crise de la Covid-19 a renforcé ces inquiétudes.

LA CONSTRUCTION, UN MONDE D'ENTREPRENEURS ET D'ENTREPRISES[14]

Il est d'usage aujourd'hui, largement sous l'influence anglo-saxonne et plus encore nord-américaine, de confondre en une même catégorie les

---

12 Marie de Laubier et Maurice Hamon (dir.), « Saint-Gobain 350 ans : histoire et mémoire de l'entreprise ». "Saint-Gobain 350 years : History and Memory of the Company", *Revue Française d'histoire économique – The French Economic History Review*, n° 6 (n° 2), novembre 2016 ; Maurice Hamon, *Du Soleil à la Terre. Une histoire de Saint-Gobain*, Paris, Jean-Claude Lattès, 2012.

13 Dominique Barjot, « Alcan et Pechiney : une comparaison des processus de multinationalisation en période de croissance instable des marchés (de 1971 à la première moitié des années 1990) », dans Dominique Barjot (dir.), « L'internationalisation de l'industrie française de l'aluminium », *Cahiers d'histoire de l'aluminium*, vol. 63, no. 2, 2019, p. 56-75.

14 Dominique Barjot, *Travaux publics de France. Un siècle d'entrepreneurs et d'entreprises*, Paris, Presses de l'École des Ponts et Chaussées, 1993, 288 p. ; (dir.), « Entrepreneurs et entreprises de BTP », *HES*, n° 2, 1995.

chefs d'entreprises et les entrepreneurs[15]. Pourtant, cette assimilation apparaît relativement récente. L'américanisation de l'Europe occidentale et de ses émules extrême-orientaux (Japon, puis « Quatre dragons », enfin « Tigres asiatiques ») a imposé le modèle d'un chef d'entreprise caractérisé par le goût du risque et, de plus en plus fréquemment, innovateur[16]. Si le goût du risque est une notion aisée à comprendre, il n'en va pas de même de l'innovation. Celle-ci ne se résume pas à sa dimension technique ou, de façon plus large, technologique. Elle consiste, plus fréquemment encore, dans le lancement de nouveaux produits, pour lesquels la part de l'image de marque ou du design l'emporte le plus souvent sur la véritable innovation technologique. Par ailleurs, l'historiographie récente a bien montré que, dans les pays latins, sur le modèle de la législation française (loi de 1844 sur les brevets d'invention), il suffit, pour obtenir l'un de ces brevets, d'établir la preuve de la « nouveauté » du procédé ou du produit, sans que, pour autant, soit exigé un examen scientifique approfondi des demandes déposées, comme en Allemagne ou aux États-Unis.

Cette évolution sémantique a fait passer au second plan l'acception plus classique de l'entrepreneur, tel qu'il est défini par le droit romain. Dans cette vision, l'entrepreneur est celui qui, par suite de l'obtention d'un marché public est en charge de l'exécution d'un ouvrage public (marchés de travaux) ou de son exploitation (concession[17]) ou bien encore d'un service (contrat de louage par exemple). Cette vision s'est maintenue en France en particulier, sous l'effet de la législation napoléonienne (loi du 28 pluviôse an VIII définissant le régime des travaux publics. Le droit a consacré un modèle spécifique de l'entrepreneur. Il a contribué aussi à l'apparition d'un clivage marqué entre entrepreneurs de travaux publics d'une part, de bâtiment de l'autre. Dans les pays anglo-saxons, plutôt que juridique, le clivage est d'abord technique entre, d'un côté, le génie civil (*civil engineering*), de l'autre le bâtiment (*building*), l'Allemagne et

---

15 Dominique Barjot (dir.), « Où va l'histoire des entreprises ? », *Revue économique*, vol. 58, n° 1, janvier 2007.

16 Dominique Barjot (ed.), *Catching up with America. Productivity missions and the diffusion of American Economic and Technological Influence after the Second World War*, Presses de l'Université de Paris-Sorbonne, 2002.

17 Dominique Barjot, Marie-Françoise Berneron-Couvenhes (dir.), « Concession et optimisation des investissements publics », *Entreprises et Histoire*, juin 2005, n° 38. ; Dominique Barjot, Sylvain Petitet et Denis Varaschin dir.), « La Concession, outil de développement », *Entreprises et Histoire*, n° 31, 2002.

les pays germaniques voyant l'apparition précoce d'entreprises mixtes associant bâtiment et génie civil au sein d'une même entité.

En France, la netteté de ce clivage entre bâtiment et travaux publics a orienté, sinon déterminé en partie, la configuration des structures productives : dans un pays centralisé comme la France, le poids de l'État (par sa réglementation comme par le volume de sa demande) et celui des grandes compagnies concessionnaires de travaux publics, historiquement très forts, ont fait naître, de manière précoce, dès la Monarchie de Juillet, voire même avant, de grands entrepreneurs capables de mener à bien des projets d'envergure (les frères Dussaux à Marseille et à Alger, Lavalley, Castor, Couvreux et Hersent, notamment pour les ports et les canaux, Cail, Gouïn, Parent et Schaken pour les ouvrages ferroviaires, etc.). Il s'agissait encore de grandes entreprises moyennes selon les critères d'aujourd'hui, le cas de Schneider & Cie mis à part, mais que l'obtention de gros marchés à l'étranger (Suez pour Lavalley et Couvreux, la canalisation du Danube, puis le port d'Anvers pour Hersent[18], Grande Société des chemins de fer russes pour les Établissements Ernest Gouïn) les ont fait croître jusqu'à devenir des leaders européens. Telle était la situation atteinte, à la veille de la Première Guerre mondiale par des entreprise comme les Grands Travaux de Marseille (GTM)[19], la Société générale d'entreprises (SGE)[20] ou la Société de construction des Batignolles (SCB)[21].

À leur côtés se sont affirmées des entreprises moyennes plus spécialisées (Eiffel, Moisant dans les constructions métalliques[22], Chagnaud et Fougerolle dans les tunnels, Boussiron, Fourré et Rhodes, Limousin pour le béton armé). Hormis quelques exceptions, comme Thome dans le Paris d'Haussmann au cours des années 1860 du Second Empire, rien de tel s'est produit dans le bâtiment, massivement rétif à l'innovation

---

18 Dominique Barjot, « L'entreprise Hersent : ascension, prospérité et chute d'une famille d'entrepreneurs (1860-1982) », in Jean-Claude Daumas, *Le capitalisme familial : logiques et trajectoires*, Presses Universitaires franc-comtoises, 2003, p. 133-160.

19 Dominique Barjot, « Contraintes et stratégies : les débuts de la Société des Grands Travaux de Marseille (1892-1914) », *Provence historique*, fasc. 162, 1990, p. 381-401.

20 Dominique Barjot, « L'analyse comptable : un instrument pour l'histoire des entreprises. La Société Générale d'Entreprises », *HES*, 1982, n° 1, p. 145-168.

21 Rang-Ri Park-Barjot, *La Société de Construction des Batignolles : des origines à la première guerre mondiale (1846-1914)*, Presses de l'Université de Paris-Sorbonne, 2005.

22 Bertrand Lemoine, *L'architecture du fer : France XIXᵉ siècle*, Champ Vallon, coll. « Milieux », Seyssel, 1986.

technologique, à l'inverse des travaux publics[23]. À de rares exceptions près, pas toujours heureuses (SNC, SNCT, Grands Travaux de l'Est), vers 1950, le bâtiment demeurait encore très traditionnel, hormis peut-être dans les travaux de couverture ou de plomberie. De fait, ce dualisme des structures productives du BTP s'est d'ailleurs poursuivie jusqu'au grand cycle de construction immobilière qui caractérisa la France des années 1954 à 1967, voire jusqu'en 1976.

De grands changements sont intervenus dans les années 1960, à l'ère des décolonisations, de l'ouverture du Marché commun et, surtout, de la libéralisation des échanges internationaux de marchandises, de capitaux, de technologie et, même, d'hommes (travailleurs immigrés). La rapidité de la croissance d'alors s'est trouvée portée, dans une mesure assez large, par l'ampleur de l'investissement en logements, bâtiments fonctionnels à usage agricole, industriel ou tertiaire et équipements collectifs. De leur côté, les entreprises de travaux publics se sont tournées, de plus en plus, vers l'étranger. Elles y ont connu le succès, au point de s'imposer, de façon durable, au second rang mondial des exportateurs de travaux, derrière les États-Unis et leur formidable ingénierie, mais devant l'Italie, l'Allemagne et le Royaume-Uni. Tout cela a précipité la constitution de groupes où la figure de l'entrepreneur s'est effacée derrière le modèle de la grande entreprise multidivisionnelle et managériale, à l'américaine, dont Spie Batignolles a été un temps le prototype[24]. Mais cet effacement a souffert de brillantes exceptions, dont Francis Bouygues[25] et les frères Pierre et André Chaufour (Dumez[26]) apparaissent les plus emblématiques.

Cela a conduit à de grandes opérations de croissance externes (prises de participation telles que le rachat de SGE par la Compagnie générale

---

23   Dominique Barjot, « Innovation et travaux publics en France (1840-1939) », in Dominique Barjot, Emmanuel Chadeau, Michèle Merger, Girolamo Ramunni (dir.), « L'Industrialisation », *HES*, n° 3, 1989, p. 403-414 ; « L'Innovation dans les travaux publics : une réponse des firmes au défi de la demande publique », *HES*, 1987, n° 2, p. 403-414.

24   Dominique Barjot, Rang-Ri Park, « SPIE : de l'entreprise multidivisionnaire à l'ingénierie de haute technologie », *Les bureaux d'études*, *Entreprises et Histoire*, n° 58, avril 2010, p. 101-128.

25   Dominique Barjot, « L'ascension d'un entrepreneur : Francis Bouygues (1952-1989) », *XXᵉ siècle*, n° 35, juillet-septembre 1992, p. 42-59.

26   Dominique Barjot, « L'ascension d'une firme familiale : Dumez (1890-1990) », *Culture Technique*, n° 26, spécial Génie civil, 1992, p. 92-99 ; « À la recherche des clés de la compétitivité internationale : la Société Dumez », in Jacques Marseille, *Les Performances des entreprises françaises au XXᵉ siècle*, Paris, Le Monde Éditions, 1995, p. 130-149.

d'électricité, en 1966, ou de SCREG[27] par Bouygues en 1985, fusions-absorption telles que celles de la CITRA[28], filiale travaux publics de Schneider par Spie Batignolles en 1970). En sont issus les géants d'aujourd'hui : Vinci (fusion de SGE avec Sainrapt et Brice, la branche BTP de Saint-Gobain, puis Campenon Bernard, de GTM, après son entrée au capital d'Entreprise Jean Lefebvre, avec Entrepose, puis Dumez, enfin des deux groupes SGE et GTM dans Vinci en 2000) ; Bouygues (reprise de la Compagnie française d'entreprises et de sa filiale Boussiron, puis de SCREG et de ses filiales Dragages TP et Colas, enfin rachat du suisse Losinger) et Eiffage (rachat de SAE[29] par Fougerolle), non sans quelques échecs (éclatement de Spie Batignolles entre 1992 et 1995). Ce n'est pas pour autant que les entrepreneurs ont disparu : ainsi Xavier Huillard à la tête de Vinci, Jean-François Roverato et Alain Dupont, respectivement à celles, d'une part, de Fougerolle, puis d'Eiffage, et, de l'autre, de Colas.

Le résultat est bien là. Aujourd'hui, les majors français demeurent non seulement de grands exportateurs (Vinci et Bouygues se situent respectivement aux troisième et cinquième rangs mondiaux, derrière l'espagnol ACS et l'allemand Hochtief), mais, surtout, ils dégagent, grâce à leurs concessions[30] et à leur ingénierie propre, des marges bien supérieures à celles de leurs grands concurrents mondiaux, chinois y compris[31]. Pourtant, l'environnement n'a guère été favorable depuis la crise mondiale des années 2008-2009. Non seulement les grandes entreprises françaises ont dû faire face à l'ascension d'énormes firmes chinoises (les cinq plus grandes entreprises mondiales de BTP le sont), après avoir affronté celles japonaises, notamment dans les années 1970

---

27 Dominique Barjot, « Performances, stratégies, structures : l'ascension du groupe SCREG (1946-1974) », in Pierre-Jean Bernard, Jean-Pierre Daviet, *Culture d'entreprise et innovation*, Paris, Presses du CNRS, 1992, p. 171-187.

28 Compagnie industrielle de travaux.

29 Société auxiliaire d'entreprises.

30 Dominique Barjot,, "Public utilities and private initiative : The French concession model in historical perspective", in *Business History*, vol. 53, n° 5, August 2011, p. 782-800 ; Barjot (Dominique), « Services publics et initiatives privées : le modèle français de concession en perspective historique (XIXe-XXIe siècles) », « La concession : un outil pour la relance ? », *Revue politique et parlementaire*, 122e année, n° 1097, octobre-décembre 2020, p. 3-22.

31 Dominique Barjot, "Why was the world construction industry dominated by European leaders ? The development of the largest European firms from the late 19th to the early 21st centuries", *Construction History International Journal of the Construction History Society*, vol. 28, N°.3 (2013), p. 89-114.

et 1980, à la concurrence des ingénieristes américains (Bechtel, Fluor, KBR, Foster Wheeler, etc.), brésiliens (Odebrecht), britanniques (Balfour Beatty Plc.), coréens (Samsung Engineering) ou italiens (Saipem) ainsi que les firmes allemandes (Hochtief, Bilfinger und Berger), scandinaves[32] et, surtout, espagnoles (ACS Dragados, Ferrovial, Acciona, FCC). Aujourd'hui encore, le BTP demeure, notamment en France, un espace privilégié pour l'esprit d'entreprise, en particulier parce que le caractère peu capitalistique de ces activités valorise le rôle des hommes. Il n'est pas faux de dire, encore aujourd'hui, que la source de la valeur de ces entreprises réside dans les hommes qui les constituent.

LES HOMMES DE LA CONSTRUCTION :
ENTREPRENEURS, INGÉNIEURS ET OUVRIERS

Le rôle des hommes ne se limite pas au BTP. Dans l'industrie des matériaux de construction, pourtant très capitalistique, le rôle des hommes est également essentiel[33]. Tel est le cas chez Saint-Gobain, notamment depuis sa fusion avec Pont-à-Mousson, avec des présidents stratèges tels que Roger Martin, ingénieur des Mines et fondateur de nouveau groupe en 1970, Roger Fauroux, sorti de l'École normale supérieure et inspecteur des finances, Pierre-André de Chalendar, issu de l'ESSEC, puis inspecteur des finances, et, surtout Jean-Louis Beffa, doyen du corps des Mines. Une telle situation se retrouve aussi chez Lafarge, avec des personnalités aussi diverses que Marcel Demonque, ingénieur civil des Mines, Olivier Lecerf, passé par Sciences Po et l'université de Lausanne ou Bertrand Collomb, ingénieur des Ponts et chaussées[34]. Ces deux groupes doivent largement leur ascension au rang de leaders mondiaux

---

32 Dominique Barjot, "Skanska (1887-2007) : The rise of a Swedish Multinational Company [Skanska (1887-2007) : l'essor d'une multinationale suédoise]", in « De l'idée d'Europe à la construction européenne dans les pays nordiques et baltes (XIXᵉ-XXᵉ siècle) », *Revue d'Histoire Nordique, Nordic Historical Review*, n° 8, 2009, p. 225-256.

33 Dominique Barjot, « Imprenditori e autorità imprenditoriale : il caso dei lavori pubblici in Francia (1883-1974) », *Annali di Storia dell'impresa*, 9, 1993, p. 261-286.

34 Dominique Barjot,, « Lafarge : l'ascension d'une multinationale à la française (1833-2005) », Les mondialisations, *Relations internationales*, n° 124, hiver 2005, p. 51-67.

à la qualité de de leur recherche-développement et à un recrutement massif d'ingénieurs de haut niveau : le centre de recherche de Lafarge à Rillieux-La Pape est ainsi les plus important au monde dans l'industrie cimentière, bénéficiant notamment d'une étroite collaboration avec le CNRS (nanotechnologies par exemple)[35].

Cette culture technologique se retrouve bien entendu dans les travaux publics. Beaucoup d'entrepreneurs ont été en même temps des ingénieurs exceptionnellement inventifs : Gustave Eiffel et son successeur Maurice Kœchlin[36] ou Henri Daydé dans les constructions métalliques, François Hennebique, Edmond Coignet, Simon Boussiron, Alexis puis Louis-Pierre Brice pour le béton armé. Néanmoins, avec l'accroissement de la taille des entreprises et l'alourdissement des contraintes de gestion entraînées à la fois par la montée de l'inflation et l'aggravation des concurrences, peu à peu a émergé un modèle d'un *nouveau type*, l'association de l'entrepreneur et de l'ingénieur : Léon-Joseph Dubois et Marcel Caquot, Marcel Ballot et André Coyne, pour les grands barrages notamment ; Henry Lossier[37] et les entrepreneurs Ferdinand Fourré et Fernand Rhodes, pour les structures à grande portée et les ponts ; bien sûr, Edme Campenon et Eugène Freyssinet, à l'origine d'une prééminence technique française dans le domaine du béton précontraint[38], même si l'Allemagne a aussi beaucoup apporté avec Franz Dischinger, puis Ulrich Finsterwalder, directeurs techniques chez Dyckerhoff und Widmann, grâce aux Grands Travaux de Marseille (GTM) qui ont acquis, puis diffusé, en France et à l'étranger, les procédés de cette société germanique.

D'une manière plus générale, les entreprises qui ont réussi sont celles qui ont su attirer les meilleurs ingénieurs. Certaines ont recruté ou dû leur création à des polytechniciens (Ernest Gouïn[39], Alexandre

---

35 *Ibid.*
36 Bertrand Lemoine, *Gustave Eiffel*, Paris, Ed. Fernand Hazan, 1984.
37 Dominique Barjot, « L'ingénieur et l'entrepreneur, un mariage fécond. L'exemple de Henry Lossier et Entreprises Fourré et Rhodes (début du XXᵉ siècle-milieu des années 1960) », in Philippe Pâris et Dominique Barjot (dir.), *Le hangar à dirigeables d'Écausseville. Un centenaire plein d'avenir*, Rennes, Éditions Ouest-France, 2021, p. 192-209.
38 Dominique Barjot, « Le rôle de l'entreprise et de l'entrepreneur dans l'introduction du béton précontraint : Eugène Freyssinet et les Entreprises Campenon ou l'histoire d'une rencontre (1920-1939) », in Michel Lette et Michel Oris (dir.), Technology and Engineering, Proceedings of the XXᵗʰ International Congress of History of Science (Liège, 20-26 July 1997), vol. VII, Brepols, Turnhout (Belgique), 2000, p. 185-191.
39 Dominique Barjot,), « Un grand entrepreneur du XIXᵉ siècle : Ernest Goüin (1815-1885) », *Revue d'Histoire des Chemins de Fer (RHCF)*, nº 5-6, automne 1991, p. 65-89.

Lavalley, figures majeures de la première industrialisation française des années 1840 à 1880), des ingénieurs des Ponts tout à fait remarquables, à l'instar de la direction des travaux publics de Schneider et Cie, jusqu'en 1949, puis de CITRA, entre cette date et 1970 (Charles Laroche, Victor Benezit, Gérard Le Bel), des GTM (Charles Rebuffel, Marcel Chalos, Roger Gonon, Jean Charpentier, Maurice Craste, PDG successifs), SGE (Henri Laborde-Milaa, Jean Matheron, Raymond Soulas, Roger Lacroix) sans négliger de faire appel à des X-Génie maritime (André Berthon et Paul Royer, les fondateurs de SPIE, puis Spie Batignolles).

Beaucoup a été écrit sur la contribution majeure et massive des centraliens, qui ne se résume pas aux exemples canoniques de G. Eiffel, d'E. Coignet ou des ingénieurs de la Société de construction des Batignolles (Gaston et Ernest II Gouïn, Paul Bodin)[40]. Il est clair que la filière centralienne a joué et continue de jouer un rôle majeur dans la montée en puissance des entreprises françaises de génie civil, à l'instar de Francis Bouygues ou des frères Chaufour. Certaines entreprises sont même devenues des réservoirs de centraliens, comme Campenon Bernard ou, surtout, Dumez.

Beaucoup d'entrepreneurs ont cependant préféré diversifier leurs recrutements en France (ingénieurs des Arts et métiers, notamment les écoles de Châlons-sur-Marne – aujourd'hui Châlons-en-Champagne –, ou de l'École supérieure des travaux publics ou ESTP) et à l'étranger (Instituts polytechniques de Lausanne, à l'exemple de Maurice Cochard chez Chagnaud, et Zurich, à celui d'H. Lossier) Ces écoles d'Arts et métiers (Léon Chagnaud, Léon Ballot, L. J. Dubois) et l'ESTP (A. Dupont) ont d'ailleurs fourni aussi des entrepreneurs de premier plan, comme d'ailleurs des ingénieurs inventifs (S. Boussiron, Nicolas Esquillan chez Boussiron). Cependant la capacité à diversifier les formations a souvent ouvert la voie à des performances supérieures : ainsi chez SGE, Campenon Bernard et, plus encore, Bouygues. Cette entreprise a réussi à former d'excellents ingénieurs commerciaux, qui ont fait par exemple de la STIM, filiale promotion immobilière du groupe, le seul promoteur immobilier français à conserver sa profitabilité élevée dans le temps long.

Dans des entreprises obéissant à une logique de chantier, les ingénieurs doivent être aussi d'excellents directeurs de chantier. Mais pour y parvenir ils ne peuvent pas s'appuyer que sur des masses ouvrières peu

---

40 Dominique Barjot, Jacques Dureuil (dir.), *150 ans de génie civil : une histoire de centraliens*, PUPS, 2008.

qualifiées. Au XIXe siècle, il est bien connu aujourd'hui que les progrès techniques ont été portés par des ouvriers qualifiés, notamment des maçons, requis pour réaliser les magnifiques ponts Séjourné ou les quais des ports. Mais, à côté de ces généralistes, se sont affirmées des métiers nouveaux : ainsi les charpentiers métalliques, qui ont édifié les viaducs Maria Pia, sur le Douro, au Portugal, et de Garabit ou la fameuse Tour de 300 mètres, selon des procédés de montage standardisés admirés par les anglo-saxons eux-mêmes. La promotion de nouveaux procédés (fondations par caissons à l'air comprimé) ou de nouveaux matériels (les dragues à godets puis aspirantes-refoulantes, les excavateurs, type Couvreux ou Hersent, puis la pelleteuse, introduite en France par Gaston Deschiron, enfin le bulldozer Caterpillar, promus par la société Razel, qui l'a introduit en Europe) a engendré aussi de nouvelles professions (ainsi les tubistes travaillant sous air comprimé ou les mineurs travaillant au moyen de marteaux-piqueurs mus à air comprimé dans les grands tunnels alpins du milieu du XIXe siècle à aujourd'hui).

Certes la pénurie de main-d'œuvre engendrée par la longue dépression des années 1883 à 1904-1905 a provoqué des fuites importantes de main-d'œuvre bien formée vers d'autres professions, certes la dénatalité du dernier tiers du XIXe siècle a obligé à un recours massif aux travailleurs immigrés (belges, puis italiens), mais il ne s'agissait pas toujours d'ouvriers non qualifiés (maçons piémontais[41]). Toutefois, c'est la Première Guerre mondiale qui a marqué le tournant décisif. En effet, les professions du BTP comptèrent alors des taux de décès et de mutilés de guerre particulièrement élevés : la réduction du nombre d'actifs y fut nettement plus forte en proportion que pour l'agriculture, souvent citée en exemple[42]. Il s'ensuivit une accélération de la substitution du capital au travail et une déqualification de la main-d'œuvre des chantiers, bien visible dans l'industrie routière. *A contrario* cependant, l'introduction de matériels de chantier toujours plus élaborés a fait naître de nouvelles compétences (conducteurs d'engins, mécaniciens, gestionnaires de parcs de pièces de rechange et de matériels). D'abord sensible dans les travaux

---

41 Dominique Barjot, Mariela Colin (dir.), « L'émigration-immigration italienne et les métiers du bâtiment en France et en Normandie », *Cahier des Annales de Normandie*, Caen, Musée de Normandie, n° 31, 2001.

42 Dominique Barjot, « Travaux publics et biens intermédiaires 1900-1950 », in Maurice Lévy-Leboyer (dir.), *Histoire de la France industrielle*, tome 2. *Les trente glorieuses*, Paris, Larousse, 1996, p. 296-319.

publics, l'évolution s'est accélérée avec l'américanisation des années 1950 et 1960[43] et l'appel massif à une immigration de plus en plus diversifiée (Portugais, Maghrébins, Yougoslaves et Turcs, ressortissants des pays d'Afrique subsaharienne, etc.), puis s'est étendue au bâtiment, à son tour affectée par des gains importants de productivité.

Les métiers du bâtiment et, dans une moindre mesure, des travaux publics, constituent un conservatoire de traditions corporatives (maîtres, compagnons et apprentis) et compagnonniques (tour de France)[44]. S'il est vrai que l'évolution du marché du travail a eu tendance à remettre en cause ces traditions, elle a aussi affaibli une combattivité ouvrière très forte au moins jusqu'à la Première Guerre mondiale et identifiée jusqu'à nos jours à la CGT. La déqualification des tâches y est pour beaucoup. Toutefois, celle-ci s'est heurtée et se heurte encore à des limites. C'est ce que montre l'expérience française des grands ensembles. Certes la préfabrication lourde a permis de construire rapidement en réponse à la pénurie de logements de l'après-guerre. Cependant l'application du modèle automobile (ou fordiste) à l'industrie de la construction a conduit à une impasse en matière de cadre de vie, sans parvenir à des gains de productivité aussi élevés qu'attendus, suite notamment à l'appauvrissement du contenu du travail[45].

Des groupes tels que SAE ou Bouygues, au contraire, ont construit leur leadership sur des méthodes plus traditionnelles consistant à miser d'abord sur la qualification de la main-d'œuvre (substitution des coffrages-outils à la préfabrication lourde en usine)[46]. Associant pratique de hauts salaires et retour à une organisation corporative (compagnons du Minorange, jeunes constructeurs du bâtiment), F. Bouygues a introduit

43 Dominique Barjot, Isabelle Lescent-Giles, Marc de Ferrière le Vayer (dir.), *L'Américanisation en Europe au XXe siècle : Économie, Culture, Politique*, 2 vol., Centre de Recherche sur l'Histoire de l'Europe du Nord-Ouest, Université Charles-de-Gaulle-Lille 3, 2002.

44 Dominique Barjot, « Apprentissage et transmission du savoir-faire ouvrier dans le BTP aux XIXe et XXe siècles », *Revue d'Histoire Moderne et Contemporaine*, 40-3, juillet-septembre 1993, p. 480-489 ; « Entreprises et patronat du bâtiment (XIXe-XXe siècles) », in Jean-François Crola et André Guillerme (dir.), *Histoire et métiers du bâtiment aux XIXe et XXe siècles*, Ministère de l'Équipement, du Logement, des Transports et de l'Espace, Séminaire de Royaumont, 28-29-30 novembre 1989, Paris, CSTB, 1991, p. 9-37.

45 Dominique Barjot « Les industries d'équipement et de la construction 1950-1980 », in Maurice Lévy-Leboyer (dir.), *Histoire de la France industrielle*, tome 2. *Les trente glorieuses*, *op. cit.*, p. 412-433.

46 Pierre Jambard *La Société Auxiliaire d'Entreprises et la naissance de la grande entreprise française de bâtiment*, PUR, 2008.

un mode d'organisation plus motivant à la fois pour les ouvriers et pour les cadres (chefs de chantier, conducteurs de travaux, ingénieurs d'études, etc.) et, partant, plus efficace. Ces méthodes nouvelles de management ont innervé l'ensemble du groupe (adaptation réussie au sein du groupe Colas) et, même, la profession. Elles ont aussi tendu à rapprocher les performances des travaux publics et du bâtiment.

Faire l'histoire des entreprises de construction ne peut donc se limiter à l'étude des dimensions techniques ou architecturales, néanmoins nécessaire. Elle doit se fixer un objectif plus large incluant aussi les dimensions économique et financière, sociale et juridique, politique et culturelle. Cela suppose cependant de préserver les archives, le patrimoine et, de façon plus large, la mémoire de ces mêmes entreprises. Aujourd'hui à une époque où les structures productives se transforment en profondeur, le défi est immense pour les historiens de la construction.

Dominique BARJOT
Professeur émérite
à Sorbonne Université
Membre de l'Académie
des sciences d'outre-mer

EDITORIAL

The Sources of Value Creation:
Companies, Entrepreneurs, Engineers, and Workers

The history of construction remains largely unwritten in Western European and North American countries.[1] This is even more the case in emerging and developing countries. Many factors have contributed to this: for example, the extreme dispersion and relatively small number of researchers interested in the field, apart from sociologists, architects, or engineers by training. The heterogeneity of the subject matter certainly contributes to this. The word "construction" is itself problematic and, depending on the approach adopted, the discipline and the era concerned, it is also variable. If we consider the field of the economy, for instance, the term covers very different circumstances depending on whether we consider the branch (the sum of the products of building and public works ["BPW"]), the sector (all the companies whose main activity falls in the field of BPW), or the field (from building materials to the finishing work, along with the structural work in the building).[2] This becomes even more apparent if the overall activity is broken down into specialties, many of which come under the heading of "Public Works" without often fully belonging to it (as in the case of the road industry in public works, for instance).

At the same time, the question of the boundaries of the industry quickly arises: to what extent should the operation of public works and, of course, building materials be included? In France, for example, civil

---

1   On this point, see the essential study by Antoine Picon (ed.), *L'art de l'ingénieur constructeur, entrepreneur, inventeur*, Paris, Le Moniteur-Centre Georges Pompidou, 1997; Dominique Barjot (ed.), "The Construction Industry in the 20th Century: an International Interfirm Comparison", *Revue Française d'histoire économique – The French Economic History Review*, no. 1, September 2014.

2   *Cf.* our "Introduction" in Dominique Barjot, *La Grande Entreprise Française de Travaux Publics (1883-1974)*, Paris, Economica, 2006, p. 9–31.

engineering and structural works benefit greatly from their historical links with one of the world's most powerful cement industries (until its merger with Holcim[3] in 2016, Lafarge was the leading company in the field worldwide).[4] Similarly, the road industry has benefited and continues to benefit from the links it established early on with oil companies such as Shell-France (Colas, long the world leader in roads),[5] CFP-Total (Eiffage Travaux Publics), Esso Standard, or Mobil (Jean Lefebvre). Finally, it is also important to consider whether the BPW sector is part of industry or services, although this question does not arise when it comes to building materials. In France's national accounts, the construction sector is classified as a service sector; in the Anglo-Saxon world, however, all production activities are defined as industries, even if they are services. This is why the most convenient, and probably the least inaccurate, solution is to define BPW, the dominant component of the construction sector, as an industrial activity with a service dimension.

CONSTRUCTION: A MAJOR ECONOMIC SECTOR

In France today, BPW remains a major sector: in 2019, it made up 7.7% of the national GDP and 6.7% of the workforce (compared to 8% and 6.5% in 2017, respectively). This amounts to half of industry (12.5% of the national GDP and 13.8% of the workforce in 2019, respectively). Contrary to the situation up until the 1960s, the construction industry is now characterised by average levels of labour productivity that are higher than the average for industrial activities. The construction

---

3   Dominique Barjot (ed.), "Holcim: from the Family Business to the Global Leadership: an International Interfirm Comparison", in Barjot (Dominique) (ed.), "The Construction Industry in the 20th Century: an International Interfirm Comparison", *Revue française d'histoire économique, op. cit.*, p. 56–85.

4   Dominique Barjot, « Lafarge: de l'internationalisation à la firme mondiale, une résistible ascension? (1947-2014) » in Champroux (Nathalie A.) et Torres (Félix) (ed.), « Les entreprises françaises face à la mondialisation ». "French companies facing globalisation", *Revue Française d'histoire économique – The French Economic History Review*, no. 15 (no. 1 - 2021), p. 38–60.

5   Dominique Barjot, « Un leadership fondé sur l'innovation, Colas: 1929-1997 », in Laurent Tissot, Béatrice Veyrassat (eds.), *Trajectoires technologiques, Marchés, Institutions. Les pays industrialisés, 19ᵉ-20ᵉ siècles*, Bern, Peter Lang, 2001, p. 273–296.

industry has thus clearly now become one of the strong points of the national economy.

Among the major factors involved in this evolution, we might cite the establishment of the European market and, above all, the entry of large groups onto the market, notably from the civil engineering sector, where the productivity gains came much earlier. If Vinci is the archetype,[6] Eiffage (which resulted from Fougerolle's takeover of SAE)[7] and Bouygues (Colas, Dragages TP, Losinger)[8] also fit this model, albeit to a lesser extent; Bouygues, for example, owes much to its success as a property developer. In fact, on a global scale, the three major French companies (Vinci, Bouygues, and Eiffage) appear to be the best able to resist Chinese competition, outperforming the large emerging or European companies in terms of their profit levels.[9]

This observation needs to be qualified, albeit without calling it into question. For while the French building industry is in an advantageous position when it comes to structural work, the situation is nonetheless uneven, with strong points (e.g., electrical networks and waterproofing work) and weak points (e.g., metal joinery, especially aluminium). Moreover, as in most European economies, there is a growing gap between general contractors and their subcontractors, a situation which is highlighted on foreign markets. In civil engineering, France remains in an extremely advantageous position when it comes to the construction of large concrete structures (Vinci and Bouygues are world leaders in prestressed concrete). With metal structures, however, it has suffered flagrant delays, despite the contributions of Eiffage and specialised companies such as Baudin-Chateauneuf, which are efficient but very small.

This heterogeneity can also be seen in the field of engineering.[10] While one of the most powerful engineering poles in the world has been set up around Solétanche and Freyssinet International,[11] Technip,

6   Dominique Barjot, *La trace des bâtisseurs: histoire du Groupe Vinci*, Vinci, 2003.
7   Dominique Barjot, *Fougerolle. Deux siècles de savoir-faire*, Paris, Éditions du Lys, 1992.
8   Dominique Barjot, *Bouygues. Les ressorts d'un destin entrepreneurial*, Paris, Economica, 2013.
9   Dominique Barjot and Hubert Loiseleur des Longchamps (eds.), *Penser le monde de demain. Livre du centenaire de l'Académie des sciences d'outre-mer*, Paris, Éditions du Cerf, 2021, p. 47.
10   Dominique Barjot (ed.), « Les entreprises françaises d'ingénierie face à la compétition internationale », *Entreprises et Histoire*, June 2013, no. 71.
11   Dominique Barjot, « Aux origines d'une vocation mondiale: la précontrainte de la STUP à Freyssinet International (1943-2000) », in Barjot (Dominique) (ed.), « Les entreprises françaises d'ingénierie face à la compétition internationale », *Entreprises et Histoire, op. cit.*, p. 83–99.

the third or fourth largest company in the world in the para-petroleum sector (about equal with the Italian group Saipem) has ceased to be dominated by French interests. More generally, the engineering sector in France is still too dispersed, especially compared to the American leaders (Bechtel, Schlumberger, Halliburton, and Fluor).

Finally, France has suffered a major loss in terms of its position in the building materials sector. Saint-Gobain remains the world leader in glass. It has also established itself as the global leader in gypsum, thanks to British Plaster Board (BPB), and developed its distribution activities (it competes for European leadership with the British company Wolseley, followed by Ferguson-Plc and the Danish company Rockwool).[12] The Lafarge-Holcim merger, however, largely went against French interests and instead benefitted those of the German-speaking Swiss market. As for other building materials, the establishment of Arcelor-Mittal, the disappearance of Pechiney,[13] and, to a lesser extent, the bankruptcy of Matéris all attest to a general decline in this field. Sooner or later, this decline will have unfortunate consequences for construction costs in France. The Covid-19 crisis has reinforced these concerns.

CONSTRUCTION:
A WORLD OF CONTRACTORS AND COMPANIES[14]

It is customary nowadays, largely as a result of the Anglo-Saxon influence but even more so that of North America, to place company

---

12   Marie de Laubier and Maurice Hamon (eds.), « Saint-Gobain 350 ans: histoire et mémoire de l'entreprise ». "Saint-Gobain 350 years: History and Memory of the Company", *Revue Française d'histoire économique – The French Economic History Review*, no. 6 (no. 2), November 2016; Maurice Hamon, *Du Soleil à la Terre. Une histoire de Saint-Gobain*, Paris, Jean-Claude Lattès, 2012.

13   Dominique Barjot, « Alcan et Pechiney: une comparaison des processus de multinatio-nalisation en période de croissance instable des marchés (de 1971 à la première moitié des années 1990) », in Dominique Barjot (dired.), « L'internationalisation de l'industrie française de l'aluminium », *Cahiers d'histoire de l'aluminium*, vol. 63, no. 2, 2019, p. 56–75.

14   Dominique Barjot, *Travaux publics de France. Un siècle d'entrepreneurs et d'entreprises*, Paris, Presses de l'École des Ponts et Chaussées, 1993, 288 p.; (dir.), « Entrepreneurs et entreprises de BTP », *HES*, n° 2, 1995.

managers and contractors in the same category.[15] This assimilation appears to be relatively recent, however. The Americanisation of Western Europe and its Far Eastern emulators (Japan, then the "Four Dragons", and finally the "Asian Tigers") has created the model of a business leader characterised by a taste for risk and, increasingly frequently, of innovation.[16] While risk-taking is an easy concept to understand, the same cannot be said of innovation. Innovation is not limited to its technical or, more broadly, technological dimension. More frequently, it involves the launch of new products, for which the brand image or design aspect most often outweighs technological innovation. Moreover, recent historiography has shown that in Latin countries, modelled on French legislation (namely, the 1844 act on patents for invention), it is sufficient to establish proof of the "novelty" of the process or product to obtain one of these patents, without the requirement for an in-depth scientific examination of the applications filed, as is the case in Germany or the United States.

This semantic evolution has pushed the more classical understanding of the entrepreneur, as defined by Roman law, into the background. According to this view, the contractor is the person who, by obtaining a public contract, is responsible for carrying out a public work (works contracts), its operation (concession),[17] or even a service (a rental contract, for example). This vision was maintained in France in particular, under the effect of Napoleonic legislation (act of 28 pluviôse year VIII), which defines the regime of public works. The law established a specific model for the contractor. It also contributed to the emergence of a marked divide between public works contractors on the one hand and building contractors on the other. In Anglo-Saxon countries, the division between civil engineering and building is primarily of a technical rather than legal nature, with Germany and German-speaking countries having

15 Dominique Barjot (ed.), « Où va l'histoire des entreprises? », *Revue économique*, vol. 58, no. 1, January 2007.

16 Dominique Barjot (ed.), *Catching up with America. Productivity missions and the diffusion of American Economic and Technological Influence after the Second World War*, Presses de l'Université de Paris-Sorbonne, 2002.

17 Dominique Barjot, Marie-Françoise Berneron-Couvenhes (ed.), « Concession et optimisation des investissements publics », *Entreprises et Histoire*, June 2005, no. 38; Dominique Barjot, Sylvain Petitet and Denis Varaschin eds.), « La Concession, outil de développement », *Entreprises et Histoire*, no. 31, 2002.

witnessed an early appearance of mixed companies that combine building and civil engineering within the same entity.

In France, the clear division between building and public works has guided, if not partly determined, the configuration of production structures. In a centralised country such as France, the influence of the State (through its regulations and the volume of its demand) and of large public works concessionary companies, which were historically very strong, led to the early emergence – as soon as the July Monarchy – of large contractors capable of carrying out large-scale projects (e.g., the construction of a new building). Even earlier than this, other large contractors emerged that were capable of undertaking large-scale projects, such as the Dussaux brothers in Marseille and Algiers, Lavalley, Castor, Couvreux and Hersent,[18] particularly for ports and canals, along with Cail, Gouin, Parent and Schaken for railway works, etc. By today's standards, these were still large medium-sized companies, apart from Schneider & Cie. However, the acquisition of large contracts abroad (Suez for Lavalley and Couvreux, the canalisation of the Danube, followed by the port of Antwerp for Hersent, and the Great Russian Railway Company for the Ernest Gouïn Establishments) established them as European leaders. For companies such as the Grands Travaux de Marseille (GTM),[19] the Société générale d'entreprises (SGE),[20] and the Société de construction des Batignolles (SCB),[21] this was the situation on the eve of the First World War.

Alongside these companies, more specialised medium-sized ones also emerged (Eiffel, Moisant [metal constructions],[22] Chagnaud and Fougerolle [tunnels], Boussiron, Fourré and Rhodes, Limousin [reinforced concrete]). Apart from a few exceptions, such as Thome in Haussmann's Paris during the 1860s of the Second Empire, nothing of the sort

18   Dominique Barjot, « L'entreprise Hersent: ascension, prospérité et chute d'une famille d'entrepreneurs (1860-1982) », in Jean-Claude Daumas, *Le capitalisme familial: logiques et trajectoires*, Presses Universitaires franc-comtoises, 2003, p. 133–160.
19   Dominique Barjot, « Contraintes et stratégies: les débuts de la Société des Grands Travaux de Marseille (1892-1914) », *Provence historique*, fasc. 162, 1990, p. 381-401.
20   Dominique Barjot, « L'analyse comptable: un instrument pour l'histoire des entreprises. La Société Générale d'Entreprises », *HES*, 1982, no. 1, p. 145–168.
21   Rang-Ri Park-Barjot, *La Société de Construction des Batignolles: des origines à la première guerre mondiale (1846-1914)*, Presses de l'Université de Paris-Sorbonne, 2005.
22   Bertrand Lemoine, *L'architecture du fer: France XIXᵉ siècle*, Champ Vallon, coll. « Milieux », Seyssel, 1986.

happened in the building industry, which – unlike public works – was extremely resistant to technological innovation.[23] With rare exceptions, which were not always positive (SNC, SNCT, Grands Travaux de l'Est), the building industry was still very traditional around 1950, except perhaps when it came to roofing or plumbing. In fact, this dualism in the production structures of the BPW sector continued until the great cycle of real estate construction which characterised France from 1954 to 1967, and even as late as 1976.

Major changes took place in the 1960s with the era of decolonisation, the formation of the Common Market and, above all, the liberalisation of international trade in goods, capital, technology, and even people (immigrant workers). The speed of growth at the time was largely driven by the scale of investment in housing, functional buildings for agricultural, industrial or tertiary use, and public facilities. For their part, public works companies increasingly turned to foreign countries. They were successful in this regard, to the point that France became the world's second largest exporter of works; it was behind the United States with its great engineering, but ahead of Italy, Germany, and the United Kingdom. All things combined, this situation precipitated the establishment of groups in which the figure of the entrepreneur was replaced by the model of the large multi-divisional and managerial company, following the American model, of which Spie Batignolles was for a time the prototype.[24] There were some noteworthy exceptions to this trend, however; Francis Bouygues[25] and the Pierre and André Chaufour (Dumez)[26] brothers are the most emblematic.

23 Dominique Barjot, « Innovation et travaux publics en France (1840-1939) », in Dominique Barjot, Emmanuel Chadeau, Michèle Merger, Girolamo Ramunni (ed.), « L'Industrialisation », HES, no. 3, 1989, p. 403–414; « L'Innovation dans les travaux publics: une réponse des firmes au défi de la demande publique », HES, 1987, n° 2, p 403–414.

24 Dominique Barjot, Rang-Ri Park, « SPIE: de l'entreprise multidivisionnaire à l'ingénierie de haute technologie », Les bureaux d'études, Entreprises et Histoire, n° 58, avril 2010, p. 101-128.

25 Dominique Barjot, « L'ascension d'un entrepreneur: Francis Bouygues (1952-1989) », XXᵉ siècle, no. 35, July-September 1992, p. 42–59.

26 Dominique Barjot, « L'ascension d'une firme familiale: Dumez (1890-1990) », Culture Technique, n° 26, spécial Génie civil, 1992, p. 92-99; « À la recherche des clés de la compétitivité internationale: la Société Dumez », in Jacques Marseille, Les Performances des entreprises françaises au XXᵉ siècle, Paris, Le Monde Éditions, 1995, p. 130–149.

This led to major external growth operations, including the acquisition of holdings such as SGE by the Compagnie Générale d'Électricité in 1966, or SCREG[27] by Bouygues in 1985, and mergers and takeovers such as those of CITRA,[28] Schneider's public works subsidiary, by Spie Batignolles in 1970. The giants of today are the product of these mergers. Several examples could be cited here. Vinci, for example, is the result of the merger of SGE with Sainrapt et Brice, the public works branch of Saint-Gobain, then Campenon Bernard, part of GTM, following its its entry into the capital of Entreprise Jean Lefebvre, and with Entrepose, followed by Dumez, before the two groups SGE and GTM finally merged to become Vinci in 2000. Another example is Bouygues, which resulted from the takeover of the Compagnie Francaise d'Entreprises and its subsidiary Boussiron, then of SCREG and its subsidiaries Dragages TP and Colas and, finally, of the Swiss company Losinger. One might also cite Eiffage, which resulted from Fougerolle's takeover of SAE.[29] There were also some failures, however, such as the dissolution of Spie Batignolles between 1992 and 1995. This does not mean that entrepreneurs have disappeared, however: we could cite Xavier Huillard, at the head of Vinci, for instance, or Jean-François Roverato and Alain Dupont, at the head of Fougerolle, then Eiffage, and Colas, respectively.

The results are clear. Today, France's leading companies are not only major exporters (Vinci and Bouygues rank third and fifth in the world, respectively, behind Spain's ACS and Germany's Hochtief); above all, thanks to their concessions[30] and in-house engineering, they generate margins that are much higher than those of their major global competitors, including the Chinese.[31] However, the environment has hardly been favourable since the global crisis of 2008–2009. The large

---

27 Dominique Barjot, « Performances, stratégies, structures: l'ascension du groupe SCREG (1946-1974) », in Pierre-Jean Bernard, Jean-Pierre Daviet, *Culture d'entreprise et innovation*, Paris, Presses du CNRS, 1992, p. 171–187.
28 Compagnie industrielle de travaux.
29 Société auxiliaire d'entreprises.
30 Dominique Barjot, "Public utilities and private initiative: The French concession model in historical perspective", in *Business History*, vol. 53, no. 5, August 2011, p. 782–800; Barjot (Dominique), « Services publics et initiatives privées: le modèle français de concession en perspective historique (XIXᵉ-XXIᵉ siècles) », « La concession: un outil pour la relance? », *Revue politique et parlementaire*, 122ᵗʰ year, no. 1097, October-December 2020, p. 3–22.
31 Dominique Barjot, "Why was the world construction industry dominated by European leaders? The development of the largest European firms from the late 19th to the early

French companies had to face the rise of huge Chinese firms (the world's five largest construction companies are Chinese), after having confronted Japanese firms, particularly in the 1970s and 1980s, and competition from American (Bechtel, Fluor, KBR, Foster Wheeler, etc.), Brazilian (Odebrecht), British (Balfour Beatty Plc.), Korean (Samsung Engineering), Italian (Saipem), German (Hochtief, Bilfinger und Berger), Scandinavian[32] and, above all, Spanish (ACS Dragados, Ferrovial, Acciona, FCC) firms. Even today, the BPW sector remains a privileged area for entrepreneurship, especially in France, particularly because the non-capitalist nature of these activities values the role of the individuals. To this day, the value of these companies still lies in the people who make them up.

MEN IN CONSTRUCTION:
CONTRACTORS, ENGINEERS, AND WORKERS

The role of the iindividuals is not limited to the construction industry. It also plays an essential role in the building materials industry, despite its not being very capital-intensive.[33] This is the case at Saint-Gobain, especially since its merger with Pont-à-Mousson, as is demonstrated by the influence of strategic chairmen such as Roger Martin, a mining engineer and founder of the new group in 1970, Roger Fauroux, a graduate of the Ecole Normale Supérieure and finance inspector, Pierre-André de Chalendar, a graduate of the ESSEC business school and then a finance inspector, and above all, Jean-Louis Beffa, dean of the Mining Corps. This can also be seen at Lafarge, which has been heavily influenced by personalities as diverse as those of Marcel Demonque, a civil engineer from the Mines, Olivier Lecerf, a graduate of Sciences Po and

21st centuries", *Construction History International Journal of the Construction History Society*, vol. 28, no..3 (2013), p. 89–114.

32   Dominique Barjot, "Skanska (1887-2007): The rise of a Swedish Multinational Company [Skanska (1887-2007): l'essor d'une multinationale suédoise]", in « De l'idée d'Europe à la construction européenne dans les pays nordiques et baltes (xixe-xxe siècle) », *Revue d'Histoire Nordique, Nordic Historical Review*, no. 8, 2009, p. 225–256.

33   Dominique Barjot, « Imprenditori e autorità imprenditoriale: il caso dei lavori pubblici in Francia (1883-1974) », *Annali di Storia dell'impresa*, 9, 1993, p. 261–286.

the University of Lausanne, and Bertrand Collomb,[34] an engineer from the Ponts et Chaussées. Both groups owe their rise to the rank of world leaders largely to the quality of their research and development and to their intensive recruitment of high-level engineers: Lafarge's research centre in Rillieux-La Pape is the largest in the world in the cement industry, benefiting in particular from its close collaboration with the CNRS (for instance in the field of nanotechnologies).[35]

This technological culture can of course also be seen in the field of public works. Many entrepreneurs were also exceptionally inventive engineers: one might cite Gustave Eiffel and his successor Maurice Kœchlin[36] or Henri Daydé for metal constructions, for instance, or François Hennebique, Edmond Coignet, Simon Boussiron, and Alexis and Louis-Pierre Brice in the field of reinforced concrete. Nevertheless, with the increased size of companies and the heavier management constraints caused by both rising inflation and increased competition, a new type of model gradually emerged: the association of the contractor and the engineer. Examples include Léon-Joseph Dubois and Marcel Caquot, and Marcel Ballot and André Coyne, particularly for large dams; and Henry Lossier[37] and the contractors Ferdinand Fourré and Fernand Rhodes for long-span structures and bridges. We must of course also cite Edme Campenon and Eugène Freyssinet, who were responsible for France's technical pre-eminence in the field of prestressed concrete,[38] even if Germany also contributed greatly to this with Franz Dischinger and Ulrich Finsterwalder, technical directors at Dyckerhoff und Widmann, thanks to Grands Travaux de Marseille (GTM), which acquired and then disseminated the processes of the Germany company in France and abroad.

---

34 Dominique Barjot, « Lafarge: l'ascension d'une multinationale à la française (1833-2005) », Les mondialisations, *Relations internationales*, no. 124, Winter 2005, p. 51–67.
35 *Ibid.*
36 Bertrand Lemoine, *Gustave Eiffel*, Paris, Ed. Fernand Hazan, 1984.
37 Dominique Barjot, « L'ingénieur et l'entrepreneur, un mariage fécond. L'exemple de Henry Lossier et Entreprises Fourré et Rhodes (début du XXᵉ siècle-milieu des années 1960) », in Philippe Pâris and Dominique Barjot (eds.), *Le hangar à dirigeables d'Écausseville. Un centenaire plein d'avenir*, Rennes, Éditions Ouest-France, 2021, p. 192–209.
38 Dominique Barjot, « Le rôle de l'entreprise et de l'entrepreneur dans l'introduction du béton précontraint: Eugène Freyssinet et les Entreprises Campenon ou l'histoire d'une rencontre (1920-1939) », in Michel Lette and Michel Oris (eds.), Technology and Engineering, Proceedings of the XXᵗʰ International Congress of History of Science (Liège, 20–26 July 1997), vol. VII, Brepols, Turnhout (Belgique), 2000, p. 185–191.

More generally, the companies that succeeded were those able to attract the best engineers. Some of them recruited or owed their creation to polytechnicians (such as Ernest Gouïn[39] and Alexandre Lavalley, major figures of the first French industrialisation from the 1840s to the 1880s), quite remarkable engineers from the Ponts, such as the public works department of Schneider et Cie up until 1949, followed by CITRA, between 1949 and 1970 (Charles Laroche, Victor Benezit, Gérard Le Bel), GTM (Charles Rebuffel, Marcel Chalos, Roger Gonon, Jean Charpentier, Maurice Craste, successive chairmans and CEOs), SGE (Henri Laborde-Milaa, Jean Matheron, Raymond Soulas, and Roger Lacroix), as well as X-Maritime engineers (such as André Berthon and Paul Royer, the founders of SPIE, and later of Spie Batignolles).

Much has been written about the major contribution of the "Centraliens" (graduates of the Ecole Centrale Paris), which cannot be reduced to the canonical examples of G. Eiffel, E. Coignet, or the engineers of the Société de construction des Batignolles (namely, Gaston and Ernest II Gouïn and Paul Bodin).[40] Centraliens clearly played – and continue to play – a major role in the rise of French civil engineering companies, such as Francis Bouygues and the Chaufour brothers. Some companies have even become strongholds of Centraliens, such as Campenon Bernard and, in particular, Dumez.

However, many entrepreneurs preferred to take a more diversified approach by recruiting both from France (including engineers from the Arts et Métiers schools, and particularly the schools of Châlons-sur-Marne [now Châlons-en-Champagne] and the École supérieure des travaux publics or ESTP) and from abroad (e.g. from the Polytechnic Institutes of Lausanne, like Maurice Cochard at Chagnaud, and Zurich, such as H. Lossier). This Arts et Métiers schools and the ESTP have both trained leading entrepreneurs – including Léon Chagnaud, Léon Ballot, and L. J. Dubois for the former, and A. Dupont for the latter – as well as inventive engineers such as S. Boussiron and Nicolas Esquillan, at Boussiron. However, the ability to diversify training has often resulted in superior performance: such was the case, for instance, at SGE, Campenon

---

39   Dominique Barjot, « Un grand entrepreneur du XIXe siècle: Ernest Goüin (1815-1885) », *Revue d'Histoire des Chemins de Fer (RHCF)*, no. 5-6, Autumn 1991, p. 65–89.

40   Dominique Barjot, Jacques Dureuil (ed.), *150 ans de génie civil: une histoire de centraliens*, PUPS, 2008.

Bernard, and, even more so, Bouygues. The latter has successfully trained excellent sales engineers, establishing STIM, the group's property development subsidiary, as the only French property developer capable of maintaining its high levels of profitability over the long term.

In companies with a site-based structure, engineers must also be excellent site managers. Yet to achieve this, such companies cannot rely solely on low-skilled workers. It is now well known that in the 19th century, technical progress was driven by skilled workers, especially masons, who were required to build the magnificent Séjourné bridges or the quays of the ports. However, alongside these generalists, new trades emerged: for example, the metal carpenters who built the Maria Pia viaducts over the Douro in Portugal, the Garabit viaduct or the famous 300-metre tower, using standardised assembly procedures admired by the Anglo-Saxons themselves. The promotion of new processes (such as foundations using compressed air caissons) and new equipment (such as bucket dredgers, aspiring and pouring dredgers, excavators such as those used by Couvreux or Hersent, the shovel, introduced in France by Gaston Deschiron, and, finally, the Caterpillar bulldozer, promoted by the company Razel, which introduced it in Europe) also gave rise to new professions. These include, for example, tubers working under compressed air or miners working with compressed air-powered jackhammers in the great Alpine tunnels from the mid-19th century to the present day.

It is true that the labour shortage caused by the long depression of 1883 to 1904–1905 led to a significant movement of well-trained workers to other professions, and that the low birth rate in the last third of the 19th century forced companies to rely largely on immigrant workers (first Belgians and then Italians), but they were not always unskilled workers (one might cite the Piedmontese masons, for instance).[41] However, it was the First World War that was the decisive turning point. The construction industry had a particularly high rate of war deaths and casualties, and the reduction in the number of workers was much greater in this sector than in agriculture, for instance, which is often cited as an example.[42]

---

41   Dominique Barjot, Mariela Colin (ed.), « L'émigration-immigration italienne et les métiers du bâtiment en France et en Normandie », *Cahier des Annales de Normandie*, Caen, Musée de Normandie, no. 31, 2001.

42   Dominique Barjot, « Travaux publics et biens intermédiaires 1900-1950 », in Maurice Lévy-Leboyer (ed.), *Histoire de la France industrielle*, tome 2. *Les trente glorieuses*, Paris, Larousse, 1996, p. 296–319.

This led to an acceleration in the substitution of capital for labour and a de-skilling of the construction workforce, which was clearly visible in the road industry. On the other hand, the introduction of ever more sophisticated construction equipment gave rise to new skills (such as those of machine drivers, mechanics, and spare parts and equipment managers). Initially noticeable in the public works sector, this evolution accelerated with the Americanisation of the 1950s and 1960s[43] and the strong reliance upon an increasingly diversified immigrant workforce (including Portuguese, North Africans, Yugoslavs and Turks, nationals of sub-Saharan African countries, etc.), and subsequently extended to the construction sector, which in turn saw significant productivity gains.

The building trades and, to a lesser extent, the public works sector both act as bastions of corporate traditions (masters, journeymen, and apprentices) and *Compagnons* (Tour de France).[44] While it is true that the evolution of the labour market has tended to call these traditions into question, it has also weakened the workers' struggle, which remained very strong until at least the First World War and continues to this day, in close connection with the Confédération Générale du Travail (CGT – General Confederation of Labour). The de-skilling of tasks played a major role in this. However, it has – and continues to – come up against some barriers, as demonstrated by the French experience with large-scale housing projects. It is true that heavy prefabrication made it possible to build quickly in response to the post-war housing shortage. However, the application of the automobile (or Fordist) model to the construction industry led to a dead end in terms of the living environment, without achieving productivity gains as high as expected. This was largely due to the impoverished working standards.[45]

---

43 Dominique Barjot, Isabelle Lescent-Giles, Marc de Ferrière le Vayer (ed.), *L'Américanisation en Europe au XXᵉ siècle: Économie, Culture, Politique*, 2 vol., Centre de Recherche sur l'Histoire de l'Europe du Nord-Ouest, Université Charles-de-Gaulle-Lille 3, 2002.

44 Dominique Barjot, « Apprentissage et transmission du savoir-faire ouvrier dans le BTP aux XIXᵉ et XXᵉ siècles », *Revue d'Histoire Moderne et Contemporaine*, 40-3, July-September 1993, p. 480-489; « Entreprises et patronat du bâtiment (XIXᵉ-XXᵉ siècles) », in Jean-François Crola and André Guillerme (eds.), *Histoire et métiers du bâtiment aux XIXᵉ et XXᵉ siècles*, Ministère de l'Équipement, du Logement, des Transports et de l'Espace, Séminaire de Royaumont, 28-29-30 November 1989, Paris, CSTB, 1991, p. 9–37.

45 Dominique Barjot « Les industries d'équipement et de la construction 1950-1980 », in Maurice Lévy-Leboyer (ed.), *Histoire de la France industrielle*, tome 2. *Les trente glorieuses*, *op. cit.*, p. 412–433.

Groups such as SAE and Bouygues, on the contrary, have built their leadership structures on more traditional methods, relying first and foremost on the qualifications of their workforce (substituting tool-based approaches for heavy prefabrication in factories).[46] Combining high salaries and a return to a corporate organisational structure (following the "Compagnons du Minorange" [young builders] model), F. Bouygues introduced a more motivational – and, consequently, more efficient – organisational method for both its workers and its managers (site managers, works supervisors, design engineers, etc.). These new management methods have permeated the entire group (having been successfully adapted within the Colas group) and even the profession as a whole. They also tended to result in a closer alignment between performance in public works and construction sectors.

The history of construction companies cannot therefore be limited to the study of technical or architectural factors, however necessary these of course are. It must set itself a broader objective by also taking into account economic and financial, social and legal, political and cultural dimensions. This cannot be achieved, however, without preserving the archives, heritage and, in a broader sense, memory of these companies. Nowadays, at a time when production structures are undergoing profound transformations, construction historians face an enormous challenge.

Dominique BARJOT
Emeritus Professor
at Sorbonne University
Member of the Académie
des sciences d'outre-mer

46 Pierre Jambard *La Société Auxiliaire d'Entreprises et la naissance de la grande entreprise française de bâtiment*, PUR, 2008.

DOSSIER

PIERRE ET DYNAMIQUES URBAINES

Thème coordonné par
Sandrine VICTOR (INU Champollion – Framespa UMR 5136),
Philippe BERNARDI (CNRS, LaMOP UMR 8589),
Paulo CHARRUADAS (Centre de recherches en Archéologie et
Patrimoine de l'Université libre de Bruxelles),
Philippe SOSNOWSKA (Faculté d'Architecture de l'Université de Liège),
Arnaldo Sousa MELO (LAb2Pt, Universidade do Minho)
et Hélène NOIZET (Université Paris 1, LaMOP UMR 8589)

INTRODUCTION

Ce numéro thématique est le fruit du programme *Dynamiques urbaines et construction dans l'Occident médiéval*, financé au titre des projets Campus Hubert Curien « Pessoa » (avec le Portugal) et « Tournesol » (avec la Belgique) entre 2015 et 2017, et de son colloque final « Pierre et dynamiques urbaines » qui s'est tenu à l'Institut National Universitaire d'Albi en octobre 2019. Ce programme est né de la volonté d'un groupe d'historiens et d'archéologues belges, français et portugais de mieux faire dialoguer l'histoire urbaine et l'histoire de la construction. Il avait pour objet l'étude de l'activité constructive en relation avec les différentes phases de développement urbain dans les villes de plusieurs régions de l'Occident médiéval. Son propos était de mettre en rapport les techniques, les matériaux et les bâtisseurs avec les transformations de la morphologie urbaine – rues, places, parcellaire – qui ont eu lieu entre les XIIIᵉ et XVIᵉ siècles dans divers pays occidentaux. Une telle démarche entendait faire émerger la pertinence heuristique des liens entre, d'une part, la mise en œuvre de certaines techniques constructives et/ou l'emploi de certains matériaux et, d'autre part, la spécificité de certains « moments » historiques caractérisés par un essor ou un déclin, une reconfiguration politique et/ou socioéconomique, une création ou reconstruction de (nouveaux) quartiers, une émergence de faubourgs…

L'image d'un remplacement progressif et général du bois par la pierre se présente comme un lieu commun tenace que la recherche bat pourtant en brèche depuis plusieurs décennies. Jean-Marie Pesez, s'interrogeant en 1985 sur « La renaissance de la construction en pierre après l'An Mil » n'était déjà pas sans nuancer l'idée de progrès technique liée à cette « renaissance » et rappelait « le retour de la construction en bois » observé chez certains paysans anglais[1]. Les développements récents de la

---

1   Jean-Marie Pesez, « La renaissance de la construction en pierre après l'An Mil », in Odette Chapelot, Paul Benoît, éd., *Pierre et métal dans le bâtiment au Moyen Âge*, Paris, éditions de l'EHESS, 1985, p. 197-207.

recherche et notamment de l'archéologie urbaine ont considérablement
modifié notre vision de l'habitat urbain du bas Moyen Âge. Des actes
du colloque *Le bois et la ville du Moyen Âge au xxe siècle*, parus en 1991 à
l'ouvrage *La construction en pan de bois au Moyen Âge et à la Renaissance*,
édité en 2013[2], l'approche misérabiliste de la maison de bois s'est fortement estompée. D'autres matériaux, tels que la terre, crue ou cuite, ou
le plâtre, sont également venus enrichir l'idée que nous pouvons nous
faire du paysage urbain médiéval[3]. Parallèlement, notre connaissance
du matériau pierre s'est aussi affinée. Nous n'évoquerons que très rapidement l'importante série de publications livrées, depuis 1991, sous
le titre *Carrières et constructions*, pour nous arrêter sur le volume dirigé
par Jacqueline Lorenz, François Blary et Jean-Pierre Gély : *Construire la
ville. Histoire urbaine de la pierre à bâtir*, édité en 2014[4]. Malgré quelques
réflexions collectives menées sur ce que l'on pourrait désigner comme
« le chantier urbain[5] », le constat qui s'impose alors aux curateurs de ce
volume est celui de la faible part tenue par les recherches sur l'origine des
matériaux lithiques, leur transport et l'organisation des grands chantiers,

---

2   *Le bois et la ville du Moyen Âge au xxe siècle, Colloque Saint-Cloud, 1988*, Paris, éditions
    ENS, 1991 ; Frédéric Epaud, Clément Alix, éd., *La construction en pan de bois au Moyen Âge
    et à la Renaissance*, Rennes-Tours, Presses universitaires de Rennes-Presses universitaires
    François Rabelais, 2013.
3   Claire-Anne de Chazelles, Alain Klein, éd., *Échanges transdisciplinaires sur les constructions
    en terre crue. 1. Terre modelée, découpée ou coffrée. Matériaux et modes de mise en œuvre. Actes de
    la table-ronde de Montpellier, 17-18 novembre 2001*, Montpellier, Éditions de l'Espérou-École
    d'architecture du Languedoc-Roussillon, 2003 ; Claire-Anne de Chazelles, Hubert Guillaud,
    Alain Klein, éd., *Les constructions en terre massive : pisé et bauge. Échanges transdisciplinaires
    sur les constructions en terre crue, 2. Actes de la table-ronde de Villefontaine, 28-29 mai 2005*,
    Montpellier, Éditions de l'Espérou-École d'architecture du Languedoc-Roussillon, 2007 ;
    Claire-Anne de Chazelles, Alain Klein, Nelly Pousthomis, éd., *Les cultures constructives
    de la brique crue. Échanges transdisciplinaires, 3. Actes du colloque international Les cultures
    constructives de la brique crue*, Montpellier, Éditions de l'Espérou, École d'architecture du
    Languedoc-Roussillon, 2011 ; Sabrina Da Conceiçao, éd., *Gypseries. Gipiers des villes et
    gipiers des champs*, s. l., Creaphis, 2005 ; Yvan Lafarge, *Le plâtre dans la construction en Ile de
    France : techniques, morphologie et économie avant l'industrialisation*, thèse de doctorat, Université
    Paris 1– Panthéon-Sorbonne, 2013 ; Patrick Boucheron, Henri Broise, Yvon Thébert éd.,
    La brique antique et médiévale. Production et commercialisation d'un matériau, Rome, École
    française de Rome, 2000.
4   Jacqueline Lorenz, François Blary, Jean-Pierre Gély, éd., *Construire la ville. Histoire urbaine
    de la pierre à bâtir*, Paris, CTHS, 2014.
5   Voir, par exemple Beatriz Arízaga Bolumburu, Jesús Ángel Solórzano Telechea, éd.,
    Construir la ciudad en la Edad Media, Logroño, Instituto de Estudios Riojanos, 2010 et
    Aldo Casamento, éd., *Il cantiere della città. Strumenti, maestranze e tecniche dal Medioevo al
    Novecento*, Rome, Kappa, 2014.

dans l'essor qu'a connu l'histoire urbaine depuis quarante ans. L'approche est, certes, centrée sur la pierre, mais l'ouvrage engage à considérer celle-ci dans sa diversité. Il est bien ici question des matériaux lithiques plus que de la pierre. Des matériaux envisagés à travers l'étude de leurs schémas d'approvisionnement et de la mise en place des structures de production nécessaires à l'approvisionnement des chantiers urbains. Les contributeurs insistent ainsi sur la variété des lieux d'approvisionnement (urbains, périurbains, lointains ou, si l'on préfère, local, régional et transrégional), et sur la diversité des critères de choix[6]. Aux côtés des raisons économiques, techniques ou esthétiques, qui sont les plus fréquemment invoquées, les auteurs engagent à prendre en compte l'impact que purent avoir également le cadre légal dans lequel s'inscrivait le prélèvement des pierres, la nature et l'état des réseaux d'approvisionnement comme le niveau d'organisation des producteurs. Le passage progressif d'extractions nombreuses et modestes à une exploitation plus rationnelle et efficace a, dans de nombreuses localités, entraîné une professionnalisation de la production qui ne fut pas sans incidences sur l'approvisionnement des chantiers, plus soumis aux exigences des entrepreneurs. La diversité des ressources se conjugue à celle des critères de choix et des acteurs pour mettre en évidence la complexité d'interprétation des solutions adoptées. C'est dans la dynamique de ces travaux que s'inscrit le colloque *Le pietre delle città medievali. Materiali, uomini, tecniche (area mediterranea, secc. XIII-XV)*, organisé en 2017, cherchant à étendre la démarche à la Méditerranée occidentale dans les derniers siècles du Moyen Âge, à travers l'étude des usages de la pierre dans la ville médiévale, du marché urbain de la pierre et des ouvriers travaillant la pierre[7].

La convergence entre histoire de la construction et histoire urbaine se manifeste également dans l'attention croissante portée par les historiens du fait urbain à la matérialité de la ville, à travers, par exemple, l'étude des « signes, traces, empreintes du pouvoir[8] » ou « l'évolution du paysage

---

6   Didier Boisseuil, Christian Rico, Sauro Gelichi, éd., *Le marché des matières premières dans l'Antiquité et au Moyen Âge*, Rome, Publications de l'École française de Rome, 2021.

7   Enrico Basso, Philippe Bernardi, Giuliano Pinto, éd., *Le pietre delle città medievali : materiali, uomini, tecniche (area mediterranea, secc. XIII-XV) – Les pierres des villes médiévales : matériaux, hommes, techniques (aire méditerranéenne, XIIIᵉ-XVᵉ siècles)*, Cherasco, Centro Internazionale di Studi sugli Insediamenti Medievali, 2020 (*Insediamento umani, popolamento, società, 13*).

8   Voir par exemple Patrick Boucheron, Jean-Philippe Genet, éd., *Marquer la ville. Signes, traces, empreintes du pouvoir (XIIIᵉ-XVIᵉ siècle)*, Paris-Rome, Éditions de la Sorbonne-École française de Rome, 2013.

urbain[9] ». Le développement que connaît l'histoire de la construction et
des chantiers urbains rejoint la préoccupation croissante des historiens
et des archéologues pour la configuration matérielle de l'espace urbain :
la « fabrique urbaine[10] ». Si la forme même de la ville est déjà au centre
des travaux de Pierre Lavedan à partir des années 1920 et occupe une
place de choix dans le livre que Paul-Albert Février consacre, en 1964
au développement urbain en Provence ou dans *L'urbanisme au Moyen
Âge* publié par Pierre Lavedan et Jean Hugueney en 1974[11], l'étude du
parcellaire même s'est affinée montrant que c'est parce que le bâti est
repris en permanence que les formes du tissu urbain, viaires et parcellaires, se maintiennent. Si on adhère à l'approche proposée, on peut
reprendre le concept de « transformission », à partir de l'hybridation entre
« transmission » et « transformation », proposée par Gérard Chouquer
pour d'autres objets (la transmission des formes parcellaires des centu-
riations romaines dans les plans parcellaires contemporains par le biais
des transformations médiévales et modernes)[12]. Concernant la morphologie urbaine, on pourrait mettre en avant l'idée selon laquelle il n'y
a transmission du parcellaire urbain que parce qu'il y a un processus
plus ou moins continu de transformation du bâti, depuis la construction
initiale jusqu'à aujourd'hui, avec évidemment des phases d'accélération
ou au contraire d'absence de reprise des travaux. Mais la transformission

---

9   Voir, par exemple, la série de colloques et de publications consacrée à ce thème sous
    la direction de Maria do Carmo Ribeiro et Arnaldo Sousa Melo, *Evolução da paisagem
    urbana. Sociedade e economia*, Braga, IEM, 2012 ; *Evolução da paisagem urbana. Transformação
    morfológica dos tecidos históricos*, Braga, IEM, 2013 ; *Evolução da paisagem urbana. Cidade e
    periferia*, Braga, IEM, 2014.
10 Voir par exemple Bernard Lepetit, Denise Pumain, éd., *Temporalités urbaines*, Paris, éd.
    Anthropos Economica, 1993 ; Marcel Roncayolo, *Les grammaires d'une ville. Essai sur la
    genèse des structures urbaines à Marseille*, Paris, éd. EHESS, 1996 ; Henri Galinié, *Ville, espace
    urbain et archéologie*, Tours, Maison des Sciences de la Ville, 2000 ; Isabelle Backouche et
    Nathalie Montel, « La fabrique ordinaire de la ville », *Histoire urbaine*, 19, p. 5-9, 2007 ;
    Hélène Noizet, *La fabrique de la ville. Espaces et sociétés (IXᵉ-XIIIᵉ s.)*, Paris, Publications de la
    Sorbonne, 2007 ; Hélène Noizet, « Fabrique urbaine », in Jacques Lévy, Michel Lussault,
    éd., *Dictionnaire de la géographie et de l'espace des sociétés*, Paris, Belin, 2013, p. 389-391.
11 Paul-Albert Février, Paul-Albert Février, *Le développement urbain en Provence de l'époque
    romaine à la fin du XIVᵉ siècle (archéologie et histoire urbaine)*, Paris, E. de Boccard, 1964.
    (Bibliothèque des Écoles françaises d'Athènes et de Rome, fasc. 202) ; Pierre Lavedan,
    Jeanne Hugueney, *L'urbanisme au Moyen Âge*, Paris, Arts et métiers graphiques, 1974
    (*Bibliothèque de la Société française d'archéologie*, 5).
12 Gérard Chouquer, éd., *Objets en crise, objets recomposés. Transmissions et transformations des
    espaces historiques. Enjeux et contours de l'archéogéographie*, *Études rurales*, 167-168 (2003).

n'est pas le seul cadre opératoire pour constituer une alternative aux conceptions temporelles trop linéaires et séquencées telles celles de Fernand Braudel, pourtant encore régulièrement citées comme un modèle. François Jullien[13] souligne avec raison que le temps long, très ralenti, « à la limite du mouvant » de Fernand Braudel tombe dans la contradiction de l'immuable et conduit infailliblement à des pensées du non-changement. C'est dire que la compréhension de toute dynamique sociale, faite à la fois de reproduction et de changement, ne peut être appréhendée avec cette distinction temporelle entre temps long et temps court. Or, et c'est bien l'enjeu fondamental de l'histoire, comment rendre compte du changement continu dans le temps ? Comment changent les choses imperceptiblement et pourtant irrémédiablement ? Aucune société n'est stable : seul l'historien stabilise une société passée par la création d'un récit historique ne retenant que telle ou telle question.

Ce concept de « transformission », construit à partir l'analyse des plans parcellaires des XIX\u1d49-XX\u1d49 siècles, permet donc de poser la question de l'évolution des formes urbaines autrement qu'en terme d'« origine ». Car ces plans ne permettent pas de voir un instantané du passé, et encore moins l'origine d'une forme contrairement à une ancienne tradition morphologique. On y voit la transmission de formes héritées d'un passé, non identifié au départ, jusqu'à la date du plan : cette transmission passe par des réappropriations, des transformations incessantes de l'usage de la forme héritée. Les architectes de l'école italienne de typomorphologie l'avaient déjà remarqué dans les années 1970, à travers les exemples de bâtiments célèbres, notamment romains. Si des bâtiments antiques existent encore actuellement en plan ou en élévation, c'est qu'ils n'ont pas cessé d'être repris, transformés, réaménagés à des fins différentes depuis l'Antiquité jusqu'à aujourd'hui, comme le théâtre de Marcellus ou le Panthéon. Or ce principe de transmission par la transformation incessante du bâti ne se limite pas aux seuls bâtiments : il peut être étendu à n'importe quelle composante de l'espace urbain observée en plan. Toujours à Rome, l'archétype en est donné avec la place Navone[14], qui correspond à une forme urbaine en plan héritée de l'Antiquité, et non plus un bâtiment

---

13   François Jullien, *Les transformations silencieuses*, Paris, éd. Grasset, 2010, p. 139.
14   Jean-François Bernard, éd., *Piazza Navona, ou Place Navone, la plus belle & la plus grande : du stade de Domitien à la place moderne, histoire d'une évolution urbaine*, Rome, École française de Rome, 2014 et en particulier Jean-François Chauvard, « Structures et fonctions

en élévation. Quand on regarde en plan la forme elliptique héritée du stade de Domitien construit en 86, peut-on se contenter de dire que la forme est antique ? Non, car le stade a été détruit depuis le Vᵉ siècle, tandis que de nombreux bâtiments qui bordent la place et lui donnent sa forme si caractéristique datent de l'époque médiévale et baroque (l'église Sainte-Agnès et le Palais Pamphili par exemple). On ne peut donc pas expliquer cette forme urbaine actuelle par le seul stade antique. Il est indispensable d'intégrer dans l'explication les réaménagements postérieurs opérés par les sociétés qui ont réinvesti cet espace en lui donnant une nouvelle fonction, celle de place. L'exemple de la place Navone oblige de reconnaître le principe de la transmission des choses par leur transformation permanente. Ce principe est fondamental : il n'est pas une option, mais la condition *sine qua non* par laquelle les choses durent dans le temps. À partir des plans parcellaires, on peut mener non pas une étude de l'origine d'une forme, mais de sa transmission dans le temps : la relation au temps ne peut pas être linéaire, continue et directe entre le passé de la forme et le présent du plan. L'idée de fond est que le passé n'existe pas en tant que tel. Il existe par des productions propres (une voie, une domus, une enceinte…) qui ne sont parvenues jusqu'à nous que par des procédures ultérieures, c'est-à-dire que la connaissance que nous en avons est nécessairement filtrée, médiatisée par des accords sociaux postérieurs à l'impulsion initiale. Se limiter à rechercher l'origine des formes implique de croire à un temps historique unilinéaire et séquentiel – dans lequel chaque temporalité chasse celle qui la précède. A contrario, travailler sur la transmission des formes héritées implique d'aller au-delà de l'impulsion initiale de la production d'une forme : il faut certes l'identifier, mais il est ensuite tout aussi nécessaire d'observer, chaque fois que possible, les étapes ultérieures de la réappropriation.

Pour y parvenir, on peut mobiliser plusieurs concepts, qui ont émergé depuis quelques décennies dans des contextes scientifiques différents, mais qui entretiennent des relations de proximité entre eux (et ce n'est sans doute pas un hasard) : la transformission, l'auto-organisation et la bifurcation de l'analyse systémique[15], la résilience issue de la psychologie

---

d'un lieu central : la place Navone entre la fin du XVᵉ siècle et le milieu du XIXᵉ siècle », p. 323-324.

15 François Favory, Jean-Luc Fiches *et alii*, *Des oppida aux métropoles. Archéologues et géographes en vallée du Rhône*, Paris, Anthropos, Economica, 1998 ; Bernard Lepetit, Denise Pumain, éd., *Temporalités urbaines*, Paris, éd. Anthropos Economica, 1993.

comme de la physique des matériaux[16], le processus incrémental[17] (ou *path dependancy*), la transformation silencieuse[18]. Tous ces outils nous servent à penser la double nature de toute dynamique sociale, à savoir la reproduction qui s'opère à travers le changement. Tous ces concepts mettent en avant une logique processuelle qui intègre le devenir des produits sociaux dans une temporalité qui dépasse celle de leur production. Si tout est transitoire et aucune société ou situation n'est stable, toutes les sociétés produisent des objets qui fixent leur idéel par des matérialités ; dès lors, ces dernières peuvent exister indépendamment de la finalité initiale qui les a produites, et peuvent être réinterprétées et réinvesties de sens dans de nouvelles configurations sociales.

Donc, on peut alors considérer le processus urbain comme un enchaînement impensé et auto-structuré de projets, qui fait interagir des pratiques spatiales (que les géographes appellent des spatialités[19]) avec les espaces hérités de projets antérieurs. Ces espaces peuvent rejouer ou au contraire bifurquer, ce qui a pour conséquence de réactualiser ou de modifier le système. La difficulté est double : il faut d'une part dépasser la seule temporalité de l'homme en tant qu'individu : le social existe au-delà de la somme des individus (temporalité du processus). Mais, de manière inversement symétrique, il faut aussi voir que les pratiques individuelles (les projets) sont révélatrices des grands mouvements qui agitent les sociétés, des lignes de force qui définissent le social. Quel qu'il soit, tout projet déborde largement de la psychologie individuelle et contient en même temps tout le social.

L'ensemble de cet outillage intellectuel permet d'envisager autrement la production sociale de la morphologie urbaine. En effet, hommes et sociétés fabriquent, à un moment donné et en fonction de contingences et de finalités spécifiques à ce moment, un système urbain particulier.

---

16   La résilience désigne la capacité pour un système d'absorber, d'utiliser ou même de tirer bénéfice des perturbations et des changements qui l'atteint et de persister sans subir de changement qualitatif dans sa structure jusqu'à un certain point, dénommé bifurcation. Christina Aschan-Leygonie, « Vers une analyse de la résilience des systèmes spatiaux », *L'Espace géographique*, 29, n° 1, 2000, p. 64-77.

17   Franck Scherrer, « Désynchroniser, resynchroniser l'action collective urbaine. Entre temps diégétique et temps incrémental : l'action collective urbaine dans la longue durée », *Rencontres de Gadagne*, « Les rythmes urbains », Lyon, Musée Gadagne, 2004, p. 39-47.

18   François Jullien, *Les transformations silencieuses...*, *op. cit.*

19   Michel Lussault, *L'homme spatial. La construction sociale de l'espace humain*, Paris, éd. du Seuil, 2007.

Défini par un certain agencement de ses composantes viaire, parcellaire et bâtie, le système urbain peut – ou non – être repris par les sociétés se déployant ultérieurement dans le même espace, moyennant des procédures de réajustement. Et alors que les pratiques sociales évoluent, les structures spatiales peuvent continuer à faire système pour les nouveaux acteurs qui les adaptent à leurs nouveaux besoins. L'exemple typique, quasiment paradigmatique, est la transformation des anciennes lignes de fortifications en boulevards périphériques au cours du XIXe siècle, largement évoquée par les auteurs du début du XXe siècle, témoins de cette mutation récente à leur époque[20]. Si la matérialité et la fonction changent radicalement, la forme globale de la ceinture urbaine, à l'échelle de la ville, se maintient. Cette plasticité du système urbain qui peut, jusqu'à un certain point, absorber des changements d'usage tout en gardant sa structure principale, correspond à sa résilience. Ainsi définie comme une mise en adéquation récurrente des structures spatiales héritées et des usages sociaux, cette notion, comme celles de « rejeu », de réactualisation ou de réactivation des formes, nous paraît plus pertinente que celles de persistance, pérennité ou d'inertie spatiale. Ces dernières expressions minimisent la part du social dans la production de l'espace, comme si les formes se reproduisaient toutes seules : si résilience urbaine il y a, elle ne résulte pas d'une capacité plus ou moins grande des dispositifs spatiaux à perdurer et à se reproduire par eux-mêmes, mais de la relation que les acteurs entretiennent avec ces dispositifs spatiaux en fonction de leurs modes vie. Ainsi les choix opérés, consciemment ou non, en matière de logement et de déplacement, conditionnés notamment par la gestion de l'écart entre moi et les autres et la capacité ou non de projection du corps dans l'espace public, peuvent réactiver d'anciennes formes urbaines ou au contraire en produire de nouvelles.

Il s'agit donc de considérer que les pratiques sociales, conçues comme des manières d'agir avec l'espace, se réalisent avec et produisent des formes urbaines, dont on peut étudier les composantes viaire, parcellaire et bâtie. Ces formes constituent un réservoir, un gisement d'opportunités triées par le temps, toujours possibles, jamais assurées. Une fois réifiées, c'est-à-dire matériellement construites, elles peuvent redevenir virtuelles, de plus en plus jusqu'à disparaître, si les sociétés ultérieures

---

20   Sandrine Robert, « Comment les formes du passé se transmettent-elles ? », *Études rurales*, 167-168, 2003, p. 115-132, ici p. 118.

ne les chargent pas d'un nouveau sens ; elles peuvent, au contraire, être reprises, le plus souvent en étant réinterprétées et réagencées, d'autant plus transmises qu'elles ont été transformées, bref transformisées.

C'est riche de ces nouvelles approches, mais également en s'appuyant sur les dernières publications sur l'histoire de la construction médiévale que l'équipe de ce projet a cherché à pointer les forces et les faiblesses des traditions actuelles de recherche et des questionnaires les plus en vogue. Les intervenants ont ainsi fait émerger dans leur contribution l'importance des rapports entre l'usage de certaines techniques constructives et les grandes pulsations de la vie de la cité (essor général ou partiel – économique, démographique, etc. ; repli général, partiel ; crise ; reconfiguration politique ; etc.). D'un point de vue méthodologique et sans surprise s'est manifesté dans le même temps l'impérative nécessité, pour appréhender pleinement les objets étudiés, de lier intimement histoire des textes et archéologie de la culture matérielle. Ce recensement critique a permis de dégager les approches les plus intéressantes des modèles plus traditionnels de l'histoire urbaine, souvent trop figés ou déconnectés parce que n'accordant qu'une importance secondaire à la question matérielle et constructive. Les idées fortes et les perspectives émanant de ce travail double soulignent l'importance de moduler les échelles d'analyse (à la fois chronologique et géographique) quant il s'agit d'aborder le lien entre pierre et dynamiques urbaines, par trop souvent traité à grands traits, ou résumé rapidement par le terme « pétrification ». L'enjeu ici a consisté à relire ce point historiographique en proposant de nouvelles échelles, de nouveaux angles d'observations, de nouveaux terrains. Il apparaît que le lien entre pierre et dynamique urbaine est plus complexe et moins déterministe que longtemps envisagé.

L'approche gagne en effet à retenir tout d'abord une enquête davantage microhistorique, au niveau des parcelles, au niveau des fonctions socio-économiques des bâtiments envisagés et au niveau des quartiers, la ville ne devant plus être envisagée comme un tout homogène, mais bien comme une agglomération de parties aux spécificités particulières. Ainsi, la maison est à observer comme un « fait social total » charriant des valeurs à la fois économiques, constructives, mais aussi sociales et culturelles. Clément Alix et Daniel Morleghem analysent dans leur contribution la maison dans un réseau, un contexte global. L'étude commence donc « au ras du sol » pour montrer la diversité au sein de la parcelle (mur

avant, mur arrière…), mais aussi d'une parcelle à l'autre, d'une rue à
l'autre … Paulo Charruadas et Philippe Sosnowska commencent ainsi
leur enquête à cette microéchelle. De plus, une plus grande attention
doit être portée aux acteurs que sont les « propriétaires » (comme les *viri
hereditarii* étudiés par Marie Christine Laleman), les « censitaires »/loca-
taires, les commanditaires, les opérateurs du secteur de la construction,
les divers niveaux du pouvoir urbain (roi, évêque, seigneur, municipalité),
en vue d'aboutir à une image la plus complexe possible de l'organisation
matérielle de la ville en construction et mutation. Parler des acteurs dans
l'intersection entre histoire de la construction et évolution urbaine aux
XIVe-XVIe siècles, c'est penser à ceux qui ont pris les décisions de bâtir, mais
aussi de réglementer, d'embellir d'une certaine manière, commanditaires
et décideurs, ou qui ont poussé à les faire – de façon consciente, ou tout
au contraire de façon inconsciente –, tout en pensant à ceux qui ont bâti
pour répondre aux commandes qui leur ont été faites, artisans et entrepreneurs, selon certaines connaissances et schémas opératoires. En effet, les
acteurs matérialisent des liaisons et une connectivité entre l'histoire de la
construction et l'évolution des processus urbains. Les pouvoirs politiques
urbains, celui du roi, ou de l'évêque ou du seigneur de la ville, comme
celui des oligarchies urbaines, ou des élites économiques ou sociales,
« marquent la ville », ou tentent de le faire. La décision de (re)construire
un bâtiment, ou avec telle disposition architecturale ou le choix de certains matériaux, tout comme son contraire, c'est-à-dire l'interdiction de
construire certains types de bâtiments ou d'utiliser certains matériaux ou
techniques relève du projet politique. Préférer le remploi de matériaux[21],
pour une question de prestige, est un choix politique, comme l'ont bien
démontré certains auteurs, dont Patrick Boucheron entre autres[22]. Quand
le roi João I du Portugal décide, par exemple, de l'ouverture d'une rue
nouvelle à Porto et à Lisbonne, il définit les dimensions de la rue et des
bâtiments à construire, il interdit certains métiers dans cette rue. Le
roi décide, mais ce sont les pouvoirs communaux et les particuliers qui
vont acheter les lots et construire les bâtiments, selon les spécifications

---

21 Jean-François Bernard, Philippe Bernardi, Daniela Esposito, éd, *Reimpiego in architettura.
    Recupero, trasformazione, uso*, Rome, École française de Rome, 2008.
22 Patrick Boucheron, *Le pouvoir de bâtir. Urbanisme et politique édilitaire à Milan* XIVe-XVe *siècles*,
    Rome, École française de Rome, 1998 ; Patrick Boucheron, Jean-Philippe Genet, éd.,
    Marquer la ville. Signes, traces, empreintes du pouvoir (XIIIe-XVIe *siècles*), Rome, École française
    de Rome, 2014.

définies par le roi, certes, mais forts de contraintes locales[23]. Le cas du pavage parisien, proposé par Léa Hermenault dans ce numéro, en est une parfaite illustration, en tension entre la charge symbolique et les disponibilités financières des prévôts des marchands. Dans le même ordre d'idée, il est important de mettre en œuvre le paramètre « mode » dans les choix constructifs, c'est-à-dire la signification sociopolitique du langage architectural. Que veut dire le commanditaire par les matériaux, les couleurs, les formes choisies ? Ce point permet de compléter et de nuancer la lecture économique traditionnellement mise en avant dans l'interprétation, même si, d'un point de vue heuristique, ce paramètre se révèle évidemment difficile à étudier et nécessite une critique des sources, un jeu de comparaisons et une méthodologie rigoureuse pour l'administration de la « preuve ». Vers 1400, lorsque le seigneur de Milan Jean Galéas Visconti rompt avec la tradition lombarde pluriséculaire de l'usage de la brique en faisant appel en quantité au marbre pour le dôme de Milan, on peut dire qu'il affirme une certaine image de la puissance princière associée à ce matériau. Mais l'interprétation peut parfois aller plus loin. Dans les années 1450-1460, lorsque le duc Philippe le Bon exige que son *Aula Magna* à Bruxelles ou que son palais Rihours à Lille, deux constructions réalisées à son intention aux frais des communes respectives, soient parementées de pierres de Bruxelles, et que les briques ne soient donc pas apparentes, il parait probable qu'il entend par là égaler les grands chantiers commandités par les villes marchandes de Flandre, de Brabant et de Hollande où les grands monuments publics et religieux étaient alors bâtis avec cette pierre en vue d'affirmer la prospérité de leurs élites urbaines. À la fin du même siècle, l'importante famille de Ravenstein, très proche de la cour bourguignonne, puis habsbourgeoise, se fait édifier à Bruxelles un imposant hôtel mobilisant majoritairement la brique (la pierre n'étant utilisée que pour les éléments structurants — linteaux, seuils, montants de baies...) montrant une autre logique (une volonté de se « fondre » dans la tradition locale ou simple souci de limiter les coûts ?) à l'œuvre qui invalide l'idée intemporelle d'une pierre plus noble que la brique.

---

23 Maria do Carmo Ribeiro, Arnaldo Sousa Melo, « O crescimento periférico das cidades medievais portuguesas (séculos XIII-XVI) : a influência dos mesteres e das instituições religiosas », in Maria do Carmo Ribeiro, Arnaldo Sousa Melo, éd., *Evolução da Paisagem Urbana : cidade e periferia*, Braga, CITCEM e IEM, p. 79-116, surtout p. 101-102 et 109-110.

L'important, en outre, est de replacer ces observations et analyses dans un contexte historique finement détaillé, rendant alors possible de faire émerger la pertinence de certains « épisodes » de l'histoire urbaine – parfois remarquables, parfois anodins – pour saisir les interactions entre dynamiques urbaines et nécessités/(im)possibilités constructives. On songe, par exemple, à des moments-clés tels que des reconstructions après désastre (incendies, tremblements de terre, guerres) ou, moins spectaculaires, un quartier nouvellement investi d'une forte attractivité et qui se densifie, à l'exemple de plusieurs villes des Pays-Bas, dont Gand, sur laquelle porte le travail de Marie Christine Laleman, et au Portugal à la fin du Moyen Âge comme le montrent Arnaldo Sousa Melo et Mario do Carmo Ribeiro, ou encore les exemples des quartiers de lotissement avec construction par les censitaires, exposés par Caroline de Barrau pour Perpignan au XIIIe siècle ou encore le cas de Toulouse développé par Quiterie Cazes qui souligne qu'au XIIIe siècle la brique s'impose dans le tissu urbain de la cité alors au faîte de son essor économique[24]. Le tout constitue autant de bifurcations vers un redéploiement ou une réorganisation des modes d'habiter et des pratiques constructives. Mais, dans le même temps, il faut prendre en considération la longue durée des phénomènes, ce qui permet de nuancer et de mieux caractériser les relations entre les « évolutions » urbaines et celles de la construction. Les études sur l'habitat urbain ancien s'inscrivent souvent dans un schéma de pensée fondé sur des notions, parfois inconscientes, mais en réalité très présentes en arrière-plan, comme celles de la durée, la pérennité, la permanence ou encore l'inertie des structures parcellaires et bâties, qui peuvent être restées en place depuis, le plus souvent, la fin du Moyen Âge, mais également, comme l'exemple de la place Navone l'a montré plus haut, l'époque antique. Comme si une fois construites, les structures bâties n'avaient que peu bougé, comme si elles s'étaient maintenues plus ou moins telles quelles jusqu'à aujourd'hui. C'est le cas notamment du paradigme de la loi de persistance du plan de Pierre Lavedan[25]. Les vestiges étudiés sont parfois datés uniquement par l'époque initiale du bâtiment, celle de la mise en

---

24   Ces deux communications, exposées lors du colloque tenu à Albi, feront l'objet d'une publication ultérieure dans des *varia* de la revue. Il est possible de trouver un résumé de ces interventions sur le carnet du colloque, disponible en ligne : https://blogs.univ-jfc. fr/dynamiquesurbaines/resume-des-communications/

25   Pierre Lavedan, *Qu'est-ce que l'urbanisme ?*, Paris, H. Laurens, 1926, p. 91. Ce cadre de pensée, bien qu'ancien, est repris notamment dans les travaux de Bernard Gauthiez, par

place des premières structures, sans tenir compte des reprises ultérieures et des modifications postérieures, qui sont souvent minorées. Or il apparaît que pour être architecturalement minimes, ces micromodifications, qui se font à une petite échelle (redécoupage de la desserte interne d'un étage, percement d'une baie, modification des accès…) sont capitales et constituent la condition *sine qua non* pour qu'un bâtiment ancien existe encore aujourd'hui en élévation, comme l'a parfaitement illustré l'étude menée par Bernard Sournia et Jean-Louis Vayssette pour Montpellier[26].

Il semble utile, à l'instar d'autres travaux réalisés pour des périodes plus récentes[27] de modifier ce cadre de pensée : il ne faut pas réduire la temporalité d'un bâtiment ancien à sa seule phase initiale de construction, mais il faut aussi faire une place à la dynamique constructive de longue durée, qui affecte nécessairement tout bâtiment ancien encore en élévation : ce n'est que parce qu'il y a une dynamique de micromodifications que la structure d'ensemble du bâtiment, et au-delà du tissu urbain, se maintient dans le temps. Le cas génois, proposé ici par Anna Boato, est sur ce point particulièrement révélateur des transformations à court, moyen et long terme du bâti.

La relecture épistémologique engagée nous conduit également à prêter une attention particulière aux interactions entre matériaux et techniques, mais également entre les matériaux dans toute leur déclinaison : l'émergence d'une nouvelle technique ou d'un nouveau débouché peut induire en effet l'essor d'un nouveau matériau, l'essor d'un nouveau matériau pouvant engendrer à son tour l'essor d'une nouvelle technique. Pris souvent séparément dans l'historiographie, ces matériaux et leurs techniques doivent donc être appréhendés autant que possible dans une vision holistique. La connaissance approfondie des milieux considérés et des matériaux potentiellement mobilisables est un passage obligé pour émettre des hypothèses d'explication des choix observés. Ainsi, une attention toute particulière se doit d'être portée aux systèmes

exemple : *Espace urbain. Vocabulaire et morphologie, Inventaire général des monuments et des richesses artistiques de la France*, Paris, Monum, éd. du Patrimoine, 2003, p. 232.

26 Bernard Sournia, Jean-Louis Vayssettes, *Montpellier : la demeure classique (Cahiers du Patrimoine, 38)*, Paris, Éditions et Inventaire général, 1994.

27 Charles Davoine, Maxime L'Héritier, Ambre Péron d'Harcourt, éd., *Sarta Tecta : De l'entretien à la conservation des édifices. Antiquité, Moyen Âge, début de la période moderne*, Aix-en-Provence, Presses universitaires de Provence, 2021.

productifs. Le « modèle » présenté de manière quelque peu simpliste par M. Aubert[28], voulant qu'« au moment d'entreprendre une nouvelle construction, on s'efforçait de trouver sur place ou dans les environs immédiats les carrières de pierre, le sable, la chaux indispensable, et aussi les forêts pour le bois... » n'a évidemment plus cours. « Il ne pourrait s'appliquer, et encore, qu'au bâtiment rural[29] ».

Ce qui transparaît aujourd'hui, c'est plutôt « la maîtrise et la complémentarité des "espaces" nécessaires à l'approvisionnement des chantiers, l'importance des marchés et des marchands, la volonté de réduire les coûts[30] ».

Un problème complexe que « cette maîtrise et cette complémentarité (...). Les recherches révèlent aussi bien des géographiques relativement simples que d'autres étonnamment complexes et mouvantes, obligeant au moins à nuancer les déterminismes de la proximité et du milieu naturel. (...) Si l'on avait toujours intérêt à mettre à profit des régions proches, celles-ci, selon les matériaux, les qualités, voire les partis pris architecturaux, pouvaient être inappropriées, inexistantes ou en quantités insuffisantes. » « Grosso modo » et en simplifiant beaucoup, deux « modèles » paraissent avoir existé : celui d'un « espace » d'approvisionnement homogène ou relativement homogène (d'un point de vue politique notamment) [Florence, Namur, Milan, Aix-en-Provence], celui d'« espaces pluriels, se recombinant sans cesse, au gré des conjonctures et des réseaux marchands[31] ».

---

28   « La construction au Moyen Âge », *Bulletin Monumental*, n° 118, 1960, p. 309.

29   Jean-Pierre Sosson, « Le bâtiment : sources et historiographie, acquis et perspectives de recherches (Moyen Âge, débuts des Temps Modernes) », in Simonetta Cavaciocchi, éd., *L'Edilizia prima della Rivoluzione industriale secc. XIII-XVIII. Atti della trentaseiesima Settimana di studi (26-30 avril 2004)*, Prato-Florence, 2005, p. 83.

30   Jean-Pierre Sosson, « Le bâtiment... », *op. cit.*, p. 84. Il est également possible de citer l'auteur à ce propos : En effet, « les espaces économiques (...) au-delà des déterminismes trop faciles de la proximité et du milieu naturel, sont à "géométrie variable" et constituent parfois d'étonnants "patchwork", dont rendent compte tant les réseaux et intermédiaires marchands que la volonté de réduire les coûts (...) constituant en tout cas toujours un tissu serré et complexe d'échanges réagissant à de multiples paramètres : importance et nature de la demande ; moyens financiers ; proximité, abondance et qualité des matériaux désirés, voies de communication, relations commerciales unissant centres producteurs et distributeurs, rupture de charge, etc. » (Jean-Pierre Sosson, « Histoire économique du bâtiment (XIIIᵉ-XVIᵉ siècles) : questions à l'archéométrie », in Patrick Hoffsummer et David Houbrechts éd., *Matériaux de l'architecture et toits de l'Europe. Mise en œuvre d'une méthodologie partagée*, Namur, Institut du Patrimoine Wallon, 2008, p. 12-13).

31   Jean-Pierre Sosson, « Le bâtiment... », *op. cit.*, p. 85-86.

On sait donc aujourd'hui que cette question de l'architecture comme produit de l'environnement ou de son milieu naturel est fragmentaire tant elle masque, dans un certain nombre de cas, la complexité des rapports entre villes et ressources, parfois lointaines. Sur un plan géographique, tout d'abord, l'environnement d'une ville n'est jamais isotrope. Au contraire, il se configure et reconfigure diversement selon les relations commerciales qui sont dynamiques : une liaison à bas coût, un fleuve le plus souvent, voire tout simplement la mer, pouvait déployer considérablement et sous des formes très irrégulières les zones d'exportations rentables ; ce qui disqualifie *ipso facto* la notion d'environnement urbain comme étant ce qui « environne » la ville et qui en constituerait passivement le creuset matériel.

Sur le plan économique, ensuite – mais c'est un truisme de le dire –, les villes médiévales se sont développées à partir du Moyen Âge central dans un contexte d'essor commercial prononcé. Les villes se sont imposées comme des lieux centraux de marché impliquant rapidement, en ce qui concerne les matériaux de construction, des processus de mise en relation entre des zones d'extraction et de production spécialisée, plus ou moins proches ou lointaines, et des bassins de consommation que furent les agglomérations (*market integration*). Cette mise en relation a pu se produire dans un lien direct, disons rectiligne entre gisement et marché urbain, comme elle a pu s'opérer via des connexions commerciales parfois sinueuses, reposant sur des réseaux commerciaux interurbains et dans des filières d'entrepreneurs marchands. Dans ces contextes, un lieu d'extraction fiable et intensif, même éloigné, pouvait fournir des matériaux meilleur marché qu'un lieu d'extraction proche, mais à l'organisation économique et au système d'exploitation moins bien rodé. Le bois d'Ardenne, dans le sud-est de la Belgique actuelle, en est un bon exemple. L'espace ardennais apparaît avant le XVIIe siècle (et le développement d'une industrie métallurgique) comme une région faiblement exploitée, ce qui a contribué au maintien d'une couverture forestière importante. L'existence d'un fleuve à haut débit longeant la forêt ardennaise et coulant vers la mer du Nord (la Meuse), a rendu possible la mise en place d'une route commerciale reliant les contrées fortement peuplées et urbanisées, mais très faiblement boisées, qu'étaient alors la Flandre et la Hollande. Au départ des ports (et des structures opérationnelles des marchands) de Namur et de Liège, les bois ardennais étaient exportés par flottage vers le Nord depuis au moins le XIIIe siècle ; la ville de Dordrecht (et les marchands locaux ou étrangers), en Hollande actuelle (au cœur de la région dite des grands fleuves), s'imposa dans ce trafic comme un point de transit (lieu d'étape) et de redistribution. Le cas des bois baltes et scandinaves, acheminés avec de multiples ruptures de charges via les ports de la Hanse sur la Baltique jusqu'en mer du Nord, constitue un exemple encore plus spectaculaire de ces réseaux complexes d'approvisionnement, irriguant au final les anciens Pays-Bas, les îles Britanniques, une partie de l'Allemagne et de la France[32]. Les exemples des villes subalpines, traités par Enrico Lusso, montrent la persistance dans l'emploi de certains matériaux, bien au-delà de la période traditionnellement retenue comme celle de la « pétrification » des villes, la démentissant de fait.

Sur le plan social et politique, enfin, les ressources du milieu naturel, aussi favorable fût-il, ne furent jamais données telles quelles : ces produits potentiels ne sont en effet devenus des ressources en tant que telles, des matériaux pour les marchés et pour les villes, que lorsque des hommes les ont perçus comme tels, en aménageant les infrastructures d'exploitation sur place, en développant les activités en entreprises, et en organisant les infrastructures de transport facilitant les transferts vers les lieux de consommation. Ce point disqualifie une certaine représentation du cadre géographique traditionnel, passif, au profit d'une prise en compte plus dynamique des territoires dans leurs relations aux « acteurs », ceux faisant l'offre comme ceux représentant la demande : les propriétaires fonciers de ressources, connaissant les

---

32 Stéphane Lebecq, « Frisons et Vikings : remarques sur les relations entre Frisons et Scandinaves aux VIe-IXe siècles », *Actes des congrès de la Société d'Archéologie Médiévale*, 2-1, 1989, p. 45-59 ; Lucie Malbos, *Les ports des mers nordiques à l'époque viking (VIIe-X^esiècle)*, Turnhout, Brepols (Haut Moyen Âge, 27), 2017 ; Raymond Van Uytven, « L'approvisionnement des villes des anciens Pays-Bas au Moyen Âge », in Charles Higounet, éd., *L'approvisionnement des villes : De l'Europe occidentale au Moyen Âge et aux Temps Modernes*, Toulouse, Presses universitaires du Midi, 2020, p. 75-116 ; Anne Nissen Jaubert, « Lieux de pouvoir et voies navigables dans le sud de la Scandinavie avant 1300 », in Société des historiens médiévistes de l'Enseignement supérieur public, *Ports maritimes et ports fluviaux au Moyen Âge : XXXVe Congrès de la SHMES (La Rochelle, 5 et 6 juin 2004)*, Paris, Éditions de la Sorbonne, 2019, p. 217-233. Stéphane Curveiller, « Complémentarités et rivalités des ports maritimes en Flandre occidentale à la fin du Moyen Âge », in Société des historiens médiévistes de l'Enseignement supérieur public, *Ports maritimes et ports fluviaux au Moyen Âge …, op. cit.*, p. 245-260.

débouchés possibles et décidant d'y répondre ; les marchands et les constructeurs, informés à la fois de l'existence de lieux d'extraction/ production et des besoins urbains, et même capables d'imaginer les adaptations technologiques pour faire correspondre offre et demande ; les autorités urbaines et seigneuriales, enfin, dans leur rôle de législateurs et d'organisateurs du marché public urbain et, surtout, dans celui plus ponctuel de commanditaires financièrement puissants et capables d'« ouvrir la voie ». Certains grands chantiers qu'ils ont pu commanditer et/ou conduire ont contribué parfois, bien au-delà du seul chantier en question, à la découverte et/ou au développement de pôles de ressources, à l'aménagement de routes marchandes les reliant, à la constitution de maîtrises techniques, d'habitudes constructives et de canons esthétiques, à la mise en place, de la sorte, de nouvelles géographies économiques au sein du système productif « bâtiment ». L'exemple d'Orléans, traité par Clément Alix et Daniel Morleghem est à ce sens particulièrement parlant. Ces géographies sont perpétuellement remises à jour avec la circulation des informations et la transformation constante des ressources exploitées et donc de l'offre. On ne saurait mieux dire à quel point l'environnement physique des ressources fut médiatisé par les structures économiques, sociales et techniques.

L'articulation entre les zones d'approvisionnement (du local à l'« international ») oblige à envisager les villes au cas par cas, en faisant la part des disponibilités proches et des possibilités commerciales plus lointaines dans un cadre à la fois économique, sociale et politique, sans jamais négliger les aspects techniques. Puisqu'il s'agit d'assembler des matériaux entre eux, la construction est par définition un secteur d'activité mouvant en fonction de nombreux paramètres techniques en jeu. Les matériaux sont en perpétuelle interaction entre eux, mais, aussi sur le plan architectonique, ils sont en tension avec leur mise en œuvre : une variation dans la disponibilité d'un certain matériau entraîne ipso facto la compensation par un autre ou par le même matériau mise en forme autrement ; dans le même temps, changer de matériau induit des changements sur le plan technique, etc., comme l'illustre le travail de Luisa Trindade sur le cas portugais.

On comprend aussi que l'historiographie actuelle, fortement cloisonnée en spécialités matérielles ou thématiques – historiens de l'économie, dendrochronoloques spécialistes du bois, spécialistes du lithique, experts en

terres cuites architecturales, ou encore scientifiques du métal – constitue
un frein à la compréhension d'ensemble du bâti et du secteur de la
construction. Il faut « globaliser » pour une approche analytique perfor-
mante. L'étude des structures économiques et des pratiques constructives
à Bruxelles à la fin du Moyen Âge suggère un tel complexe d'interactions
entre plusieurs matériaux, comme démontré dans la communication de
Paulo Charruadas et Philippe Sosnowska. La seconde moitié du XIVe siècle
voit manifestement l'essor d'un commerce d'exportation de pierres calcaires extraites des carrières de la région. Ces pierres sont abondamment
attestées dans les grandes constructions bruxelloises depuis au moins le
XIe siècle (églises, collégiales, première enceinte urbaine du XIIIe siècle, etc.).
Dans le même temps, la brique, quasi inexistante dans les textes écrits
comme en fouilles, semble connaître des développements significatifs à
partir de la fin du XIIIe siècle ou au début du XIVe siècle, amplifiés bientôt
par l'érection dans l'urgence d'une imposante enceinte construite dans
les années 1357-1389. L'articulation précise entre les deux phénomènes
nous est mal connue faute de sources. En l'état des connaissances, le
développement de la brique apparaît vraisemblablement, d'une part,
comme une réponse pratique au développement de la mitoyenneté, à
l'essor commercial (et à l'exportation hors de la région) de la pierre
blanche, d'autre part, enfin, comme une solution commode aux besoins
d'un approvisionnement rapide et efficace des constructions urbaines à
un moment où la ville, surtout dans les quartiers périphériques, connaît
une période de hausse démographique et de densification du tissu bâti
(standardisation, confection proche du chantier limitant les frais de
transport). Néanmoins, si le nouvel horizon commercial de la pierre
de Bruxelles encouragea l'essor de l'industrie briquetière, il dut aussi
modifier en conséquence les conditions d'approvisionnement en bois
de feu, produire des briques réclamant des quantités conséquentes de
combustibles. De manière systémique, pierre, brique et bois (combustible
et bois d'œuvre) apparaissent en interrelation étroite. Et on comprend donc
que systèmes productifs, réseaux commerciaux et systèmes constructifs
sont à prendre en considération dans une même perspective.

Dans le même ordre d'idée, il convient enfin de prendre la mesure
de la complexité des milieux de consommation de ces matériaux. Faire
l'impasse sur ces questions revient à renoncer à un jeu de données essentiel
qui fertilise le cadre de l'interprétation. C'est sur ces bases que le colloque

d'Albi s'est réuni, invitant les chercheurs à enrichir, contredire, compléter les éléments mis en avant par le projet « Dynamiques urbaines ». Nous avons retenu certaines communications particulièrement illustratives pour ce numéro spécial de la revue *Aedificare*.

Sandrine VICTOR
INU Champollion – Framespa
UMR 5136

Philippe BERNARDI
CNRS, LaMOP UMR 8589

Paulo CHARRUADAS
Centre de recherches en Archéologie
et Patrimoine de l'Université libre
de Bruxelles

Philippe SOSNOWSKA
Faculté d'Architecture de
l'Université de Liège

Arnaldo Sousa MELO
LAb2Pt, Universidade do Minho

Hélène NOIZET
Université Paris 1, LaMOP
UMR 8589

« DE PIERRES DURES ET RÉSISTANTES »

Paver les rues de pierres à Paris (XIIe-XVe siècle), résolutions, symboliques et pratiques

Les représentations des rues des villes du second Moyen Âge desti-nées à un large public montrent en général des rues pavées de pierres, dont les dimensions varient selon les figurations[1]. Ces images parti-cipent à la diffusion dans les mentalités de l'idée que la présence de pavés dans les rues est un trait caractéristique de la ville de la fin du Moyen Âge. Les auteurs de ces illustrations se sont sûrement inspirés des quelques représentations médiévales de scènes de rue qui nous sont parvenues, et dans lesquelles les pavés dont sont revêtues les chaussées sont fréquemment clairement représentés. C'est le cas par exemple de la miniature représentant une scène de marché dans le manuscrit du *Chevalier errant* de Thomas III de Saluces 1400-1405[2], de la miniature représentant une rue dans le *Livre du gouvernement des princes, de Gilles de Rome* (début XVIe siècle)[3], ou encore de celle figurant les funérailles d'Anne de Bretagne par Jean Pichore[4] intitulée « Le trespas de l'hermine regrettée » (XVIe siècle)[5]. Dans ces images, la pétrification des rues est

---

1 Les exemples sont nombreux. On peut citer par exemple l'affiche d'école réalisée par J.H. Isings « une ville au Moyen Âge » (visible dans Jan Blokker, Jan Blokker jr, Bas Blokker, *Het vooroudergevoel, de vaderlandse geschiedenis*, Amsterdam/Antwerpen, Uitgeverij Contact, 2005, p. 66), ou encore l'autre affiche « la vie des bourgeois au Moyen Âge », édition MDI, Saint-Germain-en-Laye, 1960 (numéro d'inventaire dans les collections du musée national de l'Éducation : 2000.02411.6), ou encore la première de couverture du livre de Thérèse Leguay, *Vivre et travailler dans la rue au Moyen Âge*, Rennes, Ouest-France, 1984.

2 Bibliothèque Nationale de France (BNF), Fr 12559 f° 167.

3 Bibliothèque Nationale de France (BNF), Arsenal 5062, f° 149v°.

4 Petit Palais, musée des beaux-arts de la ville de Paris.

5 Les exemples sont nombreux : citons encore pour Paris la lettre ornée du missel de Jean Jouvenel des Ursins qui représente une procession traversant la place de Grève au XVe siècle (Bibliothèque historique de la Ville de Paris), la miniature du « Massacre des habitants de Paris en 1418 » au f° 16v° dans les *Vigiles de Charles VII* (1484) de Martial

là pour signifier que la scène représentée se déroule en ville ou bien à son approche : les pavés de pierre sont utilisés comme des marqueurs spatiaux faciles à identifier. Pourtant dans la pratique ce revêtement de chaussée, difficile à poser ainsi qu'à entretenir parce que fragile, est loin d'être omniprésent dans la ville[6].

Tenter de comprendre pourquoi malgré les difficultés rencontrées sur le terrain le pavage des rues en pierre a pris une place si importante dans les représentations des rues de la fin du Moyen Âge, revient à comprendre ce dont il est le signe ou le symbole, et donc chercher à saisir ce que signifie la pétrification des rues de la ville : quelles sont les motivations et les implications du pavage des rues en ville ?

En nous appuyant sur l'exemple parisien, nous essaierons dans un premier temps de cerner de quelle idée de la ville le pavage des rues en pierres est-il le signe. Nous montrerons ensuite pourquoi ordonner la pose de pavés a été compris comme une démonstration d'autorité. Enfin nous nous appuierons sur une étude des dépenses de pavage réalisées par le domaine de la Ville de Paris entre 1424 et 1489 pour montrer que la pétrification des rues est très liée au contexte économique.

PAVER LES RUES, UNE CERTAINE IDÉE DE LA VILLE ?

UNE VILLE QUI FAVORISE LES ÉCHANGES

Les recherches historiques les plus récentes confirment que Paris comptait environ 200 000 habitants dans la première moitié du XIVe siècle[7]. L'approvisionnement de cette masse démographique reposait

---

d'Auvergne (Bibliothèque Nationale des France (BNF), Fr.5054), ou encore « l'entrée de l'empereur Charles IV à Saint-Denis » dans *Les Grandes Chroniques de France*, enluminées par Jean Fouquet, vers 1460 (Bibliothèque Nationale de France (BNF), Fr. 6465, f°442, livre de Charles V).

6   La synthèse produite par Jean-Pierre Leguay sur les questions de pavage en 1984 le montrait déjà (Jean-Pierre Leguay, *La rue au Moyen Âge*, Rennes, Ouest-France, 1984).

7   Caroline Bourlet, Alain Layec, « Densités de population et socio-topographie : la géolocalisation du rôle de taille de 1300 », in Hélène Noizet, Boris Bove, Laurent Costa, éd., *Paris de parcelles en pixels*, Saint-Denis, Paris, Presses Universitaires de Vincennes – Comité d'histoire de la ville de Paris, 2013, p. 223-246.

en grande partie sur l'arrivée de produits depuis l'extérieur de la ville, par voie d'eau ou bien terrestres. Une fois dans les ports ou bien aux portes de la ville, les produits devaient être acheminés jusqu'à leur lieu de vente à l'intérieur de la ville. Cependant, il arrive fréquemment que les rues soient trop encombrées pour que les chariots puissent cheminer, comme en témoigne cet extrait des lettres patentes pour le rétablissement du pavé et du nettoiement des rues datées de mars 1388 (livre rouge, f° 113) :

> (…) en plusieurs lieux l'en ne peult bonnement aler à cheval ne à charroy, sans très-grans perils & inconveniens ; & sont les chemins des entrées des portes de nostredite Ville si mauvais & tellement dommaigiez, empiriez & affondrez en plusieurs lieux, que à très-grans perilz & paines l'en y peult admener les vivres & denrées pour le gouvernement de nostre peuple (…)

Il est alors demandé que la chaussée en pierre soit refaite et les rues nettoyées, afin que les véhicules puissent circuler correctement et approvisionner les marchés[8].

Il est d'ailleurs symptomatique que le pavage des rues principales de la ville de Paris n'ait pas été laissé à la charge des riverains, comme c'est le cas pour les autres rues, mais confié au prévôt des marchands, formellement établi en 1260 comme le représentant des marchands et négociants de la ville. Il est dans l'intérêt des grands acteurs économiques de la ville que le pavage des rues soit entretenu et les rues déchargées de tout encombrement[9]. La présence de rues pavées, condition apparente du bon déroulement des échanges, apparaît comme le signe que de

---

8   Les nécessités de transports sont très fréquemment évoquées dans de nombreuses villes pour justifier la pose ou la réfection des pavés, aussi bien dans des villes d'importance subrégionale comme Saint-Omer, que dans des villes plus modestes comme Pont-Audemer. Voir Jean-Pierre Leguay, *La pollution au Moyen Âge*, Paris, éd. J-P Gisserot, 1999.

9   Paris n'est pas un cas exceptionnel pour ces questions puisque les axes ou lieux importants sont souvent pris en charge par les institutions municipales dans d'autres villes. Ainsi à Troyes, seule une cinquantaine de rues est à la charge de la Voierie aux XIVe et XVe siècle (Cléo Rager, *Une ville en ses archives. Pratiques documentaires et pouvoirs dans une « bonne ville » de la fin du Moyen Âge, Troyes (XIVe-XVe siècles)*, Thèse de doctorat, Université Paris 1 Panthéon-Sorbonne, 2020. p. 409), tandis qu'à Rouen, la municipalité est notamment en charge du pavage des quais (Philippe Lardin, « Les Rouennais et la pollution à la fin du Moyen Âge », in Jean-Louis Roch, Bruno Lepeuple, Elisabeth Lalou, éd., *Des châteaux et des sources : Archéologie et histoire dans la Normandie médiévale*, Mont-Saint-Aignan, Presses universitaires de Rouen et du Havre, 2008, p. 399-427).

nombreux échanges et circulations ont lieu dans un endroit spécifique. Elle est aussi une solution envisagée face à des problèmes sanitaires que connaissent les villes médiévales.

PAVER LES RUES DE LA VILLE POUR COMBATTRE LE RISQUE DE MALADIES

Rigord, médecin et biographe du roi Philippe Auguste, raconte que c'est après avoir été incommodé par l'odeur nauséabonde qui exhalait des boues remuées par le passage des chariots au pied de son palais dans l'île de la Cité un jour de l'année 1184 que le roi aurait ordonné le pavage des rues de Paris[10] :

> Quelques jours plus tard, il advint que le roi Philippe toujours Auguste, qui séjournait quelque temps à Paris, allait et venait dans la salle royale, préoccupé par les affaires du royaume ; alors qu'il s'approchait des fenêtres du palais d'où il regardait parfois la Seine pour se reposer l'esprit, des chariots traînés par des chevaux, qui traversaient la cité, soulevèrent en remuant la fange une puanteur intolérable que le roi, déambulant dans la salle, ne put supporter ; il conçut une entreprise difficile, mais combien nécessaire, qu'aucun de ses prédécesseurs n'avait osé engager en raison de sa lourdeur excessive et de son coût. Il convoqua les bourgeois et le prévôt de la cité et ordonna par son autorité royale que toutes les rues et toutes les voies de la cité entière de Paris soient pavées de pierres dures et résistantes.

Si Philippe Auguste est tant gêné par ces mauvaises odeurs, c'est probablement parce qu'il a connaissance[11] des théories médicales d'Hippocrate et de Galien d'après lesquelles les mauvaises odeurs (miasmes) compromettent la qualité de l'air et occasionnent des problèmes de santé[12], en particulier chez les individus dont l'équilibre des humeurs n'a pas été atteint. Il y a donc un intérêt d'ordre médical à paver les rues.

---

10 Rigord, *Histoire de Philippe Auguste*, Elisabeth Carpentier, George Pon, Yves Chauvin, éd. Paris, CNRS éditions, 2006, p. 193.

11 Il a bénéficié des soins du médecin Gilles de Corbeil qui a écrit un *Traité des urines*, très inspiré par la théorie des quatre humeurs exposée par Hippocrate et Galien. À propos de Gilles de Corbeil, on peut lire Camille Vieillard, *Essai sur la société médicale et religieuse au XIIe siècle. Gilles de Corbeil, médecin de Philippe Auguste et chanoine de Notre-Dame (1140-1224 ?)*, Paris, H. Champion, 1908.

12 Dolly Jørgensen, « The medieval sense of smell, stench, and sanitation, » in Ulrike Krampl, Robert Beck, Emmanuelle Retaillaud-Bajac, éd., *Les cinq sens de la ville du Moyen Âge à nos jours*, Tours, Presses Universitaires François-Rabelais, 2013, p. 301-313.

En effet, si les autorités se préoccupent fréquemment dans les règlements de la circulation des véhicules dans les rues, elles s'inquiètent également des répercutions sanitaires de la présence de déchets qui encombrent la voie, comme en 1348 en pleine Peste Noire[13], ou comme dans cet autre extrait des lettres patentes pour le rétablissement du pavé et du nettoiement des rues datées de mars 1388 (livre rouge, f° 113) :

> (…) icelle Ville a esté tenue longtemps, (…) & si pleine de boes, fiens, gravois & autres ordures (…) au grand grief & prejudice des creatures humaines demourans & fréquentans en nostredite Ville, qui par l'infection & punaisie desdits boes, fians & autres ordures, sont encourures au temps passé en griefs maladies, mortalitez & infirmites de corps, dont il nous deplait fortement (…)

La pose de pavés dans les rues répond donc également à des impératifs sanitaires, ce que l'historiographie n'a pas manqué de remarquer en faisant fréquemment du premier pavage ordonné par Philippe Auguste une étape cruciale pour l'histoire de l'hygiène publique[14]. Loin de s'opposer, impératifs économiques et préoccupations sanitaires se rejoignent : ce qui entrave la circulation des véhicules est aussi susceptible de provoquer des problèmes de santé aux habitants de la ville. Les gouvernements urbains font peut-être ici une analogie[15], consciente ou inconsciente, entre la ville et le corps humain dont il faut à tout prix assurer la circulation des fluides pour qu'il reste en bonne santé, si l'on en croit les écrits médicaux d'Hippocrate et de Galien.

PAVER LES RUES POUR FAIRE DE PARIS UNE NOUVELLE ROME ?

Ainsi que le suggèrent un certain nombre de récits, depuis Rigord jusqu'à Alfred Franklin[16], paver les rues aurait permis aux Parisiens de reprendre le contrôle sur les dynamiques environnementales du site

---

13   Règlement mentionné, mais non cité dans Nicolas Delamare, Anne Le Clerc du Brillet, *Traité de la police, Continuation du Traité de la police, contenant l'histoire de son établissement, les fonctions & les prérogatives de ses magistrats ; toutes les loix & les réglemens qui la concernent... Tome quatrième. De la voirie, de tout ce qui en depend ou qui y a quelque rapport...*, Paris, J.-F. Hérissant, 1738, p. 170.

14   Pour ne citer qu'un ouvrage largement diffusé : Jean-Pierre Leguay, *La rue au Moyen Âge*, *op. cit.*

15   Janna Coomans, Guy Geltner, « On the Street and in the Bathhouse : Medieval Galenism in Action ? », *Anuario de Estudios Medievales*, 43, 2013, p. 53-62.

16   Alfred Franklin, *Étude sur la voirie et l'hygiène publique à Paris depuis le XII siècle*, Paris, Librairie Léon Willem, 1873.

de la ville, dont l'ancien nom (Lutèce) aurait gardé la trace[17]. En cela ils font du pavage des rues le signe d'une nouvelle ère de l'histoire de la ville, qui commencerait alors, selon certains auteurs, à ressembler à l'antique Rome.

Dans le quatrième tome du *Traité de la Police* qui est consacré à la voirie, Nicolas Delamare et Le Clerc du Brillet entament le deuxième chapitre dédié au pavé de Paris[18] en rappelant l'usage que les Romains faisaient des pavés dans leurs villes avant de présenter le même récit que celui raconté par Rigord à propos de la décision prise par Philippe Auguste de faire paver les rues de la ville. Quelques lignes plus bas, les auteurs reviennent au cas romain, avant de poursuivre avec la suite du récit de la pose des premiers pavés ordonnée par le roi capétien, comme le montre cet extrait :

> (…) le premier pavé de la Ville de Rome fût posé en l'une des principales rues, Via Appia, l'an 442 de la fondation, sous le Consulat de Valerius Maximus (…) Les lieux qui furent pavés, omnes vici, toutes les places publiques, & via totius civitatis, & toutes les rues de la Ville, en sorte qu'il n'y resta aucun lieu qui ne fût pavé.
> La Ville de Paris fut donc pavée la première fois, de ces pierres fortes & dures, nommées par les Latins silices (…)

Par la juxtaposition des récits du pavage de Rome et de celui de Paris, Nicolas Delamare et Le Clerc du Brillet dressent un parallèle entre les deux villes, qui est d'ailleurs déjà développé à la fin du Moyen Âge[19]. Ici, il s'agit de dire que Paris ressemble un peu plus à la glorieuse ville antique lorsque ses rues commencent à être pavées. Les deux auteurs ont probablement été, comme d'autres[20], très marqués par la lecture de *L'histoire des grands chemins de l'Empire romain*, de Nicolas Bergier, qui

---

17 Plusieurs ouvrages évoquent ainsi une hypothétique étymologie du nom « Lutèce » qui proviendrait du latin « lutum » qui signifie « boue ».

18 Nicolas Delamare, Anne Le Clerc du Brillet, *op. cit.*, p. 168. Pour une analyse critique du projet de Delamare, voir Nicole Dyonet. « L'ordre public est-il l'objet de la police dans le Traité de Delamare ? », in Gaël Rideau, Pierre Serna, éd., *Ordonner et partager la ville : XVIIᵉ-XIXᵉ siècle*, Rennes, Presses universitaires de Rennes, 2011, p. 47-74.

19 Boris Bove, « Aux origines du complexe de supériorité des Parisiens : les louanges de Paris au Moyen Âge », in Claude Gauvard, Jean-Louis Robert, éd., *Être parisien*, Paris, Éditions de la Sorbonne, 2004, p. 423-444. Par ailleurs, en référence aux empereurs romains, Philippe II est déjà surnommé « Auguste » de son vivant.

20 Sandrine Robert, « De la route-monument au réseau routier », *Les Nouvelles de l'archéologie*, 115, 2009, p. 8-12.

paraît en 1622, et qu'ils citent d'ailleurs à plusieurs reprises en marge de leurs paragraphes sur le pavé de Paris. Cet ouvrage contribue fortement à monumentaliser les voies pavées (romaines) dans l'historiographie et donc concourt à faire du pavage des voies le signe d'un changement quasi civilisationnel. Mais parce que la pose de pavés est une activité techniquement délicate, le pavage des rues est aussi investi d'une autre symbolique.

ORDONNER LE PAVAGE DES RUES, UNE DÉMONSTRATION D'AUTORITÉ

L'épisode raconté par Rigord au cours duquel Philippe Auguste ordonne le pavage des rues de Paris est très fréquemment cité, aussi bien dans l'historiographie médiévale et moderne que contemporaine. Ceci en partie parce que l'entreprise fut, poursuit Rigord, « difficile » à cause de « sa lourdeur excessive et de son coût ». Le biographe semble ainsi dire que les contraintes techniques de la pose de pavés dans les rues ne peuvent être maîtrisées que par la coordination des actions qu'organise la décision de Philippe Auguste.

Plusieurs matériaux et formats peuvent être utilisés pour paver les rues. Si à Poitiers, on utilise des cailloux et à Moulins plutôt des moellons et des pierres cassées[21], ce sont des pavés de grès qui sont utilisés à Paris. Leur taille a pu varier au cours des siècles, mais les dimensions des pavés préconisées dans une ordonnance de 1415 (6 à 7 pouces en tous sens) conviennent aux modalités de transports décrites dans les dépenses de pavage du domaine de la Ville[22]. L'utilisation des pavés de pierre à Paris n'est pas dénuée de contraintes. La première est celle du coût de l'approvisionnement en carreaux. Paris ne possédant pas de carrières de pierres « dures et résistantes », il est nécessaire d'importer des pavés des

---

21 Jean-Pierre Leguay, *La rue au Moyen Âge, op. cit.*, p. 76.
22 Un pavé de grès de 6 à 7 pouces a un poids d'environ 11 kg, ce qui est compatible avec l'idée d'un déchargement à dos d'homme (Jacques Monicat, éd., *Comptes du domaine de la Ville de Paris tome deuxième, 1457-1489*, Paris, Imprimerie Nationale, 1948, col. 362) et d'un transport en charrette par demi-centaine (voir par exemple Jacques Monicat, *ibid.*, col. 498).

carrières de grès de Fontainebleau ou de la vallée de l'Oise[23], ce qui grève considérablement le budget alloué à cette activité[24]. Une fois acheminés à Paris, puis sur le chantier de pavage, les pavés sont enfoncés[25] dans une couche de sable[26] à l'aide d'une masse, appelée « hie[27] ». Ce mode de pose rend la chaussée très vulnérable : si le liant se dissout à cause de la pluie ou bien éclate à cause du gel, alors les pavés ne sont plus correctement maintenus au sol et risquent d'être déchaussés au premier passage d'un véhicule. C'est pourquoi la rupture de pente est nuisible au pavage[28] : l'eau qui ruisselle sur la chaussée tend à stagner au niveau de chaque modification de la pente, puis descend par gravité dans la couche de sable qui tient les pavés fragilisant par la même occasion le liant.

Si la pose du pavé est mal réalisée ou bien si elle est faite à l'économie, il existe un risque important que des ruptures de pente (si ténues soient-elles) s'installent, ouvrant ainsi la voie à l'établissement de petites flaques d'eau qui vont travailler le sablon pour finalement, sur le long terme, alâchir la solidité de la chaussée. Le passage quotidien de nombreux véhicules lourdement chargés achèvera alors d'abîmer le revêtement en

---

23   Paul Benoit, « Les grès de Fontainebleau et de l'Oise : l'approvisionnement de la ville de Paris en pavés à la fin de Moyen Âge », in Jacqueline Lorenz, Paul Benoit, éd., *Carrières et constructions en France et dans les pays limitrophes. Actes du 115ᵉ congrès national des sociétés historiques et scientifiques (Avignon, 9-12 avril 1990)*, Paris, Éditions du CTHS, 1993, p. 275-289.

24   L'étude des dépenses de pavage du domaine de la Ville de Paris entre 1424 et 1489 montre que les pavés sont très majoritairement acheminés par voie d'eau depuis les carrières de Fontainebleau. L'extraction, la vente et la livraison de ces pavés représentent entre 29 % et 62 % des dépenses annuelles de pavage, avec une moyenne située à 44 %. (Léa Hermenault, « Le pavage des rues de la Croisée de Paris à la fin de la période médiévale, apports de l'étude des comptes du domaine de la Ville », *Bulletin de la Société de l'Histoire de Paris et de l'Île-de-France*, 142, 2017, p. 19-37).

25   On dit que l'on « bat le pavé » pour le damer.

26   Si dans d'autres villes il est fait mention d'une couche de terre et/ou de l'utilisation de mortier (comme à Amiens par exemple, voir Mathieu Béghin, « *Pour le bien et utilité de ladite ville et du pays environ*. L'activité de pavage à Amiens, dans ses faubourgs et sa banlieue au xvᵉ siècle », *Bulletin de la Société des Antiquaires de Picardie*, n° 715-716, 2017, p. 774-814), il n'est jamais fait allusion à autre chose que du sablon à Paris dans les dépenses de pavage du xvᵉ siècle.

27   Un outil qui est utilisé jusqu'au xxᵉ siècle et qui est visible sur quelques représentations montrant des paveurs au travail. La plus connue étant celle-ci : Bibliothèque municipale de Besançon (BM Besançon), ms. 677, f° 69v.

28   Des paveurs peuvent être condamnés à refaire à leurs frais le pavage d'une rue selon le « viel & ancien allignement & pente du pavé » de la rue, ainsi qu'en témoigne l'arrêt du Parlement du 16 février 1523 (volume des Bannières du Châtelet, f° 246v°) reproduit dans Nicolas Delamare, Anne Le Clerc du Brillet, *Traité de la police (…), op. cit.*, p. 175.

déchaussant les pavés qui ne sont désormais plus solidaires : se créent alors des nids de poules qui rendent la chaussée plus impraticable encore pour les chariots dont les roues risquent de rester coincées dans les trous et n'en ressortiront que lorsque les animaux de trait ou le conducteur/la conductrice du chariot forcera sur le châssis du véhicule. Une des solutions pour éviter ces risques est de confier à une seule équipe le soin de coordonner le pavage d'un bout à l'autre d'un tronçon de la voie[29], afin de s'assurer de l'homogénéité du mode de pose des pavés, de la qualité des carreaux et du sablon utilisés ainsi que de veiller au respect d'un pendage décidé avant le début du travail.

C'est probablement la finalité de la décision de Philippe Auguste qui, après avoir exprimé le désir de voir les rues de Paris pavées, confie par son autorité royale (*regia auctoritate*) le pavage des rues de la ville aux « bourgeois » et au « prévôt de la cité[30] ». Autrement dit, il délègue la coordination de ces travaux à ces personnes. Après que les bourgeois de Paris se soient constitués en prévôté des marchands vers 1260, c'est à cette dernière qu'échoue la charge du pavage des rues qui composent ce que l'on appelle la « Croisée de Paris », c'est-à-dire les rues qui traversent la ville d'Est en Ouest et du Nord au Sud, et qui sont probablement les plus empruntées. Afin qu'elle puisse financer cette nouvelle tâche qui lui incombe, le roi confie les droits de chaussée à la prévôté des marchands en 1286[31]. En confiant la coordination d'un certain type de travaux à une institution, le roi démontre par la même occasion son autorité sur cette dernière. Donner l'ordre de la réalisation d'une activité qui nécessite une grande coordination permet au roi d'attester du respect qu'on lui porte. Ceci fait donc aussi de la pétrification des rues le symbole de la présence d'une autorité centrale écoutée, et explique par la même

---

29 En pratique cependant, lors de travaux de réfection du pavage, un tronçon de voie est rarement repavé dans son entièreté. Il s'agit plutôt en général de réfections ponctuelles.

30 Il est cependant probable que seules les rues qui formaient la Croisée de Paris furent alors pavées, le reste étant laissé à la charge des riverains. (S. Dupain, *Notice historique sur le pavé de Paris depuis Philippe-Auguste jusqu'à nos jours*, Paris, Impr. De C. de Mourgues frères, 1881, p. 7).

31 Dans l'arrêt du Parlement de février 1286, le roi accorde à la prévôté des marchands la levée d'un droit pour pourvoir à l'entretien des chaussées. Voir S. Dupain, *op. cit.*, p. 10-11. Comme on le verra plus bas, la délégation de levées de taxes ou la création de taxes destinées à financer les travaux de pavage est un mode de financement très courant que l'on retrouve dans de nombreuses villes. Paris n'est donc absolument pas une exception.

occasion la lecture symbolique qui est souvent faite du pavage des rues par les historiographes et les historien-ne-s plus contemporain-e-s.

UNE PÉTRIFICATION DES RUES
QUI DÉPEND DU CONTEXTE ÉCONOMIQUE ?

L'analyse des registres de dépenses de pavage réalisées par la prévôté des marchands permet d'aller au-delà des discours théoriques et d'étudier très concrètement les modalités de la pétrification de certaines rues à Paris à la fin du Moyen Âge.

LES DÉPENSES DE PAVAGE DU DOMAINE DE LA VILLE DE PARIS

Aux périodes médiévale et moderne, la prévôté des marchands de Paris gère un domaine (terres, droits, rentes, etc.) que l'on nomme « domaine de la Ville de Paris ». Recettes et dépenses engagées par la gestion de ce domaine sont présentées dans les « comptes du domaine de la Ville », rédigés chaque année par le clerc-receveur. La plupart de ces comptabilités ont été perdues. Seul un registre original subsiste par exemple pour la période médiévale[32]. Les chercheurs peuvent cependant exploiter les copies de certains de ces documents, qui ont été faites sur l'ordre du procureur du roi et de la ville Antoine Moriau au début du XVIIIe siècle, en vue de la constitution d'une bibliothèque historique de Paris[33]. Ces reproductions sont de très bonne qualité. Elles ont été jugées fidèles au texte original[34] et ont fait l'objet d'une édition[35]. La série de ces comptes débute en 1424 et se termine en 1489. L'ensemble de la période n'est toutefois pas documenté puisque seuls 23 registres couvrant une période de 25 années entre ces deux dates sont disponibles (fig. 1).

---

32 Bibliothèque Nationale de France (BNF), ms français 11686.
33 Jacques Monicat, « introduction », in Jacques Monicat, éd., *op. cit.*, p. XLI.
34 *Ibid.*, p. XLXI.
35 Paul Dupieux, Léon Le Grand, Alexandre Vidier, éd., *Comptes du domaine de la Ville de Paris tome premier, 1424-1457*, Paris, Imprimerie nationale, 1948, et Jacques Monicat, *op. cit.*

FIG. 1 – Répartition dans le temps des registres de compte qui ont été conservés sous la forme de copies, puis édités en 1948 et 1958, Léa Hermenault.

L'exploitation de ces comptabilités du XVe siècle permet d'observer l'évolution de l'action publique menée par la prévôté des marchands durant une période profondément marquée par la guerre civile entre Armagnacs et Anglo-Bourguignons, et l'occupation anglaise jusqu'en 1436. Alors que guerres et pillages entravent les circulations routières et fluviales aux alentours de la ville provoquant une crise commerciale, l'explosion de la bulle immobilière[36] entraîne une crise du logement qui perdure encore quelques années après la fin de l'occupation anglaise[37] ; la reprise commerciale est favorisée par le retour de Pontoise dans le giron du roi de France en 1441, puis amplifiée dans les années 1450-1452 par la réouverture à la libre navigation entre Paris et la Basse-Seine[38].

Parmi les différents chapitres de recettes et de dépenses présentés dans les registres de compte, figure celui des dépenses de pavage, correspondant aux travaux de réfections de certaines chaussées prises en charge par le domaine de la Ville et qui forment la « Croisée de la ville ». L'analyse et la cartographie de ces dépenses de pavage permettent de constater que les rues de la Croisée de Paris ne font pas toutes aussi régulièrement l'objet de travaux de réfection. Les paveurs semblent intervenir lorsque la chaussée n'est plus en bon état, et ne repavent jamais une rue dans son entièreté[39]. (fig. 2)

---

36 Bove Boris, « Crise locale, crises nationales. Rythmes et limites de la crise de la fin du Moyen Âge à Paris au miroir des prix fonciers », *Histoire urbaine*, 33, 2012, p. 105-106.

37 Jean Favier, *Nouvelle histoire de Paris. Paris au XVe siècle, 1380-1500*, Paris, Association pour la publication d'une histoire de Paris, 1974, p. 184.

38 *Ibid.*, p. 298-299.

39 Paris n'est pas un cas isolé à ce propos. Il s'agit bien au contraire d'un phénomène général. Voir par exemple Jean A. Dupont, « L'urbanisme en matière de voirie à Mons à la fin du Moyen Âge », in *Autour de la ville en Hainaut. Mélanges d'archéologie et d'histoire urbaines offerts à Jean Dugnoille et à René Sansen à l'occasion du 75ᵉ anniversaire du Cercle royal d'Histoire et d'Archéologie d'Ath*, Ath, Cercle royal d'Histoire et d'Archéologie d'Ath et de la région et musée Athois, 1986, p. 227-253 ; Bram Jasper Vannieuwenhuyze, « Le pavage des rues à Bruxelles au Moyen Âge », in *Actes du VIIe Congrès de l'Association des Cercles francophones d'Histoire et d'Archéologie (Ottignies - Louvain-la-Neuve, 26-28 août 2004)*, t. 1, Bruxelles, Ed. Safran, 2007, p. 299-307 ; Mathieu Béghin, « *Pour le bien et utilité de ladite ville (…)* », *op. cit.*

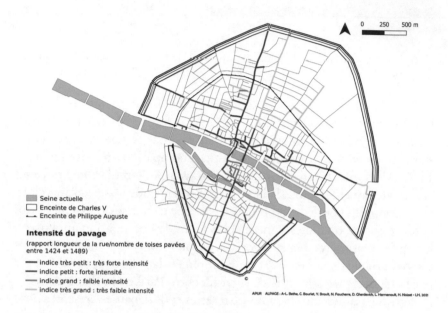

Seine actuelle
Enceinte de Charles V
Enceinte de Philippe Auguste

Intensité du pavage
(rapport longueur de la rue/nombre de toises pavées
entre 1424 et 1489)

— indice très petit : très forte intensité
— indice petit : forte intensité
— indice grand : faible intensité
— indice très grand : très faible intensité

FIG. 2 – Intensité de pavage/repavage par rue entre 1424 et 1489 d'après
les dépenses réalisées par le domaine de la Ville, Léa Hermenault.

DES MODALITÉS D'INVESTISSEMENT QUI ÉVOLUENT AU COURS DU SIÈCLE

Si l'on observe aucune évolution dans la documentation comptable
étudiée entre 1424 et 1489 pour ce qui est des modalités de paiement des
artisans paveurs (ils sont toujours rémunérés à la tâche[40]), l'analyse des
dépenses de pavage montre par contre que les pratiques d'investissement
évoluent entre ces deux dates (Fig. 3). Entre 1424 et 1489, ce sont
84 rues qui sont concernées au moins une fois par une dépense liée à
la pose de pavés.

---

40 Le personnel manutentionnaire (chargement des pavés dans la charrette, évacuations des
boues, etc.) est par contre souvent payé au temps de travail jusqu'en 1457-1458. Ils sont
ensuite payés à la tâche.

Années comptables	Nombre de rues pour lesquelles le domaine investi	Somme moyenne (en livre parisis) investie par rue
1424-1425	8	69
1425-1426	11	33
1426-1427	3	14
1427-1428	5	16
1440-1441	7	15
1441-1442	6	5
1442-1443	7	15
1443-1444	8	8
1444-1445	1	274
1445-1446	8	36
1446-1447	6	22
1447-1449	8	28
1449-1450	3	3
1450-1451	7	9
1451-1453	19	17
1455-1456	14	14
1456-1457	11	21
1457-1458	19	25
1458-1460	26	7
1470-1471	14	27
1473-1474	40	12
1488-1489	31	16

Fig. 3 – Tableau indiquant la somme moyenne annuelle investie par rue par la prévôté des marchands pour les travaux de pavage/repavage ainsi que le nombre de rue concernées par année entre 1424 et 1489, Léa Hermenault.

En effet, jusqu'à la fin des années 1440, les dépenses sont concentrées sur un petit nombre d'axes viaires, mais les sommes investies sont relativement importantes, par rapport à ce qu'elles seront plus tard[41]. En revanche à partir des années 1450, les montants dépensés sont plus faibles, mais concernent beaucoup plus de rues. Pour 21 des 84 rues, le domaine ne semble prendre en charge que l'approvisionnement en matières premières. Il est possible que les frais de pose demeurent à la charge des riverains[42].

---

41 La médiane de la série des dépenses de pavage entre 1424 et 1449 est de 15 l.p. (la moyenne est de 27 l.p.), alors qu'elle est de 3 l.p. entre 1450 et 1489 (la moyenne est de 15 l.p.).

42 S. Dupain, *op. cit.*, p. 14. Philippe Lardin évoque au moins un cas à Rouen où les frais de pavage sont partagés entre l'institution municipale, les riverains et les religieux de

Pour 18 de ces 21 rues, la première dépense du domaine les concernant se fait dans la seconde moitié du XVᵉ siècle, et pour 10 d'entre elles, elle a lieu en 1473-1474 ou 1488-1489. Sans qu'elle soit justifiée dans les textes, la prise en charge d'autres rues que celles qui formaient la Croisée de Paris au début du siècle semble s'accélérer à la fin du siècle. Les nouvelles rues dans lesquelles la prévôté des marchands intervient se situent pour la grande majorité d'entre elles en connexion avec une des rues déjà prises en charge et/ou aboutissant à une des portes de la ville. Par ailleurs, la part des dépenses que consacre la prévôté des marchands au pavage des rues augmente régulièrement dans la seconde moitié du XVᵉ siècle, ainsi qu'en témoigne la fig. 4.

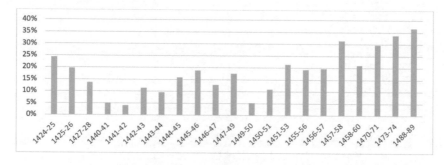

FIG. 4 – Évolution de la part des dépenses de pavage (en pourcentages) dans le total des dépenses enregistrées dans les comptes du domaine de la Ville, Léa Hermenault.

Ce changement dans les modalités d'investissement[43] est, au moins en partie, lié au contexte économique et aux moyens de financement des travaux de réfection des voies.

UNE DYNAMIQUE DE PÉTRIFICATION FORTEMENT LIÉE AU MODE DE FINANCEMENT

Comme nous l'évoquions plus haut, Philippe le Bel concède la gestion des fermes des chaussées de la ville à la prévôté des marchands en

---

la Madeleine, responsables de l'Hôtel-Dieu, qui étaient les principaux utilisateurs de la portion de quai qui devait être repavée. (Philippe Lardin, *op. cit.*)

43 Des évolutions sont aussi perceptibles dans l'écriture comptable. Voir Léa Hermenault, « Mesurer et localiser le travail des artisans paveurs dans la ville : les dépenses de pavage du Domaine à Paris au XVᵉ siècle », *Histoire urbaine*, n° 43, 2015, p. 13-29.

1286 afin de l'aider à financer les travaux[44], peu après que cette dernière, probablement à la suite de la Hanse des marchands de l'eau, se soit vue confier le pavage des rues de la Croisée de la ville. Les chaussées en question sont les routes qui mènent aux portes de la ville (portes Saint-Martin, Saint-Denis, Saint-Antoine, du Temple, Saint-Honoré, Montmartre, Bordelles, de Saint-Victor, Saint-Jacques, Saint-Michel, Saint-Germain-des-Prés, de Buci, chaussée de la chapelle Saint-Denis et chaussée du Bourget) où se situent des péages. Ces derniers sont affermés par paire chaque année après enchères[45] (Fig. 5).

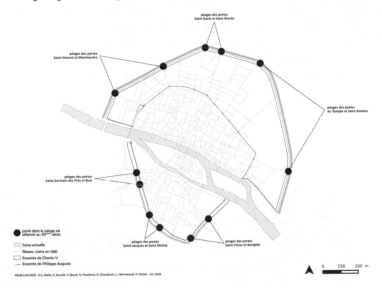

FIG. 5 – Localisation des chaussées affermées par la Ville au XVᵉ siècle, Léa Hermenault.

L'objectif de cet affermage est que les utilisateurs des chaussées (les personnes qui rentrent et qui sortent de la ville) soient ceux qui financent leur entretien[46]. Les montants de ces fermes, appelées les « fermes des

---

44 Nous n'avons pas la trace d'autres moyens de financement. Pour plus d'information sur ces questions, voir Katia Weidenfeld, *La police de la petite voirie à Paris à la fin du Moyen Âge*, Paris, LGDJ, 1996, p. 150.

45 Pour plus de précisions sur le fonctionnement de ces fermes à Paris et sur les difficultés et fraudes dont elles sont à l'origine. Voir Katia Weidenfeld, *ibid.*, p. 152 et suivantes.

46 La levée d'une taxe par l'institution municipale (ou son équivalent dans le cas de Paris) destinée au financement des travaux de pavage dont elle a la charge est un phénomène courant. On le retrouve par exemple un « droit de cauchie » à Saint-Omer (André Derville,

chaussées », sont enregistrés dans les mêmes registres de comptes que les dépenses de pavage. Ces sommes dépendent fortement de la conjoncture économique. En effet, lors des nombreux troubles que connut Paris au cours du XVᵉ siècle, certaines portes étaient fermées afin de mieux protéger la ville. C'est notamment le cas pendant la période anglo-bourguignonne jusque dans les années 1440. Les chaussées n'étaient alors pas affermées, ou bien alors à un montant très faible. L'insécurité diminue ensuite, ce qui permet aux échanges commerciaux de reprendre[47]. On déplâtre alors les portes qui avaient été fermées et le domaine parvient à affermer l'ensemble des chaussées. La somme perçue par l'affermage de ces dernières augmente alors progressivement.

Si l'on examine l'évolution des montants obtenus pour l'ensemble des portes de Paris en parallèle de l'évolution du nombre de toises pavées par le domaine chaque année, alors on obtient le graphique suivant (fig. 6) :

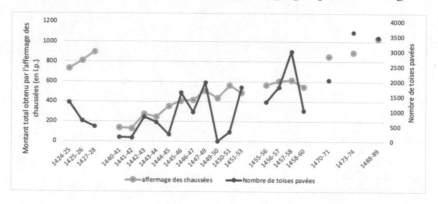

FIG. 6 – Évolution du nombre de toises pavées par année comptable et du montant obtenu par l'affermage des chaussées de la ville entre 1424 et 1489, Léa Hermenault.

L'évolution du nombre de toises pavées semble suivre les mêmes tendances que celle des montants obtenus par l'affermage des chaussées

---

Saint-Omer, des origines au début du XIVᵉ siècle, Lille, Presses universitaires de Lille, 1995, p. 58), ou bien à Amiens (Mathieu Béghin, « Pour le bien et utilité de ladite ville (…) », op. cit., p. 801). Les institutions municipales peuvent aussi lever d'autres impôts sur les produits et les véhicules qui rentrent dans la ville (comme le « droit d'entrage » à Dijon), mais dont le produit n'est pas exclusivement réservé au pavage des rues. Pour quelques éléments de synthèse sur ces questions de financement des travaux dans le royaume de France, voir Jean-Pierre Leguay, La pollution au Moyen Âge, op. cit.

47   Favier Jean, op. cit., p. 298-299.

(le premier augmente en même temps que les seconds et vice-versa), excepté pour les premières années de la série, entre 1424 et 1428, pour lesquelles il est possible que l'entièreté des sommes obtenues grâce aux fermes des chaussées n'ait pas été consacrée à la pose de pavés dans les rues puisque les dépenses de pavage sont en baisse pendant la même période[48]. Lorsque les sommes perçues sont au plus bas, au début des années 1440, c'est l'ensemble de la chaîne de travail qui doit faire des économies : en effet, entre 1440 et 1443, la prévôté des marchands achète davantage de « vieux » pavés qu'à l'accoutumée parce que ceux-ci sont moins chers que les pavés « neufs[49] ». On remarque par contre qu'aucune toise n'est pavée en 1449-1450 et ce malgré la somme non négligeable obtenue par l'affermage des chaussées : cette année-là, le domaine choisit d'acheter un nombre important de pavés, et se contente de prendre en charge quelques menus frais de transport de pavés jusqu'à certains chantiers pour des rues qui ne font pas partie de la Croisée de la ville, sans y paver la moindre toise[50].

---

48 Le nombre de pavés achetés ainsi que quelques dépenses de pavage liées à la réfection de caniveaux réalisées pendant ces années ne suffisent pas à expliquer le décalage entre le montant des fermes obtenus et la somme des dépenses de pavage entre 1424 et 1428. On peut poser l'hypothèse (mais sans en avoir aucune preuve) qu'étant donné le contexte une partie de ces recettes ait pu être affectée aux fortifications. Philippe Lardin rapporte le cas à Rouen d'une taxe de pavage qui a été détournée de sa fonction première par le vicomte qui l'utilisait pour faire des travaux dans le domaine royal. (Philippe Lardin, *op. cit.*)

49 En effet, plus de 30 % des pavés décrits dans les comptes comme « vieux » sont achetés entre 1440 et 1443. L'utilisation de pavés d'occasion est courante. On le voit à Rennes par exemple (Jean-Pierre Leguay, *la ville de Rennes au XVᵉ siècle à travers les comptes des Miseurs*, Paris, C. Klincksieck, 1969), et Janna Coomans l'observe aussi à Gand (Janna Coomans, « Stratenmakers : infrastructuur, gebuurten en het publiek belang in laatmiddeleeuws Gent », *Handelingen der Maatschappij voor Geschiedenis en Oudheidkunde te Gent*, 72, 2019, p. 125-159). Cécile Sabathier a montré récemment que les pratiques de remploi sont fréquentes pendant les périodes de conflits militaires dans le Sud-Ouest (Cécile Sabathier, « La récupération et le réemploi des matériaux dans les villes du sud-ouest de la France pendant la guerre de Cent Ans », *Mélanges de l'École française de Rome - Moyen Âge*, 129-1,2017). Par ailleurs, Nicolas Moucheront a quant à lui montré que certains pavés récupérés peu après l'effondrement du pont Notre Dame en 1499 sont envoyés sur les chantiers de pavage dans la ville (Nicolas Moucheront, « Effondrement et reconstruction du pont Notre-Dame à Paris en 1499 : réemploi et organisation du chantier », *Mélanges de l'École française de Rome - Moyen Âge*, 129-1, 2017).

50 On peut envisager, sans preuve cependant, que la prévôté fait ici don de pavés aux riverains qui s'engagent à financer leur pose, comme c'est le cas parfois à Amiens (Mathieu Béghin, « *Pour le bien et utilité de ladite ville (…)* », *op. cit.*, p. 804). Il est aussi possible qu'une partie des revenus issus de l'affermage des portes n'aient pas été affectés à la réfection du pavage, mais à un autre poste de dépense.

De manière générale la hausse des sommes obtenues grâce aux fermes des chaussées permet probablement à la prévôté des marchands de paver/repaver des surfaces plus importantes dans la seconde moitié du xve siècle. Durant la même période, rappelons-le, la prévôté consacre une part de plus en plus importante de ses dépenses à ce type de travaux[51] (*cf.* fig. 4) et semble changer de stratégie d'investissement, puisque plutôt que de concentrer l'activité des paveurs qu'elle rémunère sur quelques rues comme c'était le cas dans les années 1420, elle fait au contraire le choix d'investir de plus petits montants dans un plus grand nombre de rues, ce que remarquent également Mathieu Béghin à Amiens et Cléo Rager à Troyes[52]. Il est ainsi possible que la reprise économique et donc la hausse des montants obtenus par l'affermage de chaussées ait été à l'origine d'un changement de politique de pavage/repavage des rues à l'échelle de la ville dans la seconde moitié du xve siècle.

À Paris comme dans le reste des villes d'Europe de l'Ouest, le pavage des rues médiévales répond à plusieurs nécessités ou résolutions. Il permet d'abord de faciliter la circulation des véhicules dans la ville afin d'approvisionner les habitants. Le premier pavage d'une rue doit également permettre d'enfouir les boues dont exhalent des miasmes considérés comme étant néfastes à la santé des êtres humains, et de reprendre le contrôle sur des dynamiques environnementales qui sont susceptibles d'entraîner des risques sanitaires. Par la suite, la présence de pavés doit permettre de faciliter le nettoiement des boues qui continuent de s'accumuler dans les rues. L'ensemble de ces motivations font du pavage des rues un signe facilement perceptible – et donc fréquemment utilisé dans l'historiographie – de la présence de certaines préoccupations sanitaires et économiques au sein des sociétés médiévales. Mais parce que la pose de pavés de pierre revêt des contraintes techniques qui façonnent en partie l'autorité de ceux qui l'ordonnent et/ou la financent, elle est également investie d'une lourde charge symbolique. L'historiographie n'aura pas non plus manqué de valoriser cette dernière, et ce dès l'instant

---

51   Mathieu Béghin montre aussi que les travaux de pavage sont en augmentation constante à partir des années 1470 (Mathieu Béghin, « *Pour le bien et utilité de ladite ville (…)* », *op. cit.*, p. 807).

52   Cléo Rager observe la même tendance à la dispersion des dépenses dans la seconde moitié du xve siècle à Troyes (Cléo Rager, *op. cit.*, p. 452), tout comme Mathieu Béghin le fait pour Amiens (Mathieu Béghin, « *Pour le bien et utilité de ladite ville (…)* », *op. cit.*, p. 807).

où la décision de paver les rues est ordonnée, ainsi qu'en témoigne le récit de ce moment donné par Rigord.

L'étude des dépenses de pavage réalisées par la prévôté des marchands de Paris entre 1424 et 1489 nous permet d'aller au-delà des récits panégyriques. L'analyse de la réfection du pavage de la Croisée de Paris durant cette période nous donne à voir des mécanismes de financement, des problèmes pratiques et des logiques d'investissement très similaires à ce que d'autres chercheur-e-s ont montré pour Amiens, Troyes et Gand[53] par exemple. L'ensemble de ces études montrent que, au-delà des résolutions et des symboles, la dynamique de pétrification des rues était au XVe siècle très dépendante des rentrées fiscales destinées au financement des travaux de pavage. À Paris, le pavage devient une prérogative royale en 1604 et les travaux sont baillés à des artisans paveurs, pour des montants croissants jusqu'à la fin du XVIIIe siècle. Ces baux, dont le coût témoigne de l'extension des surfaces pavées[54], sont financés à partir de 1606 par un impôt prélevé sur le vin qui entre à Paris. L'autorité monarchique déplace ainsi la charge du financement du pavage sur un produit de grande consommation.

Léa HERMENAULT
Universiteit van Amsterdam

---

53   Mathieu Béghin, « *Pour le bien et utilité de ladite ville (…)* », *op. cit.* ; Cléo Rager, *op. cit.* ; Janna Coomans, *Community, Urban Health and Environment in the Late Medieval Low Countries*, Cambridge, Cambridge University Press, forthcoming in 2021.

54   Nicolas Lyon-Caen, Raphaël Morera, *À vos poubelles citoyens ! Environnement urbain, salubrité publique et investissement civique (Paris, XVIe-XVIIIe siècle)*, Paris, Éditions du Champ Vallon, 2020, p. 48.

LEGNO E PAGLIA, PIETRA E MATTONE

Tecniche edilizie e decoro urbano negli insediamenti del Piemonte bassomedievale

Gli statuti del comune di Vercelli del 1241, al capo 288, imponevano ai fornaciai di produrre «lapides et cupos bene coctos et bene maxeratos et ad modum communis, ita quod miliarium lapidum non vendant ultra solidos XV et miliarium cuporum solidos XXII[1]». La peculiarità della realtà subalpina bassomedievale risiede in queste poche righe: i *lapides*, nell'alta Pianura padana, erano *cocti*, ossia erano mattoni. Peraltro, affermare che nei secoli finali del medioevo l'architettura dell'area, eccezion fatta per i villaggi lungo l'arco alpino, si connotasse per un uso estensivo del laterizio parrebbe quasi un'ovvietà: le testimonianze materiali di tale tendenza sono, spesso, ancora sotto i nostri occhi (fig. 1). Altrettanto ovvio e documentato è il fatto che nel medesimo periodo, a fronte di una robusta ripresa economica e, soprattutto, del recupero di capacità tecniche e produttive che erano andate smarrendosi durante l'alto medioevo, si assista al passaggio da un uso pressoché esclusivo del legno e dei materiali deperibili alla muratura per la realizzazione delle membrature portanti, *in primis* quelle verticali[2]. Con riferimento

---

1   Il presente contributo prende le mosse, sviluppandone contenuti e ambiti di analisi, dal saggio Enrico Lusso, «Legno e mattone. Consistenza edilizie e immagine degli insediamenti subalpini dei secoli XIII-XV», in Enrico Basso, Philippe Bernardi, Giuliano Pinto, a cura di, *Le pietre delle città medievali. Materiali, uomini, tecniche (area mediterranea, secc. XIII-XV)*, Cherasco, Centro Internazionale di Studi sugli Insediamenti Medievali, 2020, p. 97-128. – Giovanni Battista Adriani, a cura di, *Statuti del comune di Vercelli dell'anno MCCXLI aggiuntici altri monumenti storici dal MCCXLIII al MCCCXXXV*, Torino, Paravia, 1877, col. 113, cap. 288, *De fornaxariis*.

2   La letteratura sul tema dell'uso del legno nell'edilizia e del suo graduale superamento è quanto mai ampia. Per un quadro di riferimento si rimanda a Gian Pietro Brogiolo, Sauro Gelichi, *La città nell'alto medioevo italiano. Archeologia e storia*, Roma-Bari, Laterza, 1998, p. 104 sgg.; Paola Galetti, *Uomini e case nel Medioevo tra Occidente e Oriente*, Roma-Bari, Laterza, 2001, p. 103 sgg.; Francesca Bocchi, *Per antiche strade. Caratteri e aspetti delle città medievali*, Roma, Viella, 2013, p. 409-436; Andrea Augenti, *Archeologia dell'Italia medievale*, Roma-Bari, Laterza, 2016, p. 60-81, 114-125; Riccardo Rao, *I paesaggi dell'Italia medievale*,

all'architettura civile, quando ciò sia avvenuto è suggerito da dati materiali, documentari e archeologici: a partire dal XIII secolo[3]. Restano tuttavia senza risposte univoche – o pienamente soddisfacenti – alcuni interrogativi, su cui si focalizzerà la nostra attenzione.

Prima di procedere appare, però, necessario precisare alcuni aspetti di metodo, utili a collocare in una corretta prospettiva le riflessioni che saranno proposte. Intanto una puntualizzazione di natura territoriale: com'è noto, l'area subalpina, nei secoli qui analizzati, non rappresentava un'entità geopolitica omogenea; al contrario, l'attuale regione piemontese può essere descritta come un coacervo stratificato di poteri non sempre facilmente riconoscibili nella loro dimensione spaziale[4], spesso in concorrenza tra loro e con ambiti di giurisdizione talvolta sovrapposti e difficilmente circoscrivibili. In primo luogo, per quanto avviata verso un inevitabile crepuscolo a partire dai decenni finali del

---

Roma, Carocci, 2015, p. 43-57. Spunti di riflessione anche in Franco Franceschi, Ilaria Taddei, *Le città italiane nel Medioevo. XII-XIV secolo*, Bologna, Il Mulino, 2012, p. 21-25.

3   Con riferimento all'ambito subalpino si veda Giuseppe Gullino, *Uomini e spazio urbano. L'evoluzione topografica di Vercelli tra X e XIII secolo*, Vercelli, Società Storica Vercellese (SSV), 1987, p. 69-112; Patrizia Chierici, Rinaldo Comba, «L'impianto e l'evoluzione del tessuto urbano», in Rinaldo Comba, a cura di, *Cuneo dal XIII al XVI secolo. Impianto ed evoluzione di un tessuto urbano*, Cuneo, L'Arciere, 1989, p. 20-63; Egle Micheletto, «La villanova di Cuneo: il contributo della ricerca archeologica per la conoscenza di una città bassomedievale», *ibid.*, p. 71-103; Claudia Bonardi, «Le premesse dello sviluppo urbano di Cherasco: il tessuto edilizio medievale», in Francesco Panero, a cura di, *Cherasco. Origine e sviluppo di una villanova*, Cuneo, Società per gli Studi Storici, Archeologici ed Artistici della Provincia di Cuneo (SSSAACn), 1994, p. 107-127; Patrizia Chierici, Giovanni Donato, Egle Micheletto, «"Piazza vecchia" a Savigliano: fonti materiali per una storia delle trasformazioni edilizie», in Elisabetta De Minicis, Enrico Guidoni, a cura di, *Case e torri medievali*, Roma, Kappa, 1996, vol. I, p. 28-40; Egle Micheletto, «Archeologia medievale ad Alba: note per la definizione del paesaggio urbano (V-XIV secolo)», in Egle Micheletto, a cura di, *Una città nel Medioevo. Archeologia e architettura ad Alba dal VI al XV secolo*, Alba, Famija Albeisa, 1999, p. 31-59; Gianluigi Bera, *Asti. Edifici e palazzi nel medioevo*, Savigliano, Gribaudo, 2004; Fabio Pistan, «Fonti archeologiche per il Trecento vercellese: i dati per la città dalle indagini nel quadrante sud-orientale», in *Vercelli nel secolo XIV*, Vercelli, SSV, 2010, p. 641-680. I dati risultano confrontabili generalmente con quelli emersi in ambito milanese e, dunque, applicabili anche alla realtà dell'estremo Piemonte orientale: David Andrews, «Aspetti urbanistici e cultura materiale», in *Milano e la Lombardia in età comunale. Secoli XI-XIII*, Cinisello Balsamo, Silvana Editoriale, 1993, p. 202-205.

4   In merito alle difficoltà nel pervenire a una definizione geograficamente riconoscibile dei confini in età medievale cfr. Aldo Angelo Settia, *Monferrato. Strutture di un territorio medievale*, Torino, Celid, 1983, p. 69 sgg.; Eleonora Destefanis, «Il confine in età medievale: strategie e modalità di definizione territoriale nel Vercellese», in Gisella Cantino Wataghin, a cura di, *«Finem dare». Il confine, tra sacro, profano e immaginario. A margine della stele bilingue del Museo Leone di Vercelli*, Vercelli, Edizioni Mercurio, 2011, p. 339-359.

XIII secolo, sopravviveva robusta la dimensione comunale, soprattutto in alcuni centri urbani del Piemonte meridionale (Alba, Asti, Alessandria) e orientale (Vercelli e Novara). Vi era poi la componente signorile, in fase di graduale ripresa. I principati dell'area che mantenevano una significativa capacità di coordinamento territoriale – progressivamente estesa anche ai centri urbani maggiori – erano, nei secoli XIII-XV, la contea poi ducato di Savoia con l'appannaggio subalpino dei Savoia-Acaia (autonomo dal 1295 e fino al 1418), i marchesati di Saluzzo e di Monferrato, cui si aggiungevano dominati meno estesi, ma non per questo meno radicati a livello locale. A titolo esemplificativo si cita la galassia di marchesati aleramici del Piemonte meridionale (Ceva, del Carretto ecc.). Al cadere del Duecento, inoltre, i Visconti signori di Milano fecero la loro comparsa sulla scena, acquisendo dapprima il controllo di ampie porzioni territoriali nell'estremo est della regione e penetrando poi, nel corso del secolo successivo, nel suo cuore, fino ad Asti, Bra e Cherasco[5].

FIG. 1 – Uno degli spazi urbani subalpini che ha meglio conservato le proprie caratteristiche bassomedievali: la *platea* – oggi piazza Santorre di Santarosa – di Savigliano (foto E. Lusso).

5   Per una sintesi si rimanda ad Anna Maria Nada Patrone, *Il medioevo in Piemonte. Potere, società e cultura materiale*, Torino, UTET, 1986.

Per quanto interessa in questa sede, ognuno di tali attori istituzionali aveva accesso a risorse e capacità produttive differenti e variabili in base alle caratteristiche del territorio su cui esercitava la propria giurisdizione e ciò, inevitabilmente, condizionava i modi della produzione edilizia, i tempi di diffusione di nuovi semilavorati e quelli di maturazione e aggiornamento delle tecniche costruttive. Ciò ha suggerito l'opportunità, invece che procedere a un'analisi orientata dagli assetti geopolitici dell'area, di affrontare un tentativo di sintesi a scala regionale, cercando, laddove possibile, di far emergere le specificità culturali, le resistenze locali nonché le sperimentazioni di possibilità costruttive e compositive garantite dall'uso di nuovi materiali. È una scelta, me ne rendo conto, che comporta limiti e rischi, soprattutto per quanto attiene alla determinazione del campione da analizzare, inevitabilmente condizionata dalla necessità di dover offrire una rappresentazione il più esaustiva possibile delle varie caratteristiche territoriali, evitando – e qui entra comunque in gioco una valutazione del più generale assetto geopolitico – le realtà simili o sovrapponibili e prediligendo, laddove possibile, quelle che paiono aver assunto un ruolo di riferimento per il contesto in cui erano collocate (fig. 2). Si tenga, però, conto di un fatto: per l'area interessata non esistono studi estensivi sull'argomento e le riflessioni che seguono non ambiscono a proporre una sintesi esaustiva dei problemi ancora aperti, quanto a suggerire linee di ricerca che dovranno senza dubbio essere approfondite e precisate.

Per tale ragione, nel corso della disamina che segue quattro saranno i temi presi in considerazione. Se vale l'indicazione di un orizzonte duecentesco per la "pietrificazione" dell'architettura civile suggerito in precedenza, pare necessario precisare i tempi e i modi di questa trasformazione, senz'altro condizionati dalle evocate resistenze locali e tradizioni consolidate, talvolta anche con esplicita preferenza verso l'impiego della muratura in pietra, soprattutto nelle aree montane e pedemontane. In secondo luogo si analizzeranno i nessi stabilitisi tra poteri locali e/o territoriali e produzione di laterizi, in termini di normativa, di attività di sostegno e di iniziative di natura protezionistica. Ciò pone, inevitabilmente, il tema delle fonti che, in ragione delle scelte di metodo illustrate, appaiono quanto mai eterogenee e limitate agli ambiti su cui esercitavano la propria giurisdizione i vari "soggetti produttori". La scelta, per certi versi obbligata, è stata quella di selezionare *corpora* documentari quanto meno coerenti come natura, privilegiando dunque gli statuti per i contesti comunali e i registri di rendiconti, laddove esistenti (Savoia e Savoia-Acaia, Paleologi di Monferrato, Visconti nel caso astigiano), per i territori su cui proiettavano il proprio dominio i poteri signorili. Nel caso dei primi, occorre tenere a mente che si tratta sostanzialmente di fonti amministrative, le cui norme spesso riflettono, più che una specifica realtà, convenzioni e prescrizioni generiche[6]. Il rischio di incorrere in una lettura stereotipata pare, tuttavia, modesto nel caso delle disposizioni riconducibili a temi di natura economica, ivi comprese, dunque, quelle relative alla produzione e all'uso dei materiali edilizi, nelle quali non mancano riferimenti evidenti ed espliciti agli specifici contesti in cui esse trovavano applicazione. Al di là di tali aspetti, l'evidenza di tale polarizzazione giurisdizionale "trasversale" tra mondo comunale e spazi signorili suggerisce, di riflesso, l'opportunità di prendere in considerazione il ruolo della committenza e il suo – eventuale – riflesso sulla qualità dell'architettura (il terzo tema), dal dettaglio degli elementi costruttivi all'organizzazione e alla gestione dei cantieri. Infine si indagherà il rapporto intercorso, a livello tanto cronologico quanto culturale, tra uso del mattone e uso della pietra. Rapporto che, evidentemente, mette in gioco una serie di fattori quali il costo complessivo dell'opera, la capacità logistica di approvvigionamento, le abilità specifiche richieste dalla lavorazione dei materiali litici, gli intenti simbolici sottesi da alcuni cantieri e via discorrendo.

Un'ultima avvertenza: l'analisi sarà limitata all'architettura residenziale. I cantieri religiosi erano in grado di attrarre risorse economiche tali da porsi, assai spesso, in una condizione di eccezionalità rispetto alla comune capacità di "produrre" architettura. In questo senso, anche quando si parlerà di castelli – strutture che ricadono anch'esse entro l'ambito di interesse di una committenza in grado di attingere ad ampie risorse nonché di gestire e organizzare filiere produttive ben più complesse rispetto a quelle di norma attivate per le comuni imprese edilizie – l'attenzione sarà focalizzata, con una sola eccezione, sulle strutture residenziali collocate al loro interno, le quali, all'epoca cui si fa riferimento, di norma risentivano dei modelli e delle medesime dinamiche di aggiornamento dell'edilizia civile urbana[7].

---

6   In generale, cfr. Mario Ascheri, *I diritti del Medioevo italiano*, Roma, Carocci, 2000, p. 157-174.
7   Suggestioni in Aldo Angelo Settia, *Castelli medievali*, Bologna, Il Mulino, 2017, p. 91-103;
      Enrico Lusso, «Castelli, palazzi di castello e palazzi urbani in Piemonte tra XIII e XIV
      secolo», *Studi e ricerche di storia dell'architettura. Rivista dell'Associazione Italiana Storici
      dell'Architettura*, vol. II, 3, 2018, p. 104-111.

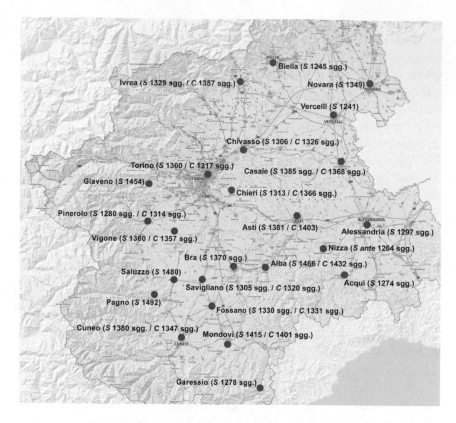

FIG. 2 – Gli insediamenti piemontesi oggetto di analisi.
Tra parantesi sono indicate le fonti utilizzate
(S per statuti, C per fonti contabili) seguite dalla rispettiva datazione
(elaborazione grafica E. Lusso su base CTR Regione Piemonte).

LA LENTA TRANSIZIONE VERSO L'USO DELLA MURATURA

Rubriche risalenti al 1280 degli statuti di Pinerolo suggeriscono
l'esistenza di una vera e propria politica di attrazione dei fornaciai
presso il popoloso borgo in procinto di divenire una delle sedi principali

della corte dei Savoia-Acaia[8]. Una delle più significative stabiliva che
«dominus comes teneatur providere et dare operam ut veniant illi qui
faciunt copos[9]» . Nel 1318 si ricordava invece come i fornaciai, sebbene
obbligati a rispettare la *forma vetus* nella realizzazione di coppi e mattoni e i prezzi stabiliti dalle autorità comunali, fossero liberi di venderli
ovunque e a chiunque[10]. Analoga era la situazione a Savigliano: nel 1305
si stabiliva che tutti i muratori e i fornaciai intenzionati a risiedere nel
borgo per lavorarvi «esse debeant exempti ab omnibus oneribus» per
i dieci anni successivi all'insediamento *in loco*[11]. Era poi assicurata loro
la facoltà di scegliere il sito sul territorio comunale dove impiantare la
propria attività ed erano liberi di approvvigionarsi senza limiti di legna;
l'unica condizione era il ripristino dei luoghi, qualora si fosse reso necessario[12]. Infine, si concedeva a quanti intendessero ricostruire la propria
casa la facoltà di ammassare legname e mattoni sul suolo pubblico[13];
eventualità, questa, prevista e ammessa anche ad Acqui Terme nel XIV
secolo[14]. A Bra, nel 1370, era assicurata a tutti gli abitanti la facoltà di
«impune facere matrones in pascuo comunis de terra comunis»: se la
produzione si fosse orientata verso mattoni crudi, al comune sarebbe
spettato il 10% del ricavo a titolo di indennizzo per la concessione d'uso
dell'argilla; qualora, invece, ne fosse prevista la cottura, sarebbe stato
garantito l'accesso a una *fornace comunis* previo pagamento di una somma
calcolata a *forfait* in base all'entità delle *fornaxate*[15].

In altri centri abitati, nei medesimi anni, si tentava di agevolare il
processo di sostituzione delle tecniche edilizie, stigmatizzando alcune
pratiche tradizionali. A Nizza Monferrato, verso il 1264, per la realizzazione dei tetti era ancora ammesso l'uso di *coves* (fascine), ma dovevano

---

8   Cfr. Marco Calliero, *Dentro le mura. Il Borgo e il Piano di Pinerolo nel consegnamento del
    1428*, Pinerolo, Alzani, 2002, p. 33 sgg.
9   Dina Segato, a cura di, « Gli statuti di Pinerolo », in *Historiae patriae monumenta*, Torino,
    Tipografia regia, 1955, vol. XX, col. 45, cap. 128.
10 *Ibid.*, col. 79, cap. 225 (*additio* 1318).
11 Italo Mario Sacco, a cura di, *Statuti di Savigliano*, Torino, Deputazione Subalpina di Storia
    Patria (DSSP), p. 111, cap. 240.
12 *Ibid.*, p. 121, cap. 267.
13 *Ibid.*, p. 102, cap. 225.
14 *Statuta civitatis Aquarum*, Aqui Terme, Pietro Giovanni Calenzano, 1618, p. 64, lib. III,
    cap. 14.
15 Edoardo Mosca, a cura di, *Gli antichi Statuti di Bra. 1461*, Savigliano, L'Artistica editrice,
    1994, p. 171, cap. 97.

essere *amaltati*[16]. Di contro, allo scopo palese di accrescere la produzione
di laterizi, nei primi decenni del secolo successivo veniva garantita la
possibilità ai fornaciai – e unicamente a loro – di spostarsi sul territorio
comunale anche di notte e senza limitazioni[17], mentre quanti avessero
deciso di ricostruire le proprie case potevano, «causa murandi», scavare
fosse per spegnere la calce ovunque ritenessero utile[18]. A Savigliano,
sebbene l'uso di scandole in legno per il manto dei tetti fosse ancora
ammesso nel 1305, chiunque possedesse case con copertura in paglia o
tamponamenti esterni di fascine e *meliacia* (saggina) doveva provvedere
con celerità alla loro sostituzione entro il termine stabilito, pena una
multa progressiva calcolata sulla base del numero di giorni di ritardo[19].
Nel 1358 a Pinerolo tuttavia, forse in ragione della collocazione in un
contesto prealpino, erano ancora numerose le case coperte con paglia,
fascine o *meliacia* e dotate di pareti realizzate con fascine intonacate[20].

Norme che tentavano di limitare l'impiego di materiali deperibili per
la realizzazione del manto dei tetti erano comunque previste pressoché in
tutti i codici statutari consultati, senza evidenti distinzioni geografiche e
sino a epoche insospettabili. A Biella, nel 1245, provvedimenti specifici
tutelavano l'area urbana del Piazzo, la più qualificata, prevedendo la
rimozione della paglia in tutte le case[21]. Ad Acqui, negli anni settanta
del XIII secolo, il divieto si estendeva alle *frascae* per il tamponamento
delle pareti[22], mentre a Fossano, sebbene si precisasse che all'interno delle
mura «non possit claudere aliquas domos (…) de alio quam de muro»,
nel 1330 erano tuttavia ancora ammesse le pareti di «sepe inmanutata
vel interazata[23]». Gli statuti di Chivasso del 1306, nella rubrica che
regolamentava l'uso delle fascine, negavano la possibilità di «aliquam

---

16   Alberto Migliardi, a cura di, *Codex qui Liber catenae nuncupatur e civico tabulario Niciae
      Palearum*, Nizza Monferrato, Officina moderna, 1925, p. 62-63, cap. 112. Era nel contempo
      stabilito che si potesse ricorrere a tale soluzione anche per la copertura delle chiese.
17   *Ibid.*, p. 167, cap. 349 (*additio post* 1306).
18   *Ibid.*, p. 68, cap. 123.
19   Italo Mario Sacco, a cura di, *op. cit.*, p. 119, cap. 262.
20   Dina Segato, a cura di, *op. cit.*, col. 69, cap. 181 (*additio* 1318); col. 146, cap. 450 (*additio*
      1358); col. 146, cap. 451 (*additio* 1358).
21   Pietro Sella, a cura di, *Statuta comunis Bugelle et documenta adiecta*, Biella, Testa, 1904,
      t. 1, *Statuta*, p. 35, cap. 184; p. 41, cap. 222.
22   Giuseppe Fornarese, a cura di, *Statuta vetera civitatis Aquis*, Alessandria, Jacquemod,
      1905, p. 60, cap. 153.
23   Alessandro Tesauro, a cura di, *Fossani Subalpinorum urbis iura municipalia*, Torino, Antonio
      Bianco, 1599, p. 68-69, *collatio* IIII, cap. 6.

domum tenere (...) copertam de paleis vel lischis[24]». Lo stesso avveniva a
Ivrea nel 1329 – dove tuttavia, come a Nizza Monferrato, si continuavano
ad ammettere tetti in paglia purché *increati* o *inmaltatii*[25] –, a Garessio
nei decenni finali del XIII secolo – con le medesime eccezioni –[26] e a
Casale Monferrato nel 1385, in associazione all'obbligo che le pareti, se
«de bona creta», di *terracia* o di assi di legno, fossero, anche in questo
caso, intonacate[27]. Più rigide le disposizioni in vigore a Chieri, dove
nel 1313 era bandita la paglia per le coperture[28], e a Vigone, centro di
saltuaria frequentazione delle corte dei Savoia-Acaia[29], i cui statuti del
1360 vietavano di «coperire (...) aliquam domum vel stabulum infra
muros Vigoni nisi de copis vel scandolis vel asseribus vel losis; nec
domum aliqua vel stabulum claudere de covis vel meliacia vel de fra-
schis[30]». A Bra, nel 1370, era addirittura prevista la nomina di quattro
funzionari (uno per quartiere) «qui habeant cura recerchandi et videndi
omnes personas de Brayda que emere poterunt tegullas ad coperiendum
domos», con poteri impositivi in merito ad acquisto, fornitura e posa
in opera in sostituzione del manto esistente[31].

L'uso di coperture in paglia e tamponamenti in legno e simili era,
dunque, una pratica largamente diffusa nel XIV secolo (fig. 3, 4), che si
cercava con sistematicità di limitare – per ragioni legate sia al generale
decoro urbano sia al rischio di incendi – senza, però, ottenere risultati

---

24 « Volumen statutorum comunis Clavaxii ab anno MCCCVI ad annum MCCCCXIX », in
Giuseppe Frola, a cura di, *Corpus statutorum Canavisii*, Torino, DSSP, 1918, t. 2, p. 185,
cap. 564.

25 Gian Savino Pene Vidari, a cura di, *Statuti del comune di Ivrea*, Torino, DSSP, 1968, t. 1,
p. 206, lib. III, cap. 60.

26 Giuseppe Barelli, a cura di, « Statuti di Garessio », in Giuseppe Barelli, Edoardo Durando,
Erwig Gabotto, a cura di, *Statuti di Garessio, Ormea, Montiglio e Camino*, Pinerolo, DSSP,
1907, p. 13, cap. *De feno non furando de penia domo vel tecto*; p. 30, cap. *De coperturis palearum,
palea et folea in burgo Garezii non tenendo.*

27 Patrizia Cancian, a cura di, *Gli statuti di Casale Monferrato del XIV secolo*, Alessandria,
Società di Storia, Arte e Archeologia per le Province di Alessandria e Asti, 1978, p. 314,
cap. 189.

28 Francesco Cognasso, a cura di, *Statuti civili del comune di Chieri (1313)*, Torino, DSSP,
1924, p. 57, cap. 182.

29 Enrico Lusso, « "In auxilio fortifficacionum loci nostri". Politiche sabaude di promozione
urbana a Vigone nei secoli XIV e XV », in Claudia Bonardi, a cura di, *Fare urbanistica tra
XI e XIV secolo*, *Storia dell'urbanistica*, serie III, vol. XXXIV, n° 7, 2015, p. 155-182.

30 Archivio Storico del Comune di Vigone, Sez. I, parte I, *Archivio antico*, fald. 7, fasc. 90,
Statuta Vigoni, f° 35, cap. *De copertura et clausura domorum infra muros.*

31 Edoardo Mosca, a cura di, *op. cit.*, p. 169, cap. 95.

apprezzabili. A Savigliano, non a caso, il divieto del 1305 era ribadito nel 1336, accompagnato da un rincaro delle multe determinate in precedenza, le quali, evidentemente, non si erano dimostrate un deterrente sufficiente[32]. Una situazione analoga si registra a Torino, dove nel 1360 era stabilito che tutti i proprietari di portici con tetti in paglia tra porta Fibellona e porta Segusina, ossia lungo la via che era stata il decumano della città romana, dovessero provvedere al più presto a rimuoverli e sostituirli[33]. A Novara, per quanto vietati esplicitamente, ancora nel 1349 i tetti in paglia dovevano essere numerosi anche nelle aree centrali se si sentiva la necessità di ribadire che, nel caso di muri condivisi con il vicino, non si potessero realizzare con quel materiale[34]. Nei borghi extramuranei, poi, la soluzione doveva essere la norma: tanto che, ritenendo impossibile impedirne la realizzazione, si era pragmaticamente provveduto a vietare l'accensione di fuochi e fiamme libere all'interno di *domus* con «tecto de paleis[35]». Anche a Fossano, sebbene bandito[36], l'uso della paglia continuava a minacciare la sicurezza del borgo, tanto che si era ritenuto opportuno stabilire il divieto – reiterato ancora nel 1443[37] – di sciogliere il sego per ricavare candele «in aliqua domo coperta de palleis[38]». Curioso, al riguardo, un capitolo degli statuti di Cuneo del 1380, il quale non impediva l'uso della paglia per il manto dei tetti, ma negava alle mogli di quanti possedessero edifici coperti in quel modo la possibilità di sfoggiare in pubblico perle e monili in

---

32   Italo Mario Sacco, a cura di, *op. cit.*, p. 131, cap. 296 (*additio* 1336).

33   Dina Bizzarri, a cura di, « Gli statuti di Torino del 1360 », in *Torino e i suoi statuti nella seconda metà del Trecento*, Torino, Città di Torino, 1981, p. 117, cap. *De porticibus pendentibus in strata non cooperiendis paleis*. A proposito dell'assetto urbano torinese alla fine del medioevo: Aldo Angelo Settia, « Ruralità urbana: Torino e la campagna negli Statuti del Trecento », *ibid.*, p. 23-29; Maria Teresa Bonardi, « Dai catasti al tessuto urbano », in Rinaldo Comba, Rosanna Roccia, a cura di, *Torino fra Medioevo e Rinascimento. Dai catasti al paesaggio urbano e rurale*, Torino, Città di Torino, 1993, p. 55-141; Maria Teresa Bonardi, Aldo Angelo Settia, « La città e il suo territorio », in Rinaldo Comba, a cura di, *Storia di Torino*, Torino, Einaudi, 1997, vol. II, *Il basso Medioevo e la prima età moderna (1280-1536)*, p. 5-94.

34   *Statuta civitatis Novariae*, Novara, Francesco Sessalli, 1583, p. 165, cap. *De tecto palearum non habendo in civitate*; p. 165, cap. *De tectis de paleis non habendis iuxta murum communem vel proprium*.

35   *Ibid.*, p. 165, cap. *De igne non faciendo sub tecto de paleis*.

36   Alessandro Tesauro, a cura di, *op. cit.*, p. 68-69, *collatio* IIII, cap. 6. Facevano tuttavia eccezione le porcilaie e altri annessi rustici.

37   *Ibid.*, p. 156, cap. 20 (*additio* 1443).

38   *Ibid.*, p. 74, *collatio* IIII, cap. 22.

argento[39]. La consuetudine di ricorrere all'impiego di materiali deperibili per la realizzazione di edifici doveva essere, localmente, così diffusa da aver fatto maturare nelle magistrature comunali il convincimento che fosse impossibile superarla ricorrendo solo a multe. Nello stesso tempo era data licenza a quanti intendessero rinnovare i tetti di «impune levare» e «asportare facere losas», ovvero lastre di pietra, ovunque fossero state rinvenute, anche in terreni di proprietà altrui[40]. Peraltro, che al cadere del Trecento Cuneo ancora si trovasse in una condizione in cui tecniche e metodi costruttivi continuavano a essere saldamente ancorati a tradizioni arcaiche – con ogni probabilità agevolate, anche in questo caso, dalla vicinanza all'ambiente montano – è confermato dal fatto che i fornaciai potessero approvvigionarsi senza limiti nella maggior parte dei boschi comuni «ad quoquendum cuppos, maones vel calcem[41]».

Fig. 3 – Un esempio di edificio piemontese bassomedievale: casa a Ciriè con ampio portico in legno e pilastri in muratura. Disegno di Benedetto Riccardo Brayda, *ca.* 1883, dettaglio (Politecnico di Torino, Dipartimento Interateneo di Scienze, Progetto e Politiche del Territorio – d'ora in avanti PoliTO, DIST –, *Fondo Riccardo Benedetto Brayda*, da Micaela Viglino Davico, op. cit., tav. 17).

---

39 Piero Camilla, a cura di, *Corpus statutorum comunis Cunei. 1380*, Cuneo, SSSAACn, 1970, p. 106, cap. 192.
40 *Ibid.*, p. 158-159, cap. 298.
41 *Ibid.*, p. 159-160, cap. 300.

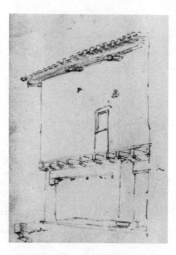

FIG. 4 – Un esempio di edificio piemontese bassomedievale: casa a Castellamonte
con il primo piano a traliccio sostenuto da un portico con pilastri in muratura e
solaio ligneo. Disegno di Benedetto Riccardo Brayda, 1883, dettaglio (PoliTO,
DIST, *Fondo Riccardo Benedetto Brayda*, da Micaela Viglino Davico, *op. cit.*, tav. 15).

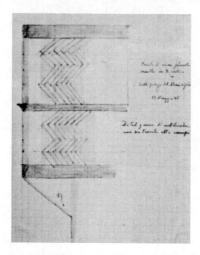

FIG. 5 – Un esempio di edificio piemontese bassomedievale: dettaglio di una casa
a Rivoli con primo piano a sporto e struttura a traliccio, chiuso da tamponamenti
in mattoni posti a lisca di pesce. Disegno di Benedetto Riccardo Brayda, 1885,
dettaglio (PoliTO, DIST, da Micaela Viglino Davico, *op. cit.*, tav. 39).

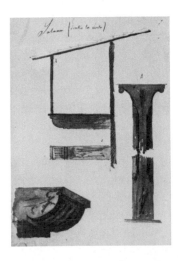

FIG. 6 – Un esempio di edificio piemontese bassomedievale: dettaglio della loggia
in legno di una casa nel ricetto di Salassa. Disegno di Benedetto Riccardo Brayda,
1883, dettaglio (PoliTO, DIST, da Micaela Viglino Davico, *op. cit.*, tav. 48).

Anche in insediamenti economicamente e culturalmente più avan-
zati abbondano gli indizi di un ricorso ancora piuttosto frequente a
materiali deperibili, legno *in primis*, utilizzato nella realizzazione delle
membrature strutturali, perlopiù dei piani alti delle abitazioni. Una
pratica piuttosto interessante, e di certo condizionante il paesaggio
urbano più di quanto sia oggi intuibile, era quella di avanzare il filo di
fabbricazione degli edifici nei piani superiori a quello di terra, in modo
da aumentare la cubatura degli spazi residenziali e aggirare così il divieto
di occupazione del suolo pubblico (fig. 5, 6)[42]. Tale consuetudine ha

42   Si coglie l'occasione per dare conto di alcune scelte operate in merito all'apparato illus-
      trativo. Come si può notare, si tratta perlopiù di disegni riferibili alla mano di Benedetto
      Riccardo Brayda e, in subordine, di Alfredo D'Andrade, ovvero di due tra i principali
      intellettuali impegnati in quel processo di riscoperta "scientifica" del medioevo tipico
      dei decenni finali dell'Ottocento che, nello specifico caso subalpino, trovò la propria
      manifestazione più eclatante nella costruzione del Borgo medievale per l'Esposizione
      Generale Italiana di Torino del 1884: Micaela Viglino Davico, *Benedetto Riccardo Brayda.
      Una riproposta ottocentesca del medioevo*, Torino, Centro Studi Piemontesi, 1984, p. 23-38;
      Paolo Marconi, *Il Borgo medievale di Torino. Alfredo d'Andrade e il Borgo medievale in Italia*,
      in Enrico Castelnuovo, Giuseppe Sergi, a cura di, *Arti e storia nel Medioevo*, Torino, Einaudi,
      2004, vol. IV, *Il Medioevo al passato e al presente*, p. 491-520. Per quanto mediati dagli
      interessi culturali dei due professionisti, tali disegni restituiscono, di fatto per l'ultima
      volta, un'immagine ancora sufficientemente "autentica" e articolata del patrimonio

lasciato poche tracce materiali, ma in alcuni contesti doveva spingersi sino a realizzare la completa chiusura della strada. A Vercelli già nel 1241 era stabilito che i portici in legno dovessero essere abbattuti e ricostruiti – si direbbe in muratura – quando fossero risultati troppo bassi o, in quanto sporgenti, costituissero un impedimento al transito di un «carrum honeratum feni[43]». Pochi anni più tardi, nel 1245, a Biella sono menzionati *solaria* «super viam» con funzione di magazzino, il cui pavimento doveva essere bitumato per evitare che quanto vi era ricoverato, con ogni evidenza granaglie e macinati, potesse filtrare tra le assi e, cadendo, ingombrare la strada[44]. A Casale Monferrato, in maniera analoga, nel 1385 era consentita la realizzazione di «pontili super viis publicis» a patto che fossero pavimentati con quadrotte di cotto[45]. Ad Asti, infine, nel 1381 era fatto divieto a quanti intendessero edificare sopra la via pubblica un «planchile cum trabibus et solario sine columpnis» di spingersi oltre la mezzeria della strada, in modo da non impedire al dirimpettaio di poter fare altrettanto[46]. L'esito finale, che inevitabilmente determinava un radicale peggioramento delle qualità ambientali dello spazio urbano, era una via sovrastata e oscurata per tutta la sua larghezza da strutture a sporto.

Volendo riassumere in breve quanto suggerito dai dati analizzati, si può affermare che, mentre da un lato il XIII secolo si conferma, a scala regionale, come effettivamente caratterizzato da una fase di progressiva espansione dell'uso della muratura (fig. 7), dall'altro il panorama che emerge appare, nel suo complesso, tutt'altro che omogeneo, con ritardi più evidenti in ambito prealpino, ma piuttosto diffusi anche in contesti di pianura. Se a Vercelli, nel 1241, per sostenere la modernizzazione del patrimonio edilizio e provvedere alla pavimentazione di tutte le strade della città con *lapides cocti*[47], era stabilito che ogni borgo dovesse dotarsi

---

edilizio medievale, andato incontro, nel corso dei decenni successivi, a un progressivo depauperamento quando non a una vera e propria distruzione. Alcune delle soluzioni costruttive intuibili dalle pagine degli statuti e oggi non più documentabili, quanto meno in ambito subalpino, trovano pertanto nelle immagini che si propongono una delle ultime testimonianze rintracciabili.

43 Giovanni Battista Adriani, a cura di, *op. cit.*, col. 81, cap. 203.
44 Pietro Sella, a cura di, *op. cit.*, p. 35, cap. 185.
45 Patrizia Cancian, a cura di, *op. cit.*, p. 452, cap. 342.
46 Natale Ferro, Elio Arleri, Osvaldo Campassi, a cura di, *Codice catenato. Statuti di Asti*, Asti, Associazione Amici di Asti, 1995, *collatio* XIX, cap. 8.
47 Giovanni Battista Adriani, a cura di, *op. cit.*, col. 82, cap. 205.

di una fornace con almeno tre fosse di cottura per le tegole e quattro per i mattoni[48], a Nizza Monferrato, negli stessi anni, si cercava di impedire la rimozione di pietre, mattoni e coppi dalle case del borgo, indizio di una produzione ancora insufficiente. Peraltro, era previsto un aggravio della pena quando ciò fosse avvenuto contro la volontà del legittimo proprietario[49]: si direbbe che fossero oggetto di spoliazione anche le dimore abitate. Più correttamente, dunque, si dovrebbe affermare che solo nel maturo Trecento la produzione e l'uso del laterizio tendessero a stabilizzarsi e a generalizzarsi. Al riguardo si possiedono testimonianze piuttosto esplicite nel caso di Novara e Alessandria, dove la normativa statutaria indica che la produzione aveva ormai raggiunto livelli quantitativamente elevati[50]. Nel territorio di Casale Monferrato, dove i fornaciai non potevano rifiutarsi di «cuppos, mattonos seu calzinam (…) vendere et dare» a chi si fosse mostrato interessato al loro acquisto[51], si profila poi l'esistenza di un vero e proprio distretto manifatturiero *ante litteram*, con ampi margini di *surplus* produttivo: al cadere del XIV secolo, caso più unico che raro, era infatti garantita anche ai forestieri la possibilità di acquistare laterizi, senza alcuna limitazione e con la facoltà di «ducere et duci facere extra iurisdictionem Cassalis libere et (…) sine licentia[52]».

---

48 *Ibid.*, col. 95, cap. 240.
49 Alberto Migliardi, a cura di, *op. cit.*, p. 61, cap. 109.
50 *Statuta civitatis Novariae op. cit.*, p. 23-24, cap. *De fornasariis et iuramento ab eis exigendo*; Francesco Geronimo Curzio, a cura di, *Codex statutorum magnifice communitatis atque dioecaesis Alexandriae ad reipublicae utilitatem noviter excusi*, Alessandria, 1547, p. 412, cap. *De fornaxariis (additio* 1357).
51 Patrizia Cancian, a cura di, *op. cit.*, p. 441-442, cap. 327.
52 *Ibid.*, p. 442, cap. 328.

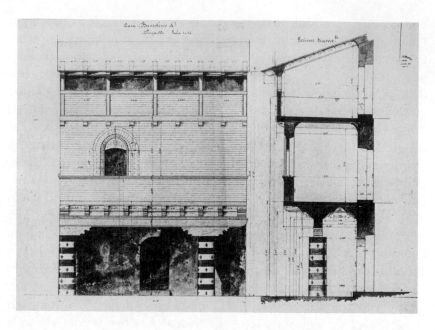

FIG. 7 – Un esempio di edificio piemontese bassomedievale: casa a Bussoleno con struttura portante mista in muratura di mattoni e legno. Disegno di Benedetto Riccardo Brayda, *ca.* 1883, dettaglio (PoliTO, DIST, da Micaela Viglino Davico, *op. cit.*, tav. 12).

POTERI E PRODUZIONE: LE FONTI COMUNALI

Possiamo dunque assumere che, in ambito comunale, nel XIV secolo l'impiego del laterizio andasse ormai consolidandosi (fig. 8). I fornaciai, di norma, oltre che giurare nelle mani del podestà, dovevano attenersi a regole piuttosto rigide per quanto riguardava la produzione. Un indizio significativo può essere rintracciato nel tentativo di normare con precisione, quanto meno a scala locale, le dimensioni e la qualità di coppi, mattoni e piastrelle, in modo da ottimizzare la filiera produttiva e agevolare la conduzione dei cantieri. A Chieri, nel 1313, era indicata la muratura di uno specifico edificio come modello per i mattoni prodotti nel distretto: la torre fatta costruire da Giovanni Nasi negli anni precedenti. Inoltre, sotto il portico della chiesa di San Guglielmo, sede abituale del consiglio[53], erano riprodotte con pitture le dimensioni di coppi e mattoni. Il medesimo capitolo fissava anche il prezzo massimo esigibile per i vari tipi di laterizi, calcolato sulla base di mille pezzi, e della calce[54]. Ad Asti, nel 1381, era stabilito che mattoni e coppi fossero conformi al *modulus comunis* e che la calce fosse venduta a peso, secondo quanto di volta in volta stabilito. Le uniche deroghe previste riguardavano i mattoni sottili «ad sternendum» (ovvero quadrotte per pavimentazioni) e quelli grandi «ad voltas». Nello stesso tempo erano prescritte precise proporzioni tra i vari tipi di mattoni per ogni infornata, in modo da garantire una qualità della produzione costante e verificabile. I fornaciai, inoltre, non potevano associarsi con i trasportatori, in modo da impedire cartelli commerciali e speculazioni sui prezzi al dettaglio. Per dirimere qualsiasi controversia era infine decretato che cento mattoni e cento coppi, opportunamente bollati, fossero conservati presso il palazzo del comune[55]. Simile la situazione che si registra in gran parte degli altri insediamenti. A Fossano nel 1330 si raccomandava una cottura adeguata e il rispetto delle dimensioni stabilite dai *muduli*, affidati a un ufficiale preposto alla sorveglianza della produzione, il quale aveva facoltà di crearne duplicati e depositarli, opportunamente «signatos et stanciatos», presso le singole fornaci[56]. A Casale Monferrato i fornaciai dovevano attenersi alle *forme* e ai prezzi stabiliti dalle autorità comunali[57]. Ad Alessandria i prototipi di riferimento per i laterizi erano conservati, sin dal 1297, presso il *palacium vetus*[58] e appositi ufficiali erano incaricati di sorvegliare che non fossero commessi abusi[59]. A Ivrea i modelli di mattoni e coppi erano incisi su una pietra murata nel palazzo comunale e rubriche degli statuti del 1329 dettagliavano in modo minuzioso non solo i prezzi da praticare, ma anche le qualità complessive dei manufatti[60]. A Novara,

---

53   Al riguardo, Luigi Cibrario, *Delle storie di Chieri, libri quattro con documenti*, Torino, L'Alliana, 1827, t. 1, p. 241.
54   Francesco Cognasso, a cura di, *Statuti civili del comune di Chieri op. cit.*, p. 62, cap. 200.
55   Natale Ferro, Elio Arleri, Osvaldo Campassi, a cura di, *op. cit.*, *collatio* VII, cap. 6.
56   Alessandro Tesauro, a cura di, *op. cit.*, p. 31-32, *collatio* I, cap. 90.
57   Patrizia Cancian, a cura di, *op. cit.*, p. 441-442, cap. 327.
58   A proposito del palazzo comunale alessandrino, il *palacium vetus* appunto, si rimanda ad Antonella Perin, Roberto Livraghi, « Il Palazzo pubblico del Comune di Alessandria: fonti e problemi di interpretazione del costruito », in Anna Marotta, a cura di, *Palatium Vetus. Il broletto ritrovato nel cuore di Alessandria*, Alessandria, Fondazione Cassa di Risparmio di Alessandria, 2016, p. 55-63.
59   Francesco Geronimo Curzio, a cura di, *op. cit.*, p. 412, cap. *De fornaxariis*.
60   Gian Savino Pene Vidari, a cura di, *op. cit.*, t. 1, p. 62, lib. I, cap. 63.

dove al pari di Vercelli a metà Trecento era tradizione riferirsi ai mattoni come ai *lapides cocti*, i *mugioli* per i riferimenti dimensionali erano conservati in una stanza del broletto[61] e si poneva particolare cura nello stabilire le loro qualità meccaniche, definendo precise modalità di impasto e tempi di cottura – per nessuna ragione inferiore ai quattro giorni. Si era altresì provveduto a individuare tre differenti categorie merceologiche in base alla qualità, destinate a essere conservate separatamente nei magazzini: i *lapides cernuti* (prima scelta), quelli *communi* e gli *alphani*, i più crudi[62]. Lo stesso avveniva a Fossano, dove i laterizi erano però classificati in base al grado di cottura: *ferioli* (cotti più volte sino a raggiungere lo stato di vetrificazione), *medi* e *torni*. I medesimi statuti, inoltre, si preoccupavano di stabilire le proporzioni tra mattoni e coppi (mai meno di duemila) per ogni *fornassata*[63]. A Cuneo, al cadere del secolo, seppure in assenza di riferimenti normativi specifici circa forma, dimensione e peso, era stabilito di eleggere quattro ufficiali con il compito di sorvegliare la qualità della produzione[64]. Lo stesso avveniva a Biella nel 1245, a Chivasso nel 1306 e a Ivrea nel 1433[65]. Nel caso del primo insediamento non solo si dovevano rispettare i modelli *signati*, ma anche *ligna* e *cavaleti* utilizzati per stendere l'impasto di argilla dovevano essere sottoposti a verifica e approvazione da parte dall'amministrazione comunale[66]. A Mondovì, nel 1415, il prezzo tanto dei laterizi quanto della calce era fissato in base alle loro qualità: maggiore per la *calcina grava*, minore per quella *affiorata*[67]. Analoga appare la situazione di Savigliano, dove sin dai primi anni del secolo precedente era consentito «matonos vel cupos (…) facere et fieri facere ad modium comunis[68]». A Pinerolo non solo erano state fissate nel corso del tempo

---

61 A proposito del palazzo comunale di Novara si veda Carlo Tosco, « I palazzi pubblici e l'architettura di rappresentanza nei comuni dell'Italia settentrionale », in Anna Marotta, a cura di, *op. cit.*, p. 47-53: 51; Carlo Tosco, « I palazzi comunali nell'Italia nord-occidentale: dalla pace di Costanza a Cortenuova », in Alfonso Gambardella, a cura di, *Cultura artistica, città e architettura nell'età federiciana*, Roma, De Luca, 2001, p. 395-422: 402-405.

62 *Statuta civitatis Novariae op. cit.*, p. 23-24, cap. *De fornasariis et iuramento ab eis exigendo*.

63 Alessandro Tesauro, a cura di, *op. cit.*, p. 31-32, *collatio* I, cap. 90.

64 Piero Camilla, a cura di, *Corpus statutorum comunis Cunei op. cit.*, p. 36, cap. 69.

65 Per Biella vedi oltre, n. successiva; per gli altri due insediamenti, rispettivamente: « Volumen statutorum comunis Clavaxii… » *op. cit.*, p. 168, cap. 204, e Gian Savino Pene Vidari, a cura di, *op. cit.*, Torino, DSSP, 1974, t. 3, p. 200, lib. VIII, cap. 36 (1433).

66 Pietro Sella, a cura di, *op. cit.*, p. 42, cap. 229; p. 43, cap. 231 rispettivamente.

67 Piero Camilla, a cura di, *Statuta civitatis Montisregalis* MCCCCXV, Mondovì-Cuneo, SSSAACn, 1988, p. 227, cap. 364.

68 Italo Mario Sacco, a cura di, *op. cit.*, p. 121, cap. 267.

le dimensioni dei manufatti e i loro prezzi di vendita[69], ma si era anche provveduto a stabilire il valore delle prestazioni dei muratori, suddivisi in *magistri mahoneri* e apprendisti, introducendo contestualmente norme restrittive per l'esercizio di tale professione da parte degli stranieri[70]. Ad Alba, nel 1466, era addirittura fornito il disegno, riprodotto su pergamena nel *rigestum* dei documenti comunali, cui attenersi per la produzione dei laterizi[71] ed era precisato che le sezioni dovevano essere costanti, con «matonos et cupos (...) ita grossos in medio quam in capite[72]». Anche a Saluzzo, ancora nel 1480, ci si preoccupava di dare precise indicazioni circa il peso e le dimensioni che i mattoni dovessero avere una volta cotti e di eleggere due ufficiali deputati specificamente al controllo della produzione[73].

FIG. 8 – Un esempio di edificio piemontese bassomedievale: casa porticata a Cirié.
Disegno di Benedetto Riccardo Brayda, *ca.* 1883, dettaglio
(PoliTO, DIST, da Micaela Viglino Davico, *op. cit.*, tav. 17).

---

69 Dina Segato, a cura di, *op. cit.*, col. 79, cap. 225 (*additio* 1318); col. 210, cap. 621 (*additio* 1434).
70 *Ibid.*, col. 210, cap. 620 (*additio* 1434).
71 Euclide Milano, a cura di, *Il Rigestum comunis Albe*, Pinerolo, DSSP, 1903, t. 1, p. 298-299.
72 Francesco Panero, a cura di, *Il libro della catena: gli statuti di Alba del secolo* XV, Alba, Famija Albeisa, 2001, p. 124, cap. 71.
73 Giuseppe Gullino, a cura di, *Gli statuti di Saluzzo (1480)*, Cuneo, SSSAACn, 2001, p. 217, cap. 328.

Avremo modo di tornare in sede conclusiva sul tema; tuttavia è sin d'ora evidente, almeno con riferimento al XIV secolo, che ci troviamo di fronte a un sistematico tentativo di regolamentare un mercato in rapida crescita, cercando di limitare le speculazioni indotte da un continuo aumento della domanda. Interessante al riguardo è il caso di Ivrea, dove si registra un rincaro di oltre il 10% nel prezzo di mattoni, coppi e calce tra il 1329 e il 1342[74], indice di una produzione che faticava a stare al passo con la richiesta di manufatti. Contestualmente si tentava di garantire e favorire la libera circolazione di muratori e manovali provenienti da territori esterni alla giurisdizione dei vari comuni, situazione che, di riflesso, suggerisce come anche la manodopera iniziasse a scarseggiare[75]. Per tali ragioni non mancano nella documentazione né le misure a sostegno del comparto produttivo, su cui abbiamo già avuto modo di ragionare, né, a partire dagli anni finali del secolo, le iniziative orientate in modo esplicito verso forme di protezionismo. Una norma piuttosto diffusa era, per esempio, quella che impediva l'esportazione dei laterizi – e occasionalmente della calce – al di fuori dei distretti di produzione[76].

Altrettanto palese è il tentativo, attuato attraverso politiche che garantissero un prodotto controllato e di qualità, di perseguire un miglioramento complessivo dell'architettura e, di conseguenza, dello spazio urbano (fig. 9, 10). Interessanti sono, al riguardo, i capitoli degli statuti astigiani che, nel caso di edifici minaccianti rovina e a fronte dell'assenza di un'iniziativa condivisa di quanti vi avevano diritti, assicuravano anche a uno solo dei comproprietari la possibilità di intervenire; egli poi, in cambio delle spese sostenute, avrebbe acquisito il possesso dell'immobile restaurato[77]. A Saluzzo invece, in caso di incendio, tutti i capi di casa erano tenuti a contribuire, o con carri e animali o con la propria manodopera per un giorno almeno, alla ricostruzione delle case andate a fuoco[78]. Norme che imponevano prestazioni

---

74   Gian Savino Pene Vidari, a cura di, *op. cit.*, t. 1, p. 62, lib. I, cap. 63; *ibid.*, Torino, DSSP, 1969, t. 2, p. 197, cap. 6 (*additio* 1342) rispettivamente.
75   *Ibid.*, t. 1, p. 70, lib. I, cap. 69.
76   Cfr., al riguardo, Alessandro Tesauro, a cura di, *op. cit.*, p. 31-32, *collatio* I, cap. 90; Edoardo Mosca, a cura di, *op. cit.*, p. 117, cap. 39; Francesco Panero, a cura di, *Il libro della catena op. cit.*, p. 124, cap. 73; Piero Camilla, a cura di, *Corpus statutorum comunis Cunei op. cit.*, p. 122, cap. 222; Gian Savino Pene Vidari, a cura di, *op. cit.* t. 1, p. 62, lib. I, cap. 63; Giuseppe Gullino, a cura di, *Gli statuti di Saluzzo op. cit.*, p. 217, cap. 328; Giovanni Battista Adriani, a cura di, *op. cit.*, col. 117, cap. 299.
77   Natale Ferro, Elio Arleri, Osvaldo Campassi, a cura di, *op. cit.*, *collatio* XVI, cap. 74.
78   Giuseppe Gullino, a cura di, *Gli statuti di Saluzzo op. cit.*, p. 244-245, cap. 397.

di manodopera o aiuti nel trasporto dei materiali sono ricordate anche nei codici statutari di Bra[79] e di Pagno, che nel 1492 si spingevano sino a imporre una partecipazione di natura pecuniaria per quanti non potessero contribuire in altro modo «ad edifficandum[80]». A Chivasso, infine, se una persona avesse mostrato l'intenzione di restaurare una propria *domuncula* e, per renderla più decorosa, si fosse rivelato necessario ampliarla a danno di un'altra casa anch'essa di scarsa qualità edilizia, il proprietario di questa non avrebbe potuto opporsi all'intervento, pena l'esproprio[81].

79   Edoardo Mosca, a cura di, *op. cit.*, p. 435, cap. 314 (*additio* 1461).
80   Giuseppe Aimar, a cura di, *Gli statuti di Pagno*, Cavallermaggiore, Gribaudo, 1995, p. 161, cap. 124.
81   «Volumen statutorum comunis Clavaxii...» *op. cit.*, p. 236, cap. 9 (*additio* 1477).

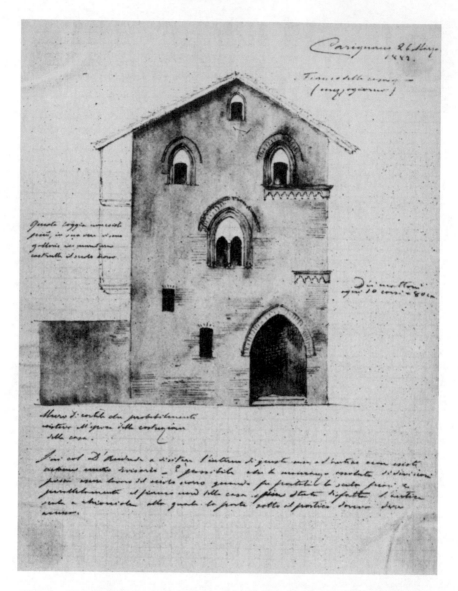

FIG. 9 – Un esempio di edificio piemontese bassomedievale: fianco di una casa di Carignano in muratura di mattoni. Disegno di Benedetto Riccardo Brayda, 1883, dettaglio (PoliTO, DIST, da Micaela Viglino Davico, op. cit., tav. 14).

Fig. 10 – Un esempio di edificio piemontese bassomedievale: casa a Piossasco in muratura di mattoni. Disegno di Benedetto Riccardo Brayda, 1883, dettaglio (PoliTO, DIST, da Micaela Viglino Davico, *op. cit.*, tav. 22).

IL RUOLO DELLA COMMITTENZA: I CANTIERI DEL PRINCIPE

Analizzato il contesto comunale per sommi capi, ma quanto basta per constatare l'interesse degli organi di governo per il controllo della produzione, viene naturale chiedersi se la committenza giocasse un qualche ruolo nell'orientare la qualità della filiera produttiva, a livello sia di singoli elementi costruttivi sia, più in generale, di architettura in quanto a modelli e a esiti formali. Confrontando la documentazione amministrativa locale con quella signorile, la risposta, preliminarmente, parrebbe essere negativa. Sebbene la natura delle fonti consultate (perlopiù registri contabili) permetta di farsi un'idea più precisa sugli ambiti di approvvigionamento dei materiali e dei semilavorati nonché su aspetti della conduzione dei cantieri, non si rilevano evidenti differenze nelle dinamiche costruttive tra gli edifici sorti per iniziativa privata e quelli promossi da chi deteneva il potere politico[82]. L'unica differenza riscontrabile è riferibile a una maggiore mobilità delle maestranze, soprattutto dei capimastri, che risentiva evidentemente della dimensione sovralocale dell'autorità esercitata dal committente[83]. Il *magister Germanus* e la squadra di muratori che nel 1317 furono incaricati della costruzione del nuovo castello di Torino voluto da Filippo I di Savoia-Acaia[84], per esempio, provenivano da Casale Monferrato, un borgo esterno all'ambito in cui egli esercitava la propria giurisdizione[85]. Nei cantieri chieresi del primo Quattrocento, anch'essi di committenza sabauda, erano, invece, attive

82   Oltre alle fonti e ai documenti citati in seguito, l'analisi ha tenuto altresì conto delle informazioni (riportate in tab. 1) contenute in: Archivio di Stato di Torino (ASTo), Corte, *Monferrato feudi*, m. 12C, Casale, fasc. 39 (1368-1384), per le spese di manutenzione del castello e della rocchetta di Casale; ASTo, Corte, *Provincia di Asti*, m. 4¹, fasc. 1 (1° febbraio-31 dicembre 1403), per i rendiconti astigiani al tempo del governo orleanese; ASTo, Camera dei conti art. 969bis, vol. *Repertorium computorum castellanorum, clavariorum et aliorm officiariarum Montisferrati hic consuntorum*, f° 85-90g (8 gennaio 1432-1 aprile 1433), per gli interventi di manutenzione al castello di Alba durante l'occupazione sabauda del Monferrato – al riguardo: Francesco Cognasso, « L'alleanza sabaudo-viscontea contro il Monferrato nel 1431 », *Archivio storico lombardo*, vol. XLIII, 1916, p. 273-334, 554-644 –; ASTo, Camera dei conti, *Conti di castellania*, art. 28, § 6, *Chivasso*, rotoli. 1 (4 agosto 1326-4 agosto 1327); 2 (5 agosto 1327-4 agosto 1328); 3 (5 agosto 1328-31 marzo 1329); 4 (27 gennaio 1435-27 gennaio 1436); 6 (28 gennaio 1437-27 gennaio 1438); 7 (28 gennaio 1438-27 gennaio 1439); 10 (9 novembre 1440-1° maggio 1442), per l'*opera castri* di Chivasso. Si sono tenuti in considerazione anche gli studi di Giuseppe Roddi, « Note sulla costruzione del castello di Ivrea », *Studi piemontesi*, vol. XI, 1982, p. 139-148; Rinaldo Comba, « Il costo della difesa », in Giuseppe Carità, a cura di, *Il castello e le fortificazioni nella storia di Fossano*, Fossano, Cassa di Risparmio di Fossano, 1985, p. 54-65; Pier Michele De Agostini, « Opera castri Fossani », *ibid.*, p. 67-89; Guido Gentile, « La fabbrica del castello di Fossano nei documenti contabili. Dal quinternetto di Pietro Lamberti al conto del tesoriere generale Rufino de Murris », *ibid.*, p. 91-110.

83   Andrea Longhi, « I *magistri* del principe: maestranze nei cantieri del Trecento sabaudo », in Costanza Roggero, Elena Dellapiana, Guido Montanari, a cura di, *Il patrimonio architettonico e ambientale. Scritti per Micaela Viglino Davico*, Torino, Celid, 2007, p. 79-81; Andrea Longhi, « Contabilità e gestione del cantiere nel Trecento sabaudo », in Mauro Volpiano, a cura di, *Il cantiere storico. Organizzazione, mestieri, tecniche costruttive*, Torino, Progetto Mestieri Reali, p. 105-124.

84   A proposito del cantiere torinese si veda, per un inquadramento generale, Andrea Longhi, « Architettura e politiche territoriali nel Trecento », in Micaela Viglino Davico, Carlo Tosco, a cura di, *Architettura e insediamento nel tardo medioevo in Piemonte*, Torino, Celid, 2003, p. 23-69: 32-33, e la bibliografia ivi citata.

85   Aldo Angelo Settia, *Proteggere e dominare. Fortificazioni e popolamento nell'Italia medievale*, Roma, Viella, 1999, p. 185-188. Vedi oltre, testo corrispondente alla n. 106.

maestranze originarie di Santhià, nel Vercellese[86]. È dunque evidente che i principi disponessero di strumenti più efficaci per garantirsi una manodopera di qualità: a Ivrea, nel 1433, gli statuti formalizzavano peraltro un vero e proprio diritto di prelazione del duca di Savoia nei confronti dei muratori[87].

Nulla, di contro, lascia intendere che i materiali impiegati nei cantieri "di stato" provenissero da contesti territoriali diversi rispetto a quelli in cui essi erano attivi. E ciò vale, di norma, anche per il legname e, laddove utilizzate, le pietre: i siti di approvvigionamento erano sempre circoscrivibili entro i 15, massimo 20 chilometri di distanza da quelli di impiego[88]. Nel citato caso del castello di Torino gli alberi di alto fusto utilizzati per le strutture dei solai e dei tetti furono reperiti nei boschi di San Mauro, Settimo, San Benigno Canavese, Montanaro, Leinì e Volpiano, tutti luoghi immediatamente a nord-est della città[89]. Soprattutto, i documenti confermano le tendenze già rilevate rispetto alle scelte costruttive, comprese le resistenze al superamento di certe soluzioni arcaiche. A Chieri, nell'ultimo quarto del Trecento, sono menzionati stipendi assegnati a *magistri lathomi* per la costruzione degli edifici posti all'interno del castello, realizzato *ex novo* verso il 1366[90], e l'uso pressoché esclusivo di mattoni per le murature e di coppi per i tetti[91]. Nel contempo, però, si registra ancora la tendenza, evidente soprattutto nel caso degli annessi rustici quali stalle e fienili, a ricorrere all'impiego del legno per i tamponamenti, i tramezzi interni e i manti di copertura[92]. Lo stesso dicasi a proposito del castello di Vigone: nel

---

86 ASTo, Camera dei Conti, *Conti di castellania*, art. 27, § 1, *Chieri*, rotolo 12 (20 settembre 1402-12 dicembre 1418).

87 Gian Savino Pene Vidari, a cura di, *op. cit.*, t. 3, p. 206, lib. VIII, cap. 39 (1433).

88 Andrea Longhi, «Materiali da costruzione nei cantieri trecenteschi: approvvigionamento delle materie prime e dei semilavorati nella contabilità sabauda (1314-1334)», in *De Venustate et Firmitate. Scritti per Mario Dalla Costa*, Torino, Celid, 2002, p. 203-212.

89 Franco Monetti, Franco Ressa, *La costruzione del castello di Torino oggi Palazzo Madama (inizio secolo XIV)*, Torino, Bottega d'Erasmo, 1982, p. 115 (10 dicembre 1318, 17 dicembre 1318); p. 116 (7 gennaio 1319, 21 gennaio 1319); p. 117 (23 febbraio 1319); p. 118 (21 gennaio 1319); p. 119 (28 gennaio 1319, 8 luglio 1319).

90 Al riguardo si veda Enrico Lusso, «Cantieri, materiali e maestranze nel tardo medioevo. L'altro Piemonte: i marchesati di Monferrato e Saluzzo, le aree di influenza francese e viscontea», in Mauro Volpiano, a cura di, *op. cit.*, p. 125-143: 137.

91 ASTo, Camera dei conti, *Conti di castellania*, art. 27, § 1, *Chieri*, rotoli 3 (19 aprile 1377-1° gennaio 1381); 9 (31 maggio 1393-10 aprile 1396).

92 *Ibid.*, rotoli 9 (31 maggio 1393-10 aprile 1396); 14 (3 gennaio 1404-3 gennaio 1417).

1385 si acquistavano scandole e *postes* rispettivamente per la copertura
e le nuove pareti della *stalla equorum domini*, protetta all'esterno da una
frascata[93]. A Cuneo, nei decenni a cavallo dei secoli XIV e XV, accanto a
un ormai consolidato uso del laterizio per la realizzazione delle strutture murarie verticali;[94] era ancora possibile rilevare una significativa
variabilità nella scelta dei materiali da utilizzare per la copertura dei
tetti. Nei registri contabili dell'*opera castri*[95] per l'anno 1394 sono, per
esempio, annotate spese per reiterate forniture di «losarum, tegolarum
et covarum[96]», dove per *cove* si devono intendere, come già accennato,
fascine di paglia. Al punto che, nel 1421, furono sufficienti una nevicata
abbondante e un forte vento per determinare la necessità di intervenire
e provvedere al rifacimento di tutte le coperture. E, nuovamente, ci
si rivolse all'uso pressoché esclusivo della paglia[97]. A Savigliano, dove
nella prima metà del XIV secolo le spese si concentrarono nel palazzo
affacciato sulla *platea* e utilizzato come residenza dal vicario sabaudo,
le forniture si orientavano con più costanza verso il laterizio: i mattoni
erano sistematicamente associati alle strutture in elevato e i coppi alle
coperture dei tetti, relegando l'uso del legno agli orizzontamenti e ai
tramezzi interni[98].

In generale, un dato che emerge in maniera piuttosto evidente è il
limitato ricorso alla realizzazione di strutture spingenti. Negli esempi
appena citati vi si fa riferimento solo nel caso del portico del palazzo
saviglianese: nel 1320 si pagavano muratori «pro pilonis arcavandis»,

93   ASTo, Camera dei conti, *Conti di castellania*, art. 81, § 1, *Vigone*, rotolo 63 (2 gennaio
     1385-4 febbraio 1386). A proposito del castello e dell'assetto urbano del borgo cfr. Enrico
     Lusso, « "In auxilio fortifficacionum loci nostri". Politiche sabaude di promozione urbana
     a Vigone nei secoli XIV e XV », *op. cit.*, p. 155-182.
94   ASTo, Camera dei conti, *Conti di castellania*, art. 34, § 1, *Cuneo*, rotolo 7 (1° marzo 1417-16
     marzo 1418).
95   A proposito delle vicende del castello di Cuneo, voluto dal marchese Tommaso I di
     Saluzzo tra il 1289 e il 1294, si veda Giovanni Coccoluto, « Momenti di storia delle
     fortificazioni cuneesi », in *Florilegio cuneese. Omaggio alla città di Cuneo nell'*VIII *centenario
     dalla fondazione (1198-1998)*, Bollettino SSSAACn, n° 119, 1998, p. 27-37: 30-31.
96   ASTo, Camera dei conti, *Conti di castellania*, art. 34, § 1, *Cuneo*, rotolo 2 (1394-1409).
97   *Ibid.*, rotolo 11 (16 marzo 1421-16 marzo 1422).
98   ASTo, Camera dei conti, *Conti di castellania*, art. 69, § 1, *Savigliano*, rotoli 1 (4 agosto
     1320-4 agosto 1323); 2 (4 agosto 1323-4 agosto 1325); 3 (4 agosto 1322-4 agosto 1328);
     4 (4 agosto 1328-4 agosto 1329); 5 (4 agosto 1329-4 agosto 1330); 7 (4 febbraio 1331-4
     febbraio 1332); 8 (4 febbraio 1332-4 febbraio 1333); 10 (1334); 13 (8 marzo 1350-8 marzo
     1352); 15 (8 marzo 1354-8 marzo 1355).

ma preferendo comunque ricorrere al legno per la realizzazione dei solai[99]. In ogni caso, fintanto che si trattava di strutture in mattoni, le forniture mantenevano un legame assai stretto con il territorio: gli oneri di trasporto o non sono affatto menzionati o risultano incidere in maniera risibile sul totale dei costi di cantiere. Alcune volte si ricorreva addirittura a produzioni controllate dallo stesso principe, per quanto la modesta entità delle forniture di materiali, più che suggerire imprese produttive create *ad hoc*, parrebbe da ricondurre a partite garantite da fornaci "di stato", la cui esistenza peraltro qualificherebbe i Savoia-Acaia (e poi i Savoia) come attori inseriti stabilmente nel mercato dei laterizi. A Chieri, per esempio, una fornace era detta eloquentemente "del principe" e sorgeva non lontano dalle mura del borgo[100]. Più esplicito il caso di Mondovì, dove nel 1419 una «fornacem seu teguleriam» dotata di otto forni era dedicata esclusivamente alla produzione di manufatti utilizzati nella manutenzione dei castelli del distretto[101].

Gli unici casi in cui le consuetudini edilizie private e pubbliche paiono divergere, non tanto in termini qualitativi quanto per la scelta dei materiali da impiegare, sono quelli dei castelli di Torino e di Pinerolo – soprattutto quest'ultimo, per la verità –, dove nel secondo decennio del XIV secolo presero avvio due cantieri sostanzialmente sincroni per la costruzione dei complessi che sarebbero divenuti le principali sedi dinastiche dei Savoia-Acaia[102].

---

99 *Ibid.*, rotolo 1 (4 agosto 1320-4 agosto 1323). Per la decorazione delle 41 « trabes positas in dicto porticu» e dei vari listelli furono ingaggiati, nello stesso 1320, i *magistri* Giovanni di Lodrino (documentato anche nel cantiere del castello di Pinerolo: vedi oltre, testo corrispondente alla n. 111), Pieretto e Andrea *pinctori*.

100 ASTo, Camera dei conti, *Conti di castellania*, art. 27, § 1, *Chieri*, rotolo 9 (31 maggio 1393-10 aprile 1396).

101 ASTo, Camera dei conti, *Conti di castellania*, art. 48, § 4, *Mondovì*, rotolo 6 (1° luglio 1419-1° ottobre 1420). La fornace, a quanto risulta, sorgeva a Vico.

102 Nuovamente, per un quadro d'insieme, rimando ad Andrea Longhi, « Architettura e politiche territoriali... » *op. cit.*, p. 23-69. A proposito della frequentazione dei due castelli si vedano i documenti pubblicati in Ferdinando Gabotto, a cura di, « Documenti inediti sulla storia del Piemonte al tempo degli ultimi principi di Acaia (1383-1418) », *Miscellanea di storia italiana*, serie III, vol. XXXIV, n° 3, 1896, p. 113-364; Maura Baima, a cura di, *Libri Consiliorum 1325-1329. Trascrizione e regesto degli Ordinati comunali*, Torino, Archivio Storico della Città di Torino, 1996; Maura Baima, a cura di, *Libri Consiliorum 1333-1339. Trascrizione e regesto degli Ordinati comunali*, Torino, Archivio Storico della Città di Torino, 1997; Stefano A. Benedetto, a cura di, *Libri Consiliorum 1342-1349. Trascrizione e regesto degli Ordinati comunali*, Torino, Archivio Storico della Città di Torino, 1998; Maura Baima, a cura di, *Libri Consiliorum 1351-1353. Trascrizione e regesto degli Ordinati comunali*, Torino,

Le vicende della fabbrica del castello torinese di porta Fibellona
sono note, così come è sotto gli occhi di tutti che l'edificio sia stato
realizzato in mattoni (fig. 11)[103]. Di sicuro interesse, tuttavia, è analizzare gli esordi del cantiere, inaugurato nel 1317 con un'opera di
sistematica spoliazione di tutte le strutture romane sopravvissute in
e presso la città alla ricerca di *grossi lapides*, evidentemente troppo
onerosi da reperire altrimenti sul mercato. Una delle prime preoc-
cupazioni fu quella di rinforzare il ponte levatoio della porta urbana
scelta come sito del castello, in modo che potesse reggere il peso dei
carriaggi che avrebbero trasportato le pietre[104]; quindi, nell'ordine,
si iniziò a *gavare lapides* da porta Segusina, si distrusse ciò che restava
della chiesa di San Severo, si procedette «frangendo voltam et grossos lapides porte Marmoree», si smontò il *pontis petre* sulla Dora per
recuperarne i conci, si divelsero le pietre di porta San Michele e di
porta Nuova, fu abbattuta una torre fuori porta Palazzo, recuperando
nell'occasione anche mattoni e stipendiando operai «ad descalsinadum
maonos turris[105]». Tutto il materiale di spoglio fu ammassato nella
piazza di fronte al castello e, a partire dal 1319, utilizzato dal detto
magister Germano di Casale per realizzare le fondazioni delle nuove

---

Archivio Storico della Città di Torino, 1999; Maura Baima, a cura di, *Libri Consiliorum
1365-1369. Trascrizione e regesto degli Ordinati comunali*, Torino, Archivio Storico della Città
di Torino, 2000; Maura Baima, a cura di, *Libri Consiliorum 1372-1375. Trascrizione e regesto
degli Ordinati comunali*, Torino, Archivio Storico della Città di Torino, 2002; Maria Teresa
Bonardi, Laura Gatto Monticone, a cura di, *Libri Consiliorum 1376-1379. Trascrizione e
regesto degli Ordinati comunali*, Torino, Archivio Storico della Città di Torino, 2003; Maura
Baima, Maria Teresa Bonardi, a cura di, *Libri Consiliorum 1380-1383. Trascrizione e regesto
degli Ordinati comunali*, Torino, Archivio Storico della Città di Torino, 2003.
103 Aldo Angelo Settia, *Proteggere e dominare op. cit.*, p. 185-188; Aldo Angelo Settia, « Il
castello del principe », in Maria Teresa Bonardi, Aldo Angelo Settia, *op. cit.*, p. 22-49;
Andrea Longhi, « Architettura e politiche territoriali... » *op. cit.*, p. 32-33.
104 Franco Monetti, Franco Ressa, *op. cit.*, p. 45 (11 agosto 1317).
105 *Ibid.*, p. 51-55, 63 (11 ottobre 1317, 18 ottobre 1317, 8 novembre 1317-21 gennaio 1318),
a proposito della porta Segusina; p. 53-54, 98 (6-7 dicembre 1317, 30 luglio 1318), per
la chiesa di San Severo; p. 57, 62, 73-76, 102 (6-12 gennaio 1318, 3-15 aprile 1318, 27
agosto 1318), per lo smontaggio della porta Marmorea; p. 63, 65-68, 70 (23 gennaio 1318,
3 febbraio-13 marzo 1318), per il ponte in pietra detto della Maddalena; p. 69-72 (4-20
marzo 1318), per porta San Michele; p. 72 (27 marzo 1318), per porta Nuova; p. 74-79
(3 aprile-4 maggio 1318), per la torre dirimpetto a porta Palazzo. In merito a queste
strutture: Aldo Angelo Settia, « Fisionomia urbanistica e inserimento nel territorio (secoli
XI-XIII) », in Giuseppe Sergi, a cura di, *Storia di Torino*, Torino, Einaudi, 1997, vol. I,
Dalla preistoria al comune medievale, p. 787-831.

strutture[106]. Nel contempo, via via che le forniture di mattoni, calce e sabbia – estratta perlopiù dal greto della Dora, insieme a ciottoli, grazie a prestazioni coatte di manodopera dei torinesi – assumevano consistenza, si dava avvio alla costruzione degli elevati[107]. I rendiconti del secolo successivo, pertinenti al cantiere di ampliamento verso oriente del castello[108], confermano, al pari delle evidenze materiali, come i laterizi continuassero a essere di gran lunga i principali manufatti utilizzati per le opere[109].

---

106 Franco Monetti, Franco Ressa, *op. cit.*, p. 152 (26 aprile 1319). Se ne hanno conferme a livello archeologico: Luisella Pejrani Baricco, « Analisi stratigrafica della sala del Voltone: i primi rilievi », in Carlo Viano, a cura di, *Palazzo Madama. Il rilievo architettonico*, Torino, Città di Torino, 2002, p. 118-123.

107 Franco Monetti, Franco Ressa, *op. cit.*, p. 104 sgg. (27 agosto 1318-18 novembre 1318); p. 80-83, 86, 97-99, 132 (15-30 maggio 1318, 13 giugno 1318, 17 luglio-4 agosto 1318, 6 marzo 1319); p. 156-160, 163 (13 agosto-28 novembre 1319, 14 marzo 1318) rispettivamente.

108 Per le vicende quattrocentesche del castello cfr. Giovanni Donato, « Tra Savoia e Lombardia: modelli e cantieri per il castello di Torino », in Giovanni Romano, a cura di, *Palazzo Madama a Torino. Da castello medioevale a Museo della città*, Torino, Fondazione Cassa di Risparmio di Torino, 2006, p. 35-58. Utili indicazioni anche in Luigi Mallé, *Palazzo Madama in Torino. Storia bimillenaria di un edificio*, Torino, Tipografia torinese 1970, t. 1, p. 16-36.

109 ASTo, Camera dei conti, *Conti di castellania*, art. 75, § 10, *Torino*, rotoli 55 (1402); 58 (1405).

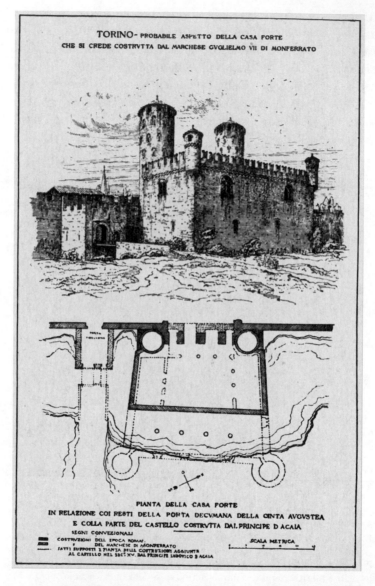

FIG. 11 – Ricostruzione volumetrica e planimetrica delle fasi costruttive del castello di porta Fibellona – oggi Palazzo Madama – a Torino. Disegno di Alfredo D'Andrade, ca. 1889 (Alfredo D'Andrade, *Relazione dell'Ufficio Regionale per la Conservazione dei Monumenti del Piemonte e della Liguria. Parte I. 1883-1898*, Torino, Bona, 1899, tav. 4).

Il cantiere del castello di Pinerolo si pone, sin dalle prime note documentarie, come un evento eccezionale rispetto non solo al panorama locale, ma a buona parte delle imprese edilizie di quegli anni (fig. 12)[110]. Esso risulta, infatti, orientato verso un impiego assai più rilevante della pietra, al punto da poter affermare che essa fu utilizzata in maniera quasi esclusiva per la realizzazione delle murature delle tre opere più impegnative portate a termine tra il 1314 e il 1319: la nuova cappella, la loggia di distribuzione affacciata sulla corte interna e la *turris magna*[111]. L'impressione che si potrebbe ricavare da una lettura superficiale dei rendiconti, ovvero che tale scelta fosse dettata dalla volontà di connotare in modo qualitativamente più efficace un edificio destinato a ospitare la corte, è tuttavia destinata a scontrarsi con la realtà delle descrizioni. Al di là di un accenno all'intervento di due *magistri* che lavorarono «ad faciendum et designandum mensuras pro dictis lapidibus piccandis et incidendis» nel momento in cui il cantiere era giunto alla costruzione delle volte della cappella[112], sia la qualità del materiale impiegato sia quella complessiva delle murature realizzate appare, infatti, più che mediocre. A parte il caso appena citato, non si fece mai uso di pietra squadrata, ma solo e sempre di blocchi a spacco: dapprima si ricorse allo sfruttamento della *pereria* (pietraia, letteralmente, a meno di voler intendere il termine genericamente sinonimo di cava) di proprietà dell'abate di Santa Maria del Verano[113], a un paio di chilometri dall'abitato[114]; quindi, esaurita

---

110 Andrea Longhi, «Architettura e politiche territoriali...» *op. cit.*, p. 33-37; Marco Calliero, Viviana Moretti, *Il castello di Pinerolo nell'Inventario del 1418*, Pinerolo 2009.

111 ASTo, Camera dei conti, *Conti di castellania*, art. 60, § 2, *Pinerolo*, rotolo 1 (1314-1315), per la cappella e la loggia; rotolo 2 (1318-1319), per la nuova torre.

112 *Ibid.*, rotolo 1 (1314-1315). Si può dunque presumere che si facesse riferimento alle chiavi e ai costoloni della volta. A proposito dell'impiego di tali pietre tagliate merita infatti osservare, come indicato nel testo, che le voci di spesa immediatamente successive riguardano interventi «super trunam» e «in faciendi voltam dicte capelle».

113 *Ibid.*; si fa riferimento esplicito alla *peroneria abbatis*.

114 A proposito dell'abbazia, delle sue vicende e della sua collocazione geografica cfr. Antonio Francesco Parisi, «Santa Maria di Pinerolo», in *Monasteri in alta Italia dopo le invasioni saracene e magiare (sec. X-XII)*, Torino, DSSP, 1966, p. 53-102; Grado Giovanni Merlo, «Il monastero di Santa Maria di Pinerolo nell'erudizione piemontese», *Bollettino storico bibliografico subalpino*, vol. LXX, n° 1, 1972, p. 194-204; Grado Giovanni Merlo, «Monasteri e chiese nel Pinerolese (sec. XI-XIII). Aspetti topografici e cronologici», *Rivista di storia della Chiesa in Italia*, vol. XXVII, 1973, p. 79-97: 81 sgg. Per quanto concerne i resti materiali del complesso cfr. Marco Calliero, Stella Rivolo, «Gli edifici dell'abbazia di Santa Maria a metà Seicento», in Piercarlo Pazé, a cura di, *Gli ultimi quattro secoli dell'abbazia di Santa Maria di Pinerolo*, Perosa Argentina, LAReditore, 2019, p. 167-200.

o non più accessibile quella, ci si rivolse allo sfruttamento della *pereria domini* collocata alle spalle del castello stesso[115].

Che la muratura realizzata con tali materiali fosse a dir poco approssimativa è confermato da una serie di indizi, alcuni dei quali assolutamente eclatanti. In primo luogo, appena i muri, il catino absidale e la volta dell'aula della cappella furono completati, si procedette «ad rassandum», ossia a intonacare le superfici murarie[116]. In secondo, la torre "grande" che si iniziò a costruire nel 1318, sfruttando la citata «pereria domini iusta castrum[117]», crollò improvvisamente l'anno successivo, a cantiere ancora aperto, abbattendosi sugli edifici posti ai suoi piedi e arrecandovi gravi danni[118]. Se si tiene conto che il castello sorgeva sulla viva roccia, è evidente che il cedimento strutturale non può che essere imputato o alla scarsa resistenza della muratura o all'imperizia delle maestranze, possibilità che, trattandosi di una torre cilindrica con cronologia relativamente alta rispetto alla fase di massima diffusione del modello in ambito subalpino[119], non può essere esclusa. In ultimo, mentre la pietra fu usata in modo estensivo nella costruzione delle membrature della cappella, quando si trattò di realizzarne nel 1315 la facciata, con «unum O rotundum sive unam fenestram pulcram sive hostium unum ad voluntatem domini», fu ordinata una partita di mattoni *ad hoc*[120]. Il mattone aveva ormai vinto la partita anche in un'area pedemontana quale era quella pinerolese, dove la tradizione della muratura in pietra era ampiamente consolidata[121].

---

115 ASTo, Camera dei conti, *Conti di castellania*, art. 60, § 2, *Pinerolo*, rotolo 1 (1314-1315); al punto da essere occasionalmente definita *pereria castri*.

116 *Ibid.*

117 *Ibid.*, rotolo 2 (1318-1319).

118 *Ibid.* Si ricordano spese per ricostruire il «murum camere baiularum deversus turrim qui disruerat propter disruptionem turris».

119 Sul tema rimando a Mauro Cortelazzo, «Simbologia del potere e possesso del territorio: le torri valdostane tra XI e XIII secolo», *Bulletin d'études prehistoriques et archeologiques alpines*, vol. XXI, 2010, p. 219-243; Enrico Lusso, «Tra Savoia, Galles e Provenza. *Magistri* costruttori e modelli architettonici nel Piemonte duecentesco», in *A warm mind-shake. Scritti in onore di Paolo Bertinetti*, Torino, Trauben, 2014, p. 301-311.

120 ASTo, Camera dei conti, *Conti di castellania*, art. 60, § 2, *Pinerolo*, rotolo 1 (1314-1315).

121 Si veda, al riguardo, Dina Segato, a cura di, *op. cit.*, col. 202, cap. 591 (*additio* 1434).

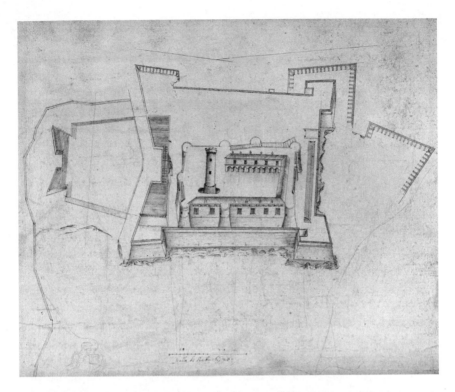

FIG. 12 – Anonimo, Castello di Pinerolo, seconda metà del sec. XVI
(ASTo, Corte, Biblioteca antica, *Architettura militare*, vol. V, f° 191 v°).

L'APPROVVIGIONAMENTO DELLE MATERIE PRIME AL CADERE DEL MEDIOEVO: INDIZI DI UNA CRISI?

I casi dei cantieri dei castelli di Torino e Pinerolo indicano in modo esplicito come l'impiego della pietra, pur in una fase dove l'egemonia del laterizio può ritenersi non ancora del tutto consolidata, sia stato nettamente subalterno. Esso, inoltre, al contrario di quanto spesso si ritiene, non pare riferibile alla volontà di assegnare un particolare significato agli esiti formali dell'architettura. Anzi, spesso, costituiva forse un ripiego dettato dall'impossibilità di poter approvvigionare il cantiere di mattoni in modo adeguato. È questo un tema che, in ultimo, merita di essere analizzato un po' più nel dettaglio.

Ad Alessandria, i capitoli degli statuti tardoduecenteschi che si occupavano della manutenzione del manto stradale registravano indistintamente l'uso di pietre grandi e di mattoni, con una leggera preferenza per le prime[122]. A Novara, nel 1349, era stabilito che la pavimentazione di alcune, ben individuate, strade fosse a carico dei frontisti e realizzata interamente in mattoni[123]. Di contro, a Fossano nel 1330 e a Casale nel 1385, si prediligeva l'uso della pietra, *plaustra* nel primo caso e, con ogni probabilità, ciottoli di fiume nel secondo[124]. Particolare interesse suscitano gli statuti di Nizza Monferrato, i quali contengono due capitoli dedicati al medesimo argomento, uno riferibile alla redazione più antica del codice, precedente il 1264, l'altro trecentesco, inserito al tempo della conferma della raccolta legislativa da parte del marchese di Monferrato Teodoro I Paleologo, nel frattempo divenuto signore dell'abitato[125]. Le due rubriche imponevano che, in vista dell'inverno, coloro che abitavano nei pressi di alcuni incroci fossero tenuti a pavimentarli per evitare che i carri si impantanassero: quella duecentesca parlava, al riguardo, della realizzazione di un «passus de lapidibus[126]»; quella di inizio XIV secolo, identica nel tenore complessivo, stabiliva però che lo «sternium fiat et esse debeat de bonis maonis bene coctis[127]». Per quanto non manchino esempi ambigui o in controtendenza[128], l'iniziale difficoltà

---

122 Francesco Geronimo Curzio, a cura di, *op. cit.*, p. 194, cap. *De levata ad pontem Salerie facienda*; p. 194, cap. *De via que est ante domum Henrici Pupini mundanda*; p. 196, cap. *De via ab angulo Ruffini Tressoldi facienda*; p. 348, cap. *De solando viam communis que est a carraria brolieti usque ad preberiam fratrum minorum*; p. 349, cap. *De faciendo transendam unam de lapidibus in rugata Casinaxii Boramale Sancti Georgii et rugata Ciliana a ponte Tanagri usque ad beccarias, et a beccariis usque ad carrubia de brolieto*; p. 349, cap. *De aptando viam que est a Malocantono usque ad domum Arechi de Ast*.

123 *Statuta civitatis Novariae op. cit.*, p. 186, cap. *De stratam solatura fienda*.

124 Alessandro Tesauro, a cura di, *op. cit.*, p. 142-143, *collatio* VIII, cap. 74; Patrizia Cancian, a cura di, *op. cit.*, p. 318, cap. 195; p. 482, cap. 379; 484, cap. 381 rispettivamente.

125 Si veda, a proposito delle vicende del borgo, Riccardo Rao, «La continuità aleramica: il governo del marchesato di Monferrato e i poteri locali durante la successione paleologa (1305-1310)», in Aldo Angelo Settia, a cura di, *« Quando venit marchio grecus in terra Montisferrati ». L'avvento di Teodoro I Paleologo nel VII centenario (1306-2006)*, Casale Monferrato, Associazione Casalese Arte e Storia, 2008, p. 23-44: 35 sgg.

126 Alberto Migliardi, a cura di, *op. cit.*, p. 71-72, cap. 132; p. 73, cap. 133.

127 *Ibid.*, p. 173, cap. 362 (*additio post* 1306).

128 A Ivrea, per esempio, gli statuti di primo XIV secolo ricordano la necessità di intervenire lastricando alcune strade utilizzando mattoni: Gian Savino Pene Vidari, a cura di,

a procurarsi una quantità adeguata di mattoni conferma quanto già suggerito, ossia l'incapacità di un comparto produttivo nascente di far fronte a una domanda che cresceva con ritmo esponenziale. Non appena la produzione riuscì a tenere il passo del mercato, la scelta si orientò verso manufatti in laterizio. Anche nel caso di Pinerolo, per quel che è possibile dedurre dai conti tardotrecenteschi e quattrocenteschi relativi agli interventi di manutenzione e adeguamento del castello, l'uso del mattone si era stabilizzato[129].

Nel corso del XIV secolo tali difficoltà, laddove ancora manifeste, furono quasi per certo condizionate da scelte di natura economica, dettate dalla maggiore convenienza che il ricorso a soluzioni costruttive tradizionali e/o a materiali facilmente reperibili localmente potevano garantire. A partire dai decenni finali del secolo, tuttavia, lo stesso problema, talvolta presente in modo amplificato, sembra avere cause diverse: l'incapacità di far fronte alle richieste del mercato, infatti, non può più trovare una risposta nella dimensione crescente della domanda, poiché questa, dopo la decompressione demografica determinata dall'epidemia di peste, è da ritenersi sostanzialmente stagnante. Gli indizi più significativi, ancora una volta, sono da rintracciare negli statuti comunali. Se le norme a tutela della produzione di manufatti in laterizio, della loro qualità e a salvaguardia del patrimonio edilizio in generale erano state sempre presenti, al cadere del XIV secolo si assiste a un inasprimento talmente repentino delle pene comminate e a una moltiplicazione tale di norme protezionistiche da far sospettare che le difficoltà del settore fossero determinate da una progressiva diminuzione delle materie prime e delle risorse necessarie a garantire una produzione costante.

Volendo tentare una sintesi per argomenti, un primo gruppo di misure riguarda la tutela dell'edilizia esistente. Ad Asti, nel 1381, era fatto divieto a chiunque «dirruere domos intus civitatem causa vendendi lapides, lignamine vel cupos[130]»; a Cuneo, negli stessi anni, si stigmatiz-

---

op. cit., t. 1, p. 282-283, lib. V, cap. 9-10. Nella redazione del 1433, per norme analoghe, scompare il riferimento a *madoni*, sostituito sistematicamente con *lapides*, ma si tratta, a onor del vero, di provvedimenti relativi a un insediamento del distretto e non già alla città: *ibid.*, t. 3, p. 154-155, lib. VII, cap. 58.

129 Per esempio: ASTo, Camera dei conti, *Conti di castellania*, art. 60, § 1, *Pinerolo*, rottoli 39 (1360-1361); 58 (1381-1383); 65 (1398-1402). Cfr. anche Marco Calliero, Viviana Moretti, *op. cit.*, p. 38-57, n. 134-281.

130 Natale Ferro, Elio Arleri, Osvaldo Campassi, a cura di, *op. cit.*, *collatio* I, cap. 28.

zava l'asportazione di legname dalle strutture difensive e l'appropriazione indebita della calce depositata presso le fornaci[131]. Divieti analoghi erano previsti anche a Chieri, a Fossano e a Bra[132] nonché in rubriche del 1434 degli statuti di Pinerolo. In questo caso, la multa in cui sarebbero incorsi coloro che avessero rubato «cupos, matonos vel tegulas» sarebbe stata raddoppiata nel caso in cui ciò fosse avvenuto «de nocte, animo furandi[133]». Un secondo gruppo comprende invece provvedimenti di natura protezionistica che, in ultima analisi, permettono di chiarire quale fosse la probabile causa dei problemi. Sempre a Pinerolo, sin dal 1318, chi «non fecerit communitatem in Pinerolio» vedeva preclusa la possibilità di procurarsi liberamente legname nei boschi a monte dell'abitato, ma poteva soddisfare le proprie necessità solo acquistandolo da carpentieri una volta che fosse stato squadrato[134]. Gli abitanti di Savigliano, nel 1336, avevano il permesso di estrarre ghiaia e sabbia dal greto dei torrenti, ma non era loro concesso vendere legname al di fuori del distretto[135]. A Nizza Monferrato, nel primo Trecento, nessuno poteva commerciare in legna se non con altri residenti del luogo[136]. A Cuneo – al pari di Alessandria sin dal 1297, di Fossano nel 1330 e di Novara nel 1349[137] – nel 1380 era vietato esportare qualunque tipo di legname «causa caseandi seu hedificandi[138]». A Garessio il divieto era esteso anche al carbone prodotto nei boschi della comunità[139] e a Giaveno alla «petram seu lapidem calcineriam[140]». Mentre a Casale,

131   Piero Camilla, a cura di, *Corpus statutorum comunis Cunei op. cit.*, p. 50, cap. 102; p. 123, cap. 224 rispettivamente.

132   Francesco Cognasso, a cura di, *Statuti civili del comune di Chieri op. cit.*, p. 72, cap. 223; Alessandro Tesauro, a cura di, *op. cit.*, p. 74, *collatio* IIII, cap. 23; Edoardo Mosca, a cura di, *op. cit.*, p. 193, cap. 118 rispettivamente.

133   Dina Segato, a cura di, *op. cit.*, col. 202, cap. 592 (*additio* 1318).

134   *Ibid.*, col. 67, cap. 171.

135   Italo Mario Sacco, a cura di, *op. cit.*, p. 159, cap. 384 (*additio* 1336); p. 278, cap. 672 (*additio* 1445) rispettivamente.

136   Alberto Migliardi, a cura di, *op. cit.*, p. 199, cap. 420 (*additio post* 1306).

137   Francesco Geronimo Curzio, a cura di, *op. cit.*, p. 184, cap. *De messe vel lignis extra poderium Alexandriae non ducendis*; Alessandro Tesauro, a cura di, *op. cit.*, p. 82, *collatio* IIII, cap. 44; *Statuta civitatis Novariae op. cit.*, p. 161, cap. *De lignamine non ducendo extra iurisdictionem Novarie*.

138   Piero Camilla, a cura di, *Corpus statutorum comunis Cunei op. cit.*, p. 123-124, cap. 225.

139   Giuseppe Barelli, a cura di, *op. cit.*, p. 54, cap. *De doetis et carbone*.

140   Gaudenzio Claretta, *Cronistoria del municipio di Giaveno dal secolo VIII al XIX, con molte notizie relative alla storia generale del Piemonte*, Torino, Giuseppe Civelli, 1875, p. 606-607, cap. 63.

sebbene vigesse, come si è detto[141], un regime di libero scambio per i mattoni e i coppi, altrettanto non valeva per il legname[142].

Più ci inoltriamo nel xv secolo, più la volontà di assicurare, nello stesso tempo, un'adeguata protezione del patrimonio edilizio esistente e la disponibilità di manufatti ed elementi costruttivi assume connotati di reale urgenza. A Bra, fermo restando il divieto di «cuppos aliquos vel matones extrahere (…) de posse Brayde vel extrahi facere» già stabilito nel xiv secolo, nel 1461 era possibile importare laterizi «crutos et coctos, novos et vetulos», calce e legname «pro caseando» senza pagare alcun dazio[143]. Ad Alba nel 1466 i fornaciai erano obbligati a vendere mattoni e coppi unicamente all'interno del distretto urbano, garantendo un diritto di prelazione al comune; il quale, peraltro, era l'unico attore a poter accedere senza limitazioni alle materie prime, legname *in primis*[144]. Esso doveva ormai essere merce assai rara se si sentiva la necessità di sanzionare il furto delle *columpne* in legno dei ponti, degli elementi lignei di cui si componevano le strutture e i meccanismi dei mulini e, finanche, dei tronchi che potevano essere rinvenuti lungo le sponde del Tanaro, i quali dovevano essere ritenuti di esclusiva proprietà comunale[145]. Le misure, peraltro, evocano quelle già presenti nella legislazione fossanese[146] e in una rubrica del 1387 degli statuti cuneesi, in base alla quale nessuno poteva «capere aliquod lignam seu ferramentum pontium comunis[147]». A Novara, in modo analogo, le *additiones* statutarie quattrocentesche comminavano pesanti sanzioni a quanti avessero asportato pietre e legname dai ponti[148] e lo stesso si registra ad Alessandria, dove una legislazione particolarmente restrittiva a proposito dell'utilizzo dei boschi di Marengo, Gamondio e Cerreta suggerisce che il furto di legna avesse iniziato ad assumere dimensioni preoccupanti

141 Vedi sopra, testo corrispondente alla n. 52.
142 Patrizia Cancian, a cura di, *op. cit.*, p. 474, cap. 370.
143 Edoardo Mosca, a cura di, *op. cit.*, p. 335, cap. 257. Per il capitolo del 1370 vedi sopra, testo corrispondente alla n. 76.
144 Francesco Panero, a cura di, *Il libro della catena op. cit.*, p. 124, cap. 73; p. 133, cap. 117.
145 *Ibid.*, p. 125-126, cap. 81; p. 126-127, cap. 87; p. 132, cap. 114.
146 Vedi sopra, n. 132: si stabiliva, al riguardo, «quod si pons Sturie disruptus fuerit in aliquo tempore, quod aliqua persona non audeat nec debeat capere de lignamine ipsius pontis».
147 Davide Sacchetto, a cura di, *Le* Addictiones *agli statuti di Cuneo del 1380 (1384-1571)*, Cuneo, SSSAACn, 1999, p. 123-124, cap. 499 (1387). Assai significativa è già, di per sé, l'equiparazione del legname al ferro.
148 *Statuta civitatis Novariae op. cit.*, p. 49-50, cap. 499 (*additio* 1387).

già alla fine del XIII secolo[149]. A Giaveno, nel 1454, al fine di garantire
l'integrità delle risorse forestali, era vietato «facere carbonerias in nemo-
ris» e vendere o esportare *meheria*, ossia legname da costruzione[150]. A
Saluzzo, infine, la tutela delle aree boschive, degli alberi giovani e, in
generale, dei semilavorati in legno diveniva quasi ossessiva: nel 1480 a
nessuno era concesso vendere al di fuori dei confini «aliqua lignamina
nata in finibus Saluciarum» ed era tassativamente vietata l'asportazione
di elementi lignei dalle cascine, anche se abbandonate[151].

Le attenzioni delle autorità comunali, dunque, paiono focalizzarsi
progressivamente sulla protezione delle aree boschive e, più in generale, sulla volontà di assicurare una disponibilità costante di legname
a fronte di quella che può essere interpretata come una crescente difficoltà di approvvigionamento. Ciò, è evidente, condizionava in maniera
pesante i processi edilizi, sia direttamente, in termini di produzione
di elementi costruttivi (pilastri, travi, assi ecc.), sia indirettamente, in
quanto privava le fornaci del necessario combustibile. Potremmo quasi
spingerci a immaginare che il problema fosse più sentito laddove la
produzione di laterizi era stata più intensa e non ci si era premurati di
tutelare adeguatamente le risorse, programmando un'opera di graduale
rimboschimento. Non si deve poi dimenticare il costante sostegno che,
nelle fasi di massima crescita demografica, i comuni e non solo avevano
accordato alle operazioni di "arroncamento" per rendere disponibili nuovi
terreni coltivabili, tendenza che proprio nei decenni finali del medioevo
assunse dimensione e rilevanza notevoli[152]. Al punto che l'arretramento

149 Francesco Geronimo Curzio, a cura di, *op. cit.*, p. 236, cap. *De non capiendo lignamen pontis*;
p. 270, cap. *De non amassando ligna in campis*; p. 270, cap. *De illo qui ligna furatus fuerit*;
p. 270, cap. *De lignis ad domum alicuius inventis*; p. 270, cap. *De concordato cum aliquo de
lignis furatis*; p. 271, cap. *De extraneis furantibus ligna*; p. 271, cap. *De non incidendo in alieno
boscho*; p. 271, cap. *Quod quilibet possit dare suum boschum ad custodiendum*; p. 273, cap. *De
divisione boschi Marenghi*; p. 274, cap. *De non incidendo boschum nisi fuerit ordinatum*; p. 279,
cap. *De lignis a boscho Gamondii non portandis*; p. 280, cap. *De Cerreta non incidenda*.
150 Gaudenzio Claretta, *op. cit.*, p. 609, cap. 75; p. 610, cap. 77 rispettivamente.
151 Giuseppe Gullino, a cura di, *Gli statuti di Saluzzo op. cit.*, p. 151-152, cap. 160; p. 152,
cap. 162; p. 192-193, cap. 270 rispettivamente.
152 Sull'argomento si vedano i contributi di Rinaldo Comba, *Metamorfosi di un paesaggio
rurale. Uomini e luoghi del Piemonte sud-occidentale fra X e XVI secolo*, Torino, Celid, 1983,
p. 104-127; 138-146; Rinaldo Comba, «La dispersione dell'habitat nell'Italia centro-
settentrionale tra XII e XV secolo. Vent'anni di ricerche», *Studi storici*, vol. XXV, 1984,
p. 765-783; Rinaldo Comba, «L'insediamento rurale fra medioevo ed età moderna», in
Vera Comoli, a cura di, *Piemonte*, Roma-Bari, Laterza, 1988, p. 19-24.

del bosco iniziava probabilmente a interessare anche le aree prealpine e alpine, a lungo considerate alla stregua di una fonte inesauribile di legname. A Pagno, per esempio, gli statuti del 1492 contenevano una serie di rubriche a tutela del patrimonio forestale, che spaziavano dall'obbligo di custodire i boschi da parte dei rettori del comune, alla previsione di pesanti sanzioni per tutti coloro che avessero rubato legna già tagliata, al divieto di abbattere gli alberi – curiosamente suddivisi in base alla dimensione degli elementi edilizi che se ne potevano trarre: *plantae tampierii* e *plantae canterii* –, di esportazione del legname, di produzione di carbone[153].

Alla luce di queste considerazioni pare assumere anche un diverso significato il fatto che, quando nel 1486 il vescovo di Alba Andrea Novelli diede avvio alla fabbrica della nuova cattedrale, gran parte della fornitura di mattoni fosse commissionata a fornaciai di Trino. D'accordo che Novelli era originario di quel luogo e che dietro il cantiere ci fosse la *longa manus* del marchese di Monferrato – il quale di Trino era signore –, ma è evidente che il costo di quei laterizi, in ragione della distanza considerevole tra il luogo di produzione e quello di messa in opera (circa 110 chilometri, in parte da coprire per via fluviale a causa della natura troppo accidentata delle colline astigiane e del Roero), lievitò in maniera significativa[154].

Pur nella consapevolezza dei rischi che si corrono a voler desumere conclusioni generali da dati in fondo circoscritti a specifiche realtà territoriali e, dunque, senza alcuna pretesa teorica, non pare casuale che, proprio al cadere del Quattrocento, si registri infine una tendenza di senso contrario rispetto a quanto era stato consueto sino a pochi decenni prima (fig. 13). Gli apparati decorativi più complessi, soprattutto modanature di finestre, archivolti di porte e, in generale, tutto ciò che nel tardo medioevo aveva contribuito a dare origine e slancio a una

---

153 Giuseppe Aimar, a cura di, *op. cit.*, p. 81, cap. 39; p. 301-303, cap. 261; 83, cap. 40; p. 241, cap. 197, p. 263, cap. 220 rispettivamente.

154 Rimando a Enrico Lusso, « "Positus fuit primus lapis in fondamentis ecclesie Sancti Laurentii". Il vescovo Andrea Novelli e la fabbrica del nuovo duomo di Alba », in Giovanni Donato, a cura di, *Pietre e marmi. Materiali e riflessioni per il lapidario del duomo di Alba*, Alba, Diocesi di Alba, 2009, p. 39-49; Enrico Lusso, « Dalla cattedrale romanica alla ricostruzione del vescovo Novelli: l'architettura », in Egle Micheletto, a cura di, *La cattedrale di Alba. Archeologia di un cantiere*, Firenze, All'Insegna del Giglio, 2013, p. 65-84: 76 sgg.

ricchissima produzione di cotti a stampo[155] iniziò, gradualmente, a essere sostituito da elementi in pietra, il cui uso, se da un lato accompagnò la tardiva diffusione di modelli pienamente rinascimentali nei territori subalpini[156], dall'altro riuscì infine a penetrare anche nei repertori costruttivi dell'edilizia civile, determinando così il superamento delle forme tardogotiche.

155 Si vedano, a titolo esemplificativo, Giovanni Donato, « Le terrecotte piemontesi del XV secolo e la facciata della parrocchia di Chivasso », *Faenza*, vol. LXIX, n° 1-2, 1983, p. 80-89; Giovanni Donato, « Per una storia della terracotta architettonica in Piemonte nel tardo medioevo: ricerche a Chieri », *Bollettino storico bibliografico subalpino*, vol. LXXXIV, n° 1, 1986, p. 95-133; Giovanni Donato, « La riscoperta della terracotta nel Quattrocento e le tecniche di riproduzione seriale: un binomio dialettico », in Edoardo Villata, a cura di, *L'arte rinascimentale nel contesto*, Milano, Jaca book, 2015, p. 147-176.

156 Si rimanda ad Antonella Perin, « Il palazzo tra gotico e rinascimento da Alba a Casale Monferrato », in Micaela Viglino Davico, Carlo Tosco, a cura di, *op. cit.*, p. 143-176; Francesco Paolo Di Teodoro, « L'Antico nel Rinascimento casalese. Arte, architettura, ornato », in Vera Comoli, Enrico Lusso, a cura di, *Monferrato, identità di un territorio*, Alessandria, Fondazione Cassa di Risparmio di Alessandria, 2005, p. 65-73; Antonella Perin, « Casale capitale del Monferrato. Architettura e città », *Monferrato arte e storia*, n° 22, 2010, p. 37-60; Enrico Lusso, « La committenza architettonica dei marchesi di Saluzzo e di Monferrato nel tardo Quattrocento. Modelli mentali e orientamenti culturali », in Lucia Corrain, Francesco Paolo Di Teodoro, a cura di, *Architettura e identità locali*, Firenze, Olschki, 2013, vol. I, p. 423-438; Enrico Lusso, « Tra il Mar Ligure e la Lombardia. La committenza architettonica dei marchesi del Carretto nei secoli XV-XVI », in Howard Burns, Mauro Mussolin, a cura di, *Architettura e identità locali*, Firenze, Olschiki, 2013, vol. II, p. 261-277; Silvia Beltramo, *Il marchesato di Saluzzo tra Gotico e Rinascimento. Architettura, città, committenti*, Roma, Viella, 2015.

		Acqui statuti	Acqui conti	Alba statuti	Alba conti	Alessandria statuti	Alessandria conti	Asti statuti	Asti conti	Biella statuti	Biella conti	Bra statuti	Bra conti
1200-1249	SVpt									L Le			
	SV>1									L Le			
	O									Le			
	P									L P			
	C									L Pa			
1250-1299	SVpt	L				Le							
	SV>1	Le											
	O												
	P					L P							
	C	L P				Pa							
1300-1349	SVpt	L P											
	SV>1	L											
	O												
	P												
	C												
1350-1399	SVpt					L		L P				L P	
	SV>1					L		L Le				L	
	O							L Le				Le	
	P							L					
	C					L		L				L Pa	
1400-1449	SVpt			L				L					
	SV>1			L				L					
	O			Le				Le					
	P												
	C							L Le					
1450-1499	SVpt			L								L	
	SV>1			L								L	
	O			Le								Le	
	P			L									
	C			L								L	

		Casale		Chieri		Chivasso		Cuneo		Fossano		Garessio	
		statuti	*conti*	*statuti*	*conti*	*statuti*	*conti*	*statuti*	*conti*	*statuti*	*conti*	*statuti*	*conti*
1200-1249	SVpt												
	SV>1												
	O												
	P												
	C												
1250-1299	SVpt											P	
	SV>1											P	
	O											Le	
	P												
	C											Pa	
1300-1349	SVpt			L		L Le	L			L Le	L P		
	SV>1			L Le		L Le	L Le		Le	L Le	L Le		
	O			Le			Le		Le	Le	Le		
	P									P			
	C			L Pa		L Le	L Le			L Pa	L Pa		
1350-1399	SVpt	L P	L		L			L	L P		L P		
	SV>1	L Le	L Le		L Le			L Le	L Le		L Le		
	O	Le	L Le		Le			Le	Le		Le		
	P	L P											
	C	L Pa	L		L Le			L P Pa	L P Pa		L Pa		
1400-1449	SVpt						L		L		L		
	SV>1						L Le		L Le		L Le		
	O						Le		Le		Le		
	P												
	C						L		Pa	L Pa	L Pa		
1450-1499	SVpt										L P		
	SV>1										L		
	O										L Le		
	P										L		
	C										L		

		Giaveno		Ivrea		Mondovì		Nizza		Novara		Pagno	
		statuti	*conti*	*statuti*	*conti*	*statuti*	*conti*	*statuti*	*conti*	*statuti*	*conti*	*statuti*	*conti*
1200-1249	*SVpt*												
	SV>1												
	O												
	P												
	C												
1250-1299	*SVpt*							L P					
	SV>1							L P					
	O							Le					
	P							P					
	C							L Pa					
1300-1349	*SVpt*			L Le				L		L			
	SV>1							L		L			
	O			Le				Le					
	P			L P				L		L			
	C			L Pa				L		L Pa			
1350-1399	*SVpt*				L P								
	SV>1				L Le								
	O				L Le								
	P												
	C				L								
1400-1449	*SVpt*					L	L						
	SV>1					L	L Le						
	O						Le						
	P			P			L						
	C			L Pa		L	L						
1450-1499	*SVpt*	P										P	
	SV>1	Le P										P Le	
	O	Le										Le	
	P												
	C												

		Pinerolo		Saluzzo		Savigliano		Torino		Vercelli		Vigone	
		statuti	*conti*	*statuti*	*conti*	*statuti*	*conti*	*statuti*	*conti*	*statuti*	*conti*	*statuti*	*conti*
1200-1249	SVpt									L Le			
	SV>1									L Le			
	O									Le			
	P									L			
	C									L			
1250-1299	SVpt	L											
	SV>1	L											
	O	Le											
	P												
	C	L											
1300-1349	SVpt	L Le	L P			L Le	L		L P				
	SV>1	L Le	L P			L Le	L Le		L				
	O	Le	P Le			Le	L Le		L Le				
	P		L										
	C	L Pa	L P			L Le	L		L				
1350-1399	SVpt		L					L				L Le	L
	SV>1		L Le					L				L Le	L Le
	O	Le	Le									Le	Le
	P		L										
	C	Pa	L Le					L Pa				LLeP	L Le
1400-1449	SVpt	L P							L				L
	SV>1	L							L				L Le
	O	Le							L Le				Le
	P								L				
	C	L							L Le				L
1450-1499	SVpt			L									
	SV>1			L									
	O			Le									
	P			L									
	C			L									

FIG. 13 – Quadro sinottico dei materiali e dei loro impieghi documentati nelle fonti consultate, organizzati cronologicamente e geograficamente. Le abbreviazioni riferite ai segmenti temporali corrispondono: SVpt alle strutture verticali del piano terra; SV>1 alle strutture verticali dei piani superiori; O agli orizzontamenti; P alle pavimentazioni, ivi comprese quelle stradali; C al manto di copertura dei tetti. Quelle relative ai materiali indicano invece: L il laterizio; Le il legno (elementi strutturali o di rivestimento lignei e simili); P la pietra; Pa la paglia.

Enrico Lusso
Università degli Studi di Torino

GAND ET LES MAISONS MÉDIÉVALES DES XIIᵉ ET XIIIᵉ SIÈCLES

Exemple d'un paysage urbain « pétrifié » ?

INTRODUCTION

À Gand (Flandre-Orientale, Belgique), des recherches archéologiques ont démontré la présence de plus de 230 maisons médiévales en pierre[1]. Leur architecture et l'emploi massif de la pierre de Tournai, importée, souligne le statut social de leurs bâtisseurs. Les sources écrites permettent d'associer ces maisons « hautes comme des tours » à l'élite urbaine, des marchands devenus puissants par le commerce international du drap. Est-ce que ces maisons des XIIᵉ et XIIIᵉ siècles peuvent être considérées comme un exemple de « pétrification » ? Ou est-ce que ce processus de l'évolution urbaine reste le privilège de prescriptions émanant des échevins de la ville dans leur lutte contre les incendies et dont les premiers témoins n'apparaissent qu'à la fin du XIVᵉ siècle ? L'analyse proposée dans cette contribution tend à formuler quelques réponses, après avoir esquissé l'emploi de la pierre du Tournaisis, les caractéristiques des maisons médiévales et le portrait de l'élite urbaine concernée[2].

---

1   Archéologie Urbaine, Ville de Gand, De Zwarte Doos, Dulle-Grietlaan 12, B-9050 Gentbrugge, Belgique, dienst.archeologie.monumentenzorg@stad.gent. Avec tous nos remerciements à Geert Vermeiren, Peter Steurbaut et Georges Antheunis.

2   Il s'avère nécessaire d'insister sur la période concernée, notamment les XIIᵉ et XIIIᵉ siècles. Dans beaucoup de publications de référence, on ne trouve que très peu de liens avec la situation analysée et étudiée à Gand. Citons néanmoins pour le contexte plus exhaustif du sujet, entre autres les ouvrages suivants : Jean-Pierre Sosson, « Le bâtiment : sources et historiographie, acquis et perspectives de recherches (Moyen Âge, début des Temps Modernes) », in Simonetta Cavaciocchi, dir., *L'edilizia prima della Rivoluzione industriae, secc. XIII-XVIII*, Firenze, Atti della Trentaseiesima settimane dei studi 26-30 aprile 2004, Institute internationale di storia economica F Datini II/36,

FIG. 1 – Vue du côté oriental sur la maison S60,
connue sous le nom de l'Aigle, XIIIᵉ siècle
(Ville de Gand, Archéologie Urbaine).

LA VILLE MÉDIÉVALE

Le cadre géographique dans lequel s'inscrit le thème des maisons médiévales à Gand est celui du comté de Flandre, vaste territoire délimité par la mer du Nord, l'Escaut et la Somme. La ville de Gand, un des principaux centres économiques du comté, est née autour du confluent

---

2005, p. 49-107 ; Odette Chapelot, « Maîtrise d'ouvrage et maîtrise d'œuvre dans le bâtiment médiéval », in Odette Chapelot, dir., *Du projet au chantier*, Paris, Éditions des Hautes Études en Sciences Sociales, 2001, p. 21-33. Voir aussi : Xavier Rodier, dir., *Information spatiale et archéologie*, Paris, Éditions Errance, 2011 ; Élisabeth Lorans & Xavier Rodier, dir., *Archéologie de l'espace urbain*, Paris-Tours, Presses Universitaires François Rabelais, 2014.

de la Lys et de l'Escaut, les deux rivières importantes de la Flandre. Ses origines remontent à la fin du IXᵉ siècle[3].

Un premier noyau urbain peut être localisé autour de l'église de Saint-Jean, l'actuelle cathédrale de Saint-Bavon, qui est mentionnée pour la première fois en 964, mais qui est plus ancienne. Une enceinte semi-circulaire, s'ouvrant sur l'Escaut, délimitait cette aire de six hectares. Toutes les données connues permettent d'en situer l'aménagement au cours du IXᵉ siècle, probablement vers 864. Il est à remarquer aussi que le « *Martyrologium Usuardi* », rédigé vers 865 à l'abbaye de Saint-Germain-des-Prés, mentionne Gand comme « *portus* », donc comme centre de commerce. D'après les données disponibles à l'heure actuelle, il semble que ce rempart semi-circulaire perdit sa fonction à partir du milieu du Xᵉ siècle. L'habitat franchit cette limite et se développa vers l'ouest, jusqu'à la Lys et même sur la rive occidentale de ce cours d'eau.

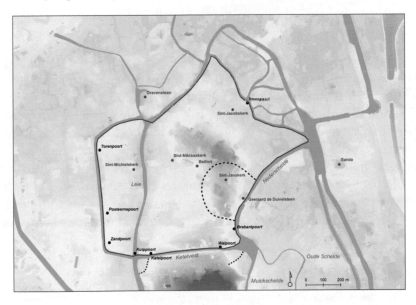

FIG. 2 – Plan schématique de la ville médiévale avec localisation du portus autour de l'église de Saint-Jean (Sint-Janskerk) et de l'enceinte urbaine du XIIᵉ siècle (Ville de Gand, Archéologie Urbaine).

3   Georges De Clercq, Marie Christine Laleman, « Archéologie de l'espace urbain », in Marc Boone & Gita Deneckere, red., *Gand. Ville de tous les temps*, Bruxelles-Gand, Fonds Mercator & STAM, 2010, p. 18-49.

Au début du XIIe siècle, une nouvelle enceinte vit le jour et entourait une superficie de 80 hectares[4]. Cette enceinte, formée d'une suite de cours d'eau (la Lys, l'Escaut et quelques fossés), fut probablement protégée dans un premier temps par un rempart de terre et une palissade de bois. L'enceinte délimitait l'espace du pouvoir urbain et illustrait le statut d'une ville affranchie, appelée « *oppidum* » dans des textes contemporains. En effet, l'institution de l'échevinage, la formation du patriciat, ainsi que la présence d'une corporation de marchands remonteraient à la fin du XIe siècle[5]. Cette esquisse de la première évolution urbaine suggère une ville médiévale déjà bien formée, quand les maisons médiévales en pierre furent construites[6].

LA PIERRE DE TOURNAI

Presque toutes les maisons médiévales répertoriées à Gand sont construites en pierre de Tournai. Il s'agit d'un calcaire extrait de roches sédimentaires appartenant au Tournaisien (le Carbonifère inférieur)[7]. C'est un calcaire compact à texture fine, de teinte gris foncé, marquée par la présence de quelques petites taches blanches ou claires, souvent rondes, d'origine fossilifère. Cette roche s'observe aux environs de la ville de Tournai (province du Hainaut) et aux abords de l'Escaut, rivière qui relie Tournai à Gand (c. 60 kilomètres). Au Moyen Âge, les principaux centres d'exploitation se trouvaient répartis sur les communes d'Allain, Vaulx, Chercq, Antoing, Bruyelle et Calonne, des noms que

---

4   Marie Christine Laleman, « De Gentse 12de-eeuwse stadsomwalling "revisited" », *Handelingen der Maatschappij voor Geschiedenis en Oudheidkunde van Gent*, LXXII, 2018, p. 61-124.
5   Georges de Clercq, Marie Christine Laleman, *op. cit.*, p. 49.
6   Marie Christine Laleman, « La ville au XIIIe siècle : apports de l'archéologie urbaine », in Michel Margue, dir., *Ermesinde et l'affranchissement de la ville de Luxembourg*, Luxembourg, Publications du Musée d'Histoire de la Ville de Luxembourg & Publications du CLUDEM 7, 1994, p. 255-272.
7   Carl Camerman, *La pierre de Tournai. Son gisement, sa structure et ses propriétés, son emploi actuel*, Bruxelles, Mémoires de la Société belge de géologie, de paléontologie et d'hydrologie, 1944, p. 1-86 ; Carl Camerman, *Les pierres naturelles de construction*, Bruxelles, Annales des travaux publics de Belgique 4, 1961.

l'on retrouve aussi dans les textes du bas Moyen Âge. Le transport se fit par Tournai, sorte de ville d'étape où ce commerce était un des fleurons de ses activités économiques[8].

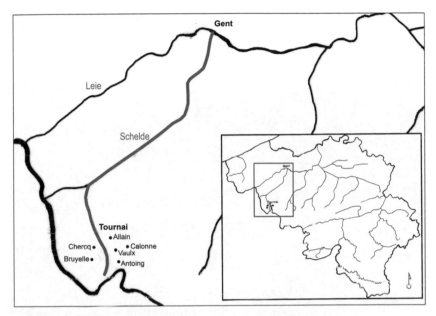

FIG. 3 – C'est par l'Escaut que la pierre de Tournai fut transportée à Gand (Ville de Gand, Archéologie Urbaine).

Depuis l'époque romaine, la pierre calcaire du Tournaisis était importée dans la région gantoise, le transport étant favorisé par l'Escaut. En Flandre, région sans pierre de construction « *in situ* », c'est surtout à partir du Xe siècle que les constructeurs puissants furent attirés par la pierre calcaire grise du Tournaisis que l'on pouvait acheminer par voie d'eau[9]. Or, la pierre brute, les moellons par exemple, ne fut pas seulement

---

8   Paul Rolland, « L'expansion tournaisienne aux XIe et XIIe siècle. Art et commerce de la pierre », in *Annales de l'Académie Royale de l'Archéologie de Belgique*, Anvers, 1924, p. 175-219 ; Ludovic Nys, *La pierre de Tournai. Son exploitation et son usage aux XIIIe, XIVe et XVe siècles*, Tournai, Tournai – Art et Histoire 8, 1993 ; Michel Dussar, Roland Dreesen, André de Naeyer, *Renovatie en restauratie. Natuursteen in Vlaanderen, versteend verleden*, Mechelen, 2009, p. 263-272.

9   Guido Everaert, Marie Christine Laleman, Daniel Lievois, « Natuursteen in Gent. Materiële getuigen en geschreven bronnen », in Veerle Cnudde, Jan Dewanckele, Marleen

exploitée comme matière de construction. Ces moellons servirent aussi à la fabrication de chaux[10], dont les fouilleurs trouvent parfois les traces près des chantiers de construction, entre autres à Gand. La technique de maçonnerie mise en œuvre dans les maisons médiévales se différencie nettement du petit appareil que montrent encore quelques constructions de la fin du Xe et du XIe siècle, telles que la première résidence en pierre du Château des Comtes ou l'église abbatiale Saint-Bavon[11].

FIG. 4 – Vue intérieure de la résidence comtale en pierre, XIe siècle
(Ville de Gand, Archéologie Urbaine).

De Ceukelaire, Guido Everaert, Patric Jacobs, Marie Christine Laleman, dir., *Gent... steengoed !* Gent, 2009, p. 16-37.

10   Cette chaux est obtenue par la calcination du calcaire dans des fours primitifs creusés dans le sol, auquel on ajoute du bois. C'est une chaux hydraulique naturelle, car elle est fabriquée à partir de calcaires argileux. Elle contient une proportion importante de silicates et d'aluminates qui favorisent ses qualités au contact de l'eau. Eric Groessens, « La pierre de Tournai, un matériau de choix depuis la période romaine et un des fleurons parmi les autres marbres belges », *Revue de la Société tournaisienne de Géologie, Préhistoire et Archéologie*, X/7, 2008, p. 197-216.

11   Marie Christine Laleman, « Opus Spicatum », *Archaeologia Mediaevalis*, Bruxelles, 2016, 39, p. 85.

Aux XIIᵉ et XIIIᵉ siècles, les moellons en appareil plus ou moins régulier sont combinés avec des blocs bien équarris pour les chaînes d'angle et les encadrements des ouvertures.

Fig. 5 – Détail de la maçonnerie et de fenêtres (bouchées) à croisée constituée de colonnettes superposées ou divisée par des colonnettes à chapiteau, la maison l'Aigle, S60, XIIIᵉ siècle (Ville de Gand, Archéologie Urbaine).

Par ailleurs, cette pierre de Tournai se prêtait bien à la sculpture monumentale, ce que l'on voit encore dans les maisons médiévales avec bon nombre de colonnes[12], de chapiteaux, de culots, de consoles ou d'autres éléments décoratifs[13].

---

12 Marie Christine Laleman, « Columns in houses. Domestic architecture and stone trade in late-medieval Flanders », in Hemmy Clevis, éd., *Medieval Material Culture. Studies in honour of Jan Thijssen*, Zwolle, SPA Editors, 2009, p. 129-191.

13 Pensons aussi aux fonts baptismaux, un des produits d'exportation par excellence, dont on trouve encore des témoins à travers toute l'Europe. La pierre de Tournai de très bonne qualité, appelée pierre noire polie ou marbre noir, fut utilisée pour des lames tombales, exportées aussi dans toute l'Europe. Voir aussi : Jean-Claude Ghislain, « La production funéraire en pierre de tournai à l'époque romane », in *Les grands siècles de Tournai*, Tournai, Art et Histoire 7, 1993, p. 115-208.

FIG. 6 – Des colonnes en pierre de Tournai, surmontées de chapiteaux à feuilles
et à crochets, divisent les salles des maisons médiévales
(Ville de Gand, Archéologie Urbaine).

Outre les maisons particulières, il y avait les abbayes, les couvents, les
églises, les hôpitaux et hospices, les constructions civiles, les fortifications,
les routes et les aménagements routiers, les quais, les ponts, etc.[14]. Il en
résulte que des quantités énormes de pierre du Tournaisis ont été acheminées
vers Gand. L'emploi de la pierre de Tournai persista jusqu'au XIVe siècle, et
même jusqu'aux Temps modernes. Cependant, vers le milieu du XIIIe siècle,
la brique fit son apparition et remplaça graduellement la pierre[15]. Mais

14   Lors de l'étude de la maison dite de Simon li Riche, rue Basse (S124), les archéologues
ont essayé de reconstituer le volume de pierre nécessaire à la construction d'une maison « de taille moyenne ». Cet exercice, mené avec beaucoup de prudence et des points
d'interrogation, a abouti à l'estimation d'un volume de c. 3471 tonnes de pierres calcaires
et un transport nécessitant entre 35 et 55 bateaux sur l'Escaut. Voir aussi : Marie Christine
Laleman, « De Gentse Stenen : getuigen van handel in laken, graan en bouwstenen
(11de-14de eeuw) », in *Rotterdam Papers*, Rotterdam, 7, 1992, p. 61-73.
15   Marie Christine Laleman, Gunter Stoops, « Baksteengebruik in Vlaamse steden. Gent in de
middeleeuwen », in Thomas Coomans, Harry van Royen, dir., *Medieval Brick Architecture in
Flanders and Northern Europe : the question of the Cistercian Origin. Middeleeuwse baksteenarchi-
tectuur in Vlaanderen en Noord-Europa*, Koksijde, Novi monasterii, 7, 2008, p. 163-183. Voir
aussi : Vincent Debonne, *Uit klei in verband. Bouwen met baksteen in het graafschap Vlaanderen*

cette époque de transition dura plusieurs décennies. Des édifices publics de première importance tels que le Beffroi et le pont le Comte (l'actuel pont de la Boucherie), construits au XIVᵉ siècle, ont des fondations en pierre calcaire et une enveloppe de pierre cache l'élévation de briques.

LES MAISONS MÉDIÉVALES

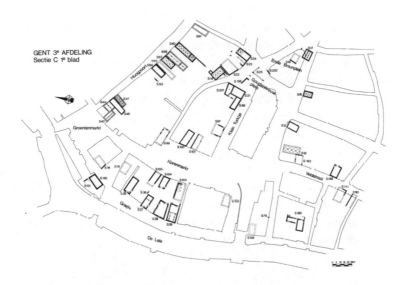

FIG. 7 – La documentation archéologique des maisons en pierre, basée sur le cadastre ancien du début du XIXe siècle : plan V, où les différents types de plans de maison sont représentés (Ville de Gand, Archéologie Urbaine).

1200-1400, (Doctorat Université de Louvain, KUL), Leuven, 2005 ; Vincent Debonne, « Brick Production and Brick Building in Mediaeval Flanders », in Tanja Ratilainen, Rivo Bernotas, Christofer Hermann, dir., *Approaches to Brick Production and Use in the Middle Ages*, London, BAR International Series 2611, 2014, p. 11-25 ; Vincent Debonne, « Broeders, burgers en ridders. Op zoek naar de oorsprong van baksteen in middeleeuws Gent », in Koen de Groote, Anton Ervynck, red., *Gentse geschiedenissen ofte, nieuwe historiën uit de oudheid der stad en illustere plaatsen omtrent Gent*, Gent, 2017, p. 185-194 ; Alexander Lehouck, « Les premiers temps de l'architecture en briques au Nord de Alpes : la question de l'origine vue des Pays-Bas », in Éric Delaissé, Jean-Marie Yante, éd., *Les cisterciens et l'économie des Pays-Bas et de la Principauté de Liège (XIIIᵉ-XVᵉ s.),* Louvain-la-Neuve, Actes du Colloque de Louvain-la-Neuve, 28-29 mai 2015, UCL Publications médiévales, 2018, p. 183-204.

Â l'heure actuelle, les vestiges de plus de 230 maisons ont pu être documentés à partir d'observations archéologiques.

L'inventaire détaillé, dont une première version fut publiée en 1991, est accompagné d'une analyse plus poussée intégrant des données textuelles, et inscrit les résultats archéologiques dans leur contexte historique, socio-économique et culturel[16]. L'inventaire n'est pas complet. De nouvelles découvertes, par la recherche archéologique et par le dépouillement de textes, permettent de compléter graduellement la première version[17].

Les investigations archéologiques montrent que la combinaison d'un plan carré avec un plan rectangulaire était fort répandue. Les maisons qui réunissent ces deux éléments sous un même toit sont souvent très impressionnantes, par leur longueur qui dépasse parfois les 25 m. Dans ces cas, la partie carrée montre plus d'ouvertures et semble plus « résidentielle » que les grands volumes rectangulaires, massifs et plus fermés. Le plan carré s'apparente aux tours et aux donjons du Moyen Âge. Le plan rectangulaire trouve des éléments de comparaison dans l'architecture religieuse et civile. Environ un tiers des maisons répertoriées a conservé une importante partie de son élévation.

Le premier niveau, rez-de-chaussée ou cave semi-souterraine, peut avoir servi de dépôt, de magasin, probablement aussi d'atelier. Le rez-de-chaussée, ou le bel étage au-dessus de la salle semi-souterraine, était le niveau le plus représentatif. Il était accessible par un escalier extérieur, ou par un perron pour le bel étage.

---

16   Marie Christine Laleman & Patrick Raveschot, *Inleiding tot de studie van de woonhuizen in Gent. Periode 1100-1300. De kelders*, Brussel, Verhandelingen Koninklijke Academie voor Wetenschappen, Letteren en Schone Kunsten van België, 1991.

17   Depuis l'inventaire, les vestiges des maisons médiévales sont numérotés par entité avec un sigle S pour « Steen ». Dans les documents écrits, la mention de « Steen » (pierre) comme « *pars pro toto* » révèle presque toujours une construction en pierre d'origine médiévale. Ce terme n'est pas employé pour les constructions en brique.

FIG. 8 – Arrière-façade en pierre du Tournaisis, la maison Borluut, S100,
marché aux Grains (Ville de Gand, Archéologie Urbaine).

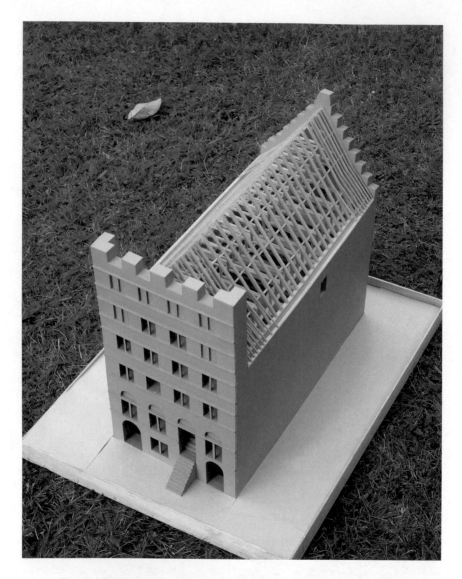

Fig. 9 – Reconstruction en maquette de la maison S124, xiiie siècle,
rue Basse (Ville de Gand, Archéologie Urbaine).

En plus, le caractère représentatif est accentué par la hauteur de la
salle, le nombre d'ouvertures, parfois par la présence d'une cheminée.
Au-dessus du premier niveau, il y avait généralement au moins trois

étages. Ces salles, plus basses, étaient beaucoup moins éclairées. Elles sont généralement interprétées comme des lieux de stockage, quoiqu'au stade actuel des recherches, des fonctions résidentielles ne peuvent pas être exclues. Par étage, on disposait de 200 à 300 m². Quelques bâtisses ont encore conservé leur charpente authentique à chevrons formant fermes.

FIG. 10 – Charpente à chevrons formant fermes de la maison en pierre S124, XIIIe siècle (Ville de Gand, Archéologie Urbaine).

La maison proprement dite ne constitue pas une entité en soi. Elle faisait partie d'un enclos, parfois entouré d'un mur, et à l'intérieur duquel se trouvaient plusieurs dépendances.

Dans des publications anciennes ou dans des synthèses plus générales les quelques maisons connues avant l'inventaire archéologique sont caractérisées de « romanes » ou de « gothiques », selon que les ouvertures étaient en plein cintre ou « ogivales ». Ces termes néanmoins caractérisent essentiellement l'architecture religieuse dans des régions bien définies comme l'Île-de-France, mais ne s'appliquent pas vraiment à l'architecture civile de la vallée de l'Escaut[18]. Dans ce contexte, les

---

18 Voir entre autres : Thomas Coomans, « L'art "scaldien" : origine, développement et validité d'une école artistique ? », in Ludovic Nys, Dominique Vanwynsberghe, dir., *Campin*

voûtes en plein cintre recouvrant plusieurs caves ou salles basses sont citées comme une des caractéristiques médiévales, voire romanes. Or, ces voûtes en briques, datent des XVᵉ, XVIᵉ ou XVIIᵉ siècles et elles ont remplacé le couvrement originel composé de planchers et de poutres, dont on retrouve aussi les traces en archéologie du bâti.

FIG. 11 – Salle semi-souterraine avec une arcature aveugle à la paroi orientale et avec au milieu une série de colonnes reliées par des arcs et supportant à l'origine un recouvrement horizontal de bois, à l'arrière une ouverture donnant sur la rue (Ville de Gand, Archéologie Urbaine).

in Context. Peinture et société dans la vallée de l'Escaut à l'époque de Robert Campin 1375-1445, Actes du Colloque international organisé par l'Université de Valenciennes et du Hainaut-Cambrésis, l'Institut Royal du Patrimoine Artistique/Koninklijk Instituut voor het Kunstpatrimonium et l'Association des Guides de Tournai, Tournai, 30 mars-1ᵉʳ avril 2006, Valenciennes-Bruxelles-Tournai, 2007, p. 15-30 ; Thomas Coomans, « "Produits du terroir" et d'appellations contrôlées : le rôle des pierres à bâtir dans la définition des écoles régionales d'architecture médiévale en Belgique », in Yves Gallet, éd., *Ex Quadris lapidibus. La pierre et sa mise en œuvre dans l'art médiéval. Mélanges d'histoire de l'art offerts à Éliane Vergnolle*, Turnhout, Brepols, 2011, p. 221-232.

FIG. 12 – L'axe Hoogpoort-Nederpolder était une des rues principales de la ville médiévale : il est encore bordé de plusieurs maisons médiévales qui ont conservé leurs salles semi-souterraines divisées par des colonnes
(Ville de Gand, Archéologie Urbaine).

L'analyse de la localisation et de la répartition des maisons médiévales permet d'avancer une hypothétique évolution du parcellaire à partir de domaines fort étendus, pourvus d'une construction centrale[19].

Une seconde étape de l'évolution est illustrée par des parcelles plus ou moins égales comprenant des maisons avec façade principale donnant sur la rue et entourées d'une cour et de bâtiments secondaires. Il est à remarquer que ces rues principales étaient fort larges (8 à 12 m de largeur) et que certaines d'entre elles n'ont jamais été adaptées aux nécessités de la circulation moderne. Toute une série de ruelles (2,5 à 4 m de largeur) reliant les artères principales rappelle les limites des anciens domaines urbains.

---

19   Marie Christine Laleman, « Enkele aspecten van stedelijke ontwikkeling in Gent : percelen, huizen en bewoners », in *Rotterdam Papers*, Rotterdam, 10, 1999, p. 143-153.

Fig. 13 – La maison S92, connue sous le nom de Grote Ameede, rue aux Vaches, photo Charles D'Hoy, fin XIXe siècle (Ville de Gand, Archives, SCMS_FO_2794).

Les résultats des interventions archéologiques ont démontré que les espaces libres entre les maisons en pierre et les anciennes cours furent occupés, avant la fin du XIVe siècle, par de nouvelles maisons, généralement de briques. À la même époque, commença aussi le morcellement des terrains le long des ruelles secondaires, souvent pour accueillir des maisons unicellulaires en brique, destinées à des familles d'artisans. Le parcellaire mis en place au XIVe siècle se lit dans le cadastre primitif du début du XIXe siècle établi durant le régime hollandais. Au centre de la ville, il ne restait donc que très peu de place pour d'éventuelles maisons en bois le long des rues et des places publiques. L'idée que le Beffroi, érigé entre 1321 et 1377, dominait une masse de petites maisons insolites est bel et bien révolue.

Outre l'importance des fonctions résidentielles et socio-économiques, il faut souligner l'aspect ostentatoire. Jusqu'au XXe siècle, les maisons médiévales comptaient parmi les plus hautes constructions de la ville. La hauteur remarquable des bâtisses n'était pas commandée par la nécessité. Il en fut de même pour les façades à créneaux et tourelles. Et même si une fonction militaire ne semble pas prouvée, la possession d'une construction aussi impressionnante et massive a dû être très confortable en temps de guerre ou de révolte. Il apparaît donc qu'une maison en pierre reflétait également la position sociale de son propriétaire.

LES « *VIRI HEREDITARII* »

Pour plusieurs maisons médiévales soumises à une étude globale et interdisciplinaire, des données textuelles sont disponibles. Les plus anciennes remontent à la fin du XIIIe siècle. Elles permettent de découvrir les familles qui ont habité ces maisons et qui sont les successeurs des bâtisseurs quelques décennies plutôt. Deux exemples illustrent les possibilités livrées par une méthode de recherche fiable appliquée à Gand[20]. La première mention écrite relative à une maison de la rue Basse (S124) date de 1371 et mentionne un certain Simon de Rike ou Simon li Riche comme propriétaire et habitant. La famille de Rike, li Riche, Dives est connu à Gand depuis le milieu du XIIIe siècle[21].

---

20 Leen Charles, Guido Everaert, Marie Christine Laleman, Daniel Lievois, dir., *Huizenonderzoek in Gent. Het Elisabethhuis*, Gent, 1997 ; Leen Charles, Guido Everaert, Marie Christine Laleman, Daniel Lievois *Erf, huis en mens. Huizenonderzoek in Gent*, Gent, 2001.

21 Marc Boone, Marie Christine Laleman, Daniel Lievois, « Van Simon sRijkensteen tot Hof van Ryhove. Van erfachtige lieden tot dienaren van de centrale Bourgondische staat », *Handelingen der Maatschappij voor Geschiedenis en Oudheidkunde van Gent*, 44, 1990, p. 47-86.

FIG. 14 – Façade en pierre de Tournai à gradins donnant sur la cour,
Simon Rijkensteen ou la maison S124, rue Basse, XIIIᵉ siècle
(Ville de Gand, Archéologie Urbaine).

FIG. 15 – Entrée de la maison S230, découverte lors de fouilles au Houtbriel,
XIIIe siècle (Baac Vlaanderen bvba).

D'autre part, une fouille récente a mis au jour un ensemble de maisons en pierre au sud-est de l'église Saint-Jacques[22] (S230). Une première recherche en archives a permis d'associer cette maison au « *Willem Goepssteen* », cité dans un texte de 1298[23]. Le document conservé dans les archives de

22 Robrecht Vanoverbeke, « Twee Stenen aan de Oude Schaapmarkt te Gent (O.Vl.) », *Archaeologia Mediaevalis*, Brussel, 42, 2019, p. 104-106.
23 Frans De Potter, *Gent van den oudsten tyd tot heden*, Gent, 7, 1891, p. 213-214 ; Frans Verstraeten, *De Gentse Sint-Jakobsparochie*, Gent, 2, 1976, p. 28.

l'église castrale Sainte-Pharaïlde, permet toutefois de situer cet ensemble architectural parmi les possessions de la famille Masch, une famille héréditaire connue[24]. La même famille avait les moyens de racheter une partie de l'avant-cour du bourg castral quand celle-ci fut privatisée en 1269[25].

Ces exemples, parmi tant d'autres, suggèrent une relation entre les maisons médiévales en pierre et les « *viri probi* » ou « *viri hereditarii* », un groupe de communaux déjà bien connu par les études d'éminents historiens[26]. L'expression « viri hereditari » (litt. hommes héréditaires) à Gand se réfère à une élite urbaine de quelques familles (30 à 50), propriétaires de domaines totalement affranchis et connus sous le nom de « *vry huys, vry erve* ». Ils étaient les successeurs des marchands fortunés qui, entre 1038 et 1120, s'étaient libérés de la tutelle des monastères détenteurs des terrains sur lesquels la ville se développait, en rachetant les cens fonciers[27]. Les membres de cette élite urbaine étaient en même temps des marchands devenus puissants par leurs multiples activités économiques. Ils contrôlaient la production du drap et son exportation à travers toute l'Europe. Par ailleurs, ils gouvernaient la ville et détenaient les fonctions juridiques relatives à l'organisation et à la vie de la commune. Les multiples privilèges accordés à la possession d'une propriété urbaine ou « *hereditas* » en augmentaient la signification sociale. La richesse de ces « *viri hereditarii* » se manifestait entre autres dans des maisons « hautes comme des tours », dont témoignent encore quelques sources écrites à partir du XIIe siècle, caractérisant la ville et sa physionomie marquante[28].

---

24 Frans Blockmans, *Het Gentsche stadspatriciaat tot omstreeks 1302*, Antwerpen-'s Gravenhage, Rijksuniversiteit te Gent – Werken uitgegeven door de Faculteit van de Wijsbegeerte en Letteren 85, 1938, p. 309, p. 348-350, p. 480 & passim.

25 Hans Van Werveke, Adriaan Verhulst, « Castrum en Oudburg te Gent », *Handelingen der Maatschappij voor Geschiedenis en Oudheidkunde van Gent*, XIV, 1960, p. 2-62.

26 Guillaume des Marez, *Étude sur la propriété foncière dans les villes du Moyen Âge et spécialement en Flandre*, Gand, 1898 ; Frans Blockmans, *op. cit.* ; Hans Van Werveke, *De koopmanondernemer en de ondernemer in de Vlaamsche lakennijverheid van de middeleeuwen*, Antwerpen, 1946 ; Hans Van Werveke, *Gent. Schets van een sociale geschiedenis*, Gent, 1947 ; Adriaan Verhulst, « Twee oorkonden van Filips van de Elzas voor het leprozenhuis bevattende nieuwe gegevens betreffende de geschiedenis van Gent in de 12de eeuw », in *Handelingen der Maatschappij voor Geschiedenis en Oudheidkunde van Gent*, 13, 1954, p. 3-24 ; Marc Boone, « Une métropole médiévale », in Marc Boone & Gita Deneckere, red., *op. cit.*, p. 75.

27 Georges de Clercq, Marie Christine Laleman, *op. cit.*, p. 48-49.

28 Victor Fris, « Laus Gandae », *Bulletin de la Société d'Histoire et d'Archéologie de Gand*, 1914, p. 208-270 & p. 285-314.

D'autres données textuelles confirment que plusieurs maisons en pierre, proches de la Lys, servirent de dépôts de grain. Gand jouissait du droit d'étape sur le commerce des céréales, principalement en provenance de l'Artois, ce qui lui valut l'épithète de « grenier de Flandre[29] ».

FIG. 16 – La maison S38, dite Maison de l'Etape, XIIIe siècle,
quai aux Herbes (Ville de Gand, Archéologie Urbaine).

En 1297, la célèbre Maison de l'Étape (S38, quai aux Herbes, Graslei 10), érigée par une famille héréditaire, hébergeait plusieurs « graenders » (dépôts de grains), qui furent louées individuellement[30]. De même, pour la maison De Spijker (S130, marché aux Tripes, Pensmarkt), les traces archéologiques observées sont confirmées par les textes[31].

---

29   Victor Gaillard, « Anciennes institutions commerciales. Privilèges de l'étape. L'étape des grains à Gand », *Messager des sciences historiques*, Gand, 1849, p. 232-258.

30   Émile Varenbergh, « La Maison de l'Étape », *Messager des sciences historiques*, Gand, 1872, p. 1-10 ; Marie Christine Laleman, *op. cit.*, 1999, p. 66-69.

31   Jelle Moens, « Het huis de Spijker aan de Pensmarkt in Gent », *Handelingen der Maatschappij voor Geschiedenis en Oudheidkunde van Gent*, LX, 2006, p. 285-367 ; Jelle Moens, *Gent, Graanstapelhuis De Spijker*, Gent, Erfgoedmemo 28, 2007.

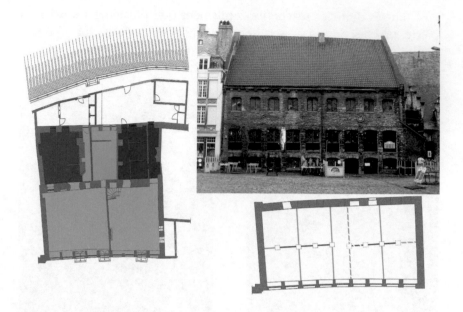

Fig. 17 – Analyse et archéologie du bâti de la maison S130 :
l'évolution du plan avec les différents volumes et le premier étage avec
les divisions en dépôts de grain (J. Moens, Alost).

Un autre aspect auquel les données textuelles ont apporté des éléments a trait à la reconstruction des anciens domaines urbains. En
effet, l'analyse de plusieurs parcelles contiguës mène à la même famille
héréditaire ou à des branches d'une même famille. Cela a permis de
reconstituer quelques domaines primitifs, tels ceux des uten Hove[32],
Bette[33] et van der Spiegelen[34].

---

32 Frans Blockmans, *op. cit.*, 1938, passim.
33 Marie Christine Laleman, Daniel Lievois, Patrick Raveschot, « De top van de Zandberg.
    Archeologisch en bouwhistorisch onderzoek », *Stadsarcheologie. Bodem en Monument in
    Gent*, 10/2, 1986, p. 2-60.
34 Dirk Boncquet, Guido Everaert, Marie Christine Laleman, Daniel Lievois, Gunter Stoops,
    « Het huis De Spiegel aan het Goudenleeuwplein. Archeologisch en bouwhistorisch
    onderzoek », *Stadsarcheologie. Bodem en Monument in Gent*, 21/3-4, 1997, p. 11-19.

Fig. 18 – Plan avec la localisation de trois domaines héréditaires attribués
aux familles (1) uten Hove, (2) van der Spiegelen et (3) Bette
(Ville de Gand, Archéologie Urbaine).

Comme il a été démontré plus amplement dans une étude relative
à la famille uten Hove (de la Cour), la propriété héréditaire s'avère un
fondement sur lequel reposaient la puissance et la richesse du patriciat
urbain[35]. La dévolution d'un domaine, par héritage et partage, se fit

---

35   Frans Blockmans, « Bijdragen tot de studie van het stedelijk "allodium" te Gent », *Bulletin
de la Commission royale des anciennes lois et ordonnances de Belgique*, 1935, 14/2, p. 141-156 ;
Frans Blockmans, « Peilingen nopens de bezittende klasse te Gent omstreeks 1300 »,
Revue belge de Philologie et d'Histoire, 1937, 16/3-4, p. 632-665 ; Frans Blockmans, *op. cit.*,
1938, passim.

au sein de la même famille, sans intervention de la ville, du comte de Flandre ou d'un des monastères.

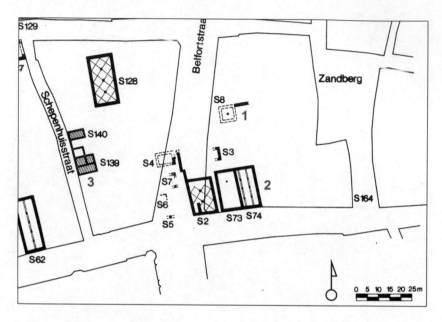

FIG. 19 – Détail d'un plan présentant différentes étapes de l'évolution du bâti médiéval inscrit dans le domaine des familles uten Rose et Bette : (1) les maisons centrales, (2) les maisons le long des rues principales, (3) les maisons à chambre unique le long des voies secondaires, XIVᵉ siècle (Ville de Gand, Archéologie Urbaine).

Au cours de la seconde moitié du XIIIᵉ siècle, comme le soutiennent les marqueurs archéologiques et les sources écrites, le nombre de ces maisons en pierre s'accrût considérablement. En même temps, la multiplication de ce type d'habitat annonçait le déclin du patriciat héréditaire. Une étude comparative, entre autres avec la ville de Manchester en Grande-Bretagne et son développement industriel au XIXᵉ siècle, permet de proposer que la multiplication d'une architecture très représentative annonce la régression des activités économiques et commerciales de leurs propriétaires[36]. En effet, lors d'une révolution technique, l'attention se porte d'abord sur la mise au point des techniques et du système

---

36   Mike Williams, « Geschiedenis der katoenfabrieken te Manchester », *Tijdschrift voor Geschiedenis van Techniek en Industriële Cultuur*, 1990, 8/3, p. 6-15.

économique. Les industriels investissent en premier lieu dans la production et le commerce textiles. Lorsque le système économique a été porté à son sommet, ils s'intéressent alors au patrimoine immobilier. Une évolution parallèle peut être suggérée pour le développement de l'industrie drapière à Gand entre le XIᵉ et la fin du XIIIᵉ siècle[37].

Des modifications politiques, institutionnelles et économiques ont engendré une nouvelle organisation de l'agglomération urbaine au début du XIVᵉ siècle. Les éléments contemporains de la bataille des Éperons d'Or (la bataille de Courtrai, 1302) ont précipité une évolution qui fermentait déjà depuis plusieurs décennies. La régression de ce patriciat de marchands et l'apparition de « nouveaux riches » ont incontestablement influencé la transition de l'architecture solide en pierre du Tournaisis vers une architecture plus « ouverte » en brique. À cette époque, le rôle actif des maisons patriciennes en pierre était terminé. Vers 1300, avec le déclin du patriciat disparaissait également le statut de l'« *hereditas*[38] ».

Le fractionnement des domaines héréditaires, révélé par les observations archéologiques, se lit aussi à travers les sources textuelles, entre autres par l'évolution des noms avec lesquels on désignait les maisons. Une des maisons, sise rue Haut-Port (S80, « Hoogpoort »), par exemple, appartenait à la famille de Pape, connue depuis le milieu du XIIᵉ siècle[39]. Au XIVᵉ siècle, à côté de la « Simon sPapenhof », appelée aussi L'Aigle, et sur son terrain se construit une nouvelle maison en brique. Celle-ci reçut le nom Le Petit Aigle tandis que la maison-mère devint Le Grand Aigle. Une évolution pareille est révélée pour d'autres cas comme pour le « Mommaert » (S84, Kammerstraat, rue des Peignes)[40] ou l'Ameede (S92, Koestraat, rue aux Vaches). À la suite de cette évolution, partout au centre de la ville, vers le milieu du XIVᵉ siècle, les fronts de rues ne montraient plus de parcelles libres.

---

37 Marc Boone, « Industrie textile à Gand au bas Moyen Âge ou les résurrections successives d'une activité réputée moribonde », in Marc Boone & Walter Prevenier, éd., *La draperie ancienne des Pays-Bas : débouchés et stratégies de survie (14ᵉ-16ᵉ siècles)*, Leuven-Apeldoorn, 1993, p. 15-61 ; Simonne Abraham-Thisse, « Le commerce des draps de Flandre en Europe du Nord : Faut-il encore parler du déclin de la draperie flamande au bas Moyen Âge ? », in Marc Boone & Walter Prevenier, éd., *op. cit.*, p. 167-206 ; Mark Dewilde (dir.), *Ieper en de middeleeuwse lakennijverheid in Vlaanderen. Archeologische en historische bijdragen* Asse-Zellik, 1996.

38 Ludo Milis, « Le rêve d'un État urbain », in Johan Decavele, dir., *Gand. Apologie d'une ville rebelle*, Fonds Mercator, Anvers, 1989, p. 81-105 ; Marc Boone, *op. cit.*, p. 78-88.

39 Frans Blockmans, *op. cit.*, 1938, passim.

40 Marie Christine Laleman, Daniel Lievois, Patrick Raveschot, « De geschiedenis achter de façade. Archeologisch en bouwhistorisch onderzoek van het huis Kammerstraat 22 », *Stadsarcheologie. Bodem en Monument in Gent*, 13/2, 1989, p. 43-57.

UN EXEMPLE DE PÉTRIFICATION ?

Le nombre important de maisons médiévales en pierre au centre de la ville de Gand peut-il être présenté comme un exemple de pétrification ? Si par « pétrification[41] » on comprend le changement important par un autre type d'architecture dominant le paysage de la ville concernée, à Gand les maisons en pierre construites aux XIIe et XIIIe siècles témoignent certainement d'une première étape de pétrification. Les données textuelles du XIIe et du XIIIe siècle qui associent ces « maisons hautes comme des tours » avec le patriciat marchand soutiennent cette constatation[42]. La pierre importée, matériau de construction luxueux, renforce cet argumentaire. Néanmoins, si l'on considère que le processus de pétrification signifierait une traduction de formes architecturales existantes, des constructions en bois ou en pisé vers des bâtisses en pierre, la réponse est négative. En effet, les éléments architecturaux qui caractérisent les maisons médiévales en pierre, tels la hauteur, les murs épais, les tourelles d'angle et les créneaux des façades ainsi que la disposition des salles, les murs d'enclos, etc., sont inspirés des constructions nobles en pierre.

Quand la pétrification des centres urbains en Flandre est abordée dans l'une ou l'autre publication, généralement de façon sommaire, les auteurs se réfèrent aux ordonnances décrétées par les villes dans le cadre de leur lutte contre les incendies[43]. Or, la construction des maisons médiévales en pierre inventoriées ne peut être associée à des ordonnances communales. Les maisons « hautes comme des tours » sont le résultat de démarches privées et d'un processus d'héritages au cœur de chaque famille héréditaire. Une étude récente souligne l'impact du droit coutumier selon

---

41 Paulo Charruadas & Philippe Sosnowska, « Petrification of Brussels architecture. An attempted explanation between construction methods, supply of building materials and social context (13th-17th centuries) », in *Proceedings 17th International Conference on Cultural Heritage and New Technologies* 2012, CHNT17, Vienna, 2013.

42 Victor Fris, *op. cit.*

43 Marc Ryckaert, « Brandbestrijding en overheidsmaatregelen tegen brandgevaar tijdens het Ancien Régime », in *L'initiative publique des communes en Belgique. Fondements historiques (Ancien Régime)*, Actes IIe Colloque International de Spa, 1-4 septembre 1982, Bruxelles, 1984, p. 247-256 ; Heidi Deneweth, « Building Regulations and Urban Development in Antwerp and Bruges, 1200-1700 », in. Terry Slater & Sandra Pinto, éd., *Building Regulations and Urban Form 1100-1900*, London, Routledge, 2017, p. 115-138.

lequel le gouvernement de la ville ne pouvait réglementer les constructions privées et qu'il ne pouvait donc éditer le remplacement massif d'habitats en matériaux périssables sauf en cas d'une reconstruction massive après incendie[44]. Dans ces cas c'est le bien public qui entre en vigueur.

En Flandre, de façon traditionnelle, les ordonnances communales dans la lutte contre les incendies sont généralement interprétées comme le début de l'émergence de la brique, ce qu'on lie presque automatiquement à la pétrification des centres urbains[45]. Si le processus de la pétrification urbaine est bien représenté par la construction massive de maisons en brique, cette interprétation n'en révèle qu'un aspect. À Gand, comme dans d'autres villes flamandes, une nouvelle analyse des prescriptions mène à des conclusions plus nuancées[46].

La plus ancienne ordonnance conservée pour Gand, date du 23 février 1371[47]. Les articles relatifs au bâti traitent de la qualité et des prix de matériaux de construction en terre cuite tels les briques, les tuiles et les carreaux. L'apparition de la brique en architecture à Gand est plus ancienne et remonte au milieu du XIIIᵉ siècle[48]. Les couvertures de tuiles ont toujours existé, même si cette technique, jusqu'au bas Moyen Âge, ne représentait pas la technique la plus courante. Le remplacement de toits de chaume et de constructions en bois par des matériaux de construction en dur ne figure pas parmi les articles de cette ordonnance. Ce n'est qu'en 1374 qu'il est question de limiter les risques d'incendie en interdisant les couvertures de chaumes, du moins pour les nouvelles maisons au centre de la ville et dans les deux quartiers monastiques. Une évaluation de cette mesure, en 1377, amena l'élargissement de cette mesure à toute construction[49]. Les sources écrites conservées traitent

---

44   Heidi Deneweth, *Goede muren maken goede buren. Verbouwingen en buurtleven in Brugge 1500-1800*, Brugge, Uitgeverij Van de Wiele, 2020, p. 48.

45   Voir aussi Jean-Pierre Sosson, *Les travaux publics de la ville de Bruges XIVᵉ – XVᵉ siècles : les matériaux, les hommes*, Collection Pro Cvivitate in 8°, Bruxelles 1977 ; Jean-Pierre Sosson, « La brique aux Pays-Bas aux XIVᵉ et XVᵉ siècles : production, prix et rentabilité », in Patrick Boucheron, Henri Broisé & Yvon Thébert, éd., *La brique antique et médiévale : production et commercialisation d'un matériau*, Rome, Actes du Colloque de Saint-Cloud 1995, Publications de l'École Française de Rome, 2000, p. 261-268.

46   Heidi Deneweth, Ward Leloup & Mathijs Speecke, « Een versteende ruimte ? De impact van stedelijke veranderingsprocessen op de sociale topografie van Brugge, 1380-1670 », in *Stadsgeschiedenis*, 12/1, 2018, p. 20-41 ; Heidi Deneweth, *op. cit.*, 2020, p. 42-59.

47   Napoleon De Pauw, *De voorgeboden der Stad Gent in de XIVde eeuw*, Gent, 1885, p. 111-112.

48   Marie Christine Laleman, Gunter Stoops, *op. cit.*, 2008.

49   Napoleon de Pauw, *op. cit.*, p. 148-149 & p. 163 : prescription du 3 avril 1377.

aussi des conflits avec les couvreurs en chaume, réduits au chômage par ces ordonnances communales. Il faut se rendre compte que le contexte urbain avait changé depuis le début du siècle. Les corporations faisant partie du gouvernement de la ville, la population croissante demandait plus de logements (à Gand plus de 64 000 « âmes » pour le XIVe siècle)[50], la brique était devenue un matériau de construction abordable et intégrée dans une économie de marché, pour ne citer que quelques aspects de cette transformation urbaine[51]. Il en va de même pour d'autres ordonnances, comme en 1414, en 1540 et au XVIIe siècle. Chaque édition apportait quelques détails complémentaires. En favorisant l'emploi de la brique et d'autres matériaux durs, progressivement l'on constate une transformation progressive du paysage de la ville. Par contre, ce changement s'échelonne sur plusieurs siècles. Parfois, ce ne sont que des parties de maisons que l'on (re) construisit en brique. Et même si plusieurs quartiers de la ville sont durement touchés par un incendie, la reconstruction ne fut pas uniquement en matériaux durs. Citons par exemple le quartier de Saint-Pierre, détruit par un incendie en 1280. Ce désastre fut à la base d'un nouvel aménagement avec une autre trame de rues et de parcelles. Les habitations étaient en pierre, en brique ou en bois[52].

Un exemple bien documenté permet d'illustrer cette évolution progressive[53]. En 1337, un maître-charpentier en fin de carrière construisit plusieurs bâtisses unicellulaires le long d'un bras de la Lys, à l'extérieur de l'enceinte urbaine du XIIe siècle. Au XVe siècle une de ces maisons fut agrandie avec une seconde chambre et un étage complémentaire. Les murs mitoyens sont alors construits en briques. Les façades et toute la structure intérieure furent réalisées en bois et en colombage. En 1479, un maître sellier ajoute une troisième chambre sur les berges de la rivière, pour laquelle il devait un cens à la ville. La façade en bois, conservée, date de cette campagne de construction.

---

50 Marc Boone, *op. cit.*, 2010, p. 58.
51 Marie Christine Laleman, Gunter Stoops, *op. cit.*, 2008, p. 163-183.
52 Étude non publiée de l'historien Daniel Lievois relative au quartier monastique de Saint-Pierre, Archives de la Ville de Gand.
53 Guido Everaert, Marie Christine Laleman, Daniel Lievois, « Het huis met de houten achtergevel. Een nieuwe synthese », *Stadsarcheologie. Bodem en Monument in Gent*, Gent, 16/3, 1992, p. 21-36.

FIG. 20 – Façade à pans de bois qui donne sur la Lieve,
construite en 1479 à l'initiative du sellier Colaert van der Straeten
(Ville de Gand, Archéologie Urbaine).

Les problèmes financiers du bâtisseur illustrent le coût important de
cette transformation du bâti. Or, la façade sur rue, principalement une
construction de brique, date du XVIIᵉ siècle et reprend les dispositions
de son prédécesseur de bois.

Au XVIIᵉ siècle, un règlement de subsides vint s'ajouter aux ordonnances
traditionnelles[54]. Il a surtout été interprété comme un déclencheur d'une

---

54   Johan Dambruyne, « Het versteningsproces en de bouwactiviteit te Gent in de zeventiende
     eeuw », *Tijdschrift voor Geschiedenis*, 102/1, 1989, p. 30-51 ; Anne-Laure Van Bruaene,

nouvelle vague de pétrification. Comme dans d'autres villes à la même époque, le règlement doit être vu dans le contexte de la reconstruction après les troubles politiques et religieux du siècle précédent avec leurs dévastations dans les centres urbains. Le règlement accorde des subventions pour l'amélioration du bâti « *omme te voorderen het ciraet deser stede*[55] » : de nouvelles constructions, la reconstruction ou le remplacement d'une maison existante ou d'une ruine ou l'embellissement d'une habitation. Entre 1612 et 1672, la ville de Gand octroya 1111 subventions, soit un cinquième des permis de construction durant la même période. Comme attesté entre autres pour la ville de Bruges, l'aspect esthétique semble tout aussi important que les conséquences matérielles[56].

L'ensemble des ordonnances conservées permet donc de suivre une évolution des types de construction, dispersés sur toute la superficie de la ville. Ces prescriptions ont certainement contribué à une pétrification progressive qui s'est étalée sur plusieurs siècles et qui n'affectait pas tous les quartiers de la ville de la même manière et à une date précise. À aucune période, elles n'ont déclenché une pétrification massive qui a influencé le paysage urbain de façon drastique. Par ailleurs, des études récentes permettent d'avancer que l'application de la brique, au XIVe siècle, peut être considérée comme le symbole d'une société « nouvelle[57] » et que cela a joué peut-être plus que les risques d'incendie ou le prix : une construction en brique restait chère et coûtait beaucoup plus qu'une maison en pans de bois ou en colombage. Néanmoins, les « maisons hautes comme des tours » n'étaient plus seules à colorer la vue sur la ville. Elles côtoyaient les façades en bois, les pignons en brique et quelques constructions plus importantes en pierre blanche. Quant au bas Moyen Âge les frères Van Eyck peignirent le retable bien connu de l'Agneau Mystique (1432)[58] la vue d'une ville (anonyme, mais fondée sur leur environnement gantois) présente des maisons-tours anciennes de 200 ans à côté de façades plus récentes de bois ou de brique.

« Une république religieuse devenue citadelle », in Marc Boone & Gita Deneckere, red., *op. cit.*, p. 128-129.

55   Archives de la Ville de Gand, Série 108bis n° 31, d.d. 14 juillet 1618. Voir aussi Johan Dambruyne, *op. cit.*, 1989.

56   Heidi Deneweth, *op. cit.*, p. 42-50.

57   Marie Christine Laleman, Gunter Stoops, *op. cit.*, 2008 ; Heidi Deneweth, *op. cit.*, 2020.

58   Gand, Cathédrale Saint-Bavon, Jean et Hubert Van Eyck, Retable de l'Agneau Mystique, 1432.

Fig. 21 – Vue urbaine inspirée de Gand, peinte par les frères Van Eyck sur un volet extérieur du retable de l'Agneau Mystique, 1432, Cathédrale de Saint-Bavon, Gand (Saint-Bavo's Cathedral, www.artinflanders.be, photo Dominique Provost).

Ce souci d'esthétique, une sorte de « city marketing » se retrouve dans la manière de présenter la ville à des commerçants et des voyageurs. En témoignent des textes comme les chorographies, un genre nouveau au xvie siècle et les portraits peints ou gravés de ville dont les premiers exemples datent aussi de la même période[59]. Par la présentation, les villes alimentaient la concurrence et une certaine rivalité[60]. Dans chaque représentation, le passé glorieux de la communauté urbaine est souligné. Pour Gand, la période des « *viri hereditarii* » et de ces « maisons hautes comme des tours » reste d'actualité et a été utilisée pour soutenir son importance, même au xvie, voire au xviie siècle. Tel est le portrait représentatif de la ville comme en témoigne par exemple la grande vue panoramique de 1534[61].

---

59   Paul Regan, « Cartography, chorography and patriotic sentiment in Sixteenth-Century Low Countries », in Judith Pollman, Andrew Spicer (eds), *Public Opinion and Changing identities in the early modern Netherlands. Essays in honour of Alastair Duke*, Leiden-Boston, 2007, p. 49-68 ; Anne-Laure Van Bruaene, « L'écriture de la mémoire urbaine en Flandre et en Brabant (xive – xvie siècle) », in Élodie Lecuppre-Desjardins, Élisabeth Crouzet-Pavan, éd., *Villes de Flandre et d'Italie (xiiie-xvie siècle). Les enseignements d'une comparaison*, Turnhout, Brepols, 2008, p. 149-164 ; Élodie Lecuppre-Desjardin & Anne-Laure Van Bruaene, dir., *De Bono Communi : the discourse of the common good in the European City (13th-16th C.)*, Turnhout, Brepols, 2010 ; Jelle de Rock, *Beeld van de stad. Picturale voorstellingen van stedelijkheid in de laatmiddeleeuwse Nederlanden*, Ph D Academic Bibliography Ghent University, Gent, 2011 ; Marc Boone, Elodie Lecuppre-Desjardins, « Entre vision idéale et représentation du vécu. Nouveaux aperçus sur la conscience urbaine dans les Pays-Bas à la fin du Moyen Âge », in Peter Johanek, dir., *Bild und Wahrnehmung der Stadt*, Wien, 2012, p. 79-91 ; Jelle de Rock, « De stad verbeeld. De representatie en de stedelijke ruimte in de late middeleeuwen en de vroegmoderne tijd », *Stadsgeschiedenis*, 7/1, 2012, p. 248-261 ; Raingard Esser, « Städtische Geschichtsschreibung in den Niederlanden im 17. Jahrhundert. Chorographie und Erinnerungskultur », in Peter Johanek, dir., *op. cit.* p. 105-120.

60   Tournai, par exemple, éditait un règlement en 1680 « à l'exemple de ce qui se faict à villes voisines » : Eugène Soil de Moriamé, « L'habitation tournaisienne du xie au xviiie siècle, *Annales de la Société historique et archéologique de Tournai*, Nouvelle série 8, 1904, p. 268.

61   Gand, Musée de la Ville STAM, inv. 474. Marie Christine Laleman, Jeannine Baldewijns, Christina Currie, Livia Depuydt-Elbaum, Wout De Vuyst, Nathalie Laquière, Jana Sanyova, « Het Panoramisch Gezicht op Gent 1534 », *Handelingen der Maatschappij voor Geschiedenis en Oudheidkunde van Gent*, 68, 2014, p. 165-207.

FIG. 22 – Détail de la vue panoramique représentant Gand en 1534 : les maisons hautes comme des tours côtoient les pignons en bois et les bâtisses en briques (STAM, Gent, www.artinflanders.be, photo Hugo Maertens).

CONCLUSION

L'analyse que nous avons proposée ici comprend plusieurs volets. La première approche se concentrait sur l'importation de la pierre de Tournai à Gand, ville principale du comté de Flandre. Ce qui distingue Gand des autres centres économiques du comté se rapporte à l'application massive de cette pierre calcaire pour l'architecture privée des XIIe et XIIIe siècles. Le nombre de ces maisons médiévales, estimé à une bonne dizaine dans les publications anciennes, dépasse les 230 entités, résultat des interventions archéologiques (fouilles et archéologie du bâti), menées dans le contexte de l'Archéologie Urbaine. Par leurs caractéristiques, ces bâtisses « hautes comme des tours » définissaient le paysage urbain dont des témoignages attestent à partir du XIIe siècle. C'est à l'image de la ville commerçante et prospère qui se présentait ainsi aux étrangers de toute sorte. La renommée internationale de la cité drapière était alimentée par une élite urbaine de « *viri hereditarii* ». Bon nombre de sources textuelles confirment le lien entre ce groupe élitaire de quelques familles et le patrimoine monumental analysé. Même au XVIᵉ siècle, quand les premiers « portraits » gravés et peints virent le jour, les hautes maisons médiévales en pierre restaient bien visibles comme une référence de marque au passé glorieux de la ville.

L'ensemble des données relatives aux maisons « hautes comme des tours » et leur place indéniable pour l'image de la ville, fait qu'elles s'accordent avec plusieurs caractéristiques de « pétrification urbaine », telle que ce processus a été décrit pour un grand nombre de centres médiévaux, et ce à travers toute l'Europe occidentale. Les maisons gantoises ont transformé le paysage urbain et peuvent être considérées comme une « marque d'excellence » qui a perduré jusqu'aux Temps Modernes. Dans ce sens, elles représentent bien une première phase de pétrification qui concernait le centre économique, c'est-à-dire la ville ceinte par le rempart du XIIᵉ siècle.

Toutefois, proposer les maisons médiévales comme une première phase de pétrification urbaine va à l'encontre du discours établi. L'évolution type d'une ville flamande telle qu'elle a été dressée depuis la fin du XIXᵉ siècle, lie ce processus de pétrification à des ordonnances décrétées par le magistrat de la ville comme mesures contre les incendies – à partir du XIVᵉ siècle –, ainsi qu'à l'émergence de l'architecture en brique. L'exemple par excellence est le cas bien étudié de la ville de Bruges, mais dans les publications traditionnelles une évolution semblable a été évoquée pour Gand. En réétudiant les ordonnances et en approfondissant la connaissance du bâti, entre autres pour la ville de Bruges, de nouvelles interprétations s'imposent. Retenons avant tout un long processus entre le bas Moyen Âge et le XVIIᵉ siècle, qui n'impactait pas toute la ville à un moment précis et où le rôle de « l'esthétique », la représentation de la ville, ne peut être oublié. Ces nouvelles approches permettent de considérer la pétrification urbaine comme une évolution de longue durée, en s'appuyant à différents moments sur des ordonnances pour accélérer la transposition de structures de bois par des édifices en brique.

Les maisons médiévales en pierre qui caractérisent Gand sont plus anciennes. Leur construction n'est pas liée à des ordonnances, mais résulte de l'initiative privée. La ville en tant qu'institution n'intervenait pas et la pierre est la matière de construction dominante. Tous ces éléments étaient aussi présents dans d'autres villes flamandes ayant connu une prospérité économique, principalement drapière. Néanmoins, les maisons de l'élite y étaient moins nombreuses, moins spectaculaires aussi, et souvent construites avec d'autres matériaux, puisque l'importation de la pierre de Tournai y était moins évidente. Ainsi, elles ne figurent pas dans le contexte d'une pétrification urbaine. Est-ce la raison pourquoi les maisons médiévales n'y avaient pas le même rôle qu'à Gand, ou est-ce que cette perception reflète l'état de la recherche ? Est-ce que Gand reste un cas isolé et est-ce la seule ville où cette phase précoce de pétrification se présente ? Il serait intéressant d'approfondir le lien entre les maisons médiévales « en dur » et l'image représentative de son paysage urbain. Un cas qui mérite certainement d'être réétudié est celui de la ville de Tournai. L'image de la ville y est avant tout définie par la présence de sa cathédrale monumentale, mais quel rôle attribuer aux maisons médiévales dont un grand nombre étaient construites en pierre de Tournai. De même, nous souhaitons que cette synthèse puisse inviter à appréhender plus concrètement l'évolution de la pétrification et son lien avec la notion de « représentation » dans les autres villes flamandes.

Marie Christine LALEMAN[62]
Archéologie Urbaine Gand

---

62 MarieChristine.Laleman@gmail.com.

LA VILLE DE BOIS, DE PIERRE ET DE BRIQUE

La « pétrification » de la maison urbaine du point de vue
des parcelles (Bruxelles, XIIIᵉ-XVIᵉ siècles)

INTRODUCTION : DE LA VILLE VUE D'EN HAUT
À LA VILLE D'EN BAS

Dans plusieurs contributions récentes sur l'histoire des villes à la
fin du Moyen Âge dans les anciens Pays-Bas (Belgique et Pays-Bas
actuels), l'évolution de la matérialité du tissu urbain est envisagée sous le
prisme – (depuis longtemps) dominant chez les historiens – des sources
normatives. Les ordonnances prohibitives et les octrois de subside des
autorités communales touchant à certains matériaux de construction y
sont mobilisés comme autant d'aiguillons pour élaborer, dans un jeu de
miroir entre la norme et l'interdit, les grandes étapes de la dynamique
architecturale. Dans cette narration, l'agglomération urbaine des premiers
temps (XIᵉ-XIIIᵉ siècles)[1] est marquée par ses édifices monumentaux en
pierre (églises, châteaux, abbayes et résidences patriciennes, dénommées
emblématiquement dans les textes les *steenen*, littéralement les « pierres »)
noyés dans un océan de maisons en bois, en torchis et en chaume. La
ville connait sa première phase de « pétrification » sous la houlette des
ordonnances anti-incendie (XIIIᵉ-XVᵉ siècles) contraignant le remplacement
des toits végétaux par des couvertures en tuiles ou en ardoises et des
parois légères par des maçonneries pouvant accueillir de manière plus
sûre cheminées et autres infrastructures à feu. S'y ajoutent bientôt, dans
un second temps, la densification de l'habitat (en hauteur comme en

---

1   Pour rappel, la majorité des villes des anciens Pays-Bas sont des agglomérations de créa-
     tion médiévale, sans antécédent romain (à l'exception de Tournai, Tongres et Utrecht).
     Le Brabant dont Bruxelles était l'une des villes capitales était dépourvu de *civitates* et
     dépendait, pour toute sa partie méridionale, de l'évêché de Cambrai.

surface) et la hausse des conflits entre voisins née de ce rapprochement (XIVᵉ-XVᵉ siècles). La prise en charge règlementaire de ces problèmes par le législateur urbain contribue par réaction au développement de structures séparatives en pierres et en briques et de rez-de-chaussée maçonnés. Dans un troisième temps, sous l'influence des idées de la Renaissance (diffusées dans les Pays-Bas à partir du XVIᵉ siècle[2]), le développement chez les dirigeants urbains d'une conscience esthétique entraîne l'apparition d'une réglementation tendant à une meilleure définition de la limite public-privé et à la suppression des encorbellements, des empiètements sur voirie, d'une manière générale des façades extérieures en bois et torchis, et donc à l'encouragement de structures maçonnées[3]. Dans ce récit, l'initiative des autorités publiques est au centre de l'attention, dans la lignée de la puissante tradition historiographique initiée en Belgique par Henri Pirenne (1862-1935) dont l'importance accordée aux institutions communales n'est plus à souligner[4]. Les habitants dans leur diversité sociale et dans leurs multiples espaces de vie apparaissent souvent passifs, au second plan.

Si ce schéma ne doit bien sûr pas être rejeté intégralement, il convient de souligner combien les apports de l'archéologie urbaine viennent le nuancer. Lors du colloque d'Albi, par exemple, Marie Christine Laleman a évoqué pour Gand près de 250 exemples de maisons en pierre (*steenen*) révélés par l'archéologie urbaine pour la période des XIIᵉ-XIIIᵉ siècles[5]. Ceci laisse entrevoir l'ampleur possible de ce premier paysage lithique (plus fort qu'on ne le pense) et amène à relativiser l'image de cet « océan de bois ». Ces sources induisent, par leur caractère indistinct et répétitif, une vision macroscopique qui masque la spécificité de certains quartiers

---

2   Merlijn Hurx, *Architecture as profession. The origins of architectural practice in the Low Countries in the fifteenth century*, Turnhout, Brepols, 2018, p. 33 ; Rutger Tijs, *Pour embellir la ville. Maisons et rues d'Anvers du Moyen Âge à nos jours*, Anvers, Fonds Mercator, 1993.

3   Inneke Battsen, Bruno Blondé, Julie De Groot et Isis Sturtewagen, « At home in the City. The Dynamics of Material Culture », *in* Bruno Blondé, Marc Boone et Anne-Laure Van Bruaene, éd., *City and Society in the Low Countries, 1100–1600*, Cambridge, Cambridge University Press, 2018, p. 195-196 ; Heidi Deneweth, « Building regulations and urban development in Antwerp and Bruges, 1200-1700 », *in* Terry R. Slater et Sandra M.G. Pinto, éd., *Building regulations and urban form, 1200-1900*, Londres-New York, Routledge, 2018, p. 115-138.

4   Claire Billen et Marc Boone, « L'histoire urbaine en Belgique : construire l'après-Pirenne entre tradition et rénovation », *Città e Storia*, n° 1, 2010, p. 3-22.

5   Présentation intitulée : « Les maisons médiévales en pierre à Gand (Belgique) : "guide" d'une organisation urbaine aux XIIᵉ et XIIIᵉ siècles ».

ou (ensembles) de rues, ces territoires n'évoluant évidemment pas tous au même rythme ni forcément dans la même direction. L'ambition de cette contribution, par le biais d'une étude de cas, est de complexifier ce regard dans la foulée des réflexions initiées par le groupe de travail « Dynamiques urbaines et construction » et de jeter, dans une observation croisée nourrie par les sources écrites et les données archéologiques, les perspectives d'un renouvellement.

Pour ce faire, un changement d'échelle est nécessaire : d'une part, en enrichissant la vision macroscopique avec une appréhension davantage « à ras du sol », au niveau des quartiers, des rues et des parcelles[6] ; d'autre part, en allant au-delà d'une lecture *top down* – les autorités agissant pour infléchir le comportement des habitants – pour appréhender également le « jeu » des acteurs au niveau de leur parcelle. Autrement dit, tenter de mieux cerner dans le temps et dans l'espace l'offre matérielle et technologique disponible, la capacité et/ou la motivation des commanditaires dans l'adoption de tel ou tel matériau et les contextes de leur mise en œuvre, les éventuels blocages ou à l'inverse les incitants, le tout contribuant au changement complexe et contrasté des paysages urbains.

---

6   Frans Verhaeghe, « L'espace civil et la ville. Rapport introductif », *in* Pierre Demolon, Henri Galinié et Frans Verhaeghe, éd., *Archéologie des villes dans le Nord-Ouest de l'Europe (VIIe-XIIIe siècle), Actes du 4e Congrès International d'Archéologie médiévale (Douai, 1991)*, Douai : Société Archéologique de Douai, 1994, p. 145-190 ; Marie Christine Laleman et Patrick Raveschot, *Inleiding tot de studie van de woonhuizen in Gent. Periode 1100-1300. De kelders.* Bruxelles, Koninklijke Academie voor Wetenschappen, Letteren en Schone Kunsten van België, 1991 ; John Schofield et Alan Vince, *Medieval Towns. The Archaeology of British Towns in their European Setting*, Londres-Oakville, Equinox, 2005, p. 79-120 ; A.D. Brand, Ingrid J. Cleijne, Rob J.W.M. Gruben et Antoinette M.J.H. Huijbers, *Huizenbouw en percelering in de late middeleeuwen en nieuwe tijd, van hout(skelet)bouw naar baksteenbouw in tien steden*, Amersfoort, Rijksdienst voor het Cultureel Erfgoed, 2017 ; Emmanuel Bodard, *Sociétés et espaces urbains au bas Moyen Âge et au début de l'époque moderne. Morphologie et sociotopographie de Namur du XIIIe au XVIe siècle*, Namur, Société archéologique de Namur, 2017.

ENVIRONNEMENT, MARCHÉS ET MATÉRIAUX

La ville de Bruxelles, dont les premiers développements sont documentés à partir du XIᵉ siècle, devient à partir du XIIIᵉ siècle au moins une des
agglomérations centrales du duché de Brabant, tant sur le plan économique
(ville marchande et industrielle de première importance) que politique (lieu
de résidence apprécié de la cour ducale et de ses institutions, et siège d'un
pouvoir communal). Elle devient d'ailleurs et définitivement au début du
XVIᵉ siècle le siège principal des institutions centrales des Pays-Bas habsbourgeois. Sur le plan démographique, si les chiffres de population doivent
être maniés avec prudence, ils montrent une courbe générale en constante
hausse, sans grand reflux perceptible : autour de 20 000 habitants vers
1300, 26 000 vers 1400, 33 000 vers 1500, 50 000 à la fin du XVIᵉ siècle[7].

Géographiquement, la ville est établie à l'intérieur des terres, à une
quarantaine de km au sud du port d'Anvers et de l'estuaire de l'Escaut,
sur une rivière moyenne, la Senne. La navigabilité de ce sous-affluent de
l'Escaut fut un souci régulier des autorités communales qui aboutit au
milieu du XVIᵉ siècle au creusement du canal de Willebroek, reliant sur
un tracé de 28 km la ville à la mer du Nord via le Rupel et l'Escaut[8].
Bruxelles prend pied au cœur d'un vaste hinterland (une région d'une
vingtaine de km autour de la ville, appelée « ammanie de Bruxelles »)
au potentiel riche en ressources diverses : du calcaire gréseux (Lédien et
Bruxellien) dit communément « pierre blanche de Brabant », dont les
différentes qualités servaient directement comme pierre à bâtir ou indirectement pour produire de la chaux[9] ; une grande forêt domaniale (près
de 10 000 ha lors du premier mesurage général au début du XVIᵉ siècle)[10]

7   Paul Bairoch, Jean Batou et Pierre Chèvre, *The population of European cities : databank and
     short summary of results : 800-1850*, Genève, Droz, 1998, p. 11.
8   Chloé Deligne, *Bruxelles et sa rivière. Genèse d'un territoire urbain (12ᵉ-18ᵉ siècle)*, Turnhout,
     Brepols, 2003.
9   Charles Camerman, « Le sous-sol de Bruxelles et ses anciennes carrières souterraines »,
     Annales des Travaux publics de Belgique, nº 2, 1955, p. 6-28 ; Robert Van den Haute,
     « Anciennes carrières au nord de Bruxelles. Esquisse d'une étude », dans *L'industrie de la
     pierre en Belgique, de l'Ancien à nos jours. Actes du colloque d'Ath (20 nov. 1976)*, Ath, Cercle
     d'histoire et d'archéologie d'Ath et de la région, 1979, p. 99 – 108.
10   Paulo Charruadas, « Gérer et exploiter une grande forêt domaniale à l'ère préindustrielle.
     Soignes, une forêt capitale ? », *Bruxelles Patrimoines*, nº 14, 2015, p. 6-15.

située aux portes de la ville (en venant du sud, le dernier des grands massifs forestiers avant les plaines maritimes peu boisées de Flandre, du Noord-Brabant, de Zélande et de Hollande)[11] ; enfin, d'abondants gisements argileux pour la fabrication de terres cuites architecturales[12].

Si le cadre naturel flamand et hollandais (pauvre en ressources pour la construction, à l'exception de l'argile[13]) semble avoir favorisé naturelle-ment l'émergence et l'usage de la brique, l'exemple de Bruxelles montre, si tant est que cela soit encore nécessaire, le danger des raisonnements déterministes. Avec un siècle de retard sur les contrées plus au nord, Bruxelles voit l'apparition d'une industrie briquetière, dont les premiers témoignages remontent, au plus tôt à la fin du XIIIe, au mieux au début du XIVe siècle[14]. Cette période reste très délicate à appréhender en raison de la difficulté de dater précisément les structures archéologiques rencon-trées. Néanmoins, il est indiscutable que la brique est alors régulièrement utilisée, tant dans la construction du gros-œuvre que dans la réalisation de certains équipements domestiques (latrines, par exemple)[15].

---

11 Pour un aperçu de la situation forestière dans les anciens Pays-Bas, voir Paulo Charruadas et Chloé Deligne, « Cities hiding the Forests. Wood Supply, Hinterlands, and Urban Agency in the Southern Low Countries, Thirteenth to Eighteenth Centuries », *in* Tim Soens, Dieter Schott, Michael Toyka-Seid et Bert De Munck, éd., *Urbanizing Nature. Actors and Agency (Dis)Connecting Cities and Nature Since 1500*, New York-Londres, Routledge, 2019, p. 112-134.

12 Alfred Heigenscheidt, « Le site de l'agglomération et de la banlieue bruxelloise », *Bulletin de la Société royale belge de Géographie*, n° 53, 1929, p. 77-100 ; Eric Goemare, Philippe Sosnowska, Marc Golitko, Thomas Goovaerts et Thierry Leduc, « Archaeometric and archaeological characterization of the fired clay brick production in the Brussels-Capital Region between the 14th and the end of the 18th centuries (Belgium) », *ArcheoScience*, n° 43, 2019, p. 107-132.

13 Jean-Pierre Sosson, *Les travaux publics de la ville de Bruges, XIVe-XVe siècles. Les matériaux. Les hommes*, Bruxelles, Crédit communal de Belgique, 1977.

14 Archéologiquement, les plus anciennes structures ont été découvertes sur le site du couvent des Riches Claires (contexte archéologique daté de la deuxième moitié du XIIIe siècle et de la première moitié du XIVe siècle) : Alexandra De Poorter, *Au quartier des Riches-Claires : de la Priemspoort au couvent*, Bruxelles, coédition Ministère de la Région de Bruxelles-Capitale-Musées royaux d'Art et d'Histoire et Fabrique d'église de Notre-Dame des Riches-Claires, Bruxelles, 1995) et dans une habitation de la rue de la Tête d'Or 3 : François Blary, Paulo Charruadas, Sylvianne Modrie et Philippe Sosnowska, « Les caves anciennes de Bruxelles. Une étude en profondeur au service du patrimoine régional », *Bruxelles Patrimoine* 25, Bruxelles, 2018, p. 90-99. La première attestation textuelle connue se trouve dans un acte du 13 novembre 1312 notifiant le démembrement d'un *steen* et sa division en deux unités : la cour intérieure devant être séparée par un mur en brique (*eenen muer quarelen*) à ériger et à entretenir à frais commun (Archives de l'État à Bruxelles-Forest [AEBF], Greffes scabinaux de Bruxelles [GSB], n° 1445).

15 Sylvie Byl, Antoine Darchambaut, François Huyvaert et Philippe Sosnowska, *Recherche archéologique sur le terrain sis rue Marché-aux-Herbes 68-70 / rue des Bouchers 37 / rue*

L'utilisation sociale de ce matériau reste elle aussi difficile à définir à l'heure actuelle. Plusieurs exemples sont clairement associés à des demeures cossues d'après le matériel archéologique retrouvé en fouilles[16]. Cette montée en puissance de la production est également attestée par la construction d'une vaste muraille autour de la ville, la deuxième enceinte[17] (1357-1389), dont l'unique témoin architectural préservé aujourd'hui, la Porte de Hal, voit le cœur de sa maçonnerie ainsi que son parement intérieur majoritairement construit dans ce matériau, tandis que la pierre sert pour les parements externes[18]. L'emploi de la brique dans les siècles suivants est bien documenté archéologiquement et textuellement[19].

Au départ, le calcaire gréseux apparaît comme le matériau par excellence des constructions monumentales de la période des XIe-XIIIe siècles. La collégiale « romane » des Saints-Michel-et-Gudule, par exemple, érigée dans la seconde moitié du XIe siècle, mobilise cette ressource, pour partie au moins extraite d'une carrière ouverte à pied d'œuvre[20]. De même, la première enceinte urbaine en pierre, érigée au XIIIe siècle, fait un usage exclusif de ce matériau[21]. On peut multiplier les exemples,

Marché-aux-Peaux / impasse Sainte-Pétronille / impasse du Chapelet / impasse de la Tête de Bœuf / rue d'Une Personne, 2 vol., Rapport d'étude inédit, urban.brussels-Université libre de Bruxelles, 2015.

16   Sylvie Byl et al., Recherche archéologique sur le terrain..., op. cit., p. 90-91 ; Alexandra De Poorter, Au quartier des Riches-Claires..., op. cit., p. 44, 48-53 et 146-148.

17   Claire Dickstein-Bernard, « La construction de l'enceinte bruxelloise de 1357. Essai de chronologie des travaux », Cahiers Bruxellois, n° 35, 1995-1996, p. 91 – 128.

18   Michel de Waha et Alexandra De Poorter, « La porte de Hal, vestige symbolique de Bruxelles », in Bruxelles 1993. Résultats des premières fouilles réalisées dans la Région, Bruxelles, Crédit Communal de Belgique, 1993, p. 30-35.

19   Philippe Sosnowska, « La brique en Brabant aux XIIIe-XVe siècles. État de la question et comparaison avec le Hainaut de Michel de Waha », in Frédéric Chantinne, Paulo Charruadas et Philippe Sosnowska, éd., Trulla et Cartae. De la culture matérielle aux sources écrites. Liber discipulorum et amicorum in honorem Michel de Waha, Bruxelles, Timperman, 2014, p. 385 – 429 ; Philippe Sosnowska, « Approach on Brick and its use on Brussels from the 14th to the 18th Century », in Tanja Ratilainen, Rivo Bernotas, et Christopher Herrmann, éd. Fresh Approaches to Brick Production and Use in the Middle Ages, Oxford, Archaeopress, 2014, p. 27-38.

20   Pierre-Paul Bonenfant, « À la découverte des origines : romanes ou préromanes ? », in Guido Jan Bral, éd., La cathédrale des Saints –Michel-et-Gudule, Bruxelles, Racine, 2000, p. 61-67 ; Yannick Devos, Luc Vrydaghs, Kai Fechner, Christine Laurent, Stéphane Demeter et Ann Degraeve, « Le site du Treurenberg (Bruxelles). Résultats d'une étude transdisciplinaire », dans Actes du VIIe Congrès de l'Association des Cercles francophones d'Histoire et d'Archéologie de Belgique, Bruxelles, Safran, 2007, p. 373-393.

21   Patricia Blanquart, Stéphane Demeter, Alexandra De Poorter, Sylvianne Modrie, Ingrid Nachtergael et Michel Siebrand, Autour de la première enceinte. Rond de eerste

tout en ajoutant à titre d'hypothèse que les *steenen*, les maisons fortes érigées par l'aristocratie bruxelloise, suivirent ce même schéma. Après l'émergence de la brique, les chantiers monumentaux continuent à mobiliser partiellement ce calcaire, mais davantage en parement externe (exemple cité plus haut de la Porte de Hal) ou pour certaines composantes prestigieuses, la brique étant alors employée pour le reste des maçonneries murales, des équipements ou des voûtes[22].

Concernant l'habitat civil ordinaire, nous le verrons plus loin, plusieurs mentions écrites des XIIIe-XIVe siècles font état de maisons « charpentées » (une belle locution de 1379 évoque l'action de construire une maison comme « charpenter et poser sur le terrain[23] »), sans qu'on puisse toujours appréhender précisément la nature exacte de ces constructions : simples poteaux plantés ? Sur sablière ? Sur solin ? Pour la période envisagée, l'absence de traces de poteaux ou de sablière, voire de torchis rend difficilement interprétable la destination des maçonneries en moellon ou en briques régulièrement dégagées lors des fouilles archéologiques. Distinguer les traces d'un mur divisant des parcelles, d'une base de fondation ou d'un solin haut d'à peine quelques assises préservées est une gageure. De même, une maçonnerie préservée sur plusieurs assises peut tout autant témoigner de la présence d'une maison entièrement maçonnée que le premier niveau d'une maison en pan de bois.

Les bois mis en œuvre pour ces logis étaient issus de ressources de proximité (arbres prélevés dans un jardin, dans une haie…) ou bien achetés à des marchands acquérant des coupes dans la forêt de Soignes, (dans une moindre mesure) dans les réserves des taillis sous futaie monastiques et privés disséminés autour de la ville. Le bois du pays ne semble pas avoir été concurrencé de manière significative par des importations étrangères. Le bois mosan (provenant du sud du pays via la Meuse, depuis les massifs ardennais et de l'Entre-Sambre-et-Meuse) n'est pas attesté, tandis que le bois balte, mentionné à la fin du Moyen

---

stadsomwalling, Bruxelles, coédition Ministère de la Région de Bruxelles-Capitale-Musées royaux d'Art et d'Histoire, 2001.

22 La collégiale « gothique » des Saints-Michel-et-Gudule en est un bon exemple. Érigée progressivement du milieu du XIIIe siècle en lieu et place de l'édifice roman, ses parties XIVe-XVIe siècles répondent à ce schéma : Guido-Jan Bral, éd., *La cathédrale des Saints-Michel-et-Gudule…, op. cit.*

23 Archives du Centre Public d'Action Sociale de Bruxelles (ACPASB), H 1200, liasse « Marché au bétail » (29 mars 1379) : *carpentare et ponere supra domistadium.*

Âge, apparait plutôt comme une exception qui confirme la règle. Ce trafic ne concernait, le plus souvent, que des produits à haute valeur ajoutée (notamment des planches de chêne de haute qualité appelées *wagenschots*)[24]. Le premier témoignage matériel de bois d'œuvre issu de ce commerce ne remonte pour l'heure pas avant la fin du XVIe ou le début du XVIIe siècle, avec des lames de planchers confectionnées dans du pin sylvestre d'origine suédoise retrouvées à l'hôtel de Merode (1570-1610d)[25].

L'explication de l'essor de la brique dans une région où le bois et la pierre ne semblent pas avoir fait défaut – même si, pour la pierre, le bassin carrier bruxellois ne peut assumer la comparaison (en termes d'ampleur de gisement[26]) avec certaines régions – reste encore à clarifier. L'existence d'un capital technique dans la Flandre voisine, avec qui le Brabant (et Bruxelles en particulier) entretenait des rapports socioéconomiques intenses, explique en premier examen le transfert facile de ce savoir-faire[27]. Les motivations d'une telle activation restent en revanche à discuter. La qualité modulaire et standardisée du matériau, rendant possible une mise en œuvre plus aisée que la pierre et se traduisant sans doute par un prix meilleur marché, doivent certainement entrer en ligne de compte, dans un contexte démographique, nous l'avons vu, à la hausse. L'évolution particulière de l'industrie lithique bruxelloise à la fin du Moyen Âge peut aussi avoir joué un rôle, dans une interaction brique-pierre

---

24   Jean-Pierre Sosson, « Le commerce du bois au bas Moyen Âge : réalité régionale, inter-régionale et internationale. Quelques réflexions à propos des anciens Pays-Bas méridionaux » et Michael North, « The export of timber and timber by-products from the Baltic region to Western Europe, 1575–1775 », *in* Simonetta Cavaciocch, éd., *L'Uomo e la foresta secc. XIII-XVIII. Atti della Ventisettimana di Studi di Prato (1995)*, Prato-Florence, coédition Istituto internazionale di Storia Economica "F Datini"-Le Monnier, 1996, p. 743-761 et p. 883-894 ; Paulo Charruadas et Chloé Deligne, « Cities hiding the Forests… », *op. cit.*

25   Philippe Sosnowska, Pascale Fraiture et Sarah Crémer, « Contribution to the history of Brussels floorings (16th-19th centuries). Initial results of an archaeological and dendro-chronological investigation », *in* Paulo Charruadas, Pascale Fraiture, Patrice Gautier, Mathieu Piavaux et Philippe Sosnowska, éd., *Between Carpentry and Joinery. Wood finishing work in European medieval and modern architecture*, Bruxelles, Institut royal du Patrimoine artistique, 2016, p. 84.

26   Le calcaire gréseux du pays de Bruxelles se trouve de manière erratique, on ne peut prévoir l'ampleur d'une carrière, à l'opposé des bassins hainuyers ou mosans.

27   Vincent Debonne, « L'architecture médiévale en brique dans le nord de l'Europe », *Perspective. La revue de l'Institut National d'Histoire de l'Art*, 2, p. 369-374 ; Alexander Lehouck, « Les premiers temps de l'architecture en briques au nord des Alpes : la question de l'origine cistercienne vue des Pays-Bas », *in* Eric Delaissé et Jean-Marie Yante, éd., *Les cisterciens et l'économie des Pays-Bas et de la principauté de Liège (XIIe – XVe siècles)*, Louvain-la-Neuve, Institut d'Études médiévales, 2017, p. 183 – 204.

qu'il convient de souligner. Plusieurs auteurs ont en effet relevé que la construction monumentale et l'aménagement d'infrastructures économiques avaient connu dans les régions commerçantes les plus riches et les plus dynamiques (Flandre, Hollande et Brabant) un développement très intense entre 1350 et 1550[28]. Cet essor s'est fondé sur une relative prospérité et une forte concurrence entre les grandes villes et, au sein même des villes, entre les pouvoirs politiques (ecclésiastiques, princiers, communaux). La demande en ressources lithiques couplée à la pauvreté de ces régions en la matière a alors concouru à faire du pays de Bruxelles (l'exception géographique), un bassin d'exploitation intensive de la pierre calcaire pour l'approvisionnement – au départ de la Senne – des chantiers septentrionaux. Si ce trafic a touché les chantiers monumentaux et les grandes infrastructures (commerciales, portuaires, routières), il a également approvisionné dans la foulée les marchés de la construction plus ordinaire[29].

Il est ainsi possible d'envisager que l'industrie briquetière bruxelloise se soit développée d'autant plus activement dans cette conjoncture combinant deux ensembles de facteurs cruciaux : l'un interne – croissance économique et essor démographique soutenu entre 1300 et 1600, doublée de l'accession de la ville au rang de capitale politique, progressivement au XVe siècle sous les ducs de Bourgogne, au XVIe siècle sous les Habsbourg ; l'autre externe – contexte commercial où les ressources lithiques locales étaient partiellement absorbées par une demande « étrangère » au solide pouvoir d'achat. Même multipliées tels les trous d'un gruyère[30], les carrières de calcaire gréseux autour de la ville pouvaient-elles fournir en suffisance et surtout à bon prix les besoins de l'architecture ordinaire

---

28 Raymond Van Uytven, « Économie et financement des travaux publics des villes brabançonnes au Moyen Age et au XVIe siècle », *in* Simonetta Cavaciocch, éd., *L'Edilizia prima della Rivoluzione industriale secc.* XIII-XVIII. *Atti della trentaseiesima Settimana di studi (26-30 avril 2004)*, Prato-Florence, coédition Istituto internazionale di Storia Economica « F. Datini » et Le Monnier, 2005, p. 669-692 ; Jean-Pierre Sosson, « L'approvisionnement des chantiers de construction en matériaux lithiques : milieux naturels et "espaces économiques", marchands et marchés, entrepreneurs et entreprises. À propos des anciens Pays-Bas au Moyen Âge », *in* François Blary, Jean-Pierre Gely et Jacqueline Lorenz, éd. *Pierres du patrimoine européen. Économie de la pierre de l'Antiquité à la fin des temps modernes*, Paris, CTHS, 2008, p. 349 – 356 ; Merlijn Hurx, *Architect en aannemer. De opkomst van de bouwmarkt in de Nederlanden 1350-1530*, Nimègue, Vantilt, 2012 ; version révisée, augmentée et traduite en anglais : *Architecture as profession…, op. cit.*

29 Merlijn Hurx, *Architecture as profession…, op. cit.*, p. 127-186.

30 Voir la carte réalisée par *Ibid.*, p. 171, fig. 4.2.

locale ? On se contentera de noter à ce stade que d'après les éléments réunis par Merlijn Hurx dans les comptes de tonlieux et dans les ordonnances règlementant ce trafic, le calcaire gréseux – sous forme de pavés, de pierres « de quai » ou de pierre de taille – était au XVe siècle l'un des principaux produits exportés depuis Bruxelles[31].

« À RAS DU SOL » : QUARTIERS, PARCELLES ET ACTEURS

Il convient maintenant d'adopter, autant que possible, une échelle plus précise. Comment s'est articulé, entre le XIIIe et le XVIe siècle, la trilogie bois-pierre-brique dans le paysage bruxellois ? Comment certains choix ont-ils pu être effectués selon la géographie urbaine, les classes sociales et les grandes étapes de l'évolution de la ville ?

L'exercice requiert un travail minutieux de collecte et de chrono-cartographie de l'information : d'une part, dans la série des actes fonciers (baux à cens, baux à rente, constitutions de rente, conventions de voisinage...)[32], à la recherche de mentions sur les matériaux employés, leur emplacement dans le bâtiment et les conditions dans lesquelles ils se trouvent mis en œuvre ; d'autre part, dans la collection des études archéologiques patiemment réalisées depuis trente ans dans la ville historique[33]. Il convient ensuite de les combiner et de faire dialoguer au mieux les résultats de deux disciplines dont l'objet commun n'empêche que les méthodes et les schémas interprétatifs diffèrent. Cette procédure,

---

31 Merlijn Hurx, *Architecture as profession*, op. cit., p. 178-180.

32 Nous nous sommes appuyés pour ce volet de l'enquête sur un dépouillement du « fichier Godding », conservé aux Archives de la Ville de Bruxelles (AVB). Ce regeste de plus de 5000 actes, réalisé par Philippe Godding pour la préparation de sa thèse sur *Le droit foncier à Bruxelles au Moyen Âge* (Bruxelles, Institut de sociologie Solvay, 1960), couvre la période 1250-1450. Étant donné que les registres scabinaux les plus anciens ont été détruits lors du bombardement de 1695, Godding a dû (re)composer son regeste par un travail colossal de dépouillement des nombreux chartriers et cartulaires, en particulier ecclésiastiques et hospitaliers. La référence précise aux actes retenus ne sera pas donnée de manière exhaustive, mais ponctuellement pour les actes qui nous intéressent et que nous avons mobilisés de manière problématique.

33 Ces études, éditées et inédites, peuvent être consultées aux Archives du Service public régional de Bruxelles – Archives de Bruxelles Urbanisme et Patrimoine et de ses prédécesseurs en droit (Urban. brussels), Mont des Arts 10, 1000 Bruxelles.

qui n'est pas sans faille, permet néanmoins d'élaborer de nouvelles interprétations et de proposer certaines hypothèses de travail.

BRUXELLES, UN « PUZZLE » GÉOGRAPHIQUE

À la fin du Moyen Âge, Bruxelles se présente de prime abord comme un ensemble urbain homogène et relativement continu, entouré successivement par deux enceintes maçonnées déjà évoquées. Ceci n'est toutefois qu'une unité d'apparence, la ville étant le fruit de l'agglomération progressive et interstitielle de différents centres de peuplement aux origines et aux fonctions distinctes (Fig. 1). Dans le bas de la ville, un quartier portuaire (*portus*), commercial et artisanal est installé sur les deux rives de la Senne depuis au moins le début du XIe siècle. Selon des modalités mal documentées se développe sur la rive et la pente droite de la vallée, à partir au moins du XIIe siècle, un secteur très important polarisant les espaces de marché les plus actifs de la cité près d'une église Saint-Nicolas, patron des marchands. C'est le futur quartier de la Grand-Place (ou en néerlandais *Groot Markt*, Grand marché) et ses extensions (Vieille-Halle-au-Blé, *Pongelmarkt* [ou marché du grain en détail], un marché au charbon). Dans le haut du territoire urbain, sur la colline du *Coudenberg* (*Frigidus mons*), un quartier d'essence seigneuriale et ducale, doublé vraisemblablement d'un centre de population exerçant une fonction commerciale et artisanale tournée vers la cour, domine la ville ; toujours dans le haut, sur la colline voisine du *Coudenberg*, un quartier ecclésiastique annexe du pouvoir ducal prend son essor à la suite de la fondation vers 1050 d'un chapitre de chanoines et de la construction d'une église collégiale « romane » des Saints-Michel-et-Gudule (*cf. supra*).

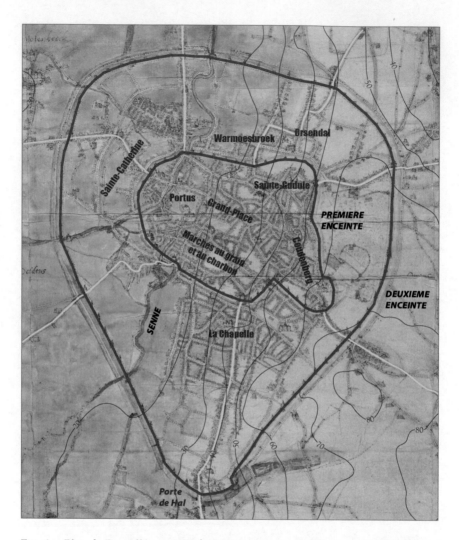

Fig. 1 – Plan de Bruxelles vers 1554-1557, par Jacques de Deventer © Bibliothèque royale de Belgique, Bruxelles (collection des Cartes et Plans, n° 22 099). Indication des deux enceintes urbaines et des différents quartiers formant la ville à la fin du Moyen Âge (DAO : Benjamin Van Nieuwenhove et Paulo Charruadas).
Cette carte sert de support pour les figures 2-3-4 et 5 donnant la distribution des mentions écrites et des sites archéologiques mentionnés dans l'article.

Plusieurs autres secteurs, à vocation maraîchère et artisanale, viennent compléter, dans la seconde moitié du XIIe siècle et au XIIIe siècle, les premiers noyaux connus. D'une part, sur la pente orientale de la vallée de la Senne est fondée en 1134 par le pouvoir ducal une « ville neuve » autour d'une chapelle, sur un alleu rapidement concédé par le duc à l'abbaye du Saint-Sépulcre de Cambrai qui y érige la chapelle en église paroissiale et la double d'un prieuré (quartier de La Chapelle). Les fragments d'un censier de la fin du XIIe et du début du XIIIe siècle montrent que les lots appelés « courtils » (*curtilia*) étaient destinés à l'exploitation maraîchère, mais dont certains tenanciers (leurs noms indiquent une immigration principalement des environs de la ville), sont dénommés également par une profession artisanale (des forgerons, des tisserands, des cordonniers, des charpentiers, des pelletiers…). D'autre part, dans la vallée alluviale de la Senne, dans un vaste croissant allant de l'ouest au versant nord-est, la documentation écrite de la fin du XIIe et de la première moitié du XIIIe siècle fait état de l'essor d'une « ceinture verte » marquée par des activités maraîchères, agricoles et viticoles : au nord-ouest, autour de l'église Sainte-Catherine ; au nord, le quartier du Marais (*Palude*), nommé plus tard *Warmoesbroek* (littéralement le Marais-aux-Légumes) ; sur le versant nord-est, le quartier de l'*Orsendal* (littéralement le Vallon-aux-Chevaux)[34].

LE PAYSAGE BÂTI : UN REFLET DE CE « PUZZLE » ?

Grâce aux nombreux travaux de géographique historique, nous savons que les quartiers du bas de la ville, en particulier ceux de la pente droite (quartiers de la Grand-Place) sont les premiers et les plus densément occupés, probablement dès le tournant du XIVe siècle. Les faubourgs extérieurs, intégrés lors de l'érection de la seconde enceinte (1357-1389) restent jusqu'à la fin du XVIIIe siècle des espaces plus aérés, bien qu'avec des quartiers très agglomérés aux portes de l'ancienne enceinte et sur les différentes rues principales et chaussées permettant d'entrer et de sortir de la ville[35].

L'examen des actes fonciers et des opérations archéologiques du bâti confirme que la ville n'a pas évolué matériellement de manière homogène

---

34 Sur cette géographie, voir dernièrement Paulo Charruadas et Bram Vannieuwenhuyze, « La ville en puzzle. Continuités et discontinuités entre Bruxelles et ses campagnes au Moyen Âge », *in* Denis Menjot et Peter Clarck, éd., *Subaltern City ? Alternative and peripheral urban spaces in the pre-modern period / La ville subalterne ? Espaces urbains dissidents et périphériques à l'époque préindustrielle*, Turnhout, Brepols, 2019, p. 23-44.

35 Mina Martens, « Bruxelles en 1321, d'après le censier ducal de cette année », *Cahiers Bruxellois*, n° 4, 1959, p. 224 – 245.

et que la géographie urbaine tient une place importante dans la lecture de ce processus (ou plutôt de ces processus).

Si l'on compile, pour la période 1250-1450, les mentions de maisons « charpentées[36] », un premier constat se dégage. Ces constructions se concentrent dans leur écrasante majorité dans les quartiers périphériques, soit situés en bordure de la première enceinte, soit développés comme faubourgs entre les deux murailles. Cette distribution géographique est amplement confirmée vers 1480 dans un compte de la ville où l'on trouve pour la première fois enregistrés les subsides versés par l'autorité communale à des particuliers pour le remplacement avec des tuiles de la couverture en chaume de leur maison[37] (Fig. 2).

Le même exercice de compilation des actes fonciers portant des attestations de maisons en pierre ou en briques (*domus lapideae, steenen, stenen huisen*[38]) montre à l'inverse une forte concentration dans les quartiers marchands autour de la Grand-Place (Fig. 3). Une troisième et dernière cartographie de points rassemble les attestations, écrites et archéologiques (datés des XIVe-XVe siècles) de l'existence de murs mitoyens en pierre ou en brique. Si la distribution présente une concentration dans les quartiers centraux[39], on observe toutefois quelques exemples excentrés : dans les quartiers de la collégiale et du *Coudenberg*, dans le quartier de La Chapelle ;

---

36 Maisons construites, mais aussi à construire, dans le cadre d'accensements de terrain à bâtir où l'obligation était faite d'y ériger rapidement une maison pour y fixer le tenancier et sécuriser le versement du cens. Par exemple : AEB, Archives de Sainte-Gudule (ASG), n° 10690, f° 14v° (2 février 1315 n.s.) : Jean Zuerec, fils de feu Walter Plettecorssch donne à cens à Baudouin de Landaes un terrain dans la paroisse de La Chapelle, derrière la maison du Prévôt de la Chapelle, moyennant un cens de 3 livres. *Insuper promisit dictus Balduinus supercarpentare dicto domistadium adeo sufficienter quod predictus Johannes semper sit securus et esse poterit de censu suo supradicto.*

37 Archives Générales du Royaume, Chambre des Comptes, n° 30099 (vers 1480). Onze subsides sont enregistrés : tous concernent le territoire entre les deux enceintes. Nous remercions chaleureusement Michel de Waha pour avoir relu ce texte, l'avoir commenté tout en attirant notre attention sur ce compte et, avec sa générosité habituelle, de nous en avoir communiqué sa retranscription.

38 Le mot *steen* peut renvoyer indistinctement à la pierre comme à la brique : cette dernière était considérée comme une pierre artificielle (cuite), tandis que la pierre en tant que telle se disait parfois *natuursteen*, pierre naturelle.

39 Le cas de la maison Grand-Place 39 est intéressant puisqu'une étude archéologique et architecturale a démontré l'existence de caves et de murs porteurs antérieurs à 1410. Ces informations ont pu être complétée par la documentation iconographique, certes plus tardive, mais qui témoigne de l'existence d'une maison à façade en pan de bois : Ann Degraeve, « Fouilles archéologiques préventives dans la Maison "Den Ezel", Grand-Place 39, Bruxelles (Br.) », *Archaeologia Mediaevalis*, n° 30, 2007, p. 39-40.

dans le quartier maraîcher Sainte-Catherine (rue de Flandre 180, avec des murs latéraux datés par C14 entre 1290 et 1410[40]) (Fig. 4 et Fig. 5).

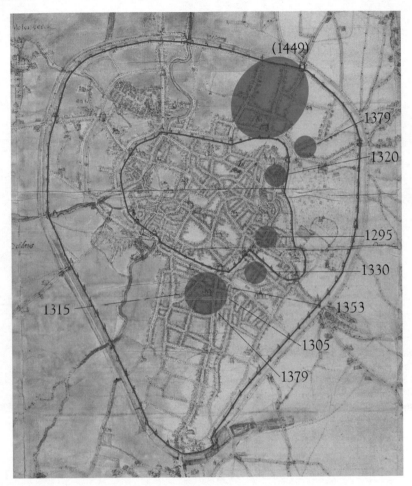

Fig. 2 – Indication (zones brunes) des mentions écrites (avec leurs dates) mentionnant les maisons dites « charpentées ». La date 1449 (entre parenthèses) renvoie au quartier maraîcher de l'Orsendal, dont un texte de cette année décrit l'importance des bâtiments ruraux en bois et avec couverture en chaume (DAO : Benjamin Van Nieuwenhove et Paulo Charruadas).

40 Sylvie Byl, Paulo Charruadas, Céline Devillers et Philippe Sosnowska, « Étude archéologique du bâti d'une habitation sise rue de Flandre 180 à 1000 Bruxelles. Évolution d'une maison du Moyen Âge à nos jours », *Archaeologia Mediaevalis*, n° 35, 2012, p. 60-63.

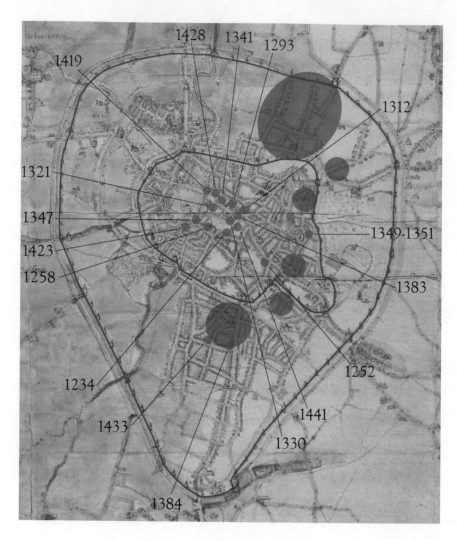

FIG. 3 – Indication (points bleus) des mentions écrites (avec leurs dates)
mentionnant les maisons dites « en pierre »
(DAO : Benjamin Van Nieuwenhove et Paulo Charruadas).

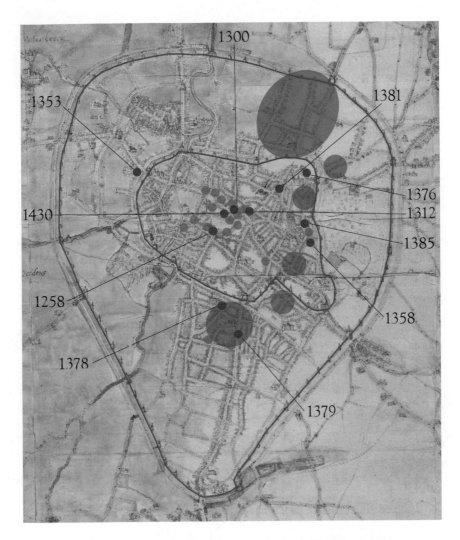

Fig. 4 – Indication (points rouges) des mentions écrites (avec leurs dates)
mentionnant l'existence de murs mitoyens en pierre et/ou en brique
(DAO : Benjamin Van Nieuwenhove et Paulo Charruadas).

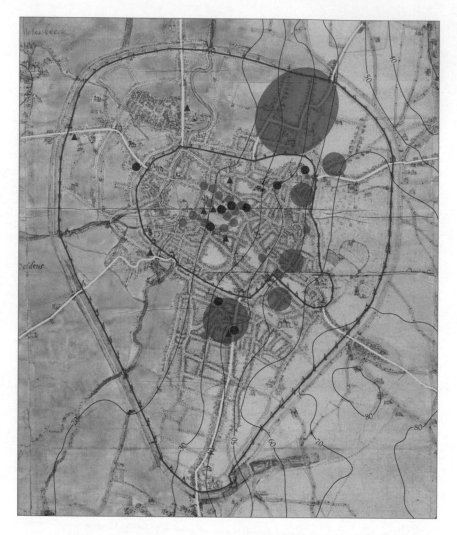

Fɪɢ. 5 – Indication (triangles rouges) des sites archéologiques ayant mis au jour
l'existence de murs mitoyens en pierre et/ou en brique pour la période
des xivᵉ-xvᵉ siècles (DAO : Benjamin Van Nieuwenhove et Paulo Charruadas).

Ces sources, écrites comme archéologiques, induisent évidemment
des biais d'information. D'une part, elles éclairent les lieux les plus
dynamiques sur le plan immobilier (par le passé, là où la production
d'écrit était la plus nécessaire ; mais aussi actuellement puisque les

opérations archéologiques sont menées prioritairement là où des réno-
vations sont entreprises). D'autre part, la logique épistémologique de
ces sources est différente. Les sources écrites font état de situations
bien datées, mais imparfaitement localisées dans la topographie (au
mieux dans une rue, au pire dans un secteur déterminé) et dans l'unité
architecturale (un bâtiment dit en pierre ou dit « charpenté » fait-il
appel à son matériau en totalité ?). Les sources archéologiques font état
de situations bien localisées (encore que l'environnement architectural et urbanistique échappe en partie), mais qui ne sont pas toujours
datables avec précision, comme évoqué précédemment, et qui, surtout,
s'inscrivent dans une évolution plus longue où les transformations
ultérieures « mitent » littéralement la compréhension globale du site.
De la sorte, si les fouilles archéologiques livrent de nombreux exemples
de murs latéraux préservés[41], les vestiges ne permettent bien souvent
pas de déterminer s'il s'agissait d'habitations entièrement en dur ou
associant des murs gouttereaux en brique et pierre et une façade à rue
en pan de bois.

L'association des sources et leur message sont donc fragmentaires et
imparfaits. Mais ces observations ont le mérite d'esquisser des tendances
qui permettent, grossièrement, de découper l'espace urbain et de lui
rendre sa complexité.

L'ACCOLEMENT DES MAISONS :
UNE INCIDENCE SUR LE CHOIX DES MATÉRIAUX ?

Le souci principal des sources disponibles, nous l'avons dit, réside
dans leur témoignage fragmentaire. Les mentions de murs mitoyens
nous le rappellent : l'adoption de la pierre ou de la brique, plus ou
moins partiellement, le maintien du bois, plus ou moins partiellement,
sont des choix plus courants que la transposition totale d'un matériau
en remplacement d'un autre. À Bruxelles, l'iconographie des XVIe et
XVIIe siècles montre toute l'importance des maisons à façade (principale)

---

41   La rue des Dominicains présente sur cinq maisons étudiées en 2017-2018 au moins deux
habitations remontant au XIVe siècle (une datation C14 fournit une fourchette large
entre 1290 et 1400). Une habitation relativement cossue rue de la Tête d'Or 3, datée du
tournant du XIVe siècle, a été mise au jour au travers d'une longue façade latérale percée
de six fenêtres tardo-gothiques. D'autres sites situés dans la rue des Chapeliers, dans
la rue de la Tête d'Or (n° 5) ou encore dans la rue de l'Étuve (n° 45) présentent tous des
structures datées avant 1410.

en pan de bois (ou « maisons trois quarts »)[42]. Un tableau de Denis Van Alsloot consacré à la procession de l'Ommegang en 1615 représente avec une incroyable précision un groupe de cinq maisons sur le front nord de la Grand-Place (Fig. 6). On y distingue clairement des murs mitoyens présentant une alternance de matériaux : de la pierre, de la brique et, à certains niveaux, des pierres plus grises soulignant les ressauts successifs formant autant de légers encorbellements à rue. Entre ces murs se développent d'imposantes façades en pan de bois, dont le squelette (invisible) est revêtu d'un bardage de planches verticales, l'ensemble découpant à chaque étage des fenêtres à claire-voie épousant (au moins dans les niveaux sous pignon) toute la largeur des façades[43]. Le démontage récurrent, surtout à partir du XVIIe siècle, de ces constructions en pan de bois à rue et de leurs ressauts de maçonnerie n'a pas permis à l'heure actuelle d'observer matériellement cette alternance d'assises, exception faite d'une habitation rue de la Samaritaine 20 dont le ressaut encore préservé est caractérisé par un corbeau en pierre permettant de supporter l'encorbellement[44].

La question soulevée par ces murs séparatifs ou mitoyens est complexe. Ils peuvent être interprétés comme autant de parois coupe-feu, susceptibles de constituer un frein lors d'épisodes d'incendie. À Bruxelles, le corpus des ordonnances anti-incendie (XIVe-XVe siècles) concerne toutefois et exclusivement le problème des toits en chaume en ne faisant jamais référence à de tels murs[45]. Ils semblent bien plutôt, à y regarder de près,

---

42   Disparu à Bruxelles, ce type de structure n'est plus observable que dans d'autres villes du nord de la Belgique : Hugo J. Constandt Hugo, *Ieperse middeleeuwse huizen met houten gevel*, Bruxelles, Koninklijke Academie voor Wetenschappen, Letteren en Schone Kunsten van België, 1981 ; Marc Laenen, « Middeleeuwse houten gevels te Antwerpen », *Volkskunde*, n° 4, 1981, p. 269-385 ; Johan Grootaers, « Het laatmiddeleeuwse huis met houten gevel. Constructieve aspecten van stedelijke vlaamse houtbouw », *in Leven te Leuven in de late Middeleeuwen. Tetoonstellingscatalogus*, Louvain, Peeters, 1998, p. 49-60.

43   Pour une analyse de cette iconographie, voir David Houbrechts, « Les maisons en pan-de-bois de la Grand-Place », *in* Vincent Heymans, éd., *Les maisons de la Grand-Place de Bruxelles*, Bruxelles, CFC-Éditions, 2011 (4e édition), p. 24-35. Cette disposition se retrouve également, dans un autre tableau de l'artiste, sur la place du Grand-Sablon, dans le haut de la ville.

44   Sylvie Byl, Antoine Darchambeau et François Huyvaert, *Recherche archéologique sur les bâtiments sis rue de la Samaritaine 16-22 à 1000 Bruxelles [BR511-01]*, Bruxelles, rapport d'étude inédit, urban.brussels-Université libre de Bruxelles, 2020.

45   Paulo Charruadas et Philippe Sosnowska, « Les couvertures de toiture à Bruxelles et dans sa périphérie. Matériaux, chronologie, société. Un état provisoire de la recherche », *Archéologie médiévale* (à paraître).

le résultat de nécessités constructives dans des environnements denses, où les bâtiments tendent à occuper l'intégralité de leur parcelle sur rue et à s'accoler progressivement les uns aux autres. Il serait alors surtout le fruit de l'initiative des propriétaires (les seigneurs fonciers des parcelles et leurs tenanciers), en ordre dispersé, plus que d'une politique publique globale.

FIG. 6 – *Le défilé de l'Ommegang à Bruxelles le 31 mai 1615 sur la Grand-Place : les maîtres de corporation*, huile sur toile par Denis van Alsloot, 1615 © Victoria and Albert Museum, Londres (Inv. 168-1885). Dans le coin supérieur gauche, les cinq maisons à façade en pan de bois et bardage entre murs mitoyens « en dur », situées entre la rue au Beurre et la Maison du Roi.

Deux actes du tournant du XIVe siècle donnent une idée des problèmes engendrés par la densification du bâti en pan de bois sous le régime de la propriété dissociée du sol et du bâti[46] et donc de la maison en pan de bois « démontable ». Cette situation est enregistrée à Bruxelles dans les actes fonciers jusqu'au XIVe siècle inclus, avant que l'essor du

---

46 Étienne Hubert, « Urbanisation, propriété et emphytéose au Moyen Âge : remarques introductives », *in* Olivier Faron et Étienne Hubert, éd., *Le sol et l'immeuble. Les formes dissociées de propriété immobilière dans les villes de France et d'Italie (XIIe – XIXe siècles). Actes de la table ronde de Lyon (14-15 mai 1993)*, Lyon-Rome, coédition Presses universitaires de Lyon-École française de Rome, 1995, p. 1-8.

droit romain et des remembrements de propriété (le bâti intégrant la propriété du sol selon des modalités qui restent encore à clarifier) ne fassent disparaître peu à peu cette spécificité[47] (*cf. infra*).

Le premier de ces actes concerne un bien dans le quartier ducal du *Coudenberg* et met en jeu trois personnages (liés selon toute probabilité au milieu de l'artisanat du métal). Il s'agit d'un contrat passé en 1295, dans lequel Jean *Gladiator*, en sa qualité de seigneur foncier, donne à cens à Jean dit *Helmmakere* (littéralement le fabricant de heaumes) un terrain sur lequel ce dernier a déjà (!) fait construire sa maison en pan de bois ; la parcelle voisine, vraisemblablement aussi la propriété de Jean *Gladiator* et donnée (ou prochainement donnée) à cens à un certain Walter *Selotmakere* (littéralement le serrurier), n'étant pas bâtie, l'accensement aux conditions indiquées se fait sous réserve que Walter puisse fixer ses poutres sur les poteaux et dans la paroi de la maison de Jean *Helmmakere*, sans l'endommager[48]. Que l'accensement du terrain se fasse à un tenancier qui l'occupait déjà, qui y avait même déjà érigé son logis et à qui il était demandé d'accepter de prêter à intrusion une des parois de son bien lève le voile sur la nature réelle du contrat. Pour bien comprendre la situation que nous révèle ce texte important, on rappellera que les baux à cens étaient accordés à Bruxelles (comme dans beaucoup d'autres villes d'Europe) sur un mode perpétuel et moyennant une redevance annuelle fixe. Cela signifie que le tenancier et par la suite ses ayants droit, tant qu'ils procédaient au paiement du cens, ne pouvaient être délogés de leur tenure. Cela signifie également qu'ils étaient dans les faits les véritables propriétaires ou plus exactement

---

47   Philippe Godding, *Le droit foncier…*, *op. cit.*, p. 5-6 et 99-103. Pour l'un des témoignages écrits les plus anciens de cette dissociation (21 juillet 1299), voir Paul Bonenfant, *Cartulaire de l'Hôpital Saint-Jean de Bruxelles (Actes des XIIe et XIIIe siècles)*, Bruxelles, Commission royale d'Histoire, 1953, p. 318-319, n° 263.

48   AEB, ASG 5171, f° 54 (15 septembre 1295) : *Johannes Gladiator contulit Johanni dicto Helmmaker domistadium quo idem Johannes Helmmaker manet, tenendum et possidendum hereditarie ac perpetuo pro centum solidis bruxellensis, denariorum monete usualis communiter in bursa currentis, et duobus caponibus et una alba columba annuatim semper ad natale Domini solvendis (…) Conditum est etiam et permissum quod Walterus Selotmaker qui habet domistadium juxta eundem Johannem potest carpentare in postes ipsius Johannes et in parietem sine depeiorare domus ipsius Johannis cum suis pennis.* L'acte est localisé grâce à un document de peu postérieur, concernant ce même bien et daté de 1302 : Placide Lefèvre, Philippe Godding et Françoise Godding-Ganshof, *Chartes du Chapitre de Sainte-Gudule à Bruxelles, 1047-1300*, Louvain-la-Neuve–Bruxelles, coédition Collège Érasme-Nauwelaerts, 1993, p. 277, n° 390.

qu'ils en détenaient la propriété utile[49], par opposition au bailleur, détenteur de la propriété éminente, mais ne pouvant plus prétendre qu'à la seule perception du cens et de quelques autres droits occasionnels[50]. Dans ce même système juridique, la maison qu'avait pu construire le tenancier sur sa tenure n'intégrait pas automatiquement le domaine allodial du détenteur éminent du fond (comme le prévoit le principe de droit romain instituant que le « bâtiment échoit au sol », *superficies solo cedit*), mais restait dans son domaine allodial propre – lui et ses ayants droit étaient les détenteurs éminents de leur construction qu'il pouvait éventuellement bailler à cens à des tiers, voire emporter avec eux s'ils décidaient de quitter la tenure. Dans ce contexte, l'acte de 1295 devient éclairant : il est issu d'un ré-accensement négocié entre Jean *Gladiator* (alleutier du fond) et Jean *Helmmakere* (son tenancier, mais alleutier de sa maison), probablement avec diminution du montant du cens en contrepartie pour ce dernier d'accepter les poutres de la future maison en pan de bois d'un autre tenancier de *Gladiator* qui souhaite s'installer sur une parcelle contiguë.

De ce processus d'accolement, ici à ce point problématique qu'il nécessite une renégociation du contrat et la rédaction d'un nouvel acte juridique, émerge aussi la question inverse : que se passait-il lorsqu'un tenancier quittait sa tenure et emportait avec lui son « bois » ? La question n'est nullement hypothétique. Notre second acte, daté de 1305, l'évoque explicitement, lorsque Godefroid van den Staken, seigneur foncier, donne à cens à Nicolas Crumphals un terrain dans le quartier de La Chapelle, parcelle dite comme ayant été « dé-charpentée[51] ».

D'un point de vue constructif, l'absence d'une structure portante et indépendante rend ces accolements et dés-accolements très délicats, puisqu'il faut, dans le premier cas, trouver dans la maison préexistante des appuis capables de supporter les nouvelles poutres, réaliser de

---

49 Sur les formes hiérarchisées et segmentées de la propriété foncière durant l'Ancien Régime, voir l'exposé préliminaire d'Hélène Noizet, « Histoire urbaine, histoire de la construction : la parcelle comme chaînon manquant ? », à paraître.

50 Des droits de mutation (entre vifs ou après décès), voire de saisine si le tenancier déguerpissait.

51 ACPASB, B 871, f° 2v° (1305) : *Nicholaus dictus Crumphals de Capella promisit dare Godefrido van den Staken annuatim hereditarie in perpetuum semper ad Natele domini viginti octo solidos monete usualis communiter pro tempore in bursa currentis. Et proinde obligauit ei titulo iusti pignoris quoddam domistadium situm apud Capellam supra Altam stratam, iuxta Ydam dictam Pottine (…) quod domistadium decarpentatum est.*

nouveaux assemblages et donc entamer les poutres latérales du voisin (perte de matière ligneuse); dans le second cas, procéder à un démontage minutieux et prudent, voire éventuellement renforcer la structure demeurante, pour ne pas mettre en danger sa stabilité. Au-delà de la question constructive, se pose également la question de l'entretien de ces parois en pan de bois, devenues solidaires les unes des autres par la force des choses. Tout changement en un point pouvait se répercuter à l'ensemble d'une manière sans commune mesure avec un équivalent maçonné. Éventuellement, il est possible que les deux parois latérales soient restées indépendantes l'une de l'autre en s'accolant simplement (cela semble le cas des maisons-cages de Liège et dans certaines villes allemandes, d'après David Houbrecht[52]), mais la question demeure de savoir ce qu'il advenait lorsqu'un pan de bois s'affaiblissait et déversait sur son voisin, exerçant alors une poussée et des désordres préjudiciables?[53] Dans tous les cas, l'accès aux structures ne pouvait plus être effectué que depuis l'intérieur des édifices, avec toutes les contraintes engendrées par d'éventuels remplacements de pièces encombrantes.

L'érection d'une structure latérale en pierre ou brique a donc pu constituer en la matière une solution constructive facilitant les rapports entre habitants, permettant de disposer de part et d'autre d'une paroi plane, continue, d'une épaisseur relativement confortable (oscillant entre un pied et un pied et demi – entre 27,5 cm et 42 cm – en fonction des cas) et dont les emprises-déprises se réparaient facilement[54]. Plus ou moins à la même période, les actes fonciers concernant les quartiers centraux de la Grand-Place montrent à l'œuvre les modalités de mise

---

52   Les modalités d'accolement et de mitoyenneté des maisons-cages urbaines en pan de bois sont généralement peu questionnées dans les recherches archéologiques. Pour David Houbrechts, *Le logis en pan-de-bois dans les villes du bassin de la Meuse moyenne (1450-1650)*, Liège, Commission royale des monuments, sites et fouilles, 2008, p. 52, la mitoyenneté des deux parois mises l'une contre l'autre est de mise à Liège dès le début du XIVe siècle.

53   Jean-Pierre Leguay évoque cette question : « une maison à pans de bois et à hourdis, mal étayée, manque d'aplomb, a tendance à s'incliner sur sa voisine au risque de compromettre l'équilibre général. Il n'est pas rare, même dans les quartiers les plus fréquentés, que des effondrements se produisent au grand dam des voisins. » *Vivre en ville au Moyen Âge*, Luçon, Gisserot, 2006, p. 188.

54   Philippe Sosnowska, « *C'est au pied du mur qu'on voit le maçon… Savoir-faire et mise en œuvre des maçonneries à Bruxelles du XVe au XVIIIe siècle au travers d'une approche des formats de briques, des épaisseurs de murs et de l'appareillage* », in François Fleury, Laurent Baridon, Antonella Mastrorilli, Rémy Mouterde et Nicolas Reveyron, éd., *Les temps de la construction – Processus, acteurs, matériaux, actes du Deuxième Congrès francophone d'Histoire de la Construction*, Paris, Picard, 2016, p. 803-814.

en commun de tels murs, voire leur construction d'un commun accord entre deux riverains. En 1258, Amauri, fils de feu Léon, et Henri, prêtre d'Essene, dont les maisons étaient voisines, mais ne se touchaient pas, s'accordent sur l'usage partagé du mur appartenant à Henri. Amauri s'engage à entretenir la gouttière qui le surmontait (en sus d'une redevance annuelle), en échange de quoi Henri l'autorise à placer dans son mur ses poutres et que de la sorte leurs maisons deviennent jointives[55]. En 1300, à deux pas de la Grand-Place, Henri Capuyn et Henri de Jette s'accordent pour construire à frais communs un mur en pierre entre leurs deux maisons, précisant qu'ainsi chacun pourra de son côté y faire entrer ses poutres pour sa charpente, sans toutefois abîmer le mur[56]. Ce genre d'actes touchant à des accords de mitoyenneté entre voisins sont signalés dans les quartiers périphériques (aux marges de la première enceinte ou en dehors), un siècle plus tard[57].

Ces points importants étant dits, il convient d'emblée de signaler qu'une solution alternative s'offrait aux habitants. Il est en effet parfois attesté à Bruxelles l'existence entre les parcelles et les maisons d'espaces réservés, non bâtis. Ces intervalles sont appelés diversement dans les textes : des *pecie terre* (morceaux de terrain)[58], parfois des *wegen* (chemins)[59] ou encore, vers la fin du Moyen Âge, des *zoeden* (lieux où va l'eau, caniveaux[60])[61].

---

55 AEB, Archives Ecclésiastiques (AE), n° 6457, f° 54 (24 juin 1258) : *Amelricus quondam filius Leonii promisit domino Henrico presbitero de Eschen gotam inter domum ipsius Amelrici et domum dicti presbyteri positam in custu suo inperpetuum firmam tenere. Et quod idem dominus Henricus promisit ut dictus Amelricus trabes suos poneret super murum vel in muro ipsius Henrici et domum suam undique cum domo ipsius Amelrici undique attingeret operando.*

56 Placide Lefèvre, Philippe Godding et Françoise Godding-Ganshof, *Chartes…, op. cit.*, p. 322, n° 479 (7 avril 1300) : *quod inter Henricum Capuyn et Henricum de Jette manentem prope macellum est taliter ordinatum quod predicti Henricus et Henricus inter domos eorum facient murum sive parietem lapideam in communibus custibus eorum. Et quilibet eorum in suo latere potest intrare dictum murum seu parietem lapideam, non depeiorando murum cum eorum carpentatura.*

57 Les plus anciens exemples retrouvés : AEB, GSB, n° 1450 (17 mai 1376) dans le quartier du *Coudenberg*, rue de la Lanterne ; AEB, GSB, n° 1450 (9 septembre 1381) dans le quartier Sainte-Gudule, rue de la Montagne ; AEB, GSB, n° 1451 (15 avril 1385) dans le quartier du *Coudenberg*, rue de la Warande.

58 AEBF, AE 6457, f° 55v (7 avril 1270).

59 Philippe Godding, « Actes relatifs au droit régissant la propriété foncière à Bruxelles au Moyen Âge », *Bulletin de la Commission royale des Anciennes Lois et Ordonnances de Belgique*, n° 17 (2), 1951, p. 156-157, n° 44 (3 août 1340).

60 Jacob Verdam, *Middelnederlandsche handwoordenboek*, La Haye, Martinus Nijhoff, 1932, p. 554, *sub verbo* « zoe ».

61 Jean Mosselmans, Philippe Godding et Michel de Waha, *Statuyt vanden Meerers van de Stadt Brussel. Statut des emborneurs de la Ville de Bruxelles (2 décembre 1451)*, Bruxelles,

S'apparentant sur le principe à l'*ambitus* romain[62], ces espaces, souvent de largeur (devenue de plus en plus) étroite, empêchaient en pratique les maisons de s'accoter. Dans les actes fonciers, ils sont principalement mentionnés dans leur dimension fonctionnelle dominante, celle liée à l'écoulement des eaux. Ceci au point qu'en 1451, dans une importante ordonnance communale (sur laquelle nous reviendrons plus loin), ces espaces étroits apparaissent le plus souvent comme devenus communs aux deux riverains (*gemeynen zoeden*), réceptionnant les eaux de pluie des toitures et servant parfois à l'évacuation des eaux usées domestiques. Leur entretien (avec ou sans la présence d'une gouttière haute réceptionnant les eaux) et leur nettoyage périodique se faisaient à parts égales[63]. Sans que l'on sache précisément comment et pourquoi ces espaces se sont formés, il est permis de croire qu'ils ont pu constituer une alternative au mur commun en pierre et/ou en brique et offrir, au moins en partie, une solution pour l'épanouissement des pans de bois sans les inconvénients évoqués plus haut[64]. L'article 23 de l'ordonnance le suggère peut-être indirectement : « Si l'espace entre les deux maisons est pavé ou garni d'un caniveau, les deux voisins concernés doivent le réparer en cas de besoin. Si l'espace est étroit au point qu'on ne peut y pénétrer, chacun devra faire alternativement des ouvertures dans son mur ou sa paroi (*mueren oft wande*) pour y accéder, puis les refermer, le tout à frais communs ». Théoriquement, de telles ouvertures étaient évidemment plus simples à réaliser dans une paroi avec ossature en pan de bois (sens qu'on pourrait attribuer à *wande*) que dans un mur maçonné (*muer*), ce qui n'empêche pas l'ordonnance de prévoir les deux éventualités.

LE XVe SIÈCLE : UNE DIFFUSION DES MURS MITOYENS ?

Sur la base des éléments précédemment développés, il est possible d'appréhender les sources normatives en tentant de les lire dans leur

---

Union des Géomètres-Experts Immobiliers de Bruxelles, 2001, p. 30 (art. 6), p. 40-42 (art. 22-23-24).

62 Gérard Chouquer, *Dictionnaire du Droit Agraire Antique et Altomédiéval (DDAAA). Termes et expressions de la territorialité, de la domanialité, de la propriété, de l'arpentage, du recensement et de la fiscalité foncière dans les sociétés antiques et altomédiévales (IVe s. av. – X^e s apr. J.-C.)*, Paris, Publi-Topex, 2020, p. 87.

63 Jean Mosselmans, Philippe Godding et Michel de Waha, *Statuyt…, op. cit.*, p. 40-41.

64 C'est ce que suggérait déjà en son temps : Guillaume Des Marez (†), *Le développement territorial de Bruxelles au Moyen Âge*, Bruxelles, Falk, 1935, p. 45, 70-71.

dimension pratique. Deux ordonnances élaborées et édictées dans le courant du XVe siècle font montre d'une dynamique de l'habitat en cours à Bruxelles. Derrière leur propos généralisant, applicable théoriquement à l'ensemble du territoire urbain, il est possible de discerner le contexte dans lequel les autorités communales ont fondé leurs décisions.

La première ordonnance que nous examinons, promulguée en juin 1422, porte un règlement sur la fabrication et la commercialisation des briques à Bruxelles[65]. Le contexte de sa promulgation est important, l'année 1422 n'étant pas un hasard. Le gouvernement communal, longtemps tenu exclusivement par une oligarchie échevinale constituée des principales familles marchandes de la ville et qui habitaient des complexes architecturaux de type monumental, est l'objet d'une réforme de grande ampleur le 11 février 1421 (ce que certains historiens de Bruxelles ont appelé la « Révolution des Métiers »). Dorénavant, le gouvernement est réinstitué sous la forme d'une structure collégiale, dénommée « la Loi » (de Wet) et partageant le pouvoir entre l'ancienne oligarchie échevinale et les représentants des milieux artisanaux et des groupes sociaux intermédiaires[66]. Dans ce contexte, le fait que cette ordonnance – l'une des toutes premières portant sur un aspect constructif – touche à la brique est interpellant. Elle remplace une ordonnance antérieure (juin 1384) dont la teneur était très limitée, abordant uniquement la question de la dimension des modules qui devait correspondre à un étalon en fer exposé à la communauté, à l'exclusion de toute considération de prix[67]. La nouvelle réglementation établissait des standards de qualité (art. 1-3), fixait un prix maximum selon ces standards, garantis sous le contrôle de fonctionnaires communaux, les waerdeerderen, littéralement les « priseurs » (art. 4-6), et interdisait la constitution de stocks, contrecarrant de la sorte les pratiques spéculatives (art. 7). En soi, ce type de règlement communal n'a rien d'étonnant. Il en existe des dizaines dans les corpus statutaires pour tous les produits de marché jugés importants. Leur objectif commun – bien connu – est de sécuriser l'approvisionnement. Néanmoins, le contexte chronologique et social est à remarquer : ce

---

65   AVB, Archives Historiques (AH), cartulaire n° 9, f° 10-10v°.

66   Mina Martens, *Histoire de la ville de Bruxelles*, Toulouse, Privat, 2016, p. 143-146.

67   AVB, AH, cartulaire n° 9, f° 131v°-132 v° : *Item soe wie voirtane quarelen maken wilt ende vercoepen inder vryheit van Bruessel dat hij sal hebbe, goede volcomen vormen na de groette van eenen yserne maten die de Stad dair af heeft.* Commentaire dans Guillaume Des Marez, *L'organisation du travail à Bruxelles au XVe siècle*, Bruxelles, 1904, p. 372.

véritable cahier des charges est décidé rapidement après l'institution d'un gouvernement représentant une part élargie de la population. Il vise intrinsèquement à une démocratisation du matériau et à sa diffusion au sein de la ville. Deux autres ordonnances réglementant le prix des briques sont encore promulguées en 1443 et en 1487[68], tandis qu'un compte réalisé vers 1433 montre les autorités communales procéder à un test de production d'une fournée de briques[69]. Ces documents indiquent toute l'importance stratégique que le produit brique avait alors acquise aux yeux des autorités.

Cette dynamique de l'habitat se traduit aussi matériellement. Les nombreuses fouilles archéologiques menées dans l'espace de la première enceinte et sur quelques maisons comprises entre les deux enceintes témoignent d'une dynamique constructive qui fait appel massivement à la brique durant le XVe siècle. Pour certains sites, cette tendance confirmée par des datations C14. Les exemples de la place Fontainas, des rues des Dominicains 24, de l'Escalier 36, de la Petite rue des Bouchers 21, de la Tête d'Or 9-10 et Ravenstein 1 témoignent du développement de cette pratique constructive qui donne à la brique une place prépondérante au sein de la construction. Néanmoins, on ne relève pas, à première vue, d'importantes différences entre les murs exécutés au XIVe siècle et ceux au XVe siècle, à l'exception des formats de brique utilisés qui apparaissent plus diversifiés au XIVe qu'au XVe siècle, moment où les dimensions sont globalement équivalentes au pied bruxellois (27,57 cm) (ce qui demeurera la norme jusqu'au milieu du XVIIIe siècle). L'uniformisation de ce format résulte, comme nous l'avons déjà indiqué, d'une volonté de la Ville de contrôler et de garantir la qualité du produit fini[70]. Les appareillages mis en œuvre sont le plus souvent réguliers. En fonction des épaisseurs de murs, l'appareil pourra cependant varier. L'appareillage croisé apparait comme le type le plus ancien retrouvé. Il est utilisé pour des murs d'une épaisseur d'une à une brique et demie ; alors que l'appareillage flamand et l'appareillage en chaîne ne se rencontrent jusqu'à présent que pour des murs d'une seule brique. On soulignera dans l'ensemble la qualité des briques produites. Seule exception à ce tableau, les briques

68   AVB, AH, cartulaire n°9, f°9r° et v° (1443) et f°12r° et v° (8 mars 1487).
69   AVB, AH, cartulaire n°9, f°8v° -9 (vers 1433).
70   Eric Goemare, Philippe Sosnowska, Marc Golitko, Thomas Goovaerts et Thierry Leduc, « Archaeometric and archaeological characterization… », *op. cit.*

utilisées pour la construction des murs mitoyens rue de Flandre 180, qui montrent un usage important d'éléments fragmentaires souvent proches du briquaillon. Ces exemples soulèvent la question de l'emploi des rebuts de cuisson qui ont pu être utilisés pour la construction des maisons et ainsi favoriser la diffusion et l'adoption de ce matériau.

Sur le terrain urbanistique, la dynamique se manifeste une trentaine d'années plus tard, en 1451, lorsque le pouvoir communal dote le service d'arpenteurs qu'elle appointe, appelés les emborneurs-jurés (*gezworenen meerers*), d'un nouveau règlement de travail et de gestion des propriétés urbaines, sur la base de leur expertise et expérience de terrain. L'ordonnance du 2 décembre 1451 codifie en effet par écrit un ensemble de règles coutumières régissant les rapports entre voisins au sujet des différentes composantes de l'espace civil (maisons, parcelles, puits, infrastructures diverses)[71]. Composé de 53 articles (dont les trois dernières constituent le statut du métier des emborneurs), ce « document procédant de la pratique, construit sur la réalité bruxelloise du XVᵉ siècle » (pour reprendre la formule de Michel de Waha)[72] est la première codification du genre dans les Pays-Bas méridionaux – dont le formulaire servira d'ailleurs de modèle ultérieurement pour d'autres villes. C'est bien que Bruxelles connût alors un processus de transformation de ses paysages qui battait son plein.

La teneur du texte couvre un large spectre problématique, mais dont près d'un quart des articles (13 au total) touchent directement à la mitoyenneté et montrent sans discussion l'acuité du problème[73]. Parmi les plus édifiants, citons dans l'ordre original du texte les suivants :

> 3. Lorsque quelqu'un autorise son voisin à faire une emprise dans son mur, cloison ou façade, cet accord liera ses ayants droit, même si l'une des parties avait empiété au-delà de sa limite.

> 5. En cas d'emprise faite avec l'accord du voisin, celui qui en a bénéficié sera tenu de participer avec celui-ci à frais communs à l'entretien du mur, paroi ou façade, aussi loin et aussi haut qu'il l'utilise, mais pas au-delà.

---

71 Jean Mosselmans, Philippe Godding et Michel de Waha, *Statuyt...*, *op. cit.*

72 Pour son interprétation, voir Michel de Waha, « L'ordonnance de 1451 et le paysage bruxellois. Première esquisse », *in* Jean Mosselmans, Philippe Godding et Michel de Waha, *Statuyt...*, *op. cit.*, p. 59-77.

73 Pour une situation similaire, voir l'enquête éclairante réalisée sur Paris : Yvonne-Hélène Le Maresquier-Kesteloot, « Le voisinage dans l'espace parisien à la fin du Moyen Âge : bilan d'une enquête », *Revue historique*, n° 298, 1998, p. 47-70.

10. Au cas où il existe un mur entre deux parcelles et que l'un des voisins y a fait une emprise ou s'y est appuyé et que du côté de l'autre voisin le mur présente des fenêtres rebouchées, des ancres ou des encadrements de portes, aménagés lors de la construction du mur, celui-ci est réputé mitoyen à défaut de titres ou d'autres preuves du contraire.

13. Si quelqu'un construit sur le mur commun [ndr : s'il l'exhausse], il doit recueillir l'écoulement des eaux dans une gouttière afin qu'elle ne tombe pas chez le voisin contre son gré. Si par après, ce dernier veut incorporer à son tour le mur commun [ndr : qui a été exhaussé] dans sa construction jusqu'à même hauteur que celle qu'atteint la construction de l'autre partie, il pourra poser ses chevrons sur les sablières déjà posées par son voisin. Ces sablières deviendront communes, tout comme le mur. Celui qui aura construit en dernier lieu devra faire placer sur ce mur à ses propres frais une gouttière en plomb de largeur convenable […].

14. Lorsque quelqu'un veut exhausser le mur commun en construisant plus haut que son voisin, les frais de l'exhaussement sont à sa charge. Il devra raccourcir les chevrons de son voisin et les faire reposer sur une lambourde appuyée sur des corbeaux enchâssés dans le mur commun ; il devra en outre déplacer la gouttière ainsi qu'il a été stipulé précédemment […].

15. Au cas où la cloison ou le mur mitoyen n'est plus d'aplomb ou se délabre, les deux parties le feront réparer à frais communs et le redresseront autant que de besoin. Si l'une d'elles veut remplacer une cloison en bois par un mur en pierre, l'autre n'est pas tenue d'y contribuer ; la première peut exécuter le travail à ses frais et à l'endroit précis où se trouvait la cloison. […] dans tous les cas, le mur demeurera mitoyen.

16. Lorsqu'une des parties veut remplacer une simple paroi en bois par un mur en pierre, l'autre pourra, de son côté, y fixer à ses frais, cheminées, placards et autres ouvrages ; elle pourra de même y fixer les ancrages, poutres et ferrures qui lui seraient nécessaires.

21. S'il apparaît de lettres échevinales qu'un mur, cloison ou pignon entre deux héritages appartient pour moitié aux deux voisins, chacun d'entre eux pourra l'utiliser jusqu'à la moitié de son épaisseur, mais pas au-delà. Il ne pourra démolir la moitié qui lui appartient ou y faire quoi que ce soit qui puisse endommager l'autre moitié sans l'accord de son voisin.

Ces quelques passages suffisent à démontrer le caractère pratique de l'ordonnance, qu'on ne peut taxer ici de doctrinaire. Nourrie de la réalité du terrain telle que la connaissaient les emborneurs-jurés bruxellois, elle découle du constat par les principaux opérateurs de terrain d'une situation de densification qu'il fallait encadrer. Aussi, les articles visent-ils à favoriser les emprises, à organiser la communauté de certains murs et à permettre d'initiative aux habitants les plus dynamiques et les plus fortunés de « pétrifier » une paroi séparative, sans blocage possible pour l'autre partie qui, au contraire, pouvait ensuite profiter de l'amélioration.

La question demeure de savoir où ces dynamiques étaient à l'œuvre. Ces deux textes en effet ne disent rien de la géographie urbaine. Ils s'appliquent indistinctement à l'ensemble du territoire de la ville. La chrono-topographie entraperçue précédemment laisse néanmoins penser, à titre d'hypothèse, qu'ils ont pu être élaborés davantage pour les quartiers périphériques que pour la zone marchande centrale où nous avons vu plus tôt se poser la question de l'accolement des maisons et du développement de murs en briques.

Ces données montrent de la sorte comment le choix des matériaux et la « pétrification » de certains points des bâtiments ont pu suivre des chemins sinueux, comment l'initiative individuelle, localisée, plus qu'un grand bouleversement, a permis la cohabitation complexe d'architectures différentes… ce qui apparaît encore aujourd'hui pour nous si difficile d'appréhender finement. La répétition (*grosso modo*) de l'ordonnance de 1451 en 1657 montre un processus progressif et localisé, dont la compréhension reste encore à parfaire[74].

CONCLUSION ET PERSPECTIVES

En 1444, les autorités communales s'engagent dans un vaste projet de réalignement et d'embellissement du front oriental de la Grand-Place. Le projet, mené de concert avec les corporations qui, pour la plupart, venaient à peine d'acquérir leur maison sur l'esplanade du marché[75], entraina la reconstruction partielle, en brique, de l'ensemble de ces bâtiments et l'édification en pierre à front du marché de nouvelles

---

74 Union des Géomètres de Bruxelles, *Coutume de Bruxelles. Statut du bornage, suivi du statut des partageurs jurés*, Bruxelles, Bruylant, 1883.

75 Clair Dickstein-Bernard, « Comment et pourquoi, en investissant la Grand-Place à partir de 1421, les Nations de Bruxelles ont été à l'origine du joyau architectural que nous connaissons aujourd'hui », *Revue belge d'Archéologie et d'Histoire de l'Art*, n° 86, 2017, p. 7-30.

façades au vocabulaire du temps et selon un programme homogène[76]. Cet exemple montre à merveille la volonté des autorités de moderniser la cité (du moins en certains lieux éminemment symboliques). Mais il va toutefois sans dire que ce mouvement n'est nullement représentatif, qu'il ne fut pas toujours et partout suivi par les habitants et que ceux-ci, dans toute leur diversité, restèrent attachés (par nécessité, envie ou autre), à diverses formes d'architecture, de la maison-cage en pan de bois à la maison en « dur » en passant par toutes les gammes intermédiaires.

Chercher à appréhender le choix des matériaux en contexte urbain est une question plus que difficile. Pour les anciens Pays-Bas (mais aussi sans doute ailleurs), la difficulté est d'abord d'ordre historiographique. La vision traditionnelle est encore trop répandue et l'archéologie urbaine (bruxelloise en particulier) peine à en dépasser les acquis. La question est encore trop peu souvent intégrée aux problématiques de fouilles. Il demeure souvent délicat de déterminer avec précision la datation des habitations étudiées (typochronologie à fourchette large ; datations absolues pas toujours opérationnelles). On relèvera aussi que malgré l'augmentation du nombre de fouilles ces dix dernières années, le corpus daté avec précision des XIIIe, XIVe et XVe siècles est encore trop restreint. À Bruxelles, l'intervention est quasi systématiquement exécutée sans sondages ou fouilles extensives du sous-sol, dans une pratique préventive (sans possibilité de programme). Cette dernière, par sa nature, mais également par le programme établi et les objectifs qui sont fixés, limite encore trop souvent l'accès à l'information.

La difficulté de caractériser socialement les habitants des nombreux sites étudiés demeure également. La mobilisation des textes et leur lecture dans une optique archéologique sont un complément indispensable, encore que l'imprécision voire le laconisme de certaines descriptions ne facilite guère la tâche. Le regard croisé que nous avons tenté ici, dans un premier essai de synthèse, permet néanmoins de montrer que la situation fut bien plus complexe et diverse que ne le laissent penser le rythme des ordonnances et l'histoire stylistique de l'architecture.

Il nous faut et de manière indispensable : poursuivre les études de cas et travailler conjointement sur des sites localisés, à l'échelle de la

---

76   Claire Dickstein-Bernard, « La maison édifiée en 1441 sur la Grand-Place de Bruxelles par le métier des charpentiers, élément d'un ensemble architectural de six maisons en pierre conçu par la ville », *Revue belge d'Archéologie et d'Histoire de l'art*, n° 77, 2008, p. 3-26.

maison/parcelle, voire d'un tronçon de rue (étude régressive des maisons existantes – méthodologie dite *huizenonderzoek*) ; poursuivre les dépouillements des actes de la pratique au-delà de 1450 et re-contextualiser « à ras du sol » les ordonnances d'Ancien Régime ; enfin, explorer plus avant la question du prix des matériaux (bois, brique, pierre, chaux, et cela dans tout l'éventail des qualités proposées par les producteurs) et du coût de leur entretien, afin de véritablement parvenir à une appréhension fine des réalités économiques auxquels était confronté le détenteur d'un bien. Cette contribution est un modeste pas dans cette direction.

Paulo CHARRUADAS
Centre de recherches en Archéologie
et Patrimoine de l'Université libre
de Bruxelles

Philippe SOSNOWSKA
Faculté d'Architecture de
l'Université de Liège

USAGES DE LA PIERRE À BÂTIR DANS LES CONSTRUCTIONS D'ORLÉANS AUX XIIe-XVIe SIÈCLES

INTRODUCTION

Établie sur la boucle septentrionale de la Loire, Orléans est un point de rupture de charge, à la croisée de circuits économiques répartis entre le Bassin parisien et les régions voisines (Bourgogne, Nivernais, Berry, Touraine, Anjou, *etc.*). Outre la présence de ressources naturelles locales exploitées pour la construction, sa place de port commercial constitue un atout majeur pour l'approvisionnement de matériaux au premier plan desquels se trouve la pierre à bâtir. Un éventail de solutions architecturales s'offre ainsi aux commanditaires, maîtres d'ouvrage et artisans, définies par des facteurs d'ordre économique (ressources disponibles, circuits d'approvisionnement), constructif (critères techniques liés à la taille et à la mise en œuvre) et esthétique. Les observations issues de l'étude des édifices situés à l'intérieur de la ville enclose croisées aux données textuelles rendent-elles compte de choix raisonnés dans l'usage de la pierre ? Peut-on alors mettre en évidence des corrélations entre les matériaux employés, leur mise en œuvre et les évolutions de la ville entre le XIIe et le XVIe siècle ?

Il convient ici d'évaluer l'importance accordée, dans l'économie des chantiers, à l'utilisation du matériau local, le calcaire de Beauce, exploité notamment sous forme de petites carrières souterraines présentes en ville, mais également de s'interroger sur les autres pratiques constructives, comme le remploi et la réutilisation de matériaux, ainsi que sur les raisons menant les constructeurs à recourir à des matériaux d'importation comme le calcaire jurassique du Nivernais et le tuffeau de la vallée du Cher (qualités mécaniques, coûts d'approvisionnement, modes architecturales).

La diversité des types de pierres disponibles amène également à poser la question d'une éventuelle uniformisation des pratiques constructives et, *a contrario*, celle de l'émergence possible de nouvelles formes architecturales. Enfin, il s'agit de voir si le choix des matériaux peut permettre d'appréhender les avantages et les inconvénients de la construction en maçonnerie de pierre par rapport à celle en brique ou au pan de bois, notamment dans le cadre de chantiers répondant à une opération d'urbanisme visant au développement de l'habitat à la fin du Moyen Âge.

Pour la période retenue, la ville est marquée par un premier élan constructif bénéficiant du développement des paroisses mené sous l'impulsion des évêques et des premiers rois capétiens, qui accordent une attention particulière à certains édifices (collégiale Saint-Aignan, cathédrale Sainte-Croix). Il se poursuit par une période faste jusqu'au XIIIe siècle marquée par le chantier de reconstruction du chœur de la cathédrale et l'implantation d'établissements d'ordres mendiants autour de la ville. Pour l'habitat urbain, le XIIIe siècle correspond à une période de densification du bâti, qui se développe sur un parcellaire progressivement mis en place au siècle précédent. Durant le premier tiers du XIVe siècle, Orléans figure parmi les 37 « grandes » villes du royaume[1], et devient en 1344 capitale d'un duché apanagé et, à partir de 1385, une « bonne ville de France » dotée de son administration municipale. Au lendemain des crises majeures de la guerre de Cent Ans et des épidémies, le phénomène de reprises économique et démographique permet à la population d'Orléans de se reconstituer, comme le suggère un état des feux de 1466 comptabilisant un peu moins de 2500 maisons[2]. Durant la première moitié du XVIe siècle, la ville s'inscrit parmi les quinze principales villes de France, avec une population estimée de 20 000 à 40 000 habitants[3]. Durant cette période, le renouvellement des édifices religieux, publics ou de l'habitat transforme la ville en un vaste chantier. Contrairement à d'autres villes ligériennes (Tours, Blois, Amboise par exemple)[4], le départ

1   Villes qui se caractérisent par la présence de trois à quatre couvents ; Bernard Chevalier, *Les bonnes villes de France du XIVe au XVIe siècle*, Paris, Aubier, 1982, p. 41.

2   Françoise Michaud-Fréjaville, « La poussée urbaine, 1460-1500 », in Jacques Debal, éd., *Histoire d'Orléans et de son terroir*, Roanne, Horvath, 1983, t. 1, p. 434.

3   D'après une taxe levée dans le royaume en 1538, Bernard Chevalier, *op. cit.*

4   Jean Guillaume, Bernard Toulier, « Tissu urbain et types de demeures. Le cas de Tours », *La maison de ville à la Renaissance. Recherche sur l'habitat urbain aux XVe et XVIe siècle*, Paris, Éditions Picard, 1983, p. 19 ; Alain Salamagne, « Tours, ville royale vers 1500 », dans Béatrice de Chancel-Bardelot, Pascale Charron, Pierre-Gilles Girault, Jean-Marie Guillouët,

de la cour du Val de Loire vers l'Île-de-France dans les années 1530 n'affecte pas le développement du renouveau architectural à Orléans, plus proche de Paris, qui se poursuit jusque dans les années 1560, époque marquée par les destructions dues aux guerres de Religion.

Durant les XIVe-XVIe siècles, certains faubourgs se retrouvent intégrés dans la ville par la construction de tronçons de fortifications maçonnées formant des accroissements de l'enceinte quadrangulaire datant de l'Antiquité tardive (25 ha ; Fig. 1). Autour de 1300, une première « accrue » est édifiée pour protéger un quartier à vocation essentiellement artisanale à l'ouest de la ville (bourg d'Avenum). Plus tardivement, entre 1466 et environ 1480, une deuxième « accrue », dite de Saint-Aignan, est érigée à l'est pour circonscrire l'ancien faubourg Bourgogne, la collégiale royale de Saint-Aignan et l'abbaye de Saint-Euverte. Enfin, une dernière enceinte, dont les travaux débutent en 1486-1488 et s'achèvent au milieu du siècle suivant, permet de doubler la superficie de la ville en englobant de nouveaux quartiers situés à l'ouest et au nord. La surface totale enclose s'étend alors sur 130 ha et se divise en 27 paroisses.

Les constructions prises en compte ici relèvent de catégories et de statuts divers (Fig. 2). Il s'agit d'habitations (de la maison modeste à l'hôtel particulier), d'églises, de bâtiments publics comme les enceintes urbaines, l'hôtel de ville (hôtel des Créneaux) ou de certains aménagements portuaires (quais), etc. (Fig. 3 ; Fig. 4). Les informations relatives à ces constructions sont issues de fouilles archéologiques urbaines menées depuis la fin des années 1970, d'études de bâti conduites depuis les années 2000, d'observations architecturales menées dans un cadre universitaire[5]. Les cavités situées sous ces édifices sont également considérées puisqu'elles font l'objet d'un inventaire et d'études depuis les années 2000, travaux qui ont été prolongés à partir de 2014 par un programme de recherche dédié à ces espaces souterrains (Fig. 1)[6]. Les datations de

---

Tours 1500, Capitale des arts, Tours/Paris, Somogy éditions d'art / musée des Beaux-Arts, 2012, p. 112 ; Annie Cospérec, Blois. La forme d'une ville, Paris, Imprimerie nationale Éditions / Inventaire général, 1994, p. 191-192 ; Lucie Gaugain, Amboise. Un château dans la ville, Rennes/Tours, PUR/PUFR, 2014, p. 327-328.

5   Les aspects méthodologiques sont exposés dans : Clément Alix, « Intervenir sur du bâti urbain domestique : les maisons d'Orléans », in Christian Sapin, Sébastien Bully, Fabrice Henrion, éd., Archéologie du bâti Aujourd'hui et demain, Auxerre 10-12 octobre 2019, à paraître en ligne aux Hors-Série du Bucema.

6   Appel à Projet d'Intérêt régional intitulé SICAVOR (Système d'Information sur les Caves d'Orléans), lui-même prolongé par une Prospection Thématique (SRA, DRAC

certains bâtiments s'appuient sur des analyses radiocarbones, la thermoluminescence et surtout la dendrochronologie[7], qui ont aussi permis de dater, par comparaisons architecturales et techniques notamment, d'autres édifices.

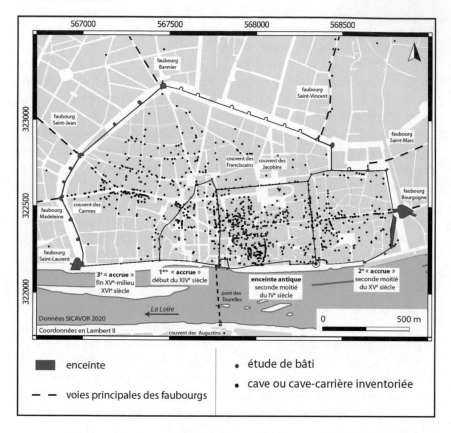

FIG. 1 – Orléans, localisation des études archéologiques sur du bâti et des cavités (caves, carrières) inventoriées par rapport aux enceintes urbaines successives.
DAO : Clément Alix, Pôle d'archéologie de la Ville d'Orléans, Daniel Morleghem.

Centre – Val de Loire).

7   Référentiel de 105 édifices, dont une centaine de maisons parmi lesquelles 81 sont dotées d'une façade en pan de bois. Les dates suivies de la lettre « d » correspondent à des datations dendrochronologiques.

FIG. 2 – *Tableau dit des Échevins*, Orléans, milieu du XVIᵉ siècle (Hôtel Cabu, musée d'Histoire et d'Archéologie d'Orléans, inv. A 6924, photographie : François Lauginie). Vue depuis la rive sud montrant les habitations couvertes de tuiles et d'ardoises, ainsi que les autres bâtiments de la ville (pont, quais, ports, enceinte urbaine, château, églises, beffroi de l'hôtel de ville, *etc.*).

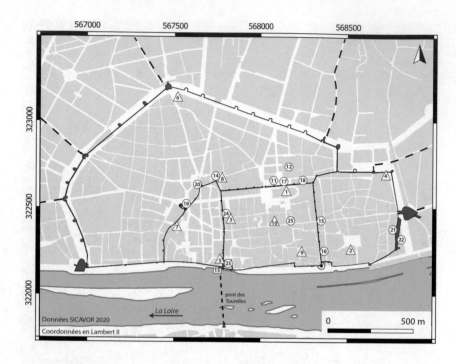

△ Églises et chapelles

    1 - Sainte-Croix, église cathédrale
    2 - Saint-Aignan, église collégiale
    3 - Sainte-Catherine, église paroissiale
    4 - Saint-Euverte, église abbatiale
    5 - Saint-Jacques, chapelle
    6 - Saint-Paterne, église paroissiale (détruite)
    7 - Saint-Paul, église paroissiale
    8 - Saint-Pierre-du-Martroi, église paroissiale
    9 - Saint-Pierre-le-Puellier, église collégiale
    10 - Saint-Sauveur, chapelle

◯ Autres édifices religieux

    11 - hôtel-Dieu (détruit)
    12 - Grand Cimetière (Campo Santo)

▢ Château

    13 - tour de flanquement du château (Châtelet),
    n° 9 rue au Lin

◯ Architecture publique

Edifices défensifs et militaires

    14 - tour de flanquement dite du Heaume, 1ère « accrue » de
    l'enceinte urbaine
    15 - tour nord de la porte Bourgogne, enceinte urbaine
    16 - tour de flanquement, dite Tour-Blanche, enceinte urbaine
    17 - tour de flanquement, dite de Sainte-Croix, enceinte urbaine
    18 - tour de flanquement dite du Plaidoyer-l'Eveque, enceinte
    urbaine
    19 - pont-levis de la porte Renard, 1ère « accrue » de l'enceinte
    urbaine
    20 - pont-levis de la porte Bannier, 1ère « accrue » de l'enceinte
    urbaine
    21 - tour de flanquement dite de l'Etoile, 2e « accrue » de
    l'enceinte urbaine
    22 - terrasse d'artillerie de la Motte-Sanguin, 2e « accrue » de
    l'enceinte urbaine

Autres constructions publiques

    23 - pont et quai sur la Loire
    24 - Hôtel des Créneaux (maison, puis hôtel de ville et beffroi)
    25 - bibliothèque universitaire (Salle des Thèses)

Fig. 3 – Orléans, localisation des sites mentionnés dans l'article :
édifices religieux et publics. DAO : Clément Alix,
Pôle d'archéologie de la Ville d'Orléans, Daniel Morleghem.

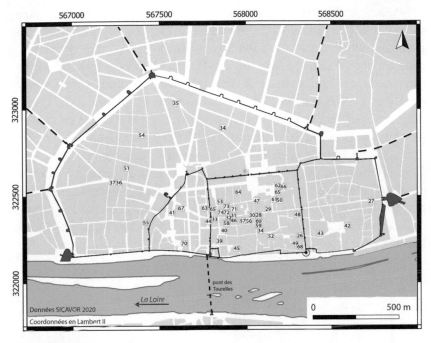

☐ **Habitations**

26 - Africains, rue des, n° 3
27 - Bourgogne, rue de, n° 3
28 - Bourgogne, rue de, n° 203-205
29 - Bourgogne, rue de, n° 206 / rue du Boeuf-Sainte-Croix
30 - Bourgogne, rue de, n° 211, hôtel d'Hector de Sanxerre
31 - Bourgogne, rue de, n° 247 / rue de l'Empereur
32 - Bourgogne, rue de, n° 251
33 - Bourgogne, rue de, n° 289
34 - Bretonnerie, rue de la, maison du Grand-Jardin (détruite)
35 - Bretonnerie, rue de la, n° 55
36 - Carmes, rue des, n° 67
37 - Carmes, rue des, n° 69
38 - Charpenterie, rue de la, n° 34
39 - Châtelet, place du, n° 4, maison de l'Ours
40 - Châtelet, place du, n° 20
41 - Cheval-Rouge, rue du, maison du Doreur (détruite)
42 - Cloître Saint-Aignan, n° 10, demeure du roi Louis XI
43 - Coligny, rue, n° 2 ter
44 - Ducerceau, rue, n° 6
45 - Empereur, rue de l', n° 3
46 - Empereur, rue de l', n° 37
47 - Etienne-Dolet, rue, n° 11, hôtel de Marie Brachet
48 - Fauconnerie, rue de la, n° 1
49 - Folie, rue de la, maison de la Folie (détruite)
50 - Gobelets, rue des, n° 8

51 - Grands-Champs, rue des, n° 11
52 - Guillaume, rue n° 1 / rue des Bouchers
53 - Louis-Roguet, rue n° 24
54 - Lionne, rue de la, n° 33
55 - Notre-Dame-de-Recouvrance, rue, n° 26
      hôtel de Guillaume Toutin
56 - Poirier, rue du, n° 8
57 - Poirier, rue du, n° 14
58 - Poirier, rue du, n° 36
59 - Poterne, rue de la, n° 26 ter
60 - Poterne, rue de la, n° 28
61 - Pothier, rue, n° 4 bis / rue des Gobelets, n° 9
62 - Robert-de-Courtenay, rue, n° 2, maison canoniale
63 - Sainte-Catherine, rue, maison du Cheval-Blanc (détruite)
64 - Saint-Eloi, rue, n° 7
65 - Saint-Etienne, rue, n° 21 / place du Cardinal-Touchet, maison
66 - Saint-Etienne, rue, n° 24, maison canoniale
67 - Tabour, rue du, n° 11, hôtel d'Euverte Hatte
68 - Tanneurs, rue des, n° 6
69 - Trois-Clefs, rue des, n° 15
70 - Trois-Maillets, rue des, n° 4
71 - Trois-Maries, rue des, n° 1
72 - Trois-Maries, rue des, n° 9
73 - Trois-Maries, rue des, n° 14
74 - Trois-Maries, rue des, n° 19

Fig. 4 – Orléans, localisation des sites mentionnés dans l'article : habitations.
DAO : Clément Alix, Pôle d'archéologie de la Ville d'Orléans, Daniel Morleghem.

Malgré la disparition d'une part importante des archives départementales lors de l'incendie de juin 1940, un *corpus* composé de 315 mentions textuelles relatives aux matériaux lithiques mis en œuvre dans les
constructions d'Orléans a été constitué depuis le début des années 2000,
qui couvre, en l'état actuel de la recherche, quasi uniquement la période
des xve et xvie siècles (Fig. 5). Elles sont issues principalement de l'analyse
d'actes notariés (contrats de construction), de sondages dans les comptes
de construction (de la ville, de l'Hôtel-Dieu, du Grand-Cimetière),
ainsi que de l'étude détaillée des deux seuls comptes conservés pour
la reconstruction de la collégiale royale de Saint-Aignan, couvrant les
années octobre 1468-septembre 1469 et octobre 1471-septembre 1472, ces
derniers textes documentant également les travaux relatifs à l'édification
de la deuxième « accrue » de l'enceinte urbaine dont la réalisation des
travaux était aussi à la charge de ce chapitre[8].

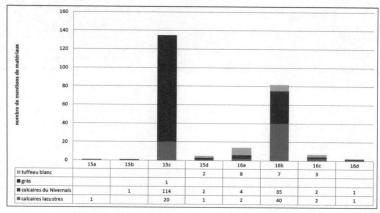

Nombre de mentions de matériaux par quart de siècle
avec indication de la nature de la pierre

---

8   Archives départementales du Loiret (AD Loiret), G 106 et G 107. Le financement de ces
      travaux repose sur un prélèvement, accordé par le roi Louis XI, sur la vente du sel dans
      le royaume pour 6 ans à compter de décembre 1467 (10 d. t. sur chaque minot de sel).

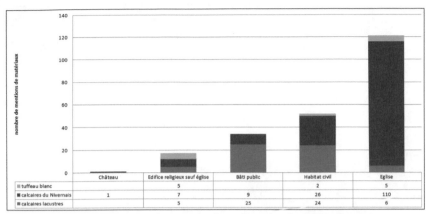

Répartition des mentions de matériaux dans les différents
types d'édifices

FIG. 5a et 5b – Présentation du corpus de mentions (sources écrites) relatives
aux matériaux de construction lithiques. DAO : Daniel Morleghem.

DES RESSOURCES NATURELLES LOCALES DISPONIBLES
POUR LA CONSTRUCTION DE LA VILLE

LES RESSOURCES NATURELLES LOCALES

La ville d'Orléans et son territoire proche possèdent de riches ressources naturelles exploitables pour la construction (Fig. 6) : de l'argile
pour la fabrication des terres cuites architecturales, en Sologne et en forêt
d'Orléans, du bois en abondance dans la « forêt des Loges » (actuelle
forêt d'Orléans) acheminé par flottage jusqu'au port d'Orléans, ainsi
que de la pierre calcaire directement présente sous la ville, mais aussi
dans la vallée de la Loire ou sur le plateau beauceron dans un rayon
d'une trentaine de kilomètres.

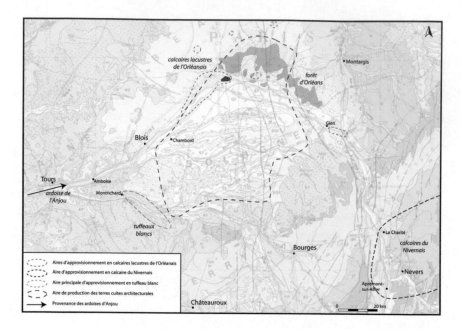

FIG. 6 – Aires de production et d'approvisionnement des principaux matériaux de construction pour la ville d'Orléans. Fond : carte géologique (BRGM, InfoTerre). DAO : Clément Alix, Daniel Morleghem.

S'il est choisi ici de mettre l'accent sur l'usage des matériaux lithiques, il convient de rappeler que les constructions orléanaises des XIIᵉ-XVIᵉ siècles se caractérisent avant tout par une mixité des matériaux. Avant le XVᵉ siècle, la terre a peut-être été privilégiée pour les hourdis des maisons, puisque ce matériau est attesté sous forme de torchis pour les plus anciens pans de bois conservés en élévation, datant des XIIIᵉ et XIVᵉ siècles ; elle a été remplacée aux siècles suivants par des moellons ou de la terre-cuite[9]. La terre a également été ponctuellement employée comme liant dans des hourdis de moellons à la place de l'habituel mortier de chaux (maisons 3 rue de Bourgogne, 67 rue des Carmes). C'est surtout la terre-cuite architecturale, déjà connue pour des usages particuliers tels que des foyers de cheminées, des éléments de calages ou des toitures de

9   Clément Alix, « Les maisons en pan de bois d'Orléans du XIVᵉ au début du XVIIᵉ siècle : bilan de treize années de recherche », in Clément Alix, Frédéric Épaud, éd., *La construction en pan de bois au Moyen Âge et à la Renaissance*, Tours, PUFR, 2013, p. 241.

tuile, qui se développe à partir du début du XVIe siècle sous la forme de brique pour les hourdis des pans de bois (Fig. 7) et comme matériau principal des parements de riches habitations[10] ou plus marginalement ceux de l'église Saint-Pierre-du-Martroi (Fig. 8)[11].

FIG. 7 – Maison 289 rue de Bourgogne, détail du hourdis en brique et du pan de bois au 2e étage de la façade sur rue (mur gouttereau nord), vers 1520-1521d. Photographie : Clément Alix, Pôle d'archéologie de la Ville d'Orléans.

10   La demeure construite pour le roi Louis XI au 10 Cloître Saint-Aignan à Orléans, achevée en 1479-1480, constitue le plus ancien témoin de brique en parement externe dans le Val de Loire ; Clément Alix, Julien Noblet, « Construire son habitation en pierre et/ou en brique à Orléans : exemple d'une émulation architecturale du milieu du XVe siècle à la fin du XVIe siècle », in Étienne Hamon, Mathieu Béghin, Raphaële Skupien, éd., *Formes de la maison. Entre Touraine et Flandre, du Moyen Âge aux Temps modernes*, Villeneuve d'Ascq, Presses universitaires du Septentrion, 2020, p. 212-214.

11   À l'église Saint-Paterne, la brique a été réservée à la tour de clocher (première moitié du XVIe siècle).

FIG. 8 – Église paroissiale Saint-Pierre-du-Martroi, mur gouttereau sud du vaisseau central de la nef, parement de brique et usage du tuffeau, 1re moitié du XVIe siècle. Photographie : Clément Alix.

Le bois quant à lui est employé notamment pour les dispositifs de chantiers (échafaudages, cintres, couchis, engins, outils, *etc.*), pour la fabrication de la chaux et des terre-cuites architecturales, pour la réalisation des couvrements (plafonds, charpentes de comble, couvertures en essentes) ainsi que de certains éléments du second-œuvre (menuiseries des ouvertures, planchers, lambris, *etc.*). Une large partie des habitations de la ville est édifiée avec des façades en pan de bois, même s'il s'agit de constructions mixtes puisqu'elles sont munies de murs latéraux mitoyens en pierre (Fig. 9). Dans les maisons des XVe-XVIe siècles, ces murs latéraux correspondent quasi exclusivement à des murs-pignons, souvent hérités d'une habitation médiévale antérieure et réutilisés pour des raisons économiques. Ces dispositions découlent aussi d'une habitude constructive locale, attestée dès le XIIIe siècle et peut-être imposée par une réglementation urbaine, qui conduisait à bâtir rive sur rue afin de favoriser l'écoulement des eaux pluviales et de limiter la propagation des incendies[12].

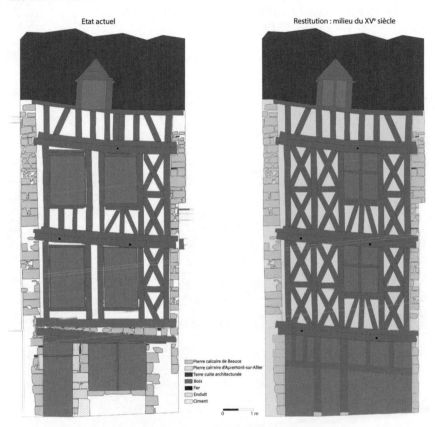

Etat actuel   Restitution : milieu du XVe siècle

Pierre calcaire de Beauce
Pierre calcaire d'Apremont-sur-Allier
Terre cuite architecturale
Bois
Fer
Enduit
Ciment

0   1 m

Fig. 9 – Maison 14 rue du Poirier, relevé en élévation de la façade sud avec détermination des matériaux (état actuel et proposition de restitution). Le pan de bois rive-sur-rue (entre 1443 et 1465d) est inséré entre les têtes des murs-pignons mitoyens en pierre. Relevé et DAO : Clément Alix, Pôle d'archéologie de la Ville d'Orléans.

Le calcaire de Beauce, qui forme le soubassement de la région orléanaise, est l'une des pierres les plus employées dans la construction à Orléans. C'est un calcaire d'origine lacustre formé à l'ère tertiaire, qui présente des faciès variés, mais est en général dur, fin, résistant, vacuolaire et fossilifère ; sa couleur oscille entre le blanc, le gris, le jaunâtre

---

12   Clément Alix, « Les maisons en pan de bois… », *op. cit.*, p. 223-224.

ou le beige[13]. À Orléans même, il possède un aspect assez hétérogène, détritique et marneux, plus ou moins compact, où se dégagent parfois des éléments solides pouvant fournir des blocs d'environ 40 cm de longueur pour 25 cm de hauteur (Fig. 10).

FIG. 10 – Maison 21 rue Saint-Etienne / place du Cardinal-Touchet, cave-carrière (3e niveau de sous-sol), XIIIe siècle ; front de taille avec éléments en calcaire de Beauce pouvant servir de moellons. Photographie : Clément Alix, SICAVOR.

---

13   Guy Berger, Noël Desprez, *Carte géologique à 1/50000, Orléans, XXII – 19, Notice explicative*, Orléans, BRGM, 1969, p. 5. Jean-Marie Lorain, « La géologie du calcaire de Beauce », *Bulletin de Liaison des Laboratoires des Ponts et Chaussées*, n° spécial U, juin 1973, p. 14-53. Annie Blanc, « La pierre, matériau des grands édifices », in Jean-Marie Pérouse de Montclos, éd., *Le Guide du Patrimoine. Architecture en Région Centre*, Paris, Hachette, p. 93. Annie Blanc, Claude Lorenz, Charles Pomerol, Léopold Rasplus, « Val de Loire de Sully-sur-Loire à Chinon », in Charles Pomerol, éd., *Terroirs et Monuments de France*, Éditions du BRGM, 1992, p. 272. Michel Rautureau, éd., *Tendre comme la pierre, patrimoine bâti, guide pour la restauration et l'entretien des monuments en région Centre*, Orléans, Région Centre et Université d'Orléans, 2000, p. 23.

LES FORMES DE L'EXPLOITATION DU SOUS-SOL D'ORLÉANS

L'exploitation et l'emploi du calcaire de Beauce pour la construction sont avérés à Orléans dès l'Antiquité. L'activité extractive se développe *intra-muros* et dans les faubourgs durant tout le Moyen Âge et la période moderne, et perdure en périphérie d'Orléans et sur les communes avoisinantes jusqu'au début du XXe siècle[14].

Durant les Xe-XIe siècles l'extraction de calcaire se fait à ciel ouvert en fosses de 4 à 6 m de diamètre ou en puits au fond desquels s'ouvrent de courtes galeries et des caverons rayonnants[15]. L'exploitation souterraine se développe véritablement à partir du XIIIe siècle. Environ 115 carrières ou caves-carrières médiévales sont actuellement recensées, situées aujourd'hui en deuxième ou troisième niveau de sous-sol, à une profondeur variant de 8 à 12,50 m (Fig. 11). Ces cavités peuvent être constituées d'espaces quadrangulaires simples, de galeries tournantes à angles droits ménageant un ou plusieurs piliers tournés quadrangulaires massifs (Fig. 12), ou de galeries à cellules latérales. Un dernier type correspond à de longues galeries, rectilignes ou courbes, quelquefois dotées de piliers tournés, et pouvant ouvrir sur des caverons latéraux (Fig. 13). Les seuls éléments architecturés correspondent à l'escalier et à la partie sommitale des puits d'extraction. Dans la ville enclose, ce dernier type de carrière est uniquement situé dans les quartiers nord et ouest protégés par la dernière enceinte urbaine, et les exemples les plus anciens pourraient être liés à la densification de l'habitat à partir de la fin du XVe siècle. Ce type se généralise jusqu'au XIXe siècle le long des grands axes extérieurs à la ville.

---

14   Pour une synthèse récente sur le sujet, voir : Clément Alix, Daniel Morleghem, « Les caves d'Orléans. Apports de la recherche SICAVOR », in Clément Alix, Alain Salamagne, Lucie Gaugain, éd., *Caves et celliers dans l'Europe médiévale et Moderne*, Tours, PUFR, 2019, p. 57-85.

15   Pour une présentation détaillée des vestiges d'exploitation du calcaire, voir : Clément Alix, Didier Josset, Thierry Massat, « Activités d'extractions de matériaux calcaires au cœur de la ville d'Orléans entre la fin du Xe siècle et le XVe siècle », in Jacqueline Lorenz, Jean-Pierre Gély, François Blary, éd. *Construire la ville. Histoire urbaine de la pierre à bâtir*, Paris, CTHS, 2012, p. 11-26.

enceinte

— — voies principales des faubourgs

Carrières et caves-carières

- <u>antérieures au milieu du XVᵉ s.</u>

  • à galeries et cellules latérales

  • à galeries tournantes à angles droits et piliers tournés

  • autres plans

- <u>postérieures au milieu du XVᵉ s.</u>

  ○ tous types de plans

FIG. 11 – Orléans, localisation des caves-carrières (2ᵉ ou 3ᵉ niveau de sous-sol), XIIIᵉ-XVIᵉ siècles. DAO : Daniel Morleghem, SICAVOR.

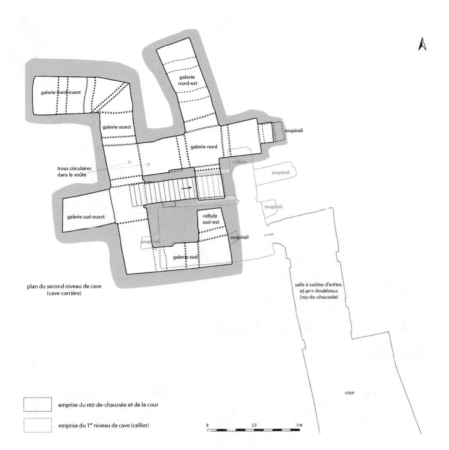

FIG. 12 – Maison 2 ter rue Coligny, plan de la cave-carrière à galeries tournantes à angles droits et piliers tournés (2e niveau de sous-sol), XIIe ou XIIIe siècle ? Relevé scanner 3D et DAO : Daniel Morleghem, SICAVOR.

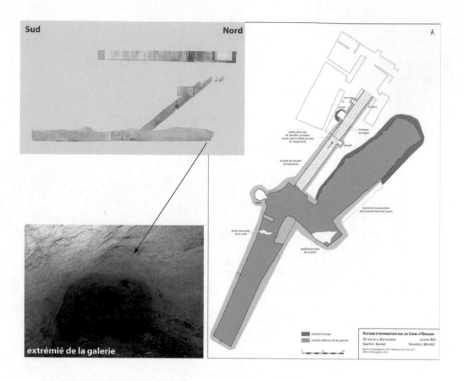

Fig. 13 – Maison 55 rue de la Bretonnerie, plan de la cave-carrière
à galeries rectilignes (2ᵉ niveau de sous-sol), XVIᵉ siècle ?
Relevé scanner 3D et DAO : Daniel Morleghem, SICAVOR.

LE SOUS-SOL D'ORLÉANS :
UNE RESSOURCE LARGEMENT UTILISÉE, MAIS INSUFFISANTE

Dans la ville enclose, les carrières sont presque exclusivement asso-
ciées à de l'habitat, comme on l'a évoqué plus haut, même si le substrat pouvait être exploité à l'occasion du creusement de fondations ou
de fossés. Si parfois la prise ponctuelle de calcaire s'est probablement
effectuée par opportunisme lors du creusement d'un second niveau de
cave, dans la majorité des cas la volonté d'extraire la pierre à des fins
constructives a prévalu, justifiant l'implantation de ces cavités à une
profondeur importante – parfois au-delà de l'emprise du bâtiment situé
en surface –, alors que l'aménagement d'une simple cave aurait pu
s'établir dans des niveaux de remblais ou de substrat altéré situés à une

moindre profondeur. Afin de consolider les espaces excavés, les parois sont souvent renforcées par des maçonneries de moellons, et les ciels par un ou plusieurs types de couvrement (voûtes en berceau, d'arêtes ou sur croisée d'ogives, arcs doubleaux ; Fig. 14).

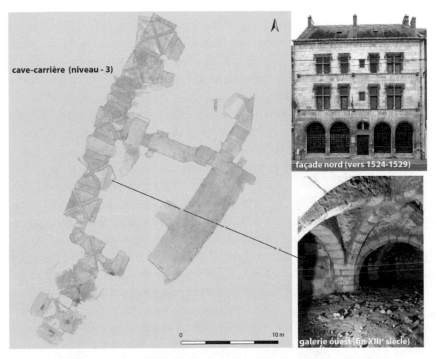

FIG. 14 – Hôtel d'Euverte Hatte, 11 du Tabour, construit vers 1524-1529 à l'emplacement de maisons médiévales, plan de la cave-carrière (galerie à cellules latérales, fin XIIIe siècle-XIVe siècle). Relevé scanner 3D : Daniel Morleghem, SICAVOR ; photographies : Jean Puyo, Clément Alix, Ville d'Orléans.

La question principale ici est de savoir quelle était la destination du calcaire extrait et dans quelle mesure il était intégré ou non à l'économie du chantier de construction tant en sous-sol (les caves) qu'en surface (du rez-de-chaussée au comble). Les cas de figure sont extrêmement variés[16],

---

16   Suivant la forme, la surface, le volume, la chronologie de la cavité, sa contemporanéité ou non avec la construction d'un édifice en surface, mais aussi sa localisation dans l'espace urbain (*intra*/*extra-muros* ; dans le centre très densément urbanisé ou en périphérie où le parcellaire est plus lâche).

mais quelques traits communs se dégagent néanmoins de l'étude du *corpus* de caves orléanaises.

D'abord, la nature du matériau extrait, hétérogène et parfois friable, ne permet de l'employer systématiquement que comme blocage ou fourrure des murs, voire de granulats pour les sols[17] ; la présence de blocs de taille moyenne apparaît trop aléatoire et limitée pour répondre ne serait-ce qu'à l'aménagement des éléments architecturaux de la cavité creusée (portes, marches, piliers, arcs, soupiraux, niches et placards).

Par ailleurs, on observe très souvent une différence entre le volume de roche exploitée et celui des maçonneries du bâtiment associé[18].

Par exemple, la maison d'angle située 206 rue de Bourgogne / rue du Bœuf-Sainte-Croix, construite vers 1348 d, est composée d'une cave à deux niveaux superposés voûtés, surmontés de quatre niveaux en élévation (un rez-de-chaussée, deux étages et un comble ; Fig. 15). Trois de ses murs sont maçonnés, à savoir l'une des façades et deux murs mitoyens aveugles, tandis que le quatrième, servant de façade sur la rue de Bourgogne, est en pan de bois. Les volumes de maçonnerie nécessaires à la construction représentent environ 27 m³ pour le second niveau de cave et 36 m³ pour le premier (sans tenir compte des voûtes), ainsi que 187 m³ pour l'ensemble des murs en élévation ; soit un total évalué à environ 138 m³ si l'on considère que les deux murs mitoyens préexistaient (issus d'un état médiéval antérieur et/ou appartenant aux maisons voisines déjà construites) ou 250 m³ si l'on suppose que l'ensemble est contemporain. Seul le second niveau de cave est creusé dans le substrat et a pu fournir environ 74 m³ de matériau calcaire, soit deux fois moins que l'estimation basse du volume de maçonneries. La portion manquante pourrait-elle alors correspondre à l'ensemble de la chaux, de la pierre de taille et des vides créés par l'emplacement des ouvertures (portes et fenêtres) ? On pourrait être tenté de le penser si l'on considère les dimensions plus modestes du second niveau de cave par rapport au premier ; le creusement de la cave-carrière aurait-il été interrompu dès lors qu'il n'y avait plus besoin de matériau, son plan étant moins développé que celui du reste de l'édifice ?

---

17 Clément Alix, Didier Josset, Thierry Massat, *op. cit.*, p. 23.

18 Comme évoqué précédemment, la difficulté de cette approche réside dans le fait que le bâti conservé en surface n'est pas nécessairement contemporain du creusement de la cave-carrière. En outre, l'intégralité du volume souterrain exploité n'est pas toujours accessible et reste donc peu aisé à restituer.

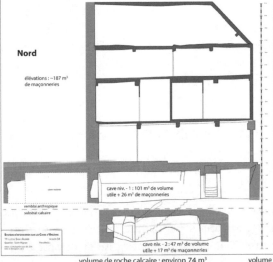

volume de roche calcaire : environ 74 m³ volume de maçonnerie : environ entre 138m³ et 250 m³

FIG. 15 – Maison 206 rue de Bourgogne / rue du Bœuf-Sainte-Croix, construite vers 1348d, coupe longitudinale vers l'est. Relevé scanner 3D et DAO : Daniel Morleghem, SICAVOR ; photographies : Clément Alix, Pôle d'archéologie de la Ville d'Orléans.

A contrario, dans d'autres cas (Fig. 14)[19], le volume exploité semble excéder celui du bâti ce qui, compte tenu de la profondeur importante du creusement et du fait que l'ensemble des maçonneries n'est pas exclusivement constitué du calcaire extrait *in situ*, amène à s'interroger sur les motivations de l'aménagement et de l'usage de ces espaces souterrains. La fonction finale de stockage, notamment pour du vin[20], est avérée par

19 Environ 244 m³ pour la carrière du 21 rue Saint-Étienne / place du Cardinal-Touchet et 361 m³ pour celle de l'hôtel d'Euverte Hatte 11 rue du Tabour.
20 Sur la fonction de resserre à vin : Clément Alix, *Orléans, 181 rue de Bourgogne – caves de la Préfecture (45 234 291), Rapport final d'opération de diagnostic archéologique*, Orléans, Pôle

le soin systématiquement apporté au confortement et à l'aménagement de ces véritables carrières.

Si l'exploitation de carrières par des « perriers » est attestée au début du XVe siècle dans les faubourgs d'Orléans peu bâtis comme celui de Saint-Laurent, sous la forme de bail à rente ou de contrats[21], la situation est bien différente en contexte densément bâti et pour lequel on ne dispose pas de sources textuelles. Dans ce dernier cas, le propriétaire de la maison et de la cavité se réservait-il l'usage du matériau extrait, ou peut-on envisager que celui-ci était vendu ou cédé au carrier ou au maçon chargé du creusement et de la construction de la cave-carrière pour alimenter d'autres chantiers ?

EMPLOIS ET HIÉRARCHISATION DES MATÉRIAUX LITHIQUES

LE REMPLOI ET LA RÉUTILISATION

Comme ailleurs, le remploi et la réutilisation des matériaux constituent à Orléans des pratiques très courantes, identifiées dans de nombreux chantiers de construction orléanais depuis l'Antiquité et durant toute la période considérée.

La fouille de la place du Cheval-Rouge a permis de mettre en évidence les différents remplois présents dans les états successifs des fondations de l'église paroissiale de Saint-Paul : des éléments de lapidaires des Xe-XIe siècles (chapiteaux, imposte, possible fragment de chancel) mis dans les maçonneries de la fin du XIIe siècle ; des fragments de sarcophages alto-médiévaux

---

d'archéologie, Ville d'Orléans / SRA Centre, 2019, p. 134 *sq.*

21   AD Loiret, 3 E 1010133, f° 10r°, bail du 10 octobre 1420, « perriere assise au clos de la Closture en la paroisse Sainct Loriens les Orliens ». Autre mention : « Le 1er jour d'avril 1440, contrault passé à Jehan Borquet, des perrieres de Saint-Laurent, pour quatre livres parisis par chacun an », cité dans Eugène Bimbenet, « Justices de Saint-Paterne et de Saint-Laurent-des-Orgerils », *Mémoires de la Société Archéologique et Historique de l'Orléanais*, t. 9, 1866, p. 372. Toujours dans la paroisse Saint-Laurent, des vestiges de carrières souterraines ou à ciel ouvert ont été reconnues ; Léon Dumuÿs, « La crypte primitive de l'église Saint-Laurent-des-Orgerils à Orléans », *Patriote Orléanais*, Orléans, imprimerie Paul Pigelet, 1897, p. 21-22 ; Émilie Roux-Capron, *Orléans, 16 rue du Puits-Saint-Laurent – rue Drufin – rue Sous-les-Saints, rapport d'opération préventive de diagnostic*, Orléans, Ville d'Orléans / DRAC Centre, 2014, p. 24, 31, 41.

en calcaire oolithique présents dans le chevet de la fin du XIIIe siècle ; ainsi que des plates-tombes gravées des XIIIe-XIVe siècles retaillées et réutilisées comme assises de piliers composés à la fin du XVe siècle (Fig. 16)[22].

face moulurée du pilier

0 1   5 cm

FIG. 16 – Église paroissiale Saint-Paul, fragment de plate-tombe en calcaire du Nivernais (XIIIe-XIVe siècles) retaillée à la fin du XVe siècle pour servir d'assise de pilier mouluré. Musée Historique et Archéologique de l'Orléanais, SP 34 A et B. Relevé et DAO : Clément Alix, Pôle d'archéologie de la Ville d'Orléans.

<hr />

22   Clément Alix, Julien Courtois, Sébastien Jesset, Laure Ziegler, *Orléans, place du Cheval-Rouge. Rapport final d'opération de fouille archéologique*, Orléans, Pôle d'archéologie, Ville d'Orléans / SRA Centre, 2021, p. 553.

Un autre exemple concerne la construction vers 1468 de la tour de l'Étoile, ouvrage de flanquement de la deuxième « accrue » de l'enceinte urbaine, fouillé en 2013. Des agglomérats de fragments de briques, de tuiles ou de moellons liés par un mortier de tuileau ont été prélevés sur place, dans les caves de maisons gallo-romaines découvertes lors du creusement des fondations de la fortification, et placés dans les maçonneries de la tour (Fig. 17)[23]. Le parement externe de cet ouvrage, en pierre de taille (petit appareil en calcaire dur), présente quelques blocs en calcaire du Nivernais traduisant là aussi le remploi de pierres retaillées pour s'insérer dans les assises. Le compte de construction de 1471-1472, relatif à cette même enceinte, évoque également la récupération de pierres (calcaire dur) issues du creusement du fossé de l'enceinte et leur emploi dans certains ouvrages[24].

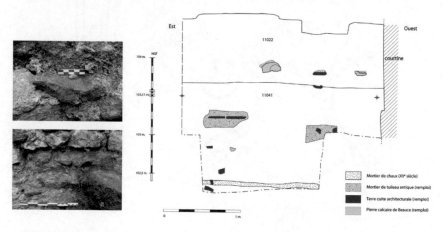

Fig. 17 – Tour de flanquement dite de l'Étoile, deuxième « accrue » de l'enceinte urbaine d'Orléans (enceinte de Saint-Aignan), vers 1467-1470, relevé en élévation de la face interne du mur sud, avec mise en évidence des fragments de maçonneries antiques en remploi. Relevé et DAO : Clément Alix, Pôle d'archéologie de la Ville d'Orléans.

23   Boris Robin, Clément Alix, Sébastien Jesset, Caroline Millereux, *Orléans, La Motte Sanguin : habitat romain et fortification de la fin du Moyen Âge. Rapport final d'opération de fouille archéologique*, Orléans, Pôle d'archéologie, Ville d'Orléans / SRA Centre, 2016, p. 93-95.
24   « II^c XXVI tumbellerées de pierre a massonner prise es foussez entre Sainct Euverte et la tour du Champhegron qui ont esté employés et menées a la porte Sainct Euverte avec aultres pieres qui ont esté lessées es foussez qui a esté emploiée au fons dudit portail » (AD Loiret, G 107, f° 31 r°, 1471-1472).

La récupération de pierres est fréquente comme l'illustrent les 18 « tumbellerés de pierre a massonner, a II s. la tumbelleré, prise a la riviere » destinées au chantier de l'église Saint-Aignan[25] ou le contrat de construction d'une maison en 1531 précisant que le preneur fournira les matériaux, mais que lorsqu'il n'y aura « plus de pierres sur les lieux, il en prendra en une place estant entre l'heritage Jacques Rongemaille et l'esvyer des murailles de la closture d'Orleans[26] ». En 1488, lors du percement des nouvelles rues liées à l'aménagement des quartiers de la dernière enceinte d'Orléans, il est laissé aux propriétaires des maisons détruites le droit de réaliser eux-mêmes la démolition pour qu'ils puissent conserver et remployer les divers matériaux de construction[27].

Dans l'habitat urbain le remploi de matériaux lithiques est également un procédé récurent, mis en évidence par exemple dans les caves et celliers des XIIe-XVe siècles[28]. Ainsi, le recours au remploi et à la réutilisation des matériaux peut relever du pragmatisme et/ou de l'opportunisme, mais parfois, est organisé dans l'optique d'une véritable stratégie économique.

LES CALCAIRES DURS AUTOUR D'ORLÉANS

En plus des carrières souterraines de la ville, le calcaire de Beauce est extrait dans des « perrières » situées sur au moins une quinzaine de localités de l'Orléanais (actuel département du Loiret) recensées par des études géologiques et qui ont pu approvisionner les chantiers de construction de la ville d'Orléans à toutes les époques[29]. La majorité est située dans

---

25 AD Loiret, G 106, fᵒ 19 rᵒ. Voir aussi, en 1533, l'achat par l'hôtel-Dieu de « pierres menues de rivière, à maçonner » ; Philippe Mantellier, « Mémoire sur la valeur des principales denrées et marchandises qui se vendaient ou se consommaient en la ville d'Orléans, au cours des XIVe, XVe, XVIe, XVIIe et XVIIIe siècles », *Mémoires de la Société Archéologique et Historique de l'Orléanais*, t. 5, 1862, p. 335.

26 AD Loiret, 2 J 2386, fᵒ 172.

27 « Afin de sauver et mettre a prouffit leur matieres » ; Clément Alix, Ronan Durandière, « La dernière enceinte d'Orléans (fin du XVe-1re moitié du XVIe siècle », *Bulletin de la Société Archéologique et Historique de l'Orléanais*, t. 17, nᵒ 139, 2004, p. 17.

28 Clément Alix, « Les maisons d'Orléans du 11e siècle au début du 15e siècle. Étude des élévations et des caves », in Ulrich Klein, éd, *West - und mitteleuropäischer Hausbau im Wandel 1150 – 1350, Jahrbuch für Hausforschung Band 56*, Marburg, Jonas Verlag, 2016, p. 170.

29 Albert de Lapparent, *Traité de géologie*, Paris, Savy, 1885, p. 1170-1171 ; Guy Berger, Noël Desprez, *op. cit.*, p. 5 ; Annie Blanc, *op. cit.*, p. 95 ; Annie Blanc, Claude Lorenz, Charles Pomerol, Léopold Rasplus, *op. cit.*, p. 274. Certaines de ces carrières (Beaugency, Meung-sur-Loire, Faye-aux-Loges, Briare, Châtillon-sur-Loire, *etc.*) ont alimenté le

la vallée de la Loire en aval d'Orléans, et dans une moindre mesure en amont ou au nord dans la Beauce (Fig. 18). Parmi elles, seules six localités sont attestées par les sources écrites de notre *corpus* (xve-xvie siècles)[30]. Le terme « pierre dure[31] » renvoie au calcaire lacustre, qu'il soit de Beauce ou de « Brierre », par opposition aux pierres plus tendres (*i.e.* faciles à tailler et à sculpter) issues d'autres bassins carriers. Les mentions les plus fréquentes correspondent aux perrières de La Chapelle-Saint-Mesmin (Loiret), de Saint-Fiacre (commune de Mareau-aux-Prés, Loiret)[32] et de « Brierre ». Plus ponctuellement, sont également évoquées les pierres de Saint-Ay (Loiret), de Montmaillard (commune de Mareau-aux-Prés, proche de Saint-Fiacre et peut-être confondue avec ce dernier lieu) et celles de Mamonville (en Beauce, sur la commune d'Oison, Loiret).

Ces carrières sont situées à moins de 15 km de la ville, hormis celles de Mamonville, en Beauce (25 km), et celle de « Brierre », correspondant à une localité non identifiée précisément, située en amont d'Orléans puisque ces pierres sont livrées au port de la Tour-Neuve[33]. Il pourrait s'agir de la pierre issue de Briare (Loiret), ville ligérienne à 68 km en amont d'Orléans connue pour son calcaire lacustre de l'Éocène[34], ou de pierre de « Bruierre », matériau utilisé pour les travaux du château de Châteauneuf-sur-Loire en 1406, et dont la carrière aurait été proche de l'ancien port de « Bruierre-les-Gien », en amont de la ville de Gien (59 km d'Orléans)[35].

---

chantier de la cathédrale d'Orléans au xviie siècle ; George Chenesseau, *Sainte-Croix d'Orléans. Histoire d'une cathédrale gothique rééditée par les Bourbons (1599-1829)*, Paris, Édouard Champion, 1921, t. 1, p. 89, 96, 233.

30 Le faciès de roche, la perrière ou le pierrier sont précisés pour la moitié des 70 mentions de calcaire de Beauce répertoriées pour la ville d'Orléans.

31 Le *corpus* contient 29 occurrences « pierre dure » sur les 67 mentions qui concernent le calcaire lacustre.

32 Un lieu-dit appelé « La perrière » existe toujours au nord-ouest du hameau de Saint-Fiacre. En 1636, trois « massons et tailleurs de pierre demeurant en la paroisse de Mareau aux Prés » passent marché avec un maître maçon et tailleur de pierre orléanais pour « tailler quatre arcaddes de pierre dure de (...) St. Fiacre » destinées au couvent des Jacobins d'Orléans (AD Loiret, 3 E 10 381, 9 février 1636). Plusieurs carrières souterraines subsistent également à Mareau-aux-Prés sous des habitations de la rue de la Fourrière ou rue de Saint-Hilaire.

33 AD Loiret, G 106, f° 29 v°, 1468-1469 ; G 107, f° 10 v°, f° 27 r° – v°, 1471-1472.

34 Annie Blanc, Claude Lorenz, Charles Pomerol, Léopold Rasplus, *op. cit.*, p. 273-274. Cette pierre dure, fine et beige clair, est également présente sur la commune de Châtillon-sur-Loire et forme le prolongement méridional du calcaire de Château-Landon ; Albert de Lapparent, *op. cit.*, p. 1181.

35 Jean Mesqui, « Les travaux effectués dans les châteaux de Louis Ier d'Orléans à l'intérieur de son duché d'Orléans », *Bulletin de la Société Archéologique et Historique de l'Orléanais*,

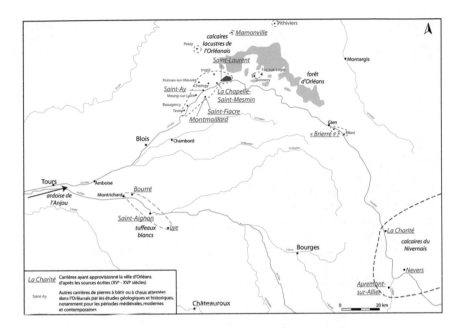

FIG. 18 – Localisation des carrières de pierre à bâtir approvisionnant Orléans.
DAO : Clément Alix, Daniel Morleghem.

Si les carrières situées à proximité de la Loire permettaient un acheminement des pierres par bateau, en revanche celles éloignées des cours d'eau nécessitaient un transport par charrois empruntant les routes, comme pour celle de Saint-Fiacre dont le transport jusqu'à Orléans d'un tombereau de pierre (moellon) tiré par trois chevaux coûtait par exemple 1 s. et 4 d. t. en 1513[36]. Pour la pierre de Mamonville, dont l'exploitation est attestée en 1582-1583, les charrois pouvaient emprunter la route de Paris à Orléans qui était entièrement pavée au XVIe siècle[37] (Fig. 19).

t. 8, n°54, 1981, p. 9. Un lieu-dit appelé « Les Brieres » figurant sur la carte de Cassini ne coïncide pas à cette carrière puisqu'il est situé à environ 7 km au sud-ouest de Gien (commune de Poilly-lez-Gien).

36   Philippe Mantellier, *op. cit.*, p. 431.

37   *Ibid.*, p. 445 ; Dion Roger, *Histoire de la vigne et du vin en France des origines au XIXe siècle*, Paris, Roger Dion, 1959, p. 554.

FIG. 19 – Maison 9 rue des Trois-Maries, scène de transport de pierres par charroi, sculptée sur une console (en calcaire d'Apremont) servant de support au plafond de la grande salle construite vers 1257d. Photographie : Clément Alix.

Le calcaire lacustre, dur et difficile à tailler, est ainsi omniprésent dans les chantiers de construction orléanais, sous forme de moellons comme de pierres de taille. Appelés « pierre a massoner » ou « menues pierres », les moellons servent parfois à la fabrication de la chaux (« pierre tant a massonner que a faire chaulx »), en particulier ceux de « Brierre », de Montmaillard ou encore la pierre « prise a la riviere[38] ». Ces moellons sont comptés en tombereau (« tumbelleré »), en erre (mesure de chargement d'un tombereau équivalent au quart du muid de Paris), en sentine (bateau dont la contenance est parfois de 30 tombereaux), tandis que la chaux est achetée par muid.

---

38   AD Loiret, G 106, f° 19, 1468-1469 ; chaux pour les chapelles rayonnantes du chevet de la collégiale Saint-Aignan : AD Loiret, G 107, f° 10 v°, 1471-1472 ; Philippe Mantellier, *op. cit.*, p. 334-337.

Des moellons de calcaire de Beauce se retrouvent dans tous les bâtiments de la ville, notamment les maisons, où ils sont utilisés dans les
substructions (caves, fondations, conduits de puits et de latrines) et pour
quasiment toutes les élévations des murs mitoyens et/ou latéraux, et cela
même si les façades sont édifiées en pierre de taille ou avec d'autres matériaux (pan de bois, briques). En outre, lorsque les parements externes des
façades sont traités avec un revêtement de pierre de taille ou de brique, des
moellons de calcaire lacustre sont alors disposés à l'arrière sous forme de
fourrure ou de blocage. Toutefois, le parti architectural le plus fréquent
consiste à élever les façades des maisons en petits moellons irréguliers
recouverts par un enduit, la pierre de taille étant réservée aux ouvertures
et aux chaînages (chaînes d'angle, cordons et bandeaux, corniches). Ce
choix permettait de limiter les dépenses par rapport à l'emploi d'un
appareil en pierre de taille, qui en plus du transport plus complexe,
aurait entraîné une rémunération importante des maçons et tailleurs de
pierres. Ce procédé, permettant une économie substantielle, est identifié
dès les XIIe-XIVe siècles[39] et perdure jusqu'à l'époque contemporaine. Ce
sont également avec des petits moellons et des cailloux de calcaire de
Beauce que sont réalisés les hourdis de maisons en pan de bois, dont les
exemples sont extrêmement nombreux à partir du XVe siècle[40].

Du fait de sa résistance et de sa dureté, le calcaire lacustre est également privilégié comme pierre de taille pour les soubassements, les
empattements, les dallages, les emmarchements, les bases, les socles,
ou les contreforts[41]. Le façonnage difficile de cette pierre n'a cependant
pas empêché la réalisation de parements de petit ou de moyen appareil
réglés, souvent réservés aux façades d'édifices prestigieux, comme aux
églises de Saint-Euverte (fin du XIIe siècle), de Saint-Pierre-le-Puellier
(fin du XIIe siècle) et de Saint-Paul[42] ou sur quelques riches habitations

---

39 Par exemple : 5 rue de la Tour ; 11 et 13 rue des Tanneurs ; rue des Tanneurs / 4 quai
du Châtelet ; rue Guichet-Saint-Benoît ; 9 rue des Sept-Dormants / rue des Bouchers ; 1
rue Guillaume / rue des Bouchers ; 3 rue de la Folie / 6 rue des Tanneurs ; 3 ter rue des
Tanneurs.

40 Clément Alix, « Les maisons en pan de bois… », *op. cit.*, p. 261-262.

41 Exemples de contreforts : chevet de la cathédrale Sainte-Croix (fin du XIIIe siècle), cel-
lier-grenier du cloître de Saint-Aignan (fin du XIIIe-XIVe siècle), quelques habitations des
XIIe-XIVe siècles (24-26 rue Saint-Étienne ; 14 rue Saint-Étienne ; 9 venelle Saint-Pierre-
Empont ; 1 rue Guillaume / rue des Bouchers).

42 Pour Saint-Paul, le parement réglé de calcaire de Beauce est employé pour l'élévation
externe du chevet (fin XIIIe-XIVe siècle), et contraste avec celles de la nef (reconstruite fin

des XIIIe-XIVe siècles, telles au 7 rue Saint-Éloi (vers 1265d), à l'hôtel des Créneaux (1 place de la République), au 8 rue des Gobelets (vers 1368d), au 2 rue Robert-de-Courtenay, à la maison dite du Cheval-Blanc (détruite : anciennement 21-23 rue Sainte-Catherine), à la maison dite du Doreur (détruite : anciennement 30 rue du Cheval-Rouge / rue du Puits-Landeau ; Fig. 20)[43].

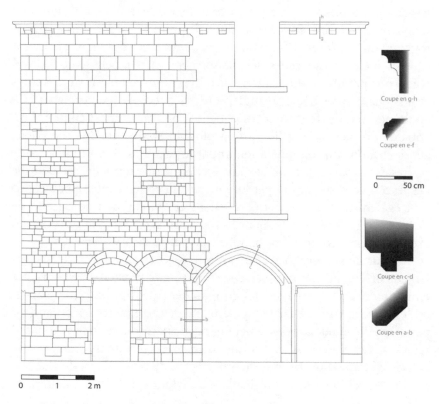

FIG. 20 – Maison dite du Doreur, 30 rue du Cheval-Rouge / rue du Puits-Landeau (détruite en 1940), relevé en élévation de la façade occidentale avec parement en calcaire lacustre, fin XIIIe-XIVe siècle. D'après : Médiathèque de l'Architecture et du Patrimoine, 81/45/162 53, 27763, 45 (251) ; DAO : Clément Alix.

du XVe-début du XVIe siècle) où d'autres traitements sont adoptés (moellons de calcaire de Beauce enduits au nord ; moyen appareil de calcaire semi-tendre au sud).

43   Autres façades de maisons des XIIIe-XIVe siècles en moyen appareil de calcaire de Beauce : façade orientale du 247 rue de Bourgogne / rue de l'Empereur ; 15 rue des Trois-Clefs ; façade nord du 4 bis rue Pothier / 9 rue des Gobelets ; 3 rue des Africains.

La robustesse de ces appareils de calcaire lacustre est probablement la raison pour laquelle ils sont tant prisés dans le domaine des fortifications, comme à la tour nord-est du Châtelet (9 rue au Lin ; Fig. 21) ou sur de nombreuses élévations de l'enceinte urbaine[44], et que, contrairement aux habitations ou aux églises, on les emploie encore sur certains ouvrages défensifs du XVe siècle (soubassement du pont-levis de la porte Renard ; tour de l'Étoile, vers 1468), voire du XVIe siècle (terrasse d'artillerie de la Motte-Sanguin).

FIG. 21 – Château d'Orléans (Châtelet), tour d'angle nord-est, parement en moyen appareil de calcaire lacustre, XIIIe-XIVe siècle ? Photographie : Clément Alix.

L'étude des comptes de l'enceinte urbaine de Saint-Aignan confirme également que le calcaire lacustre a été privilégié vraisemblablement pour les parements des ouvrages militaires (3762 blocs, soit 83 % des matériaux), du fait de son caractère résistant, avec des achats de pierres de « Brierre » (1728 quartiers), de La Chapelle-Saint-Mesmin (1234 quartiers)[45] et de Montmaillart (800 quartiers)[46]. Ces quartiers mesurent habituellement

---

44 Par exemple : tronçons de la courtine et tours de l'enceinte tardo-antique reconstruite aux XIIIe-XIVe siècles (tour Blanche ; tour Sainte-Croix ; tour du Plaidoyer-l'Évêque ; porte Bourgogne ; *etc.*) ; soubassement du pont-levis de la porte Bannier et tour du Heaume de la première « accrue » de l'enceinte.

45 AD Loiret, G 106, f° 29 v°, 1468-1469 ; G 107, f° 27 v°, 1471-1472.

46 AD Loiret, G 106, f° 29 v°, 1468-1469. Une autre mention relative à la carrière de Montmaillart concerne la confection de grosses pierres pour une bombarde ; AM Orléans,

entre 2 et 3 pieds de longueur, et plus rarement jusqu'à 6 pieds[47]. Les « quartiers communs », moins chers de deux à trois livres au cent, sont vraisemblablement plus petits et/ou de moindre qualité[48]. Pour un voûtain dans une chapelle de l'église collégiale de Saint-Aignan est également fait mention de « quartiers de pendans[49] », dont le bas prix (6 s. p. le cent) laisse penser qu'il s'agit de pierres mal calibrées telles qu'on peut en trouver dans les carrières situées sous la ville d'Orléans ou à proximité immédiate.

Pour certains constructeurs, la pierre de « Brierre » présentait les mêmes qualités que les calcaires de Beauce en aval d'Orléans. Ainsi, en 1502, le soubassement du monument en l'honneur de Jeanne d'Arc construit sur le pont des Tourelles doit être en « pierre dure de Saint Mesmin, de Saint Ay ou de Brierre » (Fig. 22)[50]. De même, en 1538, certains parements du quai de Loire construit immédiatement en aval du pont doivent être solidement édifiés à l'aide de quartiers ou de parpaings de « La Chapelle, Saint-Fiacre ou Brierre » (Fig. 22)[51]. Cette recherche de solidité s'accompagne par la demande d'utilisation « de chaux et cymen sans sablon » pour résister à l'affouillement de la Loire sur la base du mur, tandis que le reste est maçonné avec de la « chaux et sable bien grenu ».

Enfin, il convient de noter que cette pierre n'autorise pas la réalisation de décors complexes. Durant toute la période considérée (XIIᵉ-XVIᵉ siècles), lorsqu'elles sont moulurées, les ouvertures en calcaire lacustre sont presque uniquement chanfreinées, à l'exception de quelques rares exemples de cavets apparaissant au XVᵉ siècle, ainsi que des modénatures associant bande et doucine ou talon dans la première moitié du XVIᵉ siècle, comme sur la façade rue de la Chèvre-qui-Danse de l'hôtel Toutin (1536-1540d). Les corniches en calcaire de Beauce, datant toutes des XIIᵉ-XIVᵉ siècles, sont simplement abattues d'un chanfrein (8 rue des Gobelets, 1365d),

---

CC 546, fᵒ 22, 1417-1419.

47   « Item, a Jehan Troussepouche pour IIII quartiers de pierre de Brierre par luy livrez, dont les deux sont de six piez de long, et les aultres de V piez, emploier au portail de la tour du Champhegron, a luy paié comme appert par quictance cy veue, LXIIII s. » (AD Loiret, G 107, fᵒ 27 vᵒ).

48   « Item, a Guillaume Saintreau de Brierre pour ung millier de quartiers communs de la perriere de Brierre, pour ladite euvre, a IX l. IIII s. p. le cent, renduz au port de la Tour Neufve, XVII l. IIII s. » (AD Loiret, G 106, fᵒ 26).

49   AD Loiret, G 106, fᵒ 29, 1468-1469.

50   Eugène Jarry, « L'érection du monument de Jeanne d'Arc sur le pont d'Orléans », *Mémoires de la Société Archéologique et Historique de l'Orléanais*, t. 33, 1911, p. 508-509.

51   AD Loiret, 2 J 2386, fᵒ 161-166.

voire moulurées d'un cavet (37 rue de l'Empereur, maison du Doreur ; Fig. 20). Néanmoins, quelques édifices du XIIᵉ ou du début du siècle suivant présentent des éléments sculptés en calcaire lacustre : des modillons moulurés ou ornés de motifs, parfois de figures, supportent des corniches décorées d'une frise de dents-de-scie et/ou de pointes-de-diamant, comme sur les églises de Saint-Euverte, Saint-Paul, Saint-Pierre-le-Puellier, Saint-Sauveur (218-220 rue de Bourgogne) ou de quelques rares maisons telle celle dite de la Folie (Fig. 23)[52]. Aux XIIᵉ et XIIIᵉ siècles, des calcaires lacustres moins fossilifères sont sélectionnés pour réaliser les bases et chapiteaux feuillagés des colonnes dans les églises (Saint-Euverte, Saint-Paul ; Fig. 24) et caves de maisons (19 rue des Trois-Maries, 203-205 et 251 rue de Bourgogne). Un des décors en calcaire de Beauce les plus tardifs (XIVᵉ siècle) correspond à la colonne à chapiteau sculpté de chouettes supportant la poutre maîtresse du plafond à l'étage de la maison 7 rue Saint-Éloi. De fait, à Orléans, peu de décors sculptés en calcaire de Beauce sont postérieurs au XIVᵉ siècle, date à partir de laquelle des calcaires plus tendres sont systématiquement utilisés pour cet usage.

 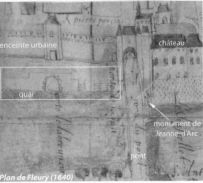

FIG. 22 – Vue du monument en l'honneur de Jeanne d'Arc édifié sur le pont en 1502, et du quai en calcaire lacustre construit en 1538. Extraits du *Tableau dit des Échevins*, Orléans, milieu du XVIᵉ siècle (Musée des Beaux-Arts, inv. A 6924, photographie : François Lauginie) et du plan de Jean Fleury (Médiathèque d'Orléans, Zh 34).

---

52   Connue par des dessins des années 1880-1910 d'Henri Poullain, *Album. Architecture. Divers styles, dessinés et autographiés par l'auteur*, Orléans, Chez l'auteur / imprimerie Goueffon, s.d., pl. 12-17. Autres exemples dans des habitations : corniches et modillons d'une maison canoniale remontée au XIXᵉ siècle sur la façade du 24 rue Saint-Étienne ; fragments de corniche en dents-de-scie réemployés dans un escalier de la cave 14 rue des Trois-Maries.

Maison canoniale (détruite), quartier du Cloître de la catédrale, corniche remontée au 24 rue Saint-Etienne, XII ᵉ siècle

Maison rue de la Folie (détruite), XIIᵉ siècle, dessin de la corniche par Henri Poullain, Album. Archtecture (sd. : années 1880-1910)

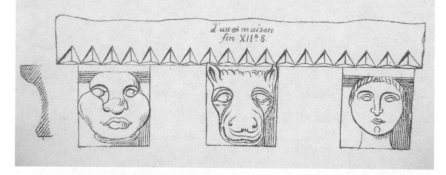

FIG. 23 – Maison du quartier cathédrale et maison rue de la Folie (détruites), exemples de corniches et de modillons sculptés en calcaire de Beauce, XIIᵉ siècle. Photographie : Clément Alix, Pôle d'archéologie de la ville d'Orléans ; dessin : Henri Poullain, Album. Architecture, vers 1880-1910.

Fig. 24 – Église paroissiale Saint-Paul, exemple de chapiteau en calcaire lacustre, fin du XIIᵉ siècle, Musée Historique et Archéologique de l'Orléanais, SP 2. Photographie : Clément Alix, Pôle d'archéologie de la ville d'Orléans.

LES CALCAIRES DU NIVERNAIS

Quelque 160 mentions dans les archives concernent le calcaire jurassique du Nivernais (51 % du *corpus*), ce qui en fait le matériau le plus documenté par les textes des XVe-XVIe siècles[53]. Trois bassins carriers[54] situés à environ 135 km en amont sur la Loire ont ainsi alimenté les chantiers de construction orléanais : La Charité-sur-Loire (Nièvre)[55], Nevers (Nièvre)[56] et Apremont-sur-Allier (Cher)[57].

L'emploi des calcaires du Nivernais est bien attesté dans l'architecture orléanaise antique[58], mais également au haut Moyen Âge pour la réalisation de la majorité des sarcophages de pierre qui ont été retrouvés en ville[59]. Quelques édifices des alentours de l'an mil présentent encore des vestiges de tels matériaux, comme la cathédrale Sainte-Croix ou les cryptes de Saint-Aignan et de Saint-Avit[60].

---

53 Le faciès ou l'origine de la pierre ne sont pas toujours mentionnés : 45 de ces mentions concernent ainsi les carrières de La Charité-sur-Loire et 58 celles d'Apremont-sur-Allier.

54 Catherine Gorget, « Carrières et carriers d'Apremont-sur-Allier (XVIIe-XVIIIe siècles) », *Cahiers d'Archéologie et d'Histoire du Berry*, n° 102, 1990, p. 3-16 ; Claude Lorenz, « Les pierres du Nivernais », in Jacqueline Lorenz, Paul Benoît, éd., *Carrières et constructions en France et dans les pays limitrophes*, Paris, CTHS, 1991, p. 411-421 ; Annie Blanc, « La pierre, matériau des grands édifices », in Jean-Marie Pérouse de Montclos, éd., *Le Guide du Patrimoine. Architecture en Région Centre*, Paris, Hachette, 1988, p. 91-92 ; Annie Blanc, Claude Lorenz, Charles Pomerol, Léopold Rasplus, *op. cit.*, p. 275.

55 Calcaire oolithique de l'Oxfordien, de granulométrie, finesse et couleur variées. Des carrières sont attestées notamment sur la commune voisine de Bulcy (Nièvre).

56 Calcaire du Callovien, à grains fins et de couleur beige, qui ressemble à celui d'Apremont, mais de plus médiocre qualité.

57 Calcaire biodétritique du Bathonien, à grains très fins, de couleur blanc jaunâtre, crème ou beige.

58 Les nombreux remplois mis en œuvre dans l'enceinte urbaine du IVe siècle témoignent de leur importance ; Clément Alix, Émilie Roux-Capron, *Orléans, rue de la Tour Neuve. De l'enceinte urbaine à la Vinaigrerie Dessaux. Rapport final d'opération de fouille archéologique*, Orléans, Pôle d'archéologie, Ville d'Orléans / SRA Centre, 2020, p. 78-81. Des éléments de constructions monumentales découverts en fouille sont également en calcaire du Nivernais, tel le fragment de corniche en calcaire oolithique de la place du Cheval-Rouge ; Sébastien Jesset, « Monuments et ornements d'une petite ville de province », in Pascal Joyeux, éd., *Regards sur Orléans. Archéologie et histoire de la ville*, Orléans, Ville d'Orléans, 2014, p. 52.

59 Il s'agit du calcaire oolithique de La Charité ou de ses alentours ; Daniel Morleghem, *Production et diffusion des sarcophages de pierre de l'Antiquité tardive et du haut Moyen Âge dans le Sud du Bassin parisien*, thèse de doctorat, Jacques Seigne, dir., Tours, 2016, 4 vol.

60 Le calcaire oolithique y est employé pour des parements et des éléments moulurés (notamment des impostes), tandis que le calcaire d'Apremont sert aux sculptures (chapiteaux) ; Pierre Martin, *op. cit.*, t. 1, p. 56, 70, 260. De tels matériaux s'observent

L'usage des calcaires du Nivernais se développe progressivement à partir du XIIIe siècle pour devenir très fréquent à l'époque moderne et jusqu'au XIXe siècle. Fins et faciles à tailler, ils sont principalement employés pour les encadrements des ouvertures, les éléments moulurés et sculptés. Le calcaire d'Apremont ou de Nevers est utilisé aux XIIIe et XIVe siècles pour certaines élévations du chœur de la cathédrale Sainte-Croix (baies, portails, *etc.*). Il en est ainsi des arcs des voûtes d'ogives de la sacristie (XIVe siècle), dont la modénature est parfaitement similaire à un lot de 18 claveaux provenant d'un chargement de bateau perdu en Loire et découvert en 1979 en amont d'Orléans, peut-être destiné au chantier de la cathédrale[61]. Par la suite, on retrouve ce calcaire dans la majorité des églises ou pour les baies et les voûtes de la bibliothèque (« salle des thèses ») de l'université d'Orléans édifiée entre 1411 et 1421 d[62].

Dans l'habitat, les anciennes attestations du calcaire d'Apremont ou de Nevers correspond aux décors sculptés de quelques riches demeures du XIIIe siècle, notamment les culots figurés à la retombée des croisées d'ogives de caves (203-205 rue de Bourgogne, 1262d ; 26 Ter rue de la Poterne ; 1 rue des Trois-Maries) ou les consoles portant le plafond d'une grande salle (9 rue des Trois-Maries, 1257 d ; Fig. 19). Sur les façades de ces maisons cossues du XIIIe siècle, édifiées en calcaire de Beauce, les pierres du Nivernais sont réservées aux encadrements de certaines ouvertures, telles les baies géminées (meneaux-colonnettes à chapiteaux feuillagés) et les cordons moulurés au niveau des appuis et des imposte (7 rue Saint-Éloi, 1265 d ; Fig. 25). Entre la fin du XIIIe siècle et la fin du XIVe siècle, une mixité des matériaux caractérise les encadrements des fenêtres, au sein d'une même ouverture ou d'une même façade, mêlant calcaire de Beauce, calcaire d'Apremont et calcaire oolithique de La Charité. Cette période d'expérimentation de nouvelles formes de

---

également à la tour-porche de Saint-Benoît-sur-Loire et sont renseignés par un texte évoquant leur transport par bateau ; Robert-Henri Bautier, Gilette Laborit, éd., *André de Fleury. Vie de Gauzlin, abbé de Fleury. Vita Gauzlini abbatis Floricensis monasterii*, Paris, CNRS, 1969, p. 81.

61   Frédéric Aubanton, « Le chargement de l'épave de Châteauneuf-sur-Loire : nouvelle interprétation », in Virginie Serna, éd., *La Loire dessus… dessous. Archéologie d'un fleuve de l'âge du bronze à nos jours*, Dijon, Éditions Faton, 2010, p. 42-46.

62   Clément Alix, Julien Noblet, « Nouvelle lecture des élévations de la Salle des Thèses ou "Librairie" de l'université d'Orléans », *Bulletin de la Société Archéologique et Historique de l'Orléanais*, t. 20, n° 165, 2011, p. 87-115.

baies correspond à l'adoption des premiers meneaux, parfois associés à une traverse (croisée), éléments divisant l'ouverture qui sont systématiquement taillés dans du calcaire du Nivernais (hôtel des Créneaux ; 6 rue des Tanneurs ; 1 rue de la Fauconnerie ; 1 rue Guillaume / rue des Bouchers ; Fig. 26).

Chapiteau   **Fût**

FIG. 25 – Maison 7 rue Saint-Éloi, fragments de meneaux-colonnettes des baies de la façade occidentale (chapiteau feuillagé et fût), en calcaire oolithique du Nivernais, vers 1265d. Photographie : Clément Alix.

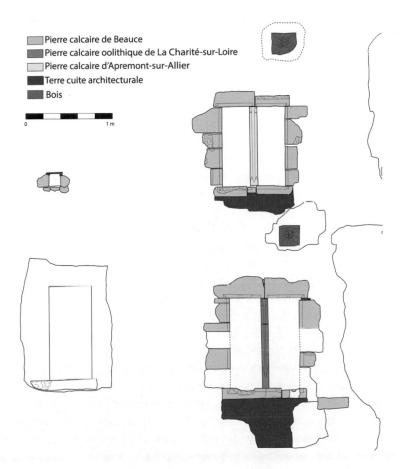

Pierre calcaire de Beauce
Pierre calcaire oolithique de La Charité-sur-Loire
Pierre calcaire d'Apremont-sur-Allier
Terre cuite architecturale
Bois

0   1 m

FIG. 26 – Maison 1 rue Guillaume / rue des Bouchers, relevé en élévation pierre à pierre des baies à meneau aux étages de la façade orientale, avec détermination des matériaux, fin du XIIIe-XIVe siècle. Relevé et DAO : Clément Alix, Emilie Roux-Capron, Pôle d'archéologie de la Ville d'Orléans.

Par la suite, c'est donc en calcaire du Nivernais, et majoritairement en pierre d'Apremont, que sont réalisées les ouvertures principales des très nombreuses maisons de la ville édifiées entre la fin du XVe et la fin du XVIe siècle (Fig. 27)[63]. Ce matériau se prête particulièrement bien à

---

63   Nombreux exemples identifiés sur les élévations ; Clément Alix, « Les maisons orléanaises du début de la Renaissance (vers 1480-1535) » et Clément Alix, Julien Noblet, « Les demeures de la seconde Renaissance des élites orléanaises (vers 1535-1570) », in

tous les types de décors déclinés durant cette période : motifs issus du gothique flamboyant (moulures prismatiques, accolades, pinacles, gâbles, larmiers enveloppants sur culots figurés, *etc.* ; Fig. 28), éléments d'inspiration antique de la première Renaissance (candélabres, supports s'inspirant des ordres, pilastres à fûts losangés, *etc.*), ornements de la Renaissance classique (modénatures de la seconde Renaissance, cuirs, mascarons, cariatides *etc.* ; Fig. 29). Les contrats de construction fournissent des témoignages du choix de la pierre d'Apremont : dans une maison canoniale de Saint-Pierre-Lentin en 1524, on demande « deux croisées de pierre de taille d'Apremont de pareille facon et moulleure que celles de la maison ou demoure a present ledit Laurens, et aura en chacune croisée une armoirie qu'il plaira audit Laurens » ; pour la maison du Chameau, appartenant à l'université, il s'agit en 1527 d'« une porte honeste et convenable, ou sera faict taillé les armes de France avec une couronne, [...] Item, audict mur devers la rue, fera quatre fenestres[64] » ; dans une maison rue Saint-Euverte en 1531, il faudra faire « deux autres croisees et deux demyes croisees, l'une desdites croisees de ladite pierre d'Apremont et l'autre croisee et demyes croisees de ladite pierre de Saint-Fiacre, taillez a ung chanfrain ou une nasselle, et les remplages de pierre d'Apremont », mais également « quatre jambages de cheminees garniz de courges, les deux seront de pierre d'Apremont taillez comme ladicte huysserie et croisees de devant avec ung claveau d'une pierre d'Apremont de largeur convenable, taillé le devant de fueillage et medalles d'antique pour estre mis ou bon semblera audit bailleur, et les autres jambages seront deuement faiz[65] » ; à la maison du Grand-Jardin rue de la Bretonnerie, le maçon construira en 1545 « une croisée et demie au pignon, et demi-croisée au mur vers la cour pour eclairer en la salle, et croisée et demie pour la chambre haute, dont la demie sera sur la cour, en pierre d'Apremont, taillées en rond et moulure d'antique », deux cheminées « de brique et de chantille et les jambages de pierre d'Apremont », ainsi qu'un « pavillon de bois en rond de trois toises sur huit colonnes de pierre d'Apremont taillées à l'antique » situé au milieu du jardin[66].

Clément Alix, Marie-Luce Demonet, David Rivaud, Philippe Vendrix, *Orléans, ville de la Renaissance*, Tours, PUFR, p. 183-221 et p. 223-251.

64 Eugène Jarry, « Les écoles de l'université d'Orléans », *Mémoires de la Société Archéologique et Historique de l'Orléanais*, t. 35, 1919, p. 67-68.

65 AD Loiret, 2 J 2386, 02 janvier 1531.

66 « Fera une croisée et demie au pignon, et demi-croisée au mur vers la cour pour eclairer en la salle, et croisée et demie pour la chambre haute, dont la demie sera sur la cour,

Au XVIᵉ siècle, une nouveauté consiste à utiliser le calcaire d'Apremont comme matériau principal du parement de certaines façades, sous forme d'un moyen appareil et en remplacement du traditionnel calcaire de Beauce. Le plus ancien exemple conservé en élévation correspond à la nouvelle grande salle de l'hôtel de ville (hôtel des Créneaux) édifiée rue Sainte-Catherine vers 1503-1513.

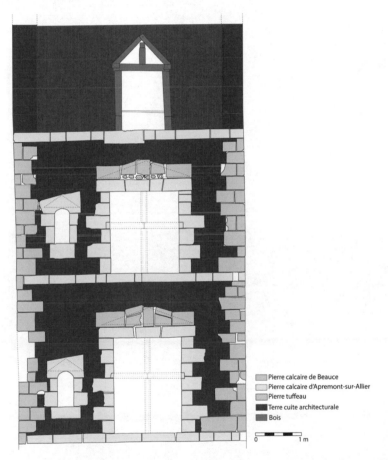

Pierre calcaire de Beauce
Pierre calcaire d'Apremont-sur-Allier
Pierre tuffeau
Terre cuite architecturale
Bois

0   1 m

FIG. 27 – Maison 28 rue de la Poterne, relevé en élévation pierre à pierre des étages de la façade occidentale, avec détermination des matériaux, vers 1530-1560. Relevé et DAO : Clément Alix, Pôle d'archéologie de la Ville d'Orléans.

en pierre d'Apremont, taillées en rond et moulure d'antique » ; AD Loiret, 2 J 2386, 05 mars 1545.

Fig. 28 – Maison 4 rue des Trois-Maillets, étages de la façade occidentale en
petits moellons irréguliers (calcaire de Beauce), croisées et demi-croisées sculptées
de larmiers reposant sur des culots figurés (calcaire d'Apremont), vers 1527d.
Photographie : Clément Alix.

FIG. 29 – Maison 6 rue Ducerceau, détail des décors sculptés, en calcaire d'Apremont, de la façade occidentale, années 1560-1570.
Photographie : Clément Alix, Pôle d'archéologie de la Ville d'Orléans.

Dans le domaine de la statuaire, la pierre d'Apremont est également recherchée. Elle sert ainsi à la réalisation en 1408 du monument de la Belle-Croix situé sur l'une des piles du pont de la ville, composée d'une croix monumentale jouxtée de trois statues représentant une Vierge à l'Enfant, saint Jean-Baptiste et saint Jacques (Fig. 30), figures qui, après destruction, furent entièrement refaites en 1473 avec le même type de calcaire[67]. En 1468-1469, une statue de saint François destinée à la duchesse Marie de Clèves est également sculptée dans du calcaire d'Apremont[68].

---

67 En 1408, 28 blocs de pierre d'Apremont sont nécessaires et en 1473, on mentionne « troys ymages de pierre d'Aspremont » (AD Loiret, 3 E 10 213, 1473) ; Eugène Jarry, « La réédification de la Belle-Croix sur le vieux pont d'Orléans (1473) », *Bulletin de la Société Archéologique et Historique de l'Orléanais*, t. 15, n° 190, 1908, p. 42-50.

68 « ymage de saint Françoys de quatre piez de hault avecques l'antrepié dudit ymage ou aung ange tenant et portant les armes d'icelle dame (…). Aux doyens et chappictre de Saint Aignan d'Orleans, pour deux grans pierres d'Apremont prises d'eulx et en leur cloistre pour faire lesdits ymaige et entrepié » ; Pierre Bouvier, « Document concernant le sculpteur orléanais Hermant Spérandan (1468-1469) », *Bulletin de la Société Archéologique et Historique de l'Orléanais*, t. 16, n° 203, 1912, p. 307-309.

Echelle
de
0ᵐ02

Fɪɢ. 30 – Pont des Tourelles, monument dit de Belle-Croix, 1407-1408, proposition
de restitution par Alexandre Collin, « Le pont des Tourelles à Orléans (1120-1760).
Étude sur les ponts au Moyen Âge », *Mémoires de la Société Archéologique et Historique
de l'Orléanais*, t. 26, 1895, pl. 1, fig. 5. Photographie : Clément Alix.

Un dernier éclairage sur l'économie de la pierre du Nivernais est apporté par l'analyse des comptes des chantiers de reconstruction de l'église collégiale de Saint-Aignan (Fig. 31) et de l'édification de la deuxième « accrue » de l'enceinte[69]. Les recettes s'élèvent à 4986 l. 18 s. 4 d. en 1468-1469 et à 5133 l. 17 s. 4 d. en 1471-1472, ce qui permet de couvrir l'ensemble des dépenses des deux chantiers[70] représentant respectivement 2135 l. 8 s. 6 d. et 1415 l. 6 s. pour l'église et 2721 l. et 3539 l. 18 s. 10 d. pour la fortification. Ces comptes présentent de manière détaillée les salaires mensuels du maître d'œuvre et des maçons œuvrant à la construction de la collégiale, puis les achats de pierre (de taille et à maçonner) et de la chaux, qui représentent les deux tiers environ des dépenses. Suivent les dépenses de charpenterie, couverture, plomberie, verrerie et ferronnerie qui n'occupent qu'entre 5 et 16 % du budget ; les voyages et diverses dépenses constituent quant à eux 16 à 31 % des frais. Au contraire, les comptes de l'enceinte sont présentés en un seul chapitre, mais vraisemblablement chronologiquement. Au total, ce sont quelques 136 mentions[71] d'achats de pierres, qui concernent principalement des calcaires du Nivernais (114 mentions) et minoritairement des calcaires durs lacustres (20 mentions).

---

69   AD Loiret, G 106 et G 107, 1468-1469 et 1471-1472.
70   Les dépenses s'élèvent à 4856 l. 9 s. 2 d. en 1468-1469 et à 4956 l. 9 d. en 1471-1472.
71   Soit près du tiers du *corpus* orléanais ; il y en a 117 pour la collégiale et 19 pour l'enceinte urbaine.

FIG. 31 – Église collégiale de Saint-Aignan, chapelles rayonnantes du chevet.
Pôle d'archéologie de la Ville d'Orléans. Photographie : Clément Alix,
Pôle d'archéologie de la Ville d'Orléans.

Les dénominations des pierres du Nivernais sont variées et peuvent correspondre à un format (dont l'emploi et les dimensions ne sont que rarement précisés) ou un type particulier d'élément[72]. Les quartiers sont des pierres de parement, dont la longueur oscille vraisemblablement entre 2 et 3 pieds et dont la hauteur n'est jamais donnée. Ils devaient avoir un module défini puisqu'à plusieurs reprises les chanoines réduisent le nombre de pierres comptées « car il y en avoit de petiz[73] ». Leur prix varie en moyenne entre 8 et 12 l. au cent (transport

---

72 Cette dizaine de catégories de pierres peut être comparée à la quinzaine de dénominations utilisées dans le compte d'octobre 1495-septembre 1496 pour la construction du château royal d'Amboise. Sur les deux chantiers se retrouvent le « quartier », le « meneau », la « pierre pour augive », les « pierres pour clervoies » et les « pierres pendans » ; Lucie Gaugain, *op. cit.*, 2014, p. 166-172.

73 « (...) pour XXX quartiers a VIII l. le cent centreduiz a XXVIII, car il y en avoit de petiz (...) » (AD Loiret, G 106, f° 16). Autre exemple pour des quartiers : « pour CXXVII quartiers de ladite pierre reduiz a cent et dix pour aucuns petis » (AD Loiret, G 107, f° 14) ; mais aussi pour des « blocq » : « V blocqs reduiz a quatre blocqs pour aucuns petiz » (AD Loiret, G 106, f° 18).

compris). Les « blocqs » et « demi-blocqs[74] », parfois qualifiés de « gros » et pouvant mesurer 4 pieds de longueur, correspondent plutôt – tout comme les « pierres de mousles / moulles[75] » – à des pierres achetées sur mesures ; de fait leur coût est bien supérieur à celui des quartiers[76]. Les « tables de pans[77] » dont le prix au cent est compris entre 8 et 12 l., correspondent peut-être à des pierres de couronnement[78]. Enfin, dans 17 cas les pierres achetées ne sont dénommées que par leur nature ou leur usage : marches d'escalier, ogives, « meneaulx », « pavez », pierre (« de mousle/moulle ») des « piezdrois des chapelles » ou « grosse pierre de fons ».

La collégiale Saint-Aignan est essentiellement reconstruite en calcaire du Nivernais[79], tant pour le parement que les éléments moulurés et sculptés, ce que confirme les élévations actuellement conservées du transept et du chevet. Les parties de l'édifice concernées par les travaux des comptes concernent principalement les chapelles du chœur. 76 % des 2559 blocs dont la perrière d'origine est connue proviennent de La Charité : il s'agit en très grande majorité de pierres de parement (1632), de piédroits (41), d'ogives (42) et de « pierres de mousles » (16). Les perrières d'Apremont ont fourni 319 quartiers et blocs, 34 « tables de pans », 3 meneaux, 1 « grande pierre de fons » et 8 statues. Des carrières

---

74 En l'absence de précisions sur leurs dimensions, on ignore si les « blocqs » et « demi-blocqs » sont des pierres d'angle montrant deux faces taillées, à l'instar des « blotz » et « demi-blotz » du compte du château d'Amboise de 1495-1496, et notamment employés sur ce chantier pour les piédroits d'ébrasement de baies de la tour des Minimes ; Lucie Gaugain, Jean-Gabriel Bréheret, Jean-Michel Merchling, Daniel Prigent, « Pierres, mortiers et parements de la tour des Minimes au regard du compte de construction de 1495-1496, des investigations archéologiques et des analyses pétrographiques », *ArchéoSciences, revue d'archéométrie*, 41-1, 2014, p. 54.

75 La « pierre de molle » est achetée sur devis précisant les dimensions ou la qualité de taille souhaitée ; Alain Salamagne, *Construire au Moyen Âge, les chantiers de fortifications de Douai*, Lille, Presses universitaires du Septentrion, 2001, p. 232.

76 Le prix d'un « blocq » varie entre 6 et 12 s. Dans l'exemple suivant un seul quartier vaut (transport compris) 2 s. 10 d. et un « blocq » 12 s. : « Ledit jour, Audit Estienne Chasson, perrier, par Berthelin Prat, voicturier par eaue, pour LX quartiers, a XVIII f. le cent, VIII l. XII s. VIII d., neuf blocqs a XII s. chacun, pour achapt et voicture CVIII s. parisis. Soit pour pierres et blocqs et par deux quictances cy veue, XIIII l. VIII d. Es compaignons du challan qui ont chargé ladite pierre es charrois, II s. VIII d. » (AD Loiret, G 107, f⁰ 11).

77 Sept mentions correspondant à 678 blocs.

78 La table serait synonyme d'« entaulement », de « taule », de « tabulatus » ; Alain Salamagne, *op. cit.*, p. 221.

79 La perrière d'origine est connue dans 47 % des cas.

de Nevers proviennent 246 « tables de pan », ainsi que 31 marches pour l'édification d'un escalier à vis d'une des chapelles[80].

Pour l'enceinte urbaine au contraire, on l'a vu, le calcaire lacustre a été privilégié, mais 663 blocs en pierre d'Apremont et de La Charité ont apparemment été récupérés du chantier de la collégiale – leur achat est imputé à son poste – pour être principalement employés aux élévations de certaines tours et portes[81]. Seuls 38 blocs et deux pierres pour faire « l'ymaige du roy » sur une porte sont directement achetés sur les comptes de l'enceinte à Jehan Palteau, perrier d'Apremont.

La livraison de la pierre des perrières de La Charité, d'Apremont, de Nevers, mais aussi celle de « Brierre », s'effectue au port de la Tour-Neuve, à l'est d'Orléans et tout proche du chantier de la collégiale. Le coût du transport est calculé sur la base du poids des matériaux exprimé en tonneaux, mais dépend également de la distance parcourue, du nombre de péages à passer[82] et des conditions de navigation[83]. Il équivaut en général au prix de la pierre elle-même. Le transport par voie d'eau est effectué par chaland, un bateau à fond plat largement répandu sur la Loire jusqu'au XVIIIe siècle, mesurant 22 à 30 m de long, 3 à 4 m de large et jusqu'à 1,50 m de hauteur, pouvant transporter jusqu'à 50 tonnes de charge utile[84] ; la charge maximale relevée dans

---

80 Au milieu du XVe siècle, les marches achetées pour l'escalier du beffroi de l'hôtel de ville d'Orléans sont en pierre de La Charité ; Clément Alix, « L'hôtel des Créneaux d'Orléans : les aménagements architecturaux du XIIIe au XVIe siècle », in Alain Salamagne, éd., *Hôtels de ville. Architecture publique à la Renaissance*, PUR/PUFR, Rennes/Tours, 2015, p. 72-73.

81 Ces deux chantiers supervisés par les chanoines sont liés comme l'atteste par exemple le transport sur le site de l'enceinte de 307 quartiers de La Charité achetés initialement pour la collégiale : « pour IIII[c] LX quartiers de la Charité emploiés en ladite cloture dont ou compte precedent fut pareillement compté en achapt VI[xx] et XIIII XIII quartiers, ensemble pour le surplus qui est III[c] et VII quartiers si *riens*, car il sont comptés en l'achapt de la pierre de l'eglise. Item, a Micheau pour avoir amené du cloistre de l'eglise au portail de ladite closture, XI s. » (AD Loiret, G 106, f[o] 31 r[o] et 31 v).

82 Entre le XV[e] et le XVII[e] siècle, il y aurait eu une vingtaine de péages entre les ports d'Apremont et d'Orléans ; Philippe Mantellier, *Histoire de la communauté des marchands fréquentant la rivière de Loire et fleuves descendant en icelle*, Orléans, Imprimerie G. Jacob, t. 1, p. 443-444.

83 En plus des risques liés aux conditions naturelles (glaces, crues et embâcles en hiver ; échouements ou enlisements sur les grèves en été), le trafic était gêné par les installations ralentissant ou barrant le passage des bateaux comme les digues, pêcheries, moulins, *etc.* (Emmanuelle Miéjac, « La Loire aménagée. Du Moyen Âge à l'époque Moderne entre Cosne-sur-Loire et Chaumont-sur-Loire », *Archéologie Médiévale*, t. 29, 2000, p. 169-190).

84 François Beaudouin, « La marine de Loire et son chaland », *Bulletin de l'Association des Amis du Musée de la Batellerie*, 12, 1984, p. 13.

les comptes des années 1468-1472 est de 45 tonneaux, soit environ une vingtaine de tonnes. Notons qu'un bateau peut être chargé de plusieurs commandes et que certaines commandes de pierre peuvent aussi nécessiter la mobilisation de deux chalands[85].

Dans l'exemple ci-dessous le coût du transport (12 l. 6 s. 8 d.) est, sans que cela soit exceptionnel, moitié plus cher que la valeur de la pierre (8 l. 17 s. 10 d.) :

> A Lois Bourbon pour XII blocqs, LXII s., pour deux demiz blocqs, VI s., LXXVIII quartiers a VIII l. le cent, IIII l. XIX s. X d., ensemble pour pierre VIII l. XVII s. X d. Et pour la voiture d'icelle pierre depuis la Charité jusques a Orleans, estimé le pezant de XXXVII tonneaux a VI s. VIII d. chacun, XII l. VI s. VIII d., ensemble par quictance du tout XXI l. IIII s. VI d. Item, es compaignons du challan qui ont chargé ladite pierre, II s. VIII d. Item, a Denis pour la voiture depuis la riviere ou cloistre, on a fait XXXIII arrez a VI d. t. chacun XIII s. II d. t[86].

Entre juin et août, « pendant les basses eaux », lorsque la navigation est plus difficile, le prix de cent quartiers augmente sensiblement entre 14 et 15 l[87]., alors qu'il varie en temps normal entre 8 et 12 l. :

> A Lois Bourbon, voicturier par caue, pour VII[xx] quartiers a XVIII frans et demy le cent, tant pour achapt que voicture pendant les basses eaus, ung blocq, XII s., demy blocq VI s. Soit pour tout et par quictance dudit cy veut, XXI l. XII s. Es compaignons du challan II l., car les maneuvres l'ont deschargée en la greve[88].

Le prix le plus cher relevé dans les comptes est daté du 7 décembre 1468 et se monte à 23 l. 12 s. p. le cent de quartiers de la Charité[89]. À cette période, d'éventuelles glaces et le danger de la navigation pourraient sans doute expliquer un tel surcoût.

Le déchargement des pierres sur le quai du port de la Tour-Neuve est effectué par les « compaignons du challan », pour une somme fixe de 2 s. 8 d. indépendamment de la quantité de pierres transportées et

---

85   « (…) A Pierre Bourbon, voicturier demourant a la Charité pour cent XVIII quartiers par luy livrez en deux challans (…) » (AD Loiret, G 107, f⁰ 12).

86   AD Loiret, G 106, f⁰ 17 v⁰, 6 juillet 1469.

87   Soit entre 18 et 19 francs.

88   AD Loiret, G 107, f⁰ 13 v⁰, 23 juin 1472.

89   « A Pierre Suvrisset pour IIII[xx] et XVII quartiers de la Charité, pour pierre et voicture a XXIII l. XII s. p. le cent » (AD Loiret, G 106, f⁰ 13 v⁰).

du nombre de manœuvres. En cas d'enlisement et de déchargement sur la grève, les manœuvres sont payés bien plus cher pour leur effort (2 l.).

Enfin, les pierres sont portées par « voicture depuis la riviere ou cloistre », au prix de 6 d. par « arrez », indépendamment du type d'élément. Ainsi, dans l'exemple ci-dessous, 28 allers-retours ont été nécessaires pour porter 78 pierres au chantier de la collégiale (8 « blocqs » et les 70 quartiers), soit un peu moins de 3 par « charrois ». Ce chiffre fluctue entre 2 et 4 suivant les dimensions, le poids, mais aussi la fragilité éventuelle des pierres.

> Le Ve dudit mois. Item, a Martin Manchausse, perrier, par Estienne Nesle, nautonier, pour huit blocqs a VI s. VIII d. chacun, LIII s. IIII d., LXX quartiers a IX l. le cent, C s. VIII d., ensemble pour pris VII l. XIIII s. III d. Item, audit Estienne pour la voicture de ladicte pierre depuis la Charité jusques a Orleans pour lesdits bloqs qui sont huit a VI s. VIII d. chacun, LIII s. IIII d., et pour la voicture desdits, LXX quarties, C s. VIII d., ensemble VII l. XIII s. Item, es compaignons du challan qui ont chargé ladite pierre es charrois, II s. VIII d. Item, a Denis pour la voicture d'icelle de la riviere au cloistre, on a fait XXVIII arres a VI d. t. chacun, vallent XI s. II d. t[90].

LE TUFFEAU BLANC

Cette pierre tendre et à dominante blanche du Turonien moyen, dont l'exploitation se développe aux XIe-XIIe siècles, a été largement exploitée en Anjou-Touraine-Blésois au cours du Moyen Âge et jusqu'au début du XXe siècle[91]. D'après les sources écrites (une vingtaine de mentions seulement), ce sont les perrières de Bourré (actuelle commune de Montrichard, Loir-et-Cher), de Saint-Aignan (Loir-et-Cher) et de Lye (Indre), localisées dans la vallée du Cher à environ 80 km au sud-ouest d'Orléans, qui ont alimenté les chantiers de construction orléanais à la fin de la période retenue.

Jusqu'à peu de temps, l'emploi du tuffeau blanc à Orléans était surtout connu pour sa mise en œuvre, à partir du XVIIe siècle, dans certaines

---

90 AD Loiret, G 106, f° 12.
91 Daniel Prigent, « Exploitation et commercialisation du tuffeau blanc (XVe-XIXe siècles) », in Jean-Luc Marais, dir., *Mines, carrières et sociétés dans l'histoire de l'Ouest de la France, Annales de Bretagne et des pays de l'Ouest*, 104-3, 1997, p. 67-80 ; Daniel Prigent, « La Loire et les matériaux de construction à l'époque médiévale et à la Renaissance », in Gérard Mazzochi, éd., *Approche archéologique de l'environnement et de l'aménagement du territoire ligérien*, Orléans, Fédération Archéologique du Loiret, Études Ligériennes, 2003, p. 236.

parties de la cathédrale Sainte-Croix[92]. Les exemples ci-dessous, issus des études récentes, mettent en évidence des usages plus larges et plus anciens. Les premiers témoignages du tuffeau dans la ville correspondent peut-être au parement du dernier étage de la tourelle d'escalier du beffroi de la ville, édifiée au milieu du xve siècle (Fig. 32)[93], et de manière plus assurée au parement en moyen appareil réglé conservé sur la façade occidentale de la maison commune (place de la République), l'hôtel des Créneaux (Fig. 33)[94]. Ce corps de bâtiment de la fin du xve siècle influença peut-être les commanditaires de plusieurs maisons édifiées autour des années 1510-1520 où ce parti architectural est repris : 36 rue du Poirier, maison dite de l'Ours 4 place du Châtelet (autour de 1520 d ; Fig. 34), 34 rue de la Charpenterie (1519 d), 8 rue du Poirier, 24 rue Louis-Roguet, *etc.*[95] Par la suite, il caractérise également les façades d'une quinzaine de riches habitations de la seconde Renaissance, par exemple l'hôtel Toutin (1536-1540d ; Fig. 35), l'hôtel d'Hectore de Sanxerre 211 rue de Bourgogne (1544 d), *etc.* La technique reste la même qu'aux siècles précédents : cet appareil de revêtement est placé au-devant d'une fourrure de petits moellons irréguliers (calcaire de Beauce). Ces pierres de parement correspondent souvent à des carreaux de profondeur réduite (entre 11 et 22 cm d'épaisseur), permettant peut-être une économie de matériau. Dans tous les exemples précédents, le parement de tuffeau est associé aux étages à la pierre d'Apremont pour les éléments sculptés et moulurés tels que les encadrements des ouvertures, des cordons et parfois de la corniche (Fig. 34). L'usage du tuffeau en parement est également attesté sur quelques édifices religieux comme le montrent les vestiges de la chapelle Saint-Jacques (fin xve-début xvie siècle ; Fig. 36) ou de l'église paroissiale Sainte-Catherine (place Louis XI ; fin xve-début xvie siècle).

---

92 À partir de 1618, on utilise la pierre de Bourré pour construire les pinacles, les arcsboutants et les voûtains ; George Chenesseau, *op. cit.*, t. 1, p. 21, 50.

93 Un rapport de 1915-1916 et une lettre de 1917 rédigés par l'architecte en charge des travaux de l'édifice, Lucien Roy, évoque de la « pierre de Bourrée » (Médiathèque de l'architecture et du patrimoine, Charenton-le-Pont, 0081/045/0048). Mais, la reconstruction complète du parement de ce niveau, après sa démolition en 1919, ne permet pas d'être catégorique.

94 Clément Alix, « L'hôtel des Créneaux… », *op. cit.*, p. 77-79.

95 Le tuffeau a pu être présent sur les parements des façades principales d'autres habitations des années 1500-1520, mais leur restauration intégrale ne permet pas d'exclure l'usage conjoint du calcaire du Nivernais, comme au 3 rue de l'Empereur ou à l'hôtel Hatte 11 rue du Tabour.

FIG. 32 – Beffroi de l'hôtel de ville, façade orientale et tourelle d'escalier, vers 1448-1453. Photographie : Clément Alix, Pôle d'archéologie de la Ville d'Orléans.

FIG. 33 – Hôtel de ville, place de la République, façade orientale, fin du XVe siècle. Parement en tuffeau sur soubassement en calcaire de Beauce. Photographie : Clément Alix, Pôle d'archéologie de la Ville d'Orléans.

FIG. 34 – Maison dite de l'Ours, 4 place du Châtelet, façade occidentale, autour de 1520d. Vues d'ensemble et de détail (en cours de travaux) du parement en moyen appareil de tuffeau placé au-devant d'un blocage de moellons de calcaire de Beauce. Photographie : Clément Alix, Pôle d'archéologie de la Ville d'Orléans.

FIG. 35 – Hôtel de Guillaume Toutin, 24 rue Notre-Dame-de-Recouvrance, 1536-1540d. Vues d'ensemble et de détail (en cours de travaux) du parement en moyen appareil de tuffeau placé au-devant d'un blocage de moellons de calcaire de Beauce. Photographie : Clément Alix, Pôle d'archéologie de la Ville d'Orléans.

Fig. 36 – Chapelle Saint-Jacques, façade occidentale (remontée dans le jardin de l'hôtel Groslot), fin du XVe-début du XVIe siècle. Parement en calcaire de Beauce (soubassement), en calcaire d'Apremont (1er niveau) et en tuffeau (2e niveau). Photographie : Clément Alix, Pôle d'archéologie de la Ville d'Orléans.

Du fait de sa faible masse volumique, le tuffeau est également réservé à la production d'éléments sculptés dans les parties sommitales de certaines églises. Ainsi, au porche du portail sud de Saint-Paul (fin XVe-début XVIe siècle), le tuffeau ne se trouve que dans les assises supérieures des arcatures à dais, alors que la majeure partie du décor est en pierre d'Apremont reposant sur un soubassement en calcaire oolithique. Dans l'église Sainte-Catherine un texte de 1513 mentionne la construction d'une corniche avec cheneau et garde-corps ajouré : « audit pan de devant de ladite tour sur le portail qui est ja faict fault asseoir deux assietez de pierres de taille portans moulleure en saille, lesquelles sera mis et assis une rangee de clerez voyes de gardefou, et seront lesdictes assietes et cleres voyez faictes de pierre de Saint Aignan, sauf les dalles et gargouilles qui seront de pierre d'Apremont[96] ».

---

96 AD Loiret, 2 J 2386, fᵒ 105-106, 26 juillet 1513.

C'est aussi parce qu'il est jugé comme plus léger que le tuffeau est privilégié pour les remplages des baies[97] et pour les pendants des voûtains des croisées d'ogives, comme à la chapelle Saint-Anne de l'église Saint-Paul en 1519[98] ou à Saint-Pierre-du-Martroi en 1520[99]. Sur ce dernier chantier, les arcs sont aussi réalisés en tuffeau : « fault faire les deux arcs doubleaux et augives pour lesdites voultes, de pierre de Sainct Aignan ou Lye, en ensuivant les tas de charges qui sont encommancées, et de la molleur en antic meilleur[100] ». En élévation extérieure, cette église montre l'emploi du tuffeau pour les pinacles scandant les travées sur les murs gouttereaux du haut-vaisseau dont le parement est, quant à lui, en brique (Fig. 8). Un constat semblable s'observe pour la reconstruction de l'abbatiale Saint-Euverte (fin du xvᵉ-début du xviᵉ siècle) puisque du tuffeau est mis en œuvre pour l'ensemble des voûtains de la nef, mais aussi les arcs des voutes des bas-côtés et certains doubleaux du vaisseau central, éléments qui, d'ailleurs, ont pour la plupart été restaurés au xviiᵉ siècle en calcaire d'Apremont[101]. Enfin, archives et études archéologiques attestent l'emploi du tuffeau à l'intérieur d'habitations du xviᵉ siècle pour les hottes de cheminées de l'étage noble, comme dans l'hôtel de Marie Brachet (1544) ou la maison 20 place du Châtelet (1562 d).

Plusieurs facteurs peuvent expliquer l'emploi tardif de cette pierre. Il s'agit tout d'abord de la persistance d'habitudes constructives instaurées depuis l'époque gallo-romaine en faveur des calcaires de l'Orléanais et du Nivernais, comme l'illustre une limite assez nette de la diffusion des matériaux dans la vallée de la Loire (depuis l'aval et depuis l'amont) à la frontière entre Orléanais et Blésois[102]. Ensuite, cette longue prépondérance des calcaires du Nivernais peut se justifier par la qualité

---

97 Ainsi pour une baie de la chapelle Saint-Anne dans l'église Saint-Paul en 1519 : « fera les mesneaulx de ladicte victre et le pan d'icelle chappelle dedans et dehors de pierre d'Apremont et le remplage d'icelle victre de pierre de Lye » ; AD Loiret, 2 J 2386, fᵒ 116, 01 janvier 1519.

98 « Sera icelle voulte de pendans de pierre de Bourray » ; AD Loiret, 2 J 2386, fᵒ 116, 01 janvier 1519.

99 « Fault pandanter icelles voultes de pendans de Bourray » ; AD Loiret, 3 E 10 286, 24 juillet 1520.

100 AD Loiret, 3 E 10 286, 24 juillet 1520.

101 George Chenesseau, « L'église Saint-Euverte », *Congrès archéologique de France*, XCIIIᵉ session, 1931, p. 93, 108.

102 Cette limite a notamment été mise en évidence pour les sarcophages de pierre du haut Moyen Âge du sud du Bassin parisien (Daniel Morleghem, *op. cit.*). Le calcaire jurassique

même de la pierre, puisqu'elle est aussi facile à tailler et à sculpter que le tuffeau. Enfin, les coûts de transport liés à l'éloignement des bassins carriers sollicités et surtout aux difficultés de navigation inhérentes à la remontée de la Loire ont constitué un rôle prépondérant. Il semble que l'itinéraire privilégié ait été intégralement fluvial, en descendant le Cher jusqu'à Tours puis en remontant la Loire (environ 100 km), à l'image de celui emprunté pour le chantier de la cathédrale Sainte-Croix au début du XVIIe siècle[103]. De fait le prix du tuffeau blanc, transport compris, était quelque peu supérieur à celui des calcaires orléanais ou nivernais, moins coûteux à acheminer à Orléans du fait de la proximité de leurs carrières ou parce que la descente du cours d'eau est naturellement plus aisée. À la fin du XVIIIe siècle l'écart de prix demeure assez important, puisqu'un pied cube de tuffeau de Bourré coûtait autour de 12 livres, tandis qu'un pied cube de pierre d'Apremont revenait à 1 livre et 10 sols[104]. L'introduction tardive du tuffeau en Orléanais, ponctuellement au XVe siècle puis plus fréquemment à partir de 1500, résulte peut-être également du développement de circuits économiques favorisés par certains chantiers situés en aval, notamment ceux de la ville de Blois ou du château royal de Chambord (dont le port à Saint-Dyé-sur-Loire se situe à 40 km d'Orléans). Le tuffeau devient désormais un matériau plus abordable du fait de la baisse de son coût d'acheminement, tout en étant également attractif d'un point de vue esthétique du fait de sa rareté en Orléanais.

---

du Nivernais « descend » la Loire jusqu'à Meung-sur-Loire au maximum, tandis que le tuffeau blanc « remonte » le fleuve jusque Saint-Laurent-Nouan.

103 Le 9 mars 1617, le Bureau de la cathédrale baille à Jehan Hirsam, voiturier par eau de Fondettes près de Tours, la fourniture et voiture d'un millier de blocs de 2 pieds 4 pouces, à 60 livres le cent, « depuis les pierreries de Vineuil ou Bourré, par les rivieres du Cher e de Loyre » ; George Chenesseau, *Sainte-Croix…*, *op. cit.*, t. 1, p. 50.

104 À la même époque, un pied cube de calcaire de Beauce de Beaugency (à 25 km d'Orléans) revenait à seulement 16 sous ; Catherine Gorget, *Pierres et rivières, étude sur les carrières d'Apremont-sur-Allier : exploitation, utilisation et transport de la pierre. Une famille de carriers de 1741 à 1787*, mémoire de l'EHESS, Philippe Braunstein, dir., Paris, 1987, p. 30.

DISCUSSION

La diversité et l'abondance des calcaires tant locaux que régionaux disponibles aux XVe et XVIe siècles amènent à s'interroger sur une éventuelle uniformisation des pratiques constructives, ou sur l'émergence de nouvelles formes architecturales. À l'échelle de la ville, ce constat soulève également la question sur la manière dont l'urbanisation croissante de la fin du Moyen Âge a pu influer dans le choix des matériaux, mais aussi des pratiques constructives.

LE CHOIX RAISONNÉ DES MATÉRIAUX AU SEIN D'UN MÊME ÉDIFICE : L'EXEMPLE DU GRAND-CIMETIÈRE

L'étude de bâti récemment menée sur la chapelle Saint-Hubert (1533d) dans l'angle du Grand-Cimetière d'Orléans illustre à elle seule la mixité des calcaires mis en œuvre dans les constructions de la ville, qui témoigne d'une hiérarchisation précise répondant à des critères techniques, économiques et esthétiques[105]. Les parements internes de ses murs en moyen appareil contrastent avec les élévations extérieures montées en petit appareil de moellons irréguliers de calcaire de Beauce recouvert par un enduit (Fig. 37). Le calcaire de Beauce, du fait de sa dureté, est réservé à la base des élévations. À l'extérieur, il est employé pour l'empattement et la partie inférieure des contreforts d'angle, tandis qu'à l'intérieur il est cantonné aux deux assises de soubassement au pied des murs (Fig. 38). Le calcaire d'Apremont, plus facile à tailler, est employé pour les neuf premières assises des chaînes d'angle intérieures, pour la partie inférieure de chaque baie et peut-être pour les gargouilles. Enfin, le tuffeau, est réservé pour le reste de l'encadrement des baies (assises supérieures des piédroits, arc et probablement remplage), ainsi que pour le moyen appareil régulier formant le revêtement des parements internes (carreaux d'épaisseurs assez minces). Ainsi, l'usage du calcaire du Nivernais se trouve largement concurrencé par celui du tuffeau, dont la légèreté et la blancheur semblent dorénavant recherchées par les

---

105 Clément Alix, *La chapelle Saint-Hubert du Grand-Cimetière (Campo-Santo) d'Orléans (Loiret). Rapport final d'opération de fouille archéologique*, Orléans, Pôle d'archéologie, Ville d'Orléans / SRA Centre, 2018, p. 117-120.

commanditaires. L'emploi différencié des trois types de calcaire (calcaire de Beauce / calcaire du Nivernais / tuffeau) ne se limitait d'ailleurs pas à la chapelle d'angle, car elle peut aussi être restituée sur les élévations des galeries du Grand-Cimetière (fin du XVe-1re moitié du XVIe siècle). Les assises inférieures formant le socle étaient en calcaire de Beauce, les trois ou quatre assises situées au-dessus, avec la base prismatique, utilisaient du calcaire d'Apremont, tandis qu'au-dessus, le reste des piliers, ainsi que les arcs et le parement des écoinçons, présentaient du tuffeau (Fig. 39). Plusieurs sources textuelles viennent corroborer cet échelonnement des matériaux mis en évidence par l'étude du bâti[106].

FIG. 37 – Grand-Cimetière d'Orléans (Campo Santo), chapelle d'angle de Saint-Hubert, élévations externes des façades nord et est (après restauration de 2016), en moellons de calcaire de Beauce enduits et baie en calcaire d'Apremont surmonté de tuffeau, vers 1533d. Photographie : Clément Alix, Pôle d'archéologie de la Ville d'Orléans.

---

106 Un acte du 31 juillet 1492, concernant vraisemblablement la galerie sud, évoque : « six pilliers de pierre de taille au grant cimetiere d'Orleans, lesquieulx pilliers ledit macon sera tenu tailler et asseoir du cousté devers les charniers, et les faire pareilz et de facon comme sont les trois pilliers faiz premiers devers la chapelle dudit cymetiere, et seront lesdits pilliers de pierre de Saint-Aignan en Berry [*i.e.* du tuffeau] depuis la puy au-dessus, et ladite puye sera de pierre de Charité [*i.e.* du calcaire du Nivernais], et le dessoubz de bonne pierre et convenable [*i.e.* du calcaire lacustre] » ; Eugène Jarry, « L'ancien Grand Cimetière d'Orléans », *Mémoires de la Société Archéologique et Historique de l'Orléanais*, t. 24, p. 499.

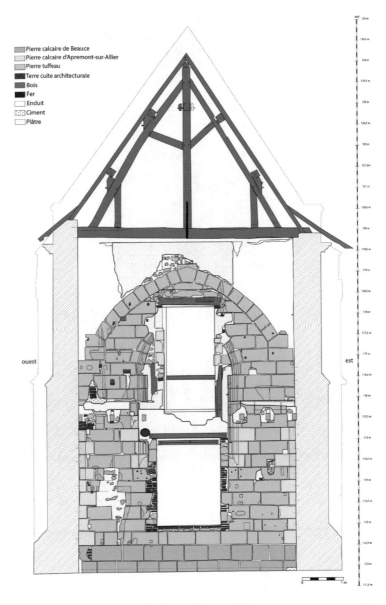

Fig. 38 – Grand-Cimetière d'Orléans (Campo Santo), chapelle Saint-Hubert, élévation interne de la façade nord (état avant travaux de 2016) avec mise en évidence des matériaux. Relevé et DAO : Clément Alix, Julien Noblet, Pôle d'archéologie de la Ville d'Orléans.

FIG. 39 – Grand-Cimetière d'Orléans (Campo Santo), angle des galeries ouest et nord, 1ʳᵉ moitié du XVIᵉ siècle. Élévation initialement en calcaire lacustre de l'Orléanais, calcaire d'Apremont et tuffeau. Photographie : Clément Alix, Pôle d'archéologie de la Ville d'Orléans.

LE CHOIX DES MATÉRIAUX DANS LE CADRE D'UNE OPÉRATION URBANISTIQUE : LES MAISONS DES NOUVEAUX QUARTIERS DE LA DERNIÈRE ENCEINTE

Dans le domaine de l'habitat, un autre constat relatif à l'usage des matériaux se dégage de l'étude des quartiers situés dans la dernière « accrue » de l'enceinte urbaine d'Orléans (débutée vers 1486-1488). Cette fortification s'accompagne d'une vaste opération d'urbanisme, s'appuyant sur le percement d'une vingtaine de rues délimitant des îlots quadrangulaires destinés à être lotis, tandis que d'autres quartiers conservent leur parcellaire et leur voirie hérités des siècles précédents. Sur les 160 maisons possédant des vestiges de construction des XVᵉ-XVIᵉ siècles actuellement recensées, une trentaine présente des façades en pan de bois[107]. Ces dernières se situent majoritairement sur les axes de circulation antiques et médiévaux antérieurs au projet d'urbanisme

---

107 Ces chiffres sont indicatifs et inférieurs à la réalité puisque de nombreux bâtiments ont été détruits, reconstruits ou non identifiés en l'état actuel de la recherche.

de 1488 (rue des Carmes, rue d'Angleterre, rue Croix-de-Bois, rue des Turcies, rue des Charretiers, rue Stanislas-Julien, rue Bannier ; Fig. 40). La construction à façade en pan de bois, dont le caractère modulaire favorisait certains ajustements, n'était-elle pas alors davantage adaptée à l'édification de maisons situées dans un parcellaire ancien et dense où subsistaient parfois des caves et des murs-pignons mitoyens en pierre pouvant être réutilisés ? L'efficacité de cette technique explique par ailleurs que les façades en pan de bois aient été également employées pour les maisons sérielles de petits lotissements à la fin du XVe siècle et du début du siècle suivant (Fig. 41)[108]. A *contrario*, dans les quartiers nouvellement créés à l'emplacement d'anciennes vignes, vergers ou d'anciennes habitations clairsemées, les maisons semblent majoritairement édifiées avec des murs intégralement en pierre (essentiellement des moellons ; Fig. 42), à l'exception des grands hôtels bâtis par des aristocrates ou de riches bourgeois dont les façades principales pouvaient être revêtues de briques et/ou de pierres de taille (Fig. 35). Ces quartiers correspondent également à ceux où se concentrent de nombreuses et parfois vastes caves-carrières souterraines pouvant avoir fourni une bonne partie des moellons (Fig. 11).

---

108 Clément Alix, « Les maisons en pan de bois… », *op. cit.*, p. 253-254.

Fig. 40 – Maison 69 rue des Carmes, façade occidentale en pan de bois, 2ᵉ moitié du
XVᵉ siècle. Photographie : Clément Alix, Pôle d'archéologie de la Ville d'Orléans.

Fig. 41 – Maison 11 rue des Grands-Champs, deux unités d'habitation
(habitat sériel) dont la façade occidentale est en pan de bois, 1489-1490d.
Photographie : Clément Alix, Pôle d'archéologie de la Ville d'Orléans.

FIG. 42 – Maison 33 rue de la Lionne, façade nord en moellons de calcaire
de Beauce enduits, vers 1500-1530. Photographie : Clément Alix,
Pôle d'archéologie de la Ville d'Orléans.

CONCLUSION

À Orléans, l'usage du moellon de calcaire de Beauce est continu du
XIIe siècle au XVIe siècle et se traduit par une persistance de l'activité

extractive souterraine en cœur de ville. L'évolution de la forme de ces petites carrières trahit néanmoins des changements de modes d'exploitation en lien avec l'accroissement de la ville durant le second Moyen Âge. Plutôt que de répondre à un besoin plus important en matériau de construction, ces transformations semblent davantage liées au passage d'un parcellaire densément bâti dans la ville enclose des XIIe-XIVe siècles à un foncier plus lâche exempt de contraintes fortes en sous-sol (moins de fondations et de caves préexistantes) dans les quartiers enclos aux XVe-XVIe siècles. Le calcaire de Beauce, extrait dans les carrières souterraines de la ville ou dans les perrières des faubourgs, ramassé sur des chantiers ou remployé à partir d'anciens édifices, constituait une ressource relativement abondante au coût d'achat vraisemblablement limité. Néanmoins, ces constructions en moellons nécessitaient d'être complétées par l'emploi d'autres calcaires lacustres provenant de carrières en amont et en aval de la ville (« Brierre », Sant-Ay, Saint-Fiacre, *etc.*), dont les caractères géologiques et les propriétés mécaniques se prêtent mieux à la réalisation de pierres taillées pour les éléments architecturaux majeurs et les parements en petit ou moyen appareil.

Des limites techniques (difficulté de taille du fait de la dureté et du caractère fossilifère du calcaire lacustre) expliquent aussi l'introduction des calcaires plus tendres du Nivernais, notamment pour les encadrements d'ouvertures et les éléments moulurés ou sculptés. Comme cela a été exposé, c'est au XVe siècle que s'amplifie l'utilisation de ces calcaires qui, en plus des usages précédents, servent à la confection de nouveaux décors ou au développement de modes architecturales, telles que les parements de revêtement. Ces innovations ne sont pas l'apanage des édifices cultuels ou publics, car elles sont simultanément adoptées par les commanditaires de riches habitations ou de maisons plus modestes dont la façade sur rue est l'élément le plus valorisé. Le choix de ces matériaux implique dorénavant un surcoût financier, dont une part importante est liée au prix du transport fluvial, comme l'illustre le chantier de Saint-Aignan.

L'introduction à Orléans du tuffeau de la vallée du Cher au cours du XVe siècle répond lui aussi à des critères techniques et esthétiques (facilité de taille, légèreté, blancheur renvoyant peut-être à des modèles prestigieux d'architectures contemporaines), et remplace parfois le calcaire d'Apremont pour l'exécution de certains ouvrages, malgré un coût financier plus élevé du fait de son approvisionnement complexe.

Un parallèle pourrait être établi avec les circuits économiques se déve-loppant pour l'approvisionnement en ardoise de couverture provenant d'Anjou, autre matériau lithique présent en aval et qui est importé tardivement sur les chantiers orléanais[109], selon des modalités qui, en l'état actuel de la recherche, nous échappent encore faute de données suffisamment nombreuses.

À la fin du Moyen Âge, ces différents types de pierre sont employés en respectant une stricte hiérarchisation suivant leurs fonctions au sein des fondations et des élévations des édifices, ce qui entraîne une certaine uniformisation des pratiques constructives. Néanmoins, le panorama dressé ici montre que la pierre, bien qu'omniprésente dans les édifices orléanais des XIIe-XVIe siècles, a souvent été associée à d'autres types de matériaux (bois, terre), en particulier pour le gros-œuvre des façades de certaines maisons. Malgré un accès relativement aisé aux différents matériaux lithiques, l'observation des habitations construites au début de l'époque moderne nuance l'image d'une ville dont les bâtiments seraient entièrement bâtis en pierre.

Clément ALIX
Pôle d'Archéologie, ville d'Orléans /
UMR 7323 CESR

Daniel MORLEGHEM
Docteur en Archéologie /
UMR 7324 Citeres-LAT

---

109 L'ardoise d'Anjou est utilisée sur des toitures dès la fin du XIVe siècle d'après certaines données textuelles (Philippe Mantellier, *op. cit.*, p. 340). Dans le Chartier du prieuré de Saint-Samson (fin XIVe-XVe siècles) l'ardoise est citée 11 fois, contre 12 fois pour l'« esseaune » (bardeaux) et seulement 2 fois pour la tuile (Camille Bloch, Jacques Soyer, *Inventaire sommaire des Archives Départementales antérieures à 1790, Archives civiles, série D*, Orléans, Paul Pigelet et fils, 1917, p. 162-176). Les sondages réalisés dans les comptes de l'Hôtel-Dieu du début du XVe siècle fournissent des résultats semblables : la grande majorité des maisons sont couvertes d'« esseaune », suivi de près par l'ardoise, tandis que sur la trentaine de demeures citées, la tuile (« tieulle ») n'est évoquée que dans deux maisons ; AD Loiret, 10 H - dépôt/1 E 29, 1419-1424 et 10 H - dépôt/1 E 31, 1433-1435.

LES RAPPORTS ENTRE LA PIERRE ET
LES AUTRES MATÉRIAUX DE CONSTRUCTION
DANS LES VILLES PORTUGAISES
AU MOYEN ÂGE

INTRODUCTION

Les matériaux utilisés dans les constructions médiévales portugaises sont étudiés depuis plusieurs décennies, généralement dans le cadre de l'archéologie, de l'architecture et de l'histoire de l'art comme étude de cas, ou alors comme élément d'une perspective d'analyse plus vaste. En effet, rares sont les travaux qui présentent le thème des matériaux de construction comme objet central d'analyse, avec cependant des exceptions, comme un livre récent qui, d'ailleurs, ne concerne pas exclusivement la réalité urbaine médiévale[1]. Il est cependant important de valoriser les nombreux travaux qui ont cherché à analyser la question des matériaux. Parmi ceux-ci, les études monographiques centrées sur les grands bâtiments, comme le monastère de Batalha[2] ou le monastère des Hiéronymites (Jerónimos) à Lisbonne[3] méritent une mention spé-

1   Arnaldo Sousa Melo, Maria do Carmo Ribeiro, éd., *História da Construção. Os Materiais*, Braga, Ed. CITCEM/LAMOP, 2012.
2   Saul A. Gomes, *O Mosteiro de Santa Maria da Vitória no século XV*, Coimbra, Faculdade de Letras da Universidade de Coimbra, 1990.
3   José da Felicidade Alves, *O Mosteiro dos Jerónimos II – Das Origens à atualidade*, Lisboa, Livros Horizonte, 1991. Arnaldo Sousa Melo, Maria do Carmo Ribeiro, « L'organisation d'un chantier de construction exceptionnel : le Monastère des Jerónimos à Lisbonne, au début du XVIᵉ siècle », in François Fleury *et al.*, éd., - *Les temps de la construction. Processus, acteurs, matériaux* (Recueil des textes issus du IIᵉ Congrès Francophone d'Histoire de la Construction, Lyon, Janvier 2014), Paris, Picard, 2016, p. 725-732 ; Arnaldo Sousa Melo, Maria do Carmo Ribeiro, « Late-medieval construction site management : the Monastery of Jerónimos in Lisbon », *Construction History*, vol. 30, nᵒ 1, 2015, p. 23-37.

ciale. De même, la demeure seigneuriale, fortifiée ou non fortifiée, riche de l'apport de l'archéologie et de l'histoire de l'art[4], a fait l'objet d'une attention notable, en particulier les palais médiévaux portugais[5], comme le Paço Régio de Sintra[6] ou plus récemment le Paço Régio da Alcáçova de Lisbonne[7]. De leur côté, les travaux sur la construction courante, y compris les matériaux, ont été développés par des historiens, comme Maria da Conceição Falcão sur l'habitat urbain, notamment dans le nord du Portugal, mais aussi par d'autres auteurs comme Iria Goncalves ou Luís Miguel Duarte[8]. Citons surtout Sílvio Conde dont l'ouvrage intitulé « Construire, habiter : la maison médiévale[9] », rassemble plusieurs textes épars, où l'auteur aborde des sujets tels que les techniques de construction, les matériaux utilisés, les volumes, les zones ou les caractéristiques de la maison médiévale portugaise, ainsi que les travaux fondamentaux de Luísa Trindade[10], qui présente aussi un article dans cette publication.

4   Mário Barroca, « Em torno da residência senhorial fortificada : quatro torres medievais na região de Amares », *Separata da Revista de História*, Porto, Centro de História da Universidade do Porto, 1989, p. 6-91. Mário Barroca, « Torres, Casas-Torres ou Casas-Forte. A concepção do espaço de habitação de pequena e média nobreza na baixa Idade Média (séculos XII-XV) », *Revista de História das Ideias*, 19, Coimbra, Universidade de Coimbra, 1997, p. 39-103 ; Mário Barroca, « Arquitetura Gótica civil », in C. A. F. Almeida, M. J. Barroca, *História da Arte em Portugal – O Gótico*, Lisboa, Editorial Presença, 2002, p. 92-120.

5   José Custódio Vieira da Silva, *Paços Medievais Portugueses*, 2ª edição revista e actualizada, Lisboa, IPPAR, 2002.

6   Arnaldo Sousa Melo, Maria do Carmo Ribeiro, « O processo construtivo dos paços régios medievais de portugueses nos séculos XV-XVI : O Paço Real de Sintra », in Arnaldo Sousa Melo, Maria do Carmo Ribeiro, éd., *História da Construção – Os Materiais*, Braga, CITCEM/LAMOP, 2013, p. 213-244.

7   Diana Neves Martins, *O Paço da Alcáçova de Lisboa : uma intervenção Manuelina*, Lisboa, Faculdade de Ciências Sociais e Humanas da Universidade Nova de Lisboa, 2017 (dissertação de Mestrado).

8   Maria da Conceição Falcão Ferreira, Jane Grenville, « Urban vernacular housing in Medieval Northern Portugal and the usefulness of typologies », in C. Beattie, A. Maslakopvic, S. R. Jones, éd., *The Medieval Household in Christian Europe. C. 850-c. 1550*, Turnhout, Brepols, 2003, p. 359-389. Maria da Conceição Falcão Ferreira, Luís Miguel Duarte, « La construction courante au Portugal à la fin du Moyen Âge et au début de l'Époque Moderne », in *L'edilizia prima della Rivoluzione industriale. Secc. XIII-XVIII. Prato, 26-30 Aprile 2004*, Atti a cura di Simonetta Cavaciocchi, Firenze, Istituto S.E. Prato, 2005. Maria Conceição Falcão Ferreira, *Duas Vilas um só povo : estudo de história urbana (1258-1390)*, Braga, CITCEM/ICS - Universidade do Minho, 2010. *Morar : Tipologia, Funções e Quotidianos da Habitação Medieval* - Volumes 3-4 *de Medio Aetas : revista de estudos medievais*, 2001.

9   Manuel Sílvio Conde, *Construir, habitar : a casa medieval*, Braga, CITCEM, 2011.

10   Luísa Trindade, *Urbanismo na composição de Portugal*, Coimbra, Imprensa da Universidade de Coimbra. 2013. Et aussi, Luísa Trindade « A Praça e a Rua da Calçada segundo o Tombo

Il faut souligner que dans la perspective des acteurs de cet article, l'étude des matériaux gagne beaucoup du croisement de différents types de sources d'informations, notamment les sources écrites, les données archéologiques et les bâtiments médiévaux toujours présents dans les villes actuelles.

Pour analyser l'utilisation de matériaux dans la construction de la ville médiévale portugaise, il est essentiel de commencer par souligner certaines questions préalables : les lieux d'implantation des villes et les ressources naturelles des environnements dans lesquels elles évoluent ; le processus historique d'origine, d'évolution et de transformation des villes médiévales ; les contextes socio-économiques et politiques qui conditionnent un degré plus ou moins intense de circulation et d'un marché des matériaux d'aire géographique plus ou moins étendue ; les volonté et capacité des décideurs ou des autorités.

En effet, les matériaux utilisés dans les constructions urbaines médiévales portugaises présentent une grande variabilité, résultant de la diversité des matières premières disponibles dans différentes régions, mais également de l'ingéniosité, du talent et de la technique de l'homme pour les travailler[11].

De même, la genèse des cités médiévales portugaises était très diverse : quelques-unes étaient héritières de villes de périodes antérieures, notamment romaine, comme Braga, ou romaine et islamique telles Coimbra, Lisbonne, Évora, tandis que d'autres villes étaient des nouvelles créations médiévales comme Guimarães, Bragança, ou Guarda[12].

Les villes médiévales portugaises qui ont été le résultat d'anciennes structures urbaines, notamment romaines ou islamiques, ont également pu réutiliser plus intensément certains matériaux provenant de constructions antérieures, comme le montrent, par exemple, certaines constructions de Braga, notamment la cathédrale et le palais épiscopal[13].

Antigo da Câmara de Coimbra (1532) », *Media Ætas Revista de Estudos Medievais*, IIᵉ série, vol. I, 2004/2005, p. 121-158.

11   Arnaldo Sousa Melo, Maria do Carmo Ribeiro, « Os materiais empregues nas construções urbanas medievais. Contributo preliminar para o estudo da região do Entre Douro e Minho », in *História da Construção – Os materiais*, Braga, Ed. CITCEM et LAMOP, 2012, p. 127-166 ; notamment p. 150 et 154-155.

12   A H. Oliveira Marques, Iria Gonçalves, Amélia Aguiar Andrade, *Atlas das Cidades Medievais Portuguesas*, vol. I, Lisboa, Centro de Estudos Históricos da Universidade Nova, 1990.

13   Maria do Carmo Ribeiro, « O poder de fabricar a paisagem urbana medieval. Materialidades e discursos na cidade medieval de Braga », in Amélia A. Andrade *et al.*, éd., *Espaços e*

Bien que les caractéristiques naturelles des régions dans lesquelles les plus grands centres urbains médiévaux sont établis soient très variables, les sources écrites permettent de témoigner que les lieux où les villes médiévales se sont installées profitaient généralement de bonnes ressources naturelles, conditions favorables pour leur développement futur.

Situées dans des endroits topographiquement importants, principalement pour des raisons défensives, un nombre important de villes ont été installées à leur origine dans des massifs rocheux tels que Guimarães, Porto, Coimbra ou Lisbonne, dont la pierre a toujours été utilisée pour la construction urbaine.

Fig. 1 – Principales villes portugaises au Moyen Âge. © Melo e Ribeiro, 2021.

La majorité des villes médiévales portugaises était également favorisée par l'existence de cours d'eau à proximité. Certaines se dressaient au centre de terres fertiles plus ou moins éloignées, qui servaient à la pratique de l'agriculture et/ou avaient une couverture végétale remarquable, vitale pour la vie urbaine. Il est bien connu qu'au Moyen Âge le bois avait une grande importance, notamment en tant que matériau de construction et en tant que source d'énergie, et que la production locale et même nationale de bois au Portugal ne suffisait pas, comme le

poderes na Europa Urbana Medieval, Lisboa, IEM - Instituto de Estudos Medievais da Faculdade de Ciências Sociais e Humanas da Universidade de Lisboa / Câmara Municipal de Castelo de Vide, 2018, p. 359-380.

soulignent plusieurs documents médiévaux. La provenance extrarégionale est notamment liée à sa qualité ou à sa rareté dans certaines régions[14].

Toutefois, pour nombre de centres urbains, la végétation se trouvait à proximité des villes et pouvait être intégrée dans les paysages citadins, notamment du fait de l'élargissement de la ville au bas Moyen Âge. La présence d'espaces boisés peut également être appréciée grâce à la toponymie, qui permet de caractériser les différentes espèces, mais aussi leur disparition ultérieure[15]. Parmi les multiples exemples enregistrés, on trouve souvent, dans plusieurs villes portugaises, des rues appelées rue du bois de chêne (*Rua do Souto*)[16].

Dans le cas du matériel lithique, les locaux d'approvisionnement suggérés par la documentation comprenaient, outre des sites d'extraction situés à leur périphérie, des sites existants dans les villes mêmes ou dans leurs abords immédiats.

Sur la question d'une éventuelle pétrification de la ville, il faut commencer par présenter certains bâtiments qui dès le XIIe siècle ont été surtout en pierre dans leur structure, tels les bâtiments religieux, les palais royaux et seigneuriaux, les systèmes défensifs et quelques autres. Ensuite la réflexion s'ouvrira sur d'autres bâtiments en pierre qui, probablement, se sont développés seulement à partir des XIVe et XVe siècles.

LES SYSTÈMES DÉFENSIFS

Les enceintes urbaines constituent un type de construction très spécifique, compte tenu de leurs multiples fonctions, notamment militaires, mais aussi fiscales et juridictionnelles, ainsi que du fait elles aient été

---

14   Armindo de Sousa, « 1325-1480 », in J. Mattoso, éd., *A Monarquia Feudal (1096-1480)*, Lisboa, 1993, p. 310-556 (J. Mattoso, éd., *História de Portugal*, vol. 2) ; Carlos Alberto Ferreira de Almeida, *Arquitectura românica de Entre Douro e Minho*, vol. 1, Porto, Faculdade de Letras da Universidade do Porto, 1978 (tese de doutoramento policopiada), p. 78-79.

15   J. M. Pereira de Oliveira, *O Espaço Urbano do Porto. Condições naturais e desenvolvimento* [Edição Fac-similada da edição original de 1973 do Instituto de Alta Cultural], Porto, 2007, p. 109-111 et 118-119 ; Maria Conceição Falcão Ferreira, *Duas Vilas um só povo ...*, *op. cit.* ;, p. 189-198.

16   A H. Oliveira Marques, Iria Gonçalves, Amélia Aguiar Andrade, *Atlas das Cidades Medievais...*, *op. cit.*

construites par des autorités publiques, surtout par les pouvoirs royaux et seigneuriaux, mais aussi municipaux. Souvent, il s'agissait d'œuvres promues par le pouvoir royal, qui disposait à cet effet de la capacité d'allouer des ressources qui n'étaient pas toujours disponibles pour d'autres types de bâtiments, à savoir des matières premières de meilleure qualité, des mécanismes de financement importants et des réquisitions de main-d'œuvre, de portée locale et régionale et, si nécessaire, nationale[17].

Les sources archéologiques, les documents écrits et les vestiges de certains murs médiévaux nous permettent de tirer quelques conclusions sur les matériaux utilisés pour leur construction, ainsi que sur leur provenance. Par exemple, dans le cas des remparts médiévaux de Braga, la partie nord de l'enceinte médiévale réutilise le mur de l'époque romaine jusqu'au XIIIe siècle et à partir du XIVe siècle un nouveau mur médiéval a connu des augmentations successives au nord[18]. Les fouilles archéologiques et les vestiges de la muraille médiévale de Braga permettent de vérifier que la pierre utilisée est le granit de la région, extraite des ressources locales. Dans certains cas, la pierre est réutilisée à partir des anciennes constructions romaines, tandis que dans d'autres elle est composée de matériaux nouveaux, en provenance de carrières locales et régionales qui ont été largement exploitées. Le matériel en pierre aurait des dimensions et des qualités différentes selon les usages. Pour les murs extérieurs, la pierre était taillée avec des dimensions homogènes, tandis que l'intérieur les murs comprendraient différents types de matériaux, à savoir des pierres de dimensions variables, plus petites, de moyenne taille et de qualités différentes, comme les galets, les graviers, les sables, mais aussi la terre et les mortiers de liaison[19].

---

17   Maria do Carmo Ribeiro, Arnaldo Sousa Melo, « O papel dos sistemas defensivos na formação dos tecidos urbanos (Séculos XIII-XVII) », in Maria do Carmo Ribeiro, Arnaldo Sousa Melo, éd., *Evolução da paisagem urbana : transformação morfológica dos tecidos históricos*, Braga, Ed. CITCEM/IEM, 2013, p. 183-222.

18   Francisco Sande Lemos, José Manuel Freitas Leite, « A muralha de Bracara Augusta e a cerca medieval de Braga », in *Actas do Simpósio Sobre Castelos. Mil Anos de Fortificações na Península Ibérica (500-1500)*, Palmela, 2000, p. 121-132.

19   Maria do Carmo Ribeiro, *Braga entre a época romana e a Idade Moderna. Uma metodologia de análise para a leitura da evolução do espaço urbano*, Braga, Universidade do Minho, 2008 (Tese de Doutoramento em Arqueologia), p. 326-343.

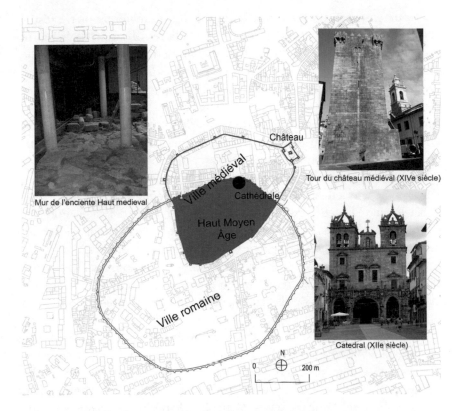

FIG. 2 – Braga au Moyen Âge. © Melo e Ribeiro, 2021.

Cette réalité est identique à beaucoup d'autres enceintes urbaines comme dans le cas du mur gothique de Porto, construit principalement entre 1355 et 1370, où la pierre de provenance locale a été le principal matériel utilisé dans sa construction[20]. À ces exemples, nous pourrions ajouter beaucoup d'autres cas similaires, tels les murs de la ville de Guimarães[21], ou ceux de Lisbonne[22], parmi d'autres.

20   Arnaldo Sousa Melo, Maria do Carmo Ribeiro, « Os materiais empregues nas construções … », *op. cit.*, p. 150-152 ; Maria do Carmo Ribeiro, Arnaldo Sousa Melo, « O papel dos sistemas defensivos … », *op. cit.*, p. 208-210.
21   Maria Conceição Falcão Ferreira, *Duas Vilas um só povo …*, *op. cit.*, p. 235-290.
22   Artur Rocha, *A Muralha de D. Dinis e a Cidade de Lisboa. Fragmentos arqueológicos e evolução histórica*, Lisboa, Museu do Dinheiro / Banco de Portugal, 2015.

Apparemment, un pourcentage important du matériau pierre résultait de l'extraction en carrière, ainsi que de la réutilisation de la pierre en provenance d'autres bâtiments médiévaux ou anciens. De plus, une autre façon d'utiliser les ressources en pierre existantes dans la région était de les incorporer sur-place dans la structure constructive elle-même, comme ce fut le cas avec le château de Guimarães et son mur, qui a profité des différents affleurements de granit existant sur le site, en les incorporant dans sa construction, réduisant ainsi l'effort de bâtir, comme cela est typique des châteaux rocailleux[23].

Les murs, portes et tours médiévaux ont nécessité de fréquents travaux d'entretien et de réparation, parfois quelques années après leur achèvement. Plusieurs exemples en sont bien connus à Braga, Porto et Guimarães. Dans certains d'entre eux, les interventions ont eu lieu en raison du fait que certaines parties du mur étaient même en danger de tomber. Pour l'entretien de ces structures, on retrouve souvent l'utilisation de matériaux recyclés ou réutilisés en pierre, mais aussi d'autres matériaux, comme du bois ou des tuiles, récupérés de bâtiments inoccupés ou abandonnés[24].

Cependant, l'inverse était également vrai. Certains matériaux des murs pouvaient être réutilisés pour la construction d'autres bâtiments, comme en témoigne le cas d'Évora, au XVe siècle, lorsque, par exemple, l'enceinte des XIIe-XIVe siècle avait perdu sa fonctionnalité défensive, au profit du nouveau mur des XIVe-XVe siècles, de périmètre beaucoup plus large, et dont les matériaux sont canalisés vers d'autres bâtiments[25].

En effet, on peut dire que l'utilisation de la pierre dans les systèmes défensifs médiévaux des villes portugaises a augmenté à partir du XIIe et perdure au cours de toute l'époque médiévale. Les dimensions et la qualité des blocs de pierre ont une tendance aussi à augmenter, surtout dans les murs extérieurs.

---

23   Mário Barroca, « O Castelo de Guimarães », *Patrimónia, Identidade, Ciências Sociais e Fruição Cultural*, n° 1, Outubro 1996, p. 17-28 ; Mário Barroca, Luís C. Amaral, *Castelo de Guimarães, livro-guia do Centro Interpretativo*, Guimarães, Associação de Amigos do Paço dos Duques de Bragança e Castelo de Guimarães, 2019.

24   Arnaldo Sousa Melo, Maria do Carmo Ribeiro, « Os materiais empregues nas construções urbanas medievais... », *op. cit.*, p. 150 et 154-155.

25   Ângela Beirante, *Évora na Idade Média*, Lisboa, Fundação C. Goulbenkian, 1995, p. 48-50.

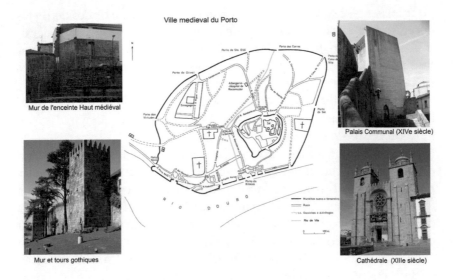

Fig. 3 – Porto au Moyen Âge. © Melo e Ribeiro, 2021.

BÂTIMENTS RELIGIEUX

Les villes médiévales présentaient un ensemble diversifié de centres de culte et de vie religieuse, généralement avec une forte implication dans le tissu urbain en raison des relations qu'ils entretenaient avec différents groupes et secteurs de la société. Les bâtiments religieux constituaient un type de construction très important dans les villes portugaises, pour leur charge symbolique, mais aussi parce que souvent ils étaient liés aux pouvoirs seigneuriaux, notamment des monastères, des collégiales et des évêques, parfois même des villes épiscopales, quand le prélat était aussi le seigneur de la ville[26]. À Braga, par exemple, une basilique paléochrétienne urbaine, qui existait probablement entre les IVe et XIe siècles, a été construite sur d'anciens édifices romains. Cette basilique est démolie

---

26 Maria do Carmo Ribeiro, Arnaldo Sousa Melo, « A materialização dos poderes no espaço como expressão da memória e identidade urbana medieval », *Medievalista* [Em linha], ISSN 1646-740x, n°12, (Julho - Dezembro 2012).

pour laisser place à la nouvelle cathédrale[27], édifiée à partir des dernières décennies du XIᵉ siècle, par l'évêque D. Pedro (1071-1091). Dès le début de sa construction, la nouvelle cathédrale constitue le centre vital autour duquel la petite cité médiévale se structura. Elle constitue l'un des monuments les plus symboliques de la ville au présent, du pont de vue historique et architectural, étant le seul édifice public qui ait survécu à la première phase d'urbanisme de la cité médiévale, et ce malgré un long processus de transformation[28].

Le matériau de construction utilisé pour la construction de la cathédrale de Braga comprend, outre des pierres de granit, des matériaux réutilisés des bâtiments de la ville romaine. Sur cet ensemble, il y a trois plaques d'épigraphes romaines réutilisées : une au sommet de la chapelle de S. Geraldo, dédiée à Isis ; une autre réutilisée dans le mur qui sépare le cloître de Santo Amaro du large D. João Peculiar et une autre très endommagée, dans le frontispice de la tour sud de la cathédrale[29]. De ce qui a survécu de la construction réalisée conformément aux canons de l'architecture romane, se distinguent les piliers et les arcs doubleaux des nefs, les vestiges du portail principal et de l'atrium attenant ; la porte dite du soleil, l'abside du nord du chevet ; et quelques corbeaux qui supportent les corniches[30]. Outre la réutilisation de ce type de matériau, nous savons, par exemple, que le mur qui sert actuellement de fondation au chœur est constitué de blocs rectangulaires, parfois rembourrés, de bâtiments de l'époque romaine, disposés en rangées plus ou moins régulières. Les interstices entre les blocs étaient reliés par de petites pierres et de la terre[31]. Il est intéressant de noter que les fouilles archéologiques menées en 1996-1998, dans le sous-sol de la nef du côté nord de la basilique du VIᵉ siècle, ont permis de découvrir

---

27   Luís Fontes, Francisco Sande Lemos, Mário Cruz, « Mais Velho que a Sé de Braga. Intervenção arqueológica na catedral bracarense : noticia preliminar », *Cadernos de Arqueologia*, vol. 14/15, série II, 1997-1998, Braga, p. 137-164.

28   Maria do Carmo Ribeiro, « A (re)construção da paisagem urbana medieval de Braga : espaços, arquitetura e memória », in Gregoria Cavero Domíngues, éd., *Construir la memoria de la ciudad : espacios poderes e identidades en la Edad Media (XII-XV)*, III : *La Ciudad y su discurso*, León, Universidad de León, Área de Publicaciones, 2017, p. 9-40.

29   Maria do Carmo Ribeiro, *Braga entre a época romana e a Idade Moderna ...*, *op. cit.*, p. 332-350.

30   Manuel L. Real, « O projecto da Catedral de Braga, nos finais do século XI, e as origens do românico português », in *Actas do Congresso Internacional do IX Centenário da Dedicação da Sé de Braga*, vol. 1, Braga, 1990, p. 455.

31   Alexandra Gaspar, « Escavações arqueológicas na Rua de N.ª S.ª do Leite », *Cadernos de Arqueologia*, nº 2, série II, 1985, Braga, p. 51-125.

un mur de maçonnerie solidement structuré de plus de 1,5 mètre de profond, pour le moulage et la fonte des cloches, de la fin du XVe à la fin du XVIe siècle[32].

En général, les églises, cathédrales et monastères construits dans les villes médiévales portugaises à partir du XIIe siècle avaient leurs murs structurels et les façades construites en pierre, ce qui répondait aussi à des questions symboliques[33].

PALAIS ROYAUX ET SEIGNEURIAUX

Les palais royaux et les palais seigneuriaux, y compris ceux des évêques, constituaient d'importants bâtiments prestigieux liés aux pouvoirs urbains.

Il est bien connu, par des références écrites, que les monarques portugais avaient des bâtiments de résidence dans plusieurs villes, comme à Coimbra, Évora ou Lisbonne, mais les traces matérielles de leur existence sont pratiquement nulles ou très réduites, dans beaucoup de cas. Mais il y a des exceptions, comme Lisbonne et Sintra. Il semble que les soi-disant palais des XIIe ou XIIIe siècles soient, avec une forte probabilité, en fait de simples maisons à deux étages[34]. À Lisbonne, le roi s'installe dans un premier temps dans le château, qui va devenir Palais (*Paço*) Royal, appelé *Paço da Alcáçova*, avec d'autres bâtiments qui seront agrandis au cours des XIVe et XVe siècles. À la fin du XVe siècle, début du XVIe siècle, le roi Manuel fit construire un nouveau palais royal, à côté du fleuve, ou *Paço da Ribeira*[35].

---

32   Luís Fontes, Francisco Sande Lemos, Mário Cruz, « Mais Velho que a Sé de Braga… », *op. cit.*, p. 137-164.

33   Carlos Alberto Ferreira de Almeida, *Arquitectura Românica de Entre-Douro-e-Minho* (Dissertação de doutoramento), Porto, Faculdade de Letras, 1978. Paulo Pereira, « O Modo Gótico (séculos XIII-XV) », in Paulo Pereira, éd., *História da Arte Portuguesa*, Lisboa, Círculo de Leitores, 1995, p. 334-433.

34   Paulo Pereira, « O Modo Gótico … », *op. cit.*, 19-27. Pour l'Entre Douro et Minho : Carlos Alberto Ferreira de Almeida, *Arquitectura Românica …*, *op. cit.*

35   Diana Neves Martins, *O Paço da Alcáçova de Lisboa …*, *op. cit.*

FIG. 4 – Palais Royal de Sintra au début du XVIᵉ siècle
(Duarte d'Armas, *Livro das Fortalezas*, vue sud), c. 1510.

En effet, depuis le XIVᵉ siècle, il y a eu, en général, une augmentation du nombre de palais sur tout le territoire national et, en particulier, des palais royaux, dont certains ont été conservés, au moins partiellement, jusqu'à nos jours. Parmi ceux-ci, le *Paço de Sintra* est la résidence royale médiévale la plus paradigmatique, par ses dimensions, et surtout par l'existence des bâtiments avec leurs caractéristiques constructives et par la conservation de documentation écrite qui permet de compléter son histoire architecturale[36].

Dès le début du XIVᵉ siècle, la construction de nouveaux palais royaux, seigneuriaux ou épiscopaux au sein des espaces urbains fortifiés se développe. Dans de nombreux cas, ce type de structures résidentielles était fondamental pour le développement des entités urbaines. Parfois ces palais étaient de taille considérable, d'autres fois plus modeste, en

---

36 Arnaldo Sousa Melo, Maria do Carmo Ribeiro, « O processo construtivo dos Paços régios medievais portugueses nos séculos XV-XVI : o Paço Real de Sintra », in Arnaldo Sousa Melo, Maria do Carmo Ribeiro, éd., *História da Construção - Arquiteturas e Técnicas Construtivas*, Braga, Ed. CITCEM e LAMOP, 2013, p. 213-244.

tout cas ils attiraient une forte concentration de ressources pour leur construction, principalement des matériaux nobles, comme le granit et le bois, en particulier le chêne. En effet, les murs structurels sont en pierre, mais le bois est aussi beaucoup utilisé en particulier dans les travaux intérieurs, à savoir pour les toitures, les parquets, ainsi que pour la construction de portes, fenêtres et divers éléments décoratifs[37].

Parmi les palais urbains médiévaux des évêques, celui de Braga est le seul qui a survécu jusqu'à nos jours. En effet, au début du XIVe siècle, les archevêques de Braga ont fait construire une nouvelle résidence, en remplacement du vieux palais, dans la partie nord de la ville, à l'extérieur du mur du haut Moyen Âge. Malgré les fortes transformations de ce bâtiment au cours du temps, on peut admettre que la première composition architecturale de ce palais des archevêques ressemblerait au manoir fortifié dominant dans la région du nord-ouest du Portugal (entre Douro et Minho) depuis le milieu du XIIIe siècle, consistant en une tour quadrangulaire, inspirée des tours de châteaux, avec des annexes rectangulaires[38]. Les vestiges du *Paço Arquiepiscopal* de Braga, mais aussi les sources écrites, permettent d'attester l'utilisation de matériaux granitiques en provenance de la périphérie de la ville, neufs, mais également réutilisés, ainsi que de bois pour les poutres et toitures, d'argiles pour les tuiles, de fer pour les fenêtres, entre autres[39].

À son tour, le palais seigneurial des Ducs de Bragança (*Paços dos Duques de Bragança*), en Guimarães, construit au XVe siècle, avec une architecture tout à fait différente et nouvelle au Portugal, présentait, très probablement, une typologie des matériaux similaires à ceux de Braga, notamment les façades et murs extérieurs surtout en pierre, mais aussi avec des éléments en bois et en brique[40].

---

37 Arnaldo Sousa Melo, Maria do Carmo Ribeiro, « O processo construtivo dos Paços régios medievais … », *op. cit.*, p. 213-244.

38 Maria do Carmo Ribeiro, « A (re)construção da paisagem urbana medieval de Braga … », *op. cit.*, p. 9-40.

39 *Memorial das Obras que mandou fazer D. Diogo de Sousa* [1532 a 1565 (?)], realizado pelo cónego Tristão Luís (A.D.B. *Registo geral*, livro 330, f° 239-334 v°, publié par Rui Maurício, *O mecenato de D. Diogo de Sousa, Arcebispo de Braga (1505 1532)*, vol. II, Lisboa, Magno Edições, 2000, p. 295-303). Maria do Carmo Ribeiro, *O Antigo Paço Arquiepiscopal de Braga*, Braga, Universidade do Minho, 2011 ; Maria Manuel Oliveira, *Abrir "O Paço" à cidade*, Braga, UMinho Editora et Lab2PT, 2018.

40 José Custódio Vieira da Silva, *Paços Medievais Portugueses…*, *op. cit.*

FIG. 5a – Les palais urbains. Palais des évêques de Braga (XIVe siècle).

FIG. 5b – Les palais urbains. Palais seigneuriaux à Guimarães (XVe siècle).

PALAIS DES COMMUNES (*CONCELHOS*)

Les palais des municipalités (*concelhos*) commencent à apparaitre au Portugal à partir du milieu du xɪvᵉ siècle, environ, et se sont répandus au cours des décennies suivantes. On trouve une tendance à une augmentation progressive de son ennoblissement architectural, y compris une tendance à l'usage des façades en pierre, qui dans certaines villes accompagne l'importance de son aristocratie, mais surtout des processus des affirmations des différentes élites urbaines et des pouvoirs urbains[41].

Par exemple, le Palais Communal (*Paço Concelhio*) de Braga construit par l'archevêque D. Diogo de Sousa, au début du xvɪᵉ siècle, était un bâtiment en pierre de granit, avec deux maisons, trois entablement et créneaux, ayant un porche en dessous avec deux grandes arcades et sièges en pierre pour vendre du pain[42]. Il faut aussi noter la signification politique d'un Palais communal, mais construit par l'archevêque, seigneur de la ville[43].

Dans le cas du bâtiment du palais de la commune du Porto, construit ou entièrement rénové en 1443 par la commune, on connait le contrat de commande de menuiserie, ce qui est rare au Portugal. Dans ce contrat, fait entre la commune et Gonçalo Domingues, maître en menuiserie du roi et résidant dans cette ville, tous les travaux de menuiserie à effectuer et les matériaux à utiliser ont été minutieusement définis et décrits dans le présent contrat. En effet, le maître charpentier devait fournir à ses frais les matériaux suivants : bon bois brun, bonne peinture et clouage, serrures, cadenas et charnières. Le bois devait être acheté par lui, mais son transport dans la ville et dans la ville, depuis les portes de la rivière, serait assuré par le comté. Autrement dit, cela pourrait

---

41   Luísa Trindade, *Urbanismo na composição de Portugal...*, op. cit., p. 618 *et seq.*

42   A.D.B., *Registo Geral*, livro 330, fᵒ 329 vᵒ : « Fez a camara da cidade de quantaria de dous sobrados com tres entabolamentos e ameas de fora e assentes pera as audiencias e em cima allmarios pera escripturas e cousas da cidade e em baixo hum allpendre com dous arquos grandes e asssentos de pedraria pera se vender pão e allem do que esta camara custou comprou quatro casas que se derribarão pera se fazer a dita camara e pos bella huâ imagem de nossa Senhora com seu entabolamento como agora estaa », publié par Rui Maurício, *O mecenato de D. Diogo de Sousa ...*, op. cit., p. 296.

43   Raquel Martins, *O Concelho de Braga na segunda metade do século* xv : *O governo d'Os homrrados cidadaaos e Regedores*, Braga, Universidade do Minho, 2013, p. 41-42.

venir par voie terrestre ou maritime et fluviale. C'était toujours la commune qui garantissait le lieu de stockage du bois, à côté de la cour. En plus de ce transport de bois, la commune ajoute le bois déjà acheté pour ces travaux. Elle a aussi prêté les grues, les échafaudages et les infrastructures déjà en place. Et, le plus important pour la question de la pétrification de la ville, la commune fournissait aussi les carreaux, la pierre et la chaux, ainsi que tous les travaux de maçonnerie, qui n'étaient pas inclus dans ce contrat, mais qui seraient réalisés de manière à ne pas perturber le travail de menuiserie. Ce bâtiment, qui suivit le modèle d'une maison tour, rare au Portugal pour ce type de palais communal, était évidemment construit en pierre dans sa structure et murs extérieurs[44] (Figure 3).

AUTRES BÂTIMENTS

On pourrait encore parler de plusieurs autres types de bâtiments ou structures urbaines qui utilisaient largement la pierre, comme les grands hôpitaux à partir de la fin de xve siècle, comme le *Hospital de Todos-os-Santos* à Lisbonne, ou les douanes royales que à partir du XIVe et XVe siècle se développent de plus en plus, comme à Porto et au Funchal. On pourrait aussi parler de certaines rues, telles les rues appelées Nouvelles (*Rua Nova*)) à Lisbonne ou à Porto, qui probablement ont été pavées en pierre au long du XVe siècle. Mais on va se concentrer uniquement, pour finir, sur un type de construction destinée au marché, pour sa signification et sa son rôle économique central.

Les *açougues* (de l'arabe *souk*, « marché ») est le mot portugais médiéval pour désigner les locaux du marché urbain couvert et organisé dans son espace, et qui au fur et à mesure, surtout à partir du XIVe siècle devient surtout synonyme d'un marché spécialisé, celui des viandes, ou boucheries en français. À partir de milieu du XVe siècle, ces *açougues* de la viande se répartissent en différents espaces selon le type de viande, comme à Porto, et parfois on trouve aussi des *açougues* du poisson.

---

44   Arnaldo Sousa Melo, Maria do Carmo Ribeiro, « Os materiais empregues nas construções urbanas medievais … », *op. cit.*, p. 154-155.

Au moins à partir du XIVe et XVe siècles, on connait des bâtiments spécifiques pour ces de marchés (*açougues*) de la viande et parfois du poisson.

MARCHÉS DE LA VIANDE ET MARCHÉS DU POISSON
(*AÇOUGUES DA CARNE E AÇOUGUES DO PEIXE*)

Dans la plupart des villes portugaises, l'emplacement de ces *açougues* de la viande était à l'intérieur des murs et à proximité des bâtiments du pouvoir urbain, malgré leur activité polluante, et plus tard, souvent entre les XVe et XVIIe siècles, ces boucheries ont été remodelées ou déplacées dans un autre espace plus éloigné du centre-ville[45].

L'architecture de la plupart des bâtiments de ces boucheries serait simple, correspondant à des bâtiments en rez-de-chaussée avec des arcs[46] ou des porches sur la rue comme les boucheries de Braga soutenues par des colonnes de pierre. On y trouvait également deux petites maisons pour ceux responsables de l'hygiène et de l'entretien de ces boucheries et de leurs porches[47]. À l'intérieur, les boucheries pouvaient être divisées en nefs, comme l'ancienne boucherie d'Elvas, en 1498, « de trois très grandes nefs tout en pierre[48] », ou bien occuper un ancien temple romain, comme à Évora. Il peut s'agir d'un seul bâtiment ou être inséré dans un autre, à savoir dans le palais communal ou le palais des notaires occupant le rez-de-chaussée, comme ce fut le cas à Coimbra[49].

---

45 Maria do Carmo Ribeiro, « Espaços e arquiteturas de abastecimento da cidade medieval ... », *op. cit.*, p. 383-400.

46 La boucherie de Coimbra, située au rez-de-chaussée du Palais de Notaires (*Paço dos Tabeliães*), avait des arches en pierre sur la façade où vendaient les poissonniers et aussi les femmes et filles des bouchers. (Luísa Trindade, *A Praça e a Rua da Calçada...*, *op. cit.*, p. 121-157).

47 « Memorial das Obras que D. Diogo de Sousa mandou fazer (1532-1565), realizado pelo cónego Tristão Luís, pertencente ao Arquivo Distrital de Braga, Registo Geral, livro 330, fº 329-334 vº », Rui Maurício, éd., *O mecenato de D. Diogo de Sousa ...*, *op. cit.*

48 *Cortes de Lisboa de 1498, Capítulo 26.º dos Capítulos especiais de Elvas (29-1-1498)*, João José Alves Dias, éd., *Cortes Portuguesas – Reinado de D. Manuel I (Cortes de 1498)*, Lisboa, Centro de Estudos Históricos da Universidade Nova de Lisboa, 2002, p. 391-392.

49 Luísa Trindade, *Urbanismo na composição de Portugal...*, *op. cit.*, p. 571-579 et 637. Luísa Trindade, *À Praça e a Rua da Calçada...*, *op. cit.*, p. 121-157.

Cependant, au bas Moyen Âge, plusieurs circonstances vont interférer avec l'emplacement et augmenter le nombre et la taille des boucheries dans les espaces urbains portugais, ainsi que modifier leur architecture[50].

En général, au début du XVIe siècle, on assiste à la construction de bâtiments édifiés dans endroits bien délimités dans l'espace urbain, et ainsi qu'à un plus grand investissement dans leur construction. Par exemple, au XVIe siècle dans la ville de Coimbra, la construction de la nouvelle boucherie a été l'œuvre de l'architecte Diogo de Boitaca, à la demande de D. Manuel, tandis que celle d'Elvas a été construite par Francisco de Arruda[51].

Également, à Braga, au début du XVIe siècle, le marché de viande est rejoint par un marché de poisson, construit par l'archevêque D. Diogo de Sousa, dans un emplacement spécifique de la zone urbaine : une place. Le bâtiment et ses structures n'existent plus, mais heureusement une description écrite très précise a été conservée :

Sur la place qui se trouve à la porte de Sousa, sont faits quelques bâtiments pour vendre les poissons, structures le long de la rue, très longue et large [...], ils sont boisés sur 12 colonnes (de pierre) avec leurs auges et chapiteaux, à l'intérieur 4 grandes tables en pierre placées chacune sur deux piliers, tout ce travail de pierre très bien sculptée et sur chaque table une cravate à deux fers pour avoir la balance des poissons, tout ce porche était très bien chaussé et avec des marches d'escalier en pierre[52].

---

50   Maria do Carmo Ribeiro, « Espaços e arquiteturas de abastecimento da cidade medieval », in Amélia A Andrade, Gonçalo M. Silva, éd., *Abastecer a Cidade na Europa Medieval | Provisioning Medieval European Towns*, Lisboa, IEM - Instituto de Estudos Medievais da Faculdade de Ciências Socais e Humanas da Universidade Nova de Lisboa / Câmara Municipal de Castelo de Vide, 2020, p. 383-400.

51   Luísa Trindade, *Urbanismo na composição de Portugal...*, *op. cit.*, p. 571-579.

52   « Mandou fazer na praça que está à porta de Sousa uns açougues para pescado de (ao) longo da rua, muito compridos e anchos (largos) e anda-se todos de arredor, são madeirados sobre 12 colunas com suas vazas e capiteis, tem dentro 4 mesas grandes de pedra postas cada uma sobre dois pilares, toda esta obra de pedraria muito bem lavrada e sobre cada mesa um tirante com dois ferros para terem a balança de pesar do pescado, todo este alpendre muito bem calçado e com degraus de pedraria » (« Memorial das Obras que D. Diogo de Sousa mandou fazer (1532-1565) ... », Rui Maurício, éd., *O mecenato de D. Diogo de Sousa ...*, *op. cit.*)

CONSIDÉRATIONS FINALES

Pour terminer, on peut proposer quelques tendances générales sur la question des matériaux prédominants dans les villes portugaises entre le XIIIe et le XVIe siècles, d'une part, et sur l'application du modèle de la pétrification de la ville au cas portugais, de l'autre, c'est-à-dire savoir si la pierre est devenue le plus utilisé des matériaux des bâtiments urbains au cours de ces siècles ?

À partir du XIIe siècle, on trouve le développement et le renforcement de certaines structures en pierre de nature défensive, religieuse et publique dans les villes portugaises, tels les murs et systèmes défensifs urbains, mais aussi les églises, cathédrales et monastères. Ces types de structures avant le XIIe siècle étaient parfois en bois et terre, ou en mélange de différents matériaux. De toute façon, dans les églises la pierre était probablement dominante déjà avant le XIIe siècle, même si on trouve parfois des églises en bois durant cette période[53]. Une première augmentation de l'usage de la pierre semble avoir eu lieu du XIe au XIIIe siècles[54].

À partir du début du XIVe siècle, on trouve la construction de nouveaux bâtiments en pierre, ou le renforcement de structures en pierre des palais royaux, douanes royales et palais des Évêques. Au même moment, le développement des palais municipaux commence à être plus répandu.

À partir XVe siècle, on trouve le développement des grands palais seigneuriaux laïcs, ainsi que des palais des communes, désormais bâtiments les plus prestigieux et les plus caractéristiques du point de vue des formes. Entre le XIVe et le XVe siècles, on peut remarquer aussi le développement des maisons-tours laïques, propriétés des familles et des individus des oligarchies marchandes dans certaines villes, dont Porto. Là aussi, la pierre est devenue dominante, dans les structures et les façades.

---

53 Manuel L. Real, « Materiais de construção utilizados na arquitectura cristã da alta Idade Média, em Portugal », *in* Arnaldo Sousa Melo, Maria do Carmo Ribeiro, éd., *História da Construção. Os Materiais...*, *op. cit.*, p. 89-126.

54 Mário Jorge Barroca, « Do castelo da reconquista ao castelo românico (Séc. IX a XII) », *Portugalia Nova série*, vol. XI-XII, 1990-1991, p. 89-136 ; Idem, « Da Reconquista a D. Dinis » in *Nova História Militar de Portugal*, vol. I, Lisboa : Círculo de Leitores, 2003, p. 21-161.

Finalement, il faut faire référence à de nouveaux types de bâtiments qui se développent à partir de la fin du xve et au début du xvie siècle, et qui présentent de plus en plus des structures en pierre, notamment les nouveaux grands hôpitaux et maisons d'assistance, qui remplacent, en partie, les nombreux petits hôpitaux de confrérie antérieurs.

Les bâtiments et structures physiques associés à des activités économiques, comme les marchés et boucheries, se développent en structures qui sont de plus en plus en pierre, bien aussi conjugués avec d'autres matériaux, comme le bois.

En revanche, il est plus difficile de savoir pour la plupart des maisons courantes, mais probablement le mélange pierre/bois/pan de bois continuait comme auparavant. La pierre prédomine cependant dans les logements les plus qualifiés socialement. Le bois serait utilisé non seulement pour la construction des murs, mais également pour les fenêtres, les portes, les escaliers et les balcons. On trouve souvent la pierre sur les murs du rez-de-chaussée et le bois aux étages supérieurs.

En somme, le paysage plus ou moins pétrifié de la ville montre une forte ambiguïté pour une étude de l'ensemble des villes, en dépit d'une tendance à l'augmentation des structures en pierre pour les bâtiments liés à l'exercice du pouvoir et d'usage commun ou public. Serait-ce une question de résistance des matériaux, des idées de prestige et de modernité associés, ou également un effet d'osmose avec les structures royales et seigneuriales ?

Malgré la plus ou moins grande variabilité des matériaux utilisés dans les bâtiments médiévaux, le bois et la pierre sont les matériaux les plus couramment utilisés. Cependant, l'argile, la terre ou les métaux, en particulier le fer et le cuivre, figurent également sur la liste des matériaux utilisés dans les constructions. Bien que pour certains types de bâtiments on puisse considérer une augmentation de l'usage de la pierre aux cours des xive-xvie siècles, le mélange de différents types de matériaux, de façon visible ou cachée, continue à constituer une pratique généralisée pour la plupart des bâtiments.

Pour conclure, il nous semble très problématique d'accepter une application trop rigide du modèle de pétrification de la ville, en tant que tendance dominante de changement au cours des xiiie - xve siècles dans la plus grande partie des villes portugaises. Tout en demandant vérification, cette tendance semble avoir été lente et non exclusive. Le mélange de matériaux demeure fondamental. Une dimension plus forte de cette pétrification semble probablement avoir eu lieu bien avant, surtout entre les XIe et XIIIe siècles, mais cette chronologie n'était pas l'objet de la présente étude.

Arnaldo Sousa MELO
et Maria do Carmo RIBEIRO
LAb2Pt – Universidade do Minho

QUE SE ERGA
«PAREDE DIREITA DE PEDRA E CALL»

A mudança de paradigma na construção corrente em finais da Idade Média portuguesa

Tal como observou Jacques Le Goff «...a Idade Média é, para nós, uma gloriosa colecção de pedras: as catedrais e os castelos. Mas essas pedras representam apenas uma ínfima parte do que havia. Ficaram-nos alguns ossos de um corpo feito de madeira e de materiais ainda mais humildes[1]...». Esta constatação é uma das chaves de leitura para compreender o quase desaparecimento do casario corrente medieval e, simultaneamente, a persistência de um número muito significativo de edifícios dessa mesma categoria, mas já do século XVI. Por outras palavras, este texto incide sobre as transformações operadas ao nível do sistema construtivo, no decorrer dos séculos XV e XVI, de que a expressão fazer *«parede direita de pedra e call[2]»*, que o intitula, é expressiva. Trata-se de aferir se, à semelhança do que se verificou noutras geografias, também em Portugal ocorreu uma «petrificação[3]» da construção urbana corrente, ou seja, se a pedra ganhou preponderância sobre outros materiais, e de que forma tal conduziu a mudanças estruturais.

Uma questão cuja análise deverá assentar em duas premissas: o reconhecimento de um processo longo, embora com momentos de aceleração; a constatação de que, antes como depois de 1500, a preferência por um dos materiais não significa a ausência do outro. A casa comum

---

1 Jacques Le Goff, *A civilização do ocidente medieval*, 1º vol., Lisboa, Estampa, 1983, p. 256.

2 *Documentos para a História da cidade de Lisboa, Livro I de Místicos, Livro II del Rei D. Fernando*, Lisboa, 1949, doc. 28, p. 131-132.

3 Expressão recorrente no Colloque International «Pierre et dynamiques urbaines», Institut National Universitaire Champollion, Albi, 14 a 16 de outubro de 2019, onde este mesmo trabalho foi apresentado, concretamente, nas comunicações apresentadas por Paulo Charruadas e Philippe Sosnowska, *La «pétrification» du bâti urbain en Brabant méridional à la fin du Moyen Âge. État de la question, problématiques et perspectives* ou de Hélène Noizet, *La pétrification du tissu urbain, un effet du choix des matériaux?*

será sempre o resultado da junção de materiais vários[4]. O que muda são os usos e funções que lhes são especificamente atribuídos e, com isso, o peso que ocupam no computo geral da obra.

Na historiografia tardo medieval portuguesa, o tema da casa corrente conta já com um conjunto de estudos muito significativo, em número, cobertura geográfica e diversidade de abordagens. Este investimento, iniciado nos anos de 1960 por Oliveira Marques e Pavão dos Santos[5], ganhou carácter regular a partir da década de 1990 destacando-se, entre muitos autores, Sílvio Alves Conde e Maria da Conceição Falcão Ferreira pela constância que o tema assume nas suas pesquisas[6]. Se aos trabalhos especificamente dedicados ao tema juntarmos os capítulos que, dispersos em monografias sobre núcleos medievais ou incidindo sobre o património construído de instituições várias, focam a habitação comum[7], é hoje possível dispor de um quadro amplo e consistente, cuja construção, aliás, continua a suscitar interesse problematizando-se, finalmente também, a questão da salvaguarda, reabilitação e projeção deste património.

A todo este conhecimento, assente em sólida base documental e num número limitado de vestígios materiais, por regra muito transformados e com escasso contributo da arqueologia, juntou-se, uma década atrás,

---

4   Luísa Trindade, *A casa corrente em Coimbra. Dos finais da Idade Média aos inícios da Época Moderna*, Coimbra, Câmara Municipal, 2002, p. 77-95.

5   A. H. de Oliveira Marques, « A casa », *A sociedade medieval portuguesa*, Lisboa, Sá da Costa, 1964; Vítor Pavão dos Santos, *A casa no Sul de Portugal na transição do século XV para o XVI*, dissertação de licenciatura apresentada à Universidade de Lisboa, 1964.

6   Os principais trabalhos de Sílvio Alves Conde encontram-se reunidos em *Construir, habitar: a casa medieval*, CITCEM, 2011. De Maria da Conceição Falcão Ferreira veja-se, « Habitação urbana corrente, no Norte de Portugal medievo », *Edades*, vol. 6 (1999) p. 11-37; « Habitação popular urbana, no Norte de Portugal medievo: Uma tipologia? Ou um modo de construir? », *Cadernos do Noroeste. Cadernos interdisciplinares*, vol. 15(1-2), 2001, p. 381-432; « Subsídios para o estudo da construção corrente em Barcelos de Quatrocentos », *Cadernos do Noroeste. Cadernos interdisciplinares*, vol. 15 (1-2), 2001, p. 433-448; « A casa comum em Guimarães, entre o público e o privado (finais do século XV) », in *D. Manuel e a sua época. Actas do III Congresso Histórico de Guimarães*. 3ª Secção - População Sociedade e economia, Guimarães, Câmara Municipal, 2004, p. 279-296; « La construction courante au Portugal à la fin du Moyen Âge et au début de l'Époque Moderne) », In *L'edilizia prima della rivoluzione industriale secc. XIII-XVIII*, Atti, 2005, p. 587-624.

7   Para uma perspetiva global veja-se Amélia Aguiar Andrade, Adelaide Millán da Costa, « Medieval Portuguese towns: the difficult affirmation of a historiographical topic », in José Mattoso (dir.), Maria de Lurdes Rosa et all (eds.), *The historiography of medieval Portugal (c. 1950-2010)*, Lisboa, IEM, 2019, p. 290-298.

um testemunho iconográfico de grande potencial em função do detalhe da composição. Com efeito, até aí, as mais antigas representações de cidades e vilas portuguesas, todas já do século XVI, eram neste âmbito pouco esclarecedoras em termos de pormenor, ou por o casario surgir excessivamente tipificado ou pela distância a que a vista panorâmica o remetia[8].

A imagem em causa constituirá, por isso, o referente-base desta análise. Trata-se da representação da Rua Nova dos Mercadores, de Lisboa, ao que tudo indica realizada na segunda metade do século XVI, por um pintor de origem flamenga, e hoje incorporada na Coleção da Kelmscott Manor, The Society of Antiquaries of London[9]. (Fig. 1).

FIG. 1 – Rua Nova dos Mercadores [Lisboa], autor desconhecido, segunda metade século XVI, Kelmscott Manor Collection, The Society of Antiquaries of London, inv. nº KKM 186.1 e inv. nº KKM 186.2.

---

8   Por exemplo *Duarte de Armas: Livro das Fortalezas*, apresentação e leituras de João José Alves Dias, Caleidoscópio, 2015; *Genealogia do Infante Dom Fernando de Portugal*, 1530-1534, fol. 8, Ms. 12531, British Library, Londres; Panorama of Lisbon [c.1570] Biblioteca da Universidade de Leiden, Special Collections Reading Room Bodel Nijenhuis COLLBN J29-15-7831-110/30a-q. Mais circunscritos e pormenorizados são os trechos de cidade representados em *Chafariz d'el Rey em Lisboa*, c. 1570-1580, Coleção Berardo e no *Livro de Horas dito de D. Manuel (Ofício dos Mortos)*, 1517 – 1551, Lisboa, Museu Nacional de Arte Antiga, Nº de Inv. 14/129v. e 130.

9   O corte da tela em duas partes (com 65x95,5cm cada) terá ocorrido no século XIX. Sobre estas pinturas veja-se Annemarie Jordan Gschwend, Kate J.P. Lowe, eds., *The global city. On the streets of the Renaissance Lisbon*, London, Paul Hoberton, 2015 e Annemarie Jordan Gschwend, Kate J.P. Lowe, eds., Andrea Cardoso, coord., *A cidade global: Lisboa no Renascimento*, Lisboa, INCM - Museu Nacional de Arte Antiga, 2017.

A PINTURA DA RUA NOVA: O DETALHE INÉDITO

Dividida em duas partes de dimensões iguais, mas constituindo originalmente uma tela única com cerca de 2 metros de comprido, representa parte do alçado sul da Rua Nova dos Mercadores[10], entre o Largo do Pelourinho Velho e o Arco dos Pregos. Trata-se de uma vista frontal como se o pintor e, por conseguinte, o observador, posicionado no lado contrário da rua, olhasse para as fachadas dos edifícios que, à sua frente e a uns metros de distância, formavam uma fileira cerrada, permitindo uma visibilidade inédita sobre o casario. Aspeto tanto mais importante quanto o propósito parece ser claramente descritivo, com uma atenção especial ao detalhe, individualizando o cenário e a ação que nele decorre. Não se trata de uma qualquer rua, mas da Rua Nova dos Mercadores, sendo vários os elementos concretos que a identificam, com destaque para o gradeamento de ferro que demarcava a parte da via dedicada à banca e finança ou o Arco dos Barretes. Todo o teor da representação aponta para uma pintura *"fecit ad vivum»* ou *«tirado naturall»*, realizada à vista do próprio objeto e não por interposta representação ou descrição. Dos figurantes aos edifícios, tudo revela um pormenor difícil de compaginar com algo que não fosse o conhecimento pessoal do autor[11]. Tudo aponta, por isso, para que também os edifícios sejam um retrato, mais do que uma idealização ou produto de memória.

Para conseguir captar esta extensão da rua o pintor teve de socorrer-se de alguns estratagemas como o levantamento dos alçados por etapas, só

---

10   Conhecida desde finais do século XIII como Rua Nova, a partir do momento em que se abre a Rua Nova d'El-Rei (a primeira menção é de 1481, embora só a partir de 1502 o topónimo se vulgarize), e por forma a distingui-las, a mais antiga passa a ser designado por Rua Nova dos Mercadores. Uma e outra desapareceram na sequência do terramoto de 1755.

11   Gschwend e Lowe colocam a hipótese de o pintor estar em Lisboa ao serviço de um grande mercador, com o objetivo de pintar *« this portrait as a memorie of a life spent on this street »*. Annemarie Jordan Gschwend, Kate J.P. Lowe, *op. cit.*, p. 116. Da mesma opinião é Fernandéz-González: *« It is almost certain that this painter created his remarkable portrait after having experienced the Rua Nova dos Mercadores in person »*. Laura Fernandéz-González *« O Modelo Digital da Pintura Rua Nova: recreando a arquitetura quinhentista de Lisboa »*, in Annemarie Jordan Gschwend, Kate J.P. Lowe, eds., Andrea Cardoso, coord., *A cidade global: Lisboa no Renascimento*, Lisboa, INCM - Museu Nacional de Arte Antiga, 2017, p. 78.

depois compondo toda a frente. Com efeito, numa rua de 9 a 14 metros de largura[12], mesmo que o valor mais alto se verificasse neste segmento oriental, como o comprovam as plantas seis e setecentistas[13] e referem explicitamente diversas testemunhas[14], o pintor não teria distanciamento suficiente para, a partir de um só ponto de vista, abarcar todo o casario representado. Mais, para que os cerca de trinta edifícios coubessem alterou as proporções, alongando-os verticalmente, o que contribui para uma maior visibilidade sobre as lojas e sobrelojas que abriam para a galeria porticada. Finalmente, alargou o espaço da rua, por forma a que pudesse comportar a mais de uma centena de pessoas e animais que aí circulam e que conferem à artéria a componente humana cosmopolita que a individualizava.

Os aspetos referidos, habilitando-nos com um nível de pormenor até agora inexistente, justificam o interesse desta pintura para o tema aqui em foco, ao expor um conjunto de características do casario urbano que a documentação escrita tardo-medieval tão frequentemente refere. Dos muitos exemplos possíveis, o que se segue, ainda que de data bem anterior, permite comprovar a relação que se pode estabelecer entre muita da documentação escrita e esta que aqui utilizamos, de natureza gráfica: em 1391, a câmara do Porto empraza um imóvel a Domingos Martins, tanoeiro, sob *«condiçom que faça em el casas de quantos sobrados lhjs aprouuer com entençom que se quiser fazer parede que nom saya mais fora que o que ora esta o tauoado da dita casa [...] E que outrosy o sobrado primeiro da dita casa nom saya fora segundo he hordinaçom da villa[15]»*. Da condição imposta pelo concelho salientam-se três aspetos fundamentais: que os pisos múltiplos constituem a «normalidade», que a casa é em grande parte feita de tabuado e que a projeção dos andares superiores sobre a rua deve ser evitada. Todos eles, afinal, explicitamente representados nesta pintura, no caso do último até, denunciando a permanente dificuldade em fazer cumprir a lei.

---

12   Iria Gonçalves, «Uma realização urbanística medieval: o calcetamento da Rua Nova de Lisboa», *Um olhar sobre a cidade medieval*, Cascais, Patrimonia, 1996, p. 124.

13   Planta da cidade de Lisboa, João Nunes Tinoco, 1650 (litogafia de 1853), Biblioteca Nacional de Portugal.

14   Caso do Padre Duarte de Sande. «Lisboa em 1584» *Archivo pittoresco: semanário illustrado*, t. 6, n.º 11 (1863), p. 86.

15   «*Vereaçoens*», *Anos de 1390-1395. O mais antigo dos Livros de Vereações do Município do Porto existentes no seu Arquivo*, comentários e notas de A. Magalhães Basto, Porto, Câmara Municipal, 1937, p. 86.

A utilização desta(s) tela(s), todavia, levanta três questões: a data de execução tardia, a segunda metade do século XVI, a natureza da rua, «*a milhor e mais prinçipall da dicta çidade*[16]» de Lisboa e, finalmente, a origem das arquiteturas pintadas, identificadas por quem já as estudou, como posteriores a 1531[17]. Ou seja, qual a legitimidade em usá-la(s) como referente no estudo de um panorama e processo mais alargado, que inclua genericamente o que aconteceu em muitos outros núcleos urbanos portugueses de finais da Idade Média e inícios da Época Moderna? A resposta a esta questão obriga a rever alguns dos principais dados conhecidos sobre esta tão celebrada rua.

A RUA NOVA DOS MERCADORES

À data em que é pintada, a Rua Nova é já então uma rua velha, contando com três séculos de existência: com uma primeira referência em 1294, sabe-se que foi globalmente reestruturada por D. Dinis, por ocasião da construção da muralha da Ribeira, mas também porque nela o monarca concentraria parte significativa do seu investimento imobiliário, através de um parcelamento regular e linear destinado à construção de mais de três dezenas de casas[18]. Paralela ao Rio Tejo, com cerca de 213 metros de comprido[19], a rua foi desde o início invulgarmente larga, rondando os nove metros na maior parte da sua extensão, mas ultrapassando-os em determinados pontos: junto da ponte do Morraz, a oeste, a propósito das demolições que então decorriam, é o próprio rei que determina «*que fique a rua d'oyto braças*[20]». (Fig. 2)

---

16 ANTT, *Leitura Nova, Estremadura*, liv. 8, fl. 62.
17 Ver supra, nota 9.
18 Sobre a Rua Nova e reordenamento feito por D. Dinis é incontornável a consulta de Manuel Fialho Silva, *Mutação urbana na Lisboa medieval. Das taifas a D. Dinis*, dissertação de doutoramento apresentada à Faculdade de Letras da Universidade de Lisboa, 2016, p. 310-333.
19 Iria Gonçalves, *op. cit.*, p. 124.
20 Manuel Fialho Silva, *op. cit.*, p. 318.

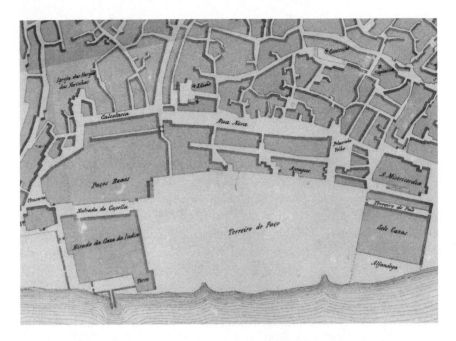

FIG. 2 – Planta da cidade de Lisboa, João Nunes Tinoco, 1650,
[litogafia de 1853], Biblioteca Nacional de Portugal.

De vocação mercantil desde a origem, chegava ao século XVI como
o nervo comercial dessa Lisboa global e cosmopolita, então designada
como Rua Nova dos Mercadores, que, de facto, era: aos «*muito abastados
e de grossíssimas fazendas, dinheiro e trato*[21]» que aí residiam juntavam-se,
«*todos os dias, comerciantes de todas as partes e povos do mundo*[22]», em torno
das lojas onde se encontrava tudo o que de mais exótico se pudesse
desejar, dos marfins africanos à porcelana Ming, passando pelas gemas
do Ceilão[23].

Como usar então a mais rica e dinâmica rua da «capital» (do Império)
para analisar a evolução da casa corrente portuguesa? São vários os aspetos

---

21 João Brandão (de Buarcos), *Grandeza e abastança de Lisboa em 1552*, Lisboa, Livros Horizonte,
    1990, p. 99.
22 Damião de Góis, *Descrição da cidade de Lisboa*, (1ª ed. 1554), Lisboa, Livros Horizonte,
    1988, p. 54.
23 Annemarie Jordan Gschwend, Kate J.P. Lowe, *The global city...*, *op. cit.*, p. 141-161.

a ponderar. Em primeiro lugar, a sua fama decorria muito mais da enver-
gadura dos mercadores que nela residiam e da variedade das mercadorias
aí transacionadas do que da qualidade das arquiteturas. Note-se como
a maior parte das descrições encomiásticas reflete sobretudo o espanto
causado pela riqueza do comércio nela sediado[24]. Na verdade, porém,
a rua era mais do que apenas comércio de luxo: João Brandão refere
igualmente livreiros, caixeiros, marceiros, tosadores, luveiros, barbeiros,
sapateiros, fanqueiros, calceteiros e alfaiates, criticando, aliás, em rua tão
honrada e nobre, esta diversidade que mais lhe parece «desordem[25]». Mas
é possível ir ainda mais longe: a documentação recentemente transcrita
por Pedro Pinto, da década de 1460 a meados da centúria seguinte[26],
permite traçar um quadro pormenorizado, de quem aí possuía casas,
de quem as habitava e/ou de quem nela trabalhava, nas lojas ou apenas
aforando paredes (testadas) e tabuleiros[27] para exposição e venda de
produtos ao longo das galerias, revelando dados como o estatuto, a
profissão, as rendas que auferiam ou pagavam, ou a natureza e número
de compartimentos que ocupavam. E toda essa documentação confirma
a enorme variedade presente na rua, de Colim, amo do príncipe, ou
Gomes Eanes, o Rico, a João Rodrigues, cirieiro, ou Afonso Álvares,
alfaiate, para recorrer, neste exemplo, a um só documento[28].

Se do «conteúdo» da rua passarmos à componente formal, torna-
se necessário sublinhar como quase todos os testemunhos conhecidos
colocam a tónica na largura da rua e na altura dos edifícios, não tanto
na sua beleza ou modernidade[29].

---

24 Annemarie Jordan Gschwend, Kate J.P. Lowe, *ibid.*, p. 7.

25 João Brandão (de Buarcos), *op. cit.*, p. 100.

26 Pedro Pinto, « Resumos e transcrições de documentos relativos à Rua Nova », Annemarie
    Jordan Gschwend, Kate J.P. Lowe, eds., Andrea Cardoso, coord., *A cidade global: Lisboa
    no Renascimento*, Lisboa, INCM - Museu Nacional de Arte Antiga, 2017, Apêndice,
    p. 365-381. Dois desses róis (de 1458 e 1465) foram trabalhados por Iria Gonçalves em
    « Aspectos económico-sociais da Lisboa do século XV estudados a partir da propriedade
    régia », *Um olhar sobre a cidade medieval*, Cascais, Patrimonia, 1996, p. 11-60.

27 AML, *Livro 1 de sentenças*, doc. 36 [18.07.1511] e AML, *Livro III de D. Manuel I*, doc. 97
    [05.03.1512]. Pedro Pinto, *op. cit.*, p. 375.

28 TT, *Casa de Santa Iria*, cx.11, n° 88 [22.08.1476]. Pedro Pinto, *op. cit.*, p. 366.

29 João Brandão (de Buarcos), *op. cit.*, p. 97. Rodrigues de Oliveira destaca os mercadores e
    gente do trato, a largura da via e os valores dos alugueres. Cristovão Rodrigues de Oliveira,
    Lisboa em 1551, Lisboa, Livros Horizonte, 1987, p. 101. Damião de Góis, embora referindo
    « belíssimos edifícios », que não descreve, salienta igualmente a largura da artéria, o
    bulício e as muitas nacionalidades dos mercadores. Damião de Góis, *op. cit.*, p. 54.

Seriam os edifícios da Rua Nova radicalmente diferentes dos existentes em pontos específicos de algumas outras vilas e cidades portuguesas? Conjugando as fontes escritas com a pintura em análise, é possível caracterizar o casario que nesses séculos XV e XVI a bordejava.

Tudo indica estarmos perante um conjunto de edifícios resultantes de uma longa evolução, com origem distante no preenchimento de um primeiro loteamento ainda de finais do século XIII – respeitado no essencial até ao terramoto de 1755[30] – e sucessivamente transformado no decorrer dos séculos, segundo tempos e ritmos diferentes, ou pelo desgaste natural das construções, ou por danos causados por ocorrências extraordinárias, como incêndios. Conta Fernão Lopes que, em 1365, «*se alçou fogo na ferraria e arderom todallas casas daquella rua e muj gram parte da rua nova*[31]». Pouco depois, em 1373, cercada pelo exército castelhano, Lisboa voltava a arder, alastrando o fogo a «*toda a rua nova*[32]». Se a isso juntarmos os danos dos muitos abalos sísmicos, com destaque para os de 1356 e 26 de Janeiro de 1531, este último responsável pela queda de varandas nas casas da Rua Nova e abertura de rachas na maioria dos seus edifícios[33], teremos um quadro aproximado das transformações a que este casario terá sido sujeito no decorrer do tempo.

Mas sempre, ao que tudo indica, num processo de ações múltiplas e circunscritas, recuperando e reconstruindo edifícios, um a um. São sacadas e balcões que se acrescentam, esteios que se introduzem para estabilização destes elementos salientes, novos pisos que se erguem[34], «*melhorias*» frequentemente impostas a cada novo contrato. É esse

---

30 Sobre esta persistência, já detetada por Vieira da Silva, veja-se, com dados novos, Manuel Fialho Silva, *op. cit.*, p. 322.

31 Fernão Lopes, *Crónica de D. Fernando*, introdução de Salvador Dias Arnaut, Porto, Civilização, [s. d.], p. 104.

32 Fernão Lopes, *ibid.*, p. 204.

33 Os detalhes surgem numa carta enviada ao Marquez de Tarifa, Fradique de Ribera. João José Alves Dias, «Principais sismos em Portugal anteriores ao de 1755», in *1755, O Grande terramoto de Lisboa*, Vol. I, Descrições, Lisboa, Fundação Luso Americana-Público, 2005, p. 140.

34 Transformações explicitas, para referir apenas um exemplo, num documento que refere as «casas sobradadas de alto a baixo, que trazia emprazadas desde 1480 João Correia, mercador, e lhas emprazaram com condição que nos primeiros quatro anos ele pusesse um ou dois esteios de pedra na rua, se um não bastasse para suster os sobrados, além de edificar uma casa nova em tudo acima que viesse ter sobre a dita rua como a outra nova que então ele a aí fez». Academia das Ciências de Lisboa, Códice Azul 212 [1498] Tombo dos bens do Convento de Santo Elói de Lisboa. Pedro Pinto, *op. cit.*, p. 368.

quadro, de prédios de cércea desigual e recorte muito irregular[35], com sacadas projetadas e frentes desalinhadas, alguns recentemente renovados ou reabilitados, outros acusando a passagem do tempo[36], que a documentação nos dá, corroborando em todos os aspetos o retrato que aqui seguimos. (Fig. 3)

E mesmo avançando no tempo, pela centúria de quinhentos, nada demonstra que tenha havido uma renovação global e sistemática da rua. Aspeto que nos remete para a terceira e última questão levantada: a da proposta, por parte de Annemarie Gschwend e Kate Lowe, autoras responsáveis pelos dois grandes estudos até agora realizados sobre a pintura, de que as arquiteturas aqui retratadas só podem ser posteriores ao terramoto de 1531. A afirmação é feita com base na análise de duas pinturas conhecidas da Rua Nova, a iluminura do *Livro de Horas dito de D. Manuel*[37] (Fig. 4) e a da Kelmscott, que, pelas suas diferenças, terão de corresponder a dois momentos distintos: a primeira, embora algo idealizada, refletirá na regularidade e simetria dos edifícios as transformações operadas por D. Manuel nos primeiros anos do século XVI; a segunda, pelo contrário, com casas de altura irregular e fachadas desalinhadas, só poderá ser posterior ao referido terramoto, assumindo-se que a dimensão dos danos terá obrigado à reconstrução da Rua Nova dos Mercadores.

---

35 Em 1512, Fernão Gomes tinha «umas casas mais metidas por dentro da rua que umas outras casas [...] e ele queria sair-se com a parede [...] e que ficasse a cordel com as casas do Doutor Fernão Vaz de Caminha». AML, Livro 7 de Aforamentos, fl. 187, Pedro Pinto, *op. cit.*, p. 375. Característica que o modelo 2D da rua, realizado a partir da pintura, melhor ilustra. Veja-se Annemarie Jordan Gschewnd, Kate, J.P. Lowe, *The global city...*, *op. cit.*, particularmente, p. 102, 111 e 113.

36 Em 1492, o Convento de Santo Elói obrigava João Rodrigues, tosador, a quem então aforava umas casas com «loja, sobreloja e dois sobrados em cima com seus repartimentos ordenados de câmaras e cozinhas, com suas sacadas e esteios de pedra tem tinha na sacada, a corregelas de sobrados, escadas, telhados e frontais que estavam danificados, nos primeiros cinco anos, sob pena de 20 justos». Em 1502, Silvestre Luís empraza umas casas com "loja, sobreloja e um sobrado acima, [com sacada], tudo muito velho e podre". Academia das Ciências de Lisboa, Códice Azul 212 [1498] Tombo dos bens do Convento de Santo Elói de Lisboa, em 1498. Pedro Pinto, *op. cit.*, p. 367 e TT, *Chancelaria de D. Manuel I*, liv. 10, fls. 8v-10 [18-02.1502], Pedro Pinto, *op. cit.*, p. 371.

37 Ver, supra, nota 9. Sobre esta iluminura veja-se Pedro de Aboim Inglez Cid, «O Livro de Horas dito de D. Manuel. Algumas precisões», *História*. Lisboa, Ano XXII, n° 26, (Jun. 2000), p. 46-55.

FIG. 3 – Rua Nova dos Mercadores, modelo digital a partir da pintura,
Laura Fernandéz-González e Harry Kirkham. Laura Fernandéz-González
«O Modelo Digital da Pintura Rua Nova: recreando a arquitetura quinhentista de
Lisboa», in Annemarie Jordan Gschwend, Kate J.P. Lowe, eds., Andrea Cardoso,
coord., *A cidade global: Lisboa no Renascimento*, Lisboa,
INCM – Museu Nacional de Arte Antiga, 2017, p. 78.

FIG. 4 – *Livro de Horas dito de D. Manuel (Ofício dos Mortos)*,
atribuído a António de Holanda, 1517 - 1551. Lisboa,
Museu Nacional de Arte Antiga N.o de Inv. 14/fl. 130.

Segundo as autoras, fatores como a urgência em restaurar a vida e os negócios, a par da falta de supervisão real, com a corte em Évora por toda a década seguinte, terão criado um vazio legislativo e de gestão urbana de que resultou uma reconstrução rápida, de resposta a problemas prementes, e o abandono dos anteriores planos de uniformidade manuelinos[38].

Na realidade, apontando em sentido diferente, são inúmeros os testemunhos que indiciam como a rua representada parece resultar de um fenómeno de longa continuidade: Zurara ou Münzer corroboram a tendência para a verticalização ao longo do século XV[39]; D. João II investiu no recalcetamento de toda a artéria[40]; D. Manuel mandou regularizar (e dar continuidade?) à galeria porticada, terminou o calcetamento da rua e dos passeios, mandou rever os tabuleiros[41]. Mas, se obrigou à substituição de frontais de madeira por outros de tijolo, não foi mais longe, obrigando, como fez para outras ruas da cidade, à destruição de todas as sacadas e balcões que desde há muito iam conquistando o «ar da via», considerando que a largura invulgar da rua os tolerava[42]. Ou seja, tudo melhorias pontuais, nenhuma de fundo.

Terão sido essas mesmas casas que, embora abrindo brechas e perdendo varandas, sobreviveram ao sismo, apesar da sua magnitude[43], para o que

---

38 Annemarie Jordan Gschwend, Kate J.P. Lowe, eds., *The global city...*, *op. cit.*, p. 26 e 116 e 117. Na publicação feita dois anos depois, embora a ideia continue presente, parece, todavia, mais matizada. Annemarie Jordan Gschwend, Kate J.P. Lowe, eds., Andrea Cardoso, coord., *A Cidade Global...*, *op. cit.*, p. 17 e 19-20. Aliás, neste mesmo volume, Laura Fernandéz-González abre o seu texto defendendo exatamente a opinião contrária. Laura Fernandéz-González, «O Modelo Digital da Pintura Rua Nova: recreando a arquitetura quinhentista de Lisboa», in Annemarie Jordan Gschwend, Kate J.P. Lowe, eds., Andrea Cardoso, coord., *A Cidade Global...*, *op. cit.*, p. 78.

39 Gomes Eanes da Zurara, *Crónica de Guiné*, introdução e notas de José de Bragança, Civilização, [s.d.], p. 18. Jerónimo Münzer, «Viaje por España y Portugal en los años 1494 y 1495», *Boletín de la Real Academia de la Historia*, Madrid, Tomo 84 (1924), p. 213.

40 *Documentos do Arquivo Histórico da Câmara Municipal de Lisboa, Livros de Reis*, Lisboa, Câmara Municipal, 1959, III, doc. 4, p. 178 e doc. 56, p. 233.

41 AML, *Livro 3º de receitas e despesas da Câmara de Lisboa*, fls 137-180v, Pedro Pinto, *op. cit.*, p. 376; AML, *Livro de Cópia do Livro de D. Manuel I*, fls. 29-30 [04.04.1999] Pedro Pinto, *op. cit.*, p. 369.

42 Para as obras levadas a cabo em Lisboa por D. Manuel veja-se de Helder Carita, *Lisboa Manuelina e a formação de modelos urbanísticos da Época Moderna (1495-1521)*, Lisboa, Livros Horizonte, 1999 e, sobre esta questão específica, p. 214 e 218.

43 Manuel de Faria e Sousa, *Europa Portuguesa*, Lisboa, Antonio Craesbeeck de Mello, 1679, Tomo II, Parte IV, fl. 595.

deverá ter contribuído a flexibilidade e capacidade de reaproveitamento dos elementos de madeira de que em grande parte eram construídas. Mas nada, na documentação, faz supor a necessidade de uma reedificação global e de raiz. Nesse mesmo sentido parece indicar a "normalidade" dos contratos de aforamento relativos a casas na rua em 1534[44].

Em síntese, e voltando à questão da legitimidade de usar este retrato da Rua Nova como representativo de realidades geográficas e cronológicas mais amplas, pode argumentar-se afirmativamente com base em três considerações: o casario não é novo ou sequer recente, refletindo uma realidade progressivamente configurada; na sua lenta evolução não constitui um tipo exclusivo da grande capital ou devedor de toda a normativa manuelina fortemente imbuída de princípios de regularidade e uniformidade, aplicados sobretudo em empreendimentos de raiz construídos pelo monarca, como veremos; finalmente, por todas as suas características, pode integrar-se no segmento mais qualificado dessa categoria que operativamente designamos por «casa corrente». Um tipo[45] que, para além de Lisboa, se regista em outros núcleos urbanos, os maiores e mais dinâmicos, concentrando-se nas ruas comerciais, nas praças e ribeiras. Distingue-se do restante casario por vários traços, todos eles presentes na pintura que nos serve de guia. São casas armadas sobre arcos ou esteios, constituindo galerias térreas; destacam-se pelo número de sobrados; recorrem, nesse processo de verticalização, a técnicas e materiais que não lhes sendo específicas adquirem aí uma visibilidade muito superior. A grande diferença seria naturalmente de número e, assim, de presença: enquanto em Lisboa este tipo formava alçados contínuos de várias ruas – Nova, Ferraria, Tanoarias, d'El Rey –noutras cidades, como Porto ou Coimbra, cingir-se-ia a umas quantas dezenas, em locais restritos.

Independentemente do número, são as características que têm em comum que estruturam este texto e cuja análise denuncia, simultaneamente, as transformações sofridas.

44 Pedro Pinto, *op. cit.*, p. 377.
45 Denominado por Ângela Beirante como «burguês de importação» e classificado por Alves Conde como 5º grupo. Maria Ângela Beirante, *Évora na Idade Média*, Fundação Calouste de Gulbenkian – JNICT, 1995, p. 124-125; Sílvio Alves Conde, «Sobre a casa urbana do Centro e Sul de Portugal, nos fins da Idade Média», *Arqueologia Medieval*, 5, Porto, 1997, p. 244.

CASAS SOBRE ESTEIOS: A GALERIA PORTICADA

Comecemos por uma das características mais evidentes: toda a frente retratada apresenta um pórtico contínuo, sobre colunas de mármore, cuja altura abrange piso e mezanino. É a componente comercial do edifício, com lojas que abrem para o corredor público, encimadas por sobrelojas para armazenamento e residência[46], de pé direito mais baixo e com janela para a galeria.

À época em que a pintura é realizada, nesta zona da cidade, a solução em pórtico ou galeria era bem mais extensa do que o trecho aqui representado, prolongando-se para ocidente na Rua dos Tanoeiros, embora aí já sobre arcos o que, aliás, justificaria o novo topónimo de Rua dos Arcos. Foi também pelo recurso a uma extensa arcada que D. Manuel reformou a Rua da Ferraria[47], paralela à Nova. Como nessas artérias, a galeria arquitravada da Rua Nova seria relativamente recente, dos anos em torno de 1502, mas não inédita, pois vinha substituir e regularizar uma solução idêntica, embora já velha e certamente em mau estado, concretizando, aliás, um desígnio antigo: logo em 1402, o concelho de Lisboa pedia a D. João I permissão para derrubar todos os esteios que estavam na Rua Nova e noutras ruas da cidade porque *«lhes fazem perjuízo e empacham»* a circulação[48]. Embora o monarca tivesse consentido, a situação não teria ficado integralmente resolvida, pois em 1462, era D. Afonso V quem deixava bem explícita a vontade que tinha de *«que as casas da dita Rua Nova fossem feitas sobre arcos de cantaria[49]»*. A sua concretização efetiva, não como arcada, mas como pórtico, seria uma das muitas reformas empreendidas por D. Manuel, perfazendo uma longa

---

46 Uma sobreloja em que havia casa dianteira, câmara e cozinha. Academia das Ciências de Lisboa, *Códice Azul 212* [1498] Tombo dos bens do Convento de Santo Elói de Lisboa, em 1498, Pedro Pinto, *op. cit.*, p. 367.

47 Helder Carita, *op. cit.*, p. 70 e 71.

48 *Documentos do Arquivo Histórico da Câmara Municipal de Lisboa, Livros de Reis*, Lisboa, Câmara Municipal, 1958, II, doc. 8, p. 96. Em 1478, o príncipe D. João, intercede junto da câmara de Lisboa para que o pai do seu oficial de armas possa manter os dois esteios de pedra que tinha feito nas suas casas da rua Nova, desde que não fosse prejuízo da cidade, "porquanto na dita rua eram feitos outros na dita maneira". *Ibid.*, doc. 53, p. 317.

49 ANTT, *Leitura Nova, Estremadura*, liv. 8, fl. 62.

galeria de 149 colunas de mármore, suportes que o próprio monarca descrevia como «*dereitos e muy bem obrados*[50]». (Fig. 5)

FIG. 5 – Rua Nova dos Mercadores, pormenor do pórtico, modelo digital a partir da pintura, Laura Fernandéz-González e Harry Kirkham.

E aqui residiria a sua grande diferença face às arcarias medievais, quase sempre resultantes da soma de segmentos distintos, uns de arcos apontados, outros de volta perfeita, de maior ou menor raio, ao lado de pilares e postes, muitos ainda de madeira, encimados por lintéis e definindo galerias de perfil e profundidade irregular.

No caso da Rua Nova, o carácter global e dirigido da obra relativa ao extenso pórtico ter-lhe-á conferido uma feição distinta, senão rigorosamente linear, pelo menos com uma notável uniformidade de suportes.

---

50 Helder Carita, *op. cit.*, p. 223.

Estruturas porticadas, descontínuas ou compondo extensos corredores, detetam-se em Évora[51] (Fig. 6), Elvas[52], em Beja, na praça, subsistindo até hoje algumas das arcadas manuelinas, Leiria[53], Tomar[54] ou Guarda[55].

Doutros tantos exemplos preserva-se documentação de obra: em Setúbal, uma extensa arcada[56] funcionava como elemento unificador dos novos edifícios erguidos na Praça do Sapal; em Coimbra, os açougues construídos em 1510 na Praça da cidade tinham na frontaria «*arqos de pedrarya*[57]». No Porto, a renovação da praça da Ribeira, destruída pelo incêndio de 1491, obrigou à construção de «*cazas com esteos de pedra bem lavrada e altos todos per ordem* [...] *de altura ate o primeiro sobrado das ditas cazaz porque por esta maneira a dita praça ficava muito mais enobrecida do que antes estava*[58]».

---

51 Maria Ângela Beirante, *op. cit.*, p. 124-125. Frei João Fernandes de Oliveira, da Ordem de Cristo, tinha umas casas na Rua dos Mercadores, com quatro arcos na fachada e três sobrados de altura. Maria Ângela Beirante, João José Alves Dias, « O Património Urbano da Ordem de Cristo em Évora no Início do Século XVI », *Estudos de Arte e História, Homenagem a Artur Nobre de Gusmão*, Lisboa, Vega, 1995, p. 62.

52 Em 1476, Fernão Garcia, pedia autorização para armar uns arcos nas suas casas, avançando-as, para que fossem «Jgual a direito per Regoa cair com outros arcos que dantiguidade estavam nas outras casas suas que foram de seu padre», o que o concelho considerou como «*proueito da Ree pruuica*». Fernando Branco Correia, *Elvas na Idade Média*, Lisboa, Colibri- CIDEHUS Universidade de Évora, 2013, p. 263-265.

53 Saul António Gomes, « A Praça de S. Martinho de Leiria do Século XII à Reforma de 1546 », *Mundo da Arte*, II Série, Janeiro/Fevereiro/Março, 1990, p. 61.

54 Luísa Trindade, *Urbanismo na composição de Portugal*, Coimbra, IUC, 2013, p. 420.

55 Rita Costa Gomes, *A Guarda Medieval, 1200-1500*, Cadernos da Revista de História Económica e Social, n° 9-10, Lisboa, Sá da Costa, 1987, p. 53.

56 IANTT, *Corpo Cronológico*, Parte I, maço 46, doc. 61. Sobre a obra veja-se, Teresa Bettencourt da Câmara, *A Praça do Sapal em Setúbal. Um estudo de urbanismo quinhentista*, Salpa, 1992.

57 Luísa Trindade, « A Praça e a Rua da Calçada segundo o Tombo Antigo da Câmara de Coimbra (1532) », *Media Aetas, Paisagens Medievais*, Ponta Delgada, Universidade dos Açores, vol. I, 2ª Série (2004-2005), p. 133.

58 José Ferrão Afonso, *A rua das Flores no século XVI, elementos para a história urbana do Porto quinhentista*, Porto, FAUP, 1998, p. 71. Maria Adelaide Millan Costa, « O refazimento da Praça da Ribeira em finais de qatrocentos », *Um mercador e autarca dos séculos XV-XVI: o arquivo de João Martins Ferreira*. Catálogo da Exposição comemorativa da classificação do Porto como Património Cultural da Humanidade, Porto, Arquivo Distrital, 1996, p. 31-34.

Fig. 6 – Évora: arcadas medievais da Praça do Giraldo,
fotografia de Manuel Teixeira.

«QUE FAÇA QUANTOS SOBRADOS LHE PROUVER»: O PROCESSO DE VERTICALIZAÇÃO

Foi nestas zonas privilegiadas que a tendência para o alteamento mais se fez notar, sendo o número de sobrados diretamente proporcional ao valor locativo da zona. O que nos remete para o segundo traço mais marcante da pintura da Rua Nova: trinta e dois lotes adjacentes com edifícios de quatro e cinco pisos, incluída a sobreloja. Os mesmos a que João Brandão fazia referência em meados do século XVI: *«quarenta e cinco casas de moradas, todas de três e quatro sobrados, de uma e outra banda*[59]*»*.

É claro que também neste caso, Lisboa e especificamente esta zona ribeirinha, se destacou do restante panorama nacional[60]. E desde muito cedo, sobretudo nas freguesias mais ricas de S. Julião, S. Nicolau e Madalena. Logo a partir de meados de duzentos multiplicam-se as referências a casas sobradadas e, em 1276, surgem as primeiras menções a imóveis de três pisos[61]. Em 1323, D. Dinis determinava que os seus foreiros das Ruas Nova e da Ferraria fizessem *«benfeitoria nas ditas casas em fazer boas paredes e sobrados*[62]*»*.

Se o rápido crescimento da «cabeça» do reino levou à disseminação das casas de dois pisos por toda a área urbana e obrigou as de três pisos a atingir uma expressão muito significativa[63], a evolução registada no século XV permitiria a Zurara escrever sobre *«as grandes alturas das casas que se vão ao céu*[64]*»*, certamente as mesmas que causaram a admiração de Münzer, médico alemão que, em 1494, visitou Lisboa[65]. Em 1551,

---

59   João Brandão (de Buarcos), *op. cit.*, p. 97.
60   Sublinhe-se que, de norte a sul do país, a casa corrente continuaria a ser, na sua esmagadora maioria, composta por um ou dois pisos. Se em Évora, Palmela, Torres Novas ou Silves, a casa térrea detinha a primazia, em muitas outras cidades as duas tipologias equivaliam-se. Noutras ainda, como Elvas, Guarda ou Ponte de Lima, a casa de dois pisos torna-se predominante. A situação aqui descrita restringe-se às áreas de maior dinamismo comercial das maiores cidades portuguesas. Luísa Trindade, *A casa corrente... op. cit.*, p. 38-50.
61   Gérard Pradalié, *Lisboa da Reconquista ao fim do séc. XIII*, Lisboa, Palas Editores, 1975, p. 36.
62   Manuel Fialho Silva, *op. cit.*, p. 326.
63   Sílvio Alves Conde, «Sobre a casa urbana...», *op. cit.*, p. 247.
64   Gomes Eanes da Zurara, *op. cit.*, p. 18.
65   Jerónimo Münzer, *op. cit.*, p. 213.

Rodrigues de Oliveira afirmava já que das dez mil casas da cidade «...
as mais casas são de dois, três, quatro e cinco sobrados[66]». As mais altas
concentravam-se, claro, na Rua Nova dos Mercadores, seguida pelas
vizinhas Rua Nova d'El-Rei, Ferraria e Tanoarias.

Em menor escala, todavia, a tendência para a casa de pisos múltiplos é
também detetada em outras cidades[67]. Em Guimarães constituem a maioria
ainda que não ultrapassem, até finais do século XIV, a altura máxima de
três pisos[68]. No Porto, a tendência é ainda mais sentida «sendo a grande
parte das habitações sobradada, com dois ou três pisos[69]». Já em finais
de trezentos, Domingos Martins e sua mulher Eynes Apariço, moradores
na cidade, pediam à câmara que lhes emprazasse de novo em três vidas
uma casa *«pera poder em ella fazer e alçar casa de sobrados por que era baixa»*.
A resposta do concelho é elucidativa: que *«façom em el casas de quantos
sobrados lhjs prouuer»*. O incentivo à construção de novos pisos parece, aliás,
fazer parte da política de valorização do património camarário pois, no
mesmo ano de 1391, empraza a Bernal Mateus um terreno junto ao muro
da cidade para que faça casas de um sobrado *«e mais se vos prouuer*[70]». Na
realidade, não se encontra na legislação portuguesa qualquer limitação
à verticalização dos edifícios, permitindo as Ordenações Manuelinas que
quem tiver casas possa *«alçar-se quanto quiser*[71]».

Para Coimbra, o tombo das propriedades concelhias de 1532 permite reconstituir de forma muito aproximada a volumetria de muitos
dos imóveis que preenchiam de um lado e doutro a Rua da Calçada, a
principal da cidade. Das mais de 40 propriedades listadas, a maioria é
de três pisos[72], alcançando 20% dos imóveis camarários os quatro a seis
andares. Um tipo de que, num arruamento muito próximo, sobrevive
um raro exemplar, com grandes afinidades com os representados na
pintura de Lisboa (Fig. 7).

---

66   Cristovão Rodrigues de Oliveira, *op. cit.*, p. 101.
67   Veja-se nota 65.
68   Maria da Conceição Falcão Ferreira, *Guimarães...op. cit.*, p. 340.
69   José Ferrão Afonso, *op. cit.*, p. 51.
70   «*Vereaçoens*», *op. cit.*, p. 86 e 117.
71   *Ordenações Manuelinas, Livro I*, Lisboa, Fundação Calouste Gulbenkian, 1984, p. 350.
72   Luísa Trindade, *A casa corrente...op. cit.*, p. 142. Já em 1451 casas de três pisos seriam
     relativamente frequentes na rua como se depreende da obrigação imposta a João Álvares
     de aí fazer casa de dois sobrados como as do vizinho João Afonso Mayo. João Aires de
     Campos, *Indice Chronologico dos Pergaminhos e Forais existentes no Archivo da Camara Municipal
     de Coimbra*, Coimbra, Imprensa Litteraria, 1875, p. 39.

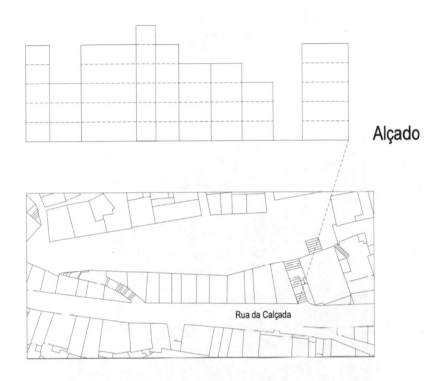

Fig. 7 – Coimbra, reconstituição do alçado poente da Rua da Calçada,
com indicação do número de pisos, a partir do Tombo de 1532.

Algumas fontes iconográficas atestam esta tendência para outros núcleos, embora naturalmente com diferenças consideráveis tanto no número de imóveis como no de sobrados: são disso exemplo as vistas de Duarte de Armas de Elvas e Freixo de Espada à Cinta[73] ou a também quinhentista representação da Ribeira de Santarém[74]. (Fig. 8). Outros aspetos, contudo, ganham na pintura que aqui seguimos uma visibilidade inédita.

---

73   Duarte de Armas, *op. cit.*, fl. 25, 26 e 77.
74   Vista de Santarém, António de Holanda, *Genealogia dos Reis de Portugal* (c.1534), British Library, Ms. 12531.

FIG. 8 – Coimbra, Rua do Sargento-mor, nº 2 e 4.

«DO SOBRADO QUE SAI FORA»

É o caso dos ressaltos típicos da construção medieval em altura. A adição de um andar superior significava, frequentemente, um avanço no plano da fachada, conferindo ao edifício um perfil recortado. Estes andares salientes, também chamados de «*sobrado ladrom*[75]», apoiavam-se no balanço das traves, em consola, ou sobre elementos vários como cachorros ou escoras inclinadas. Vantajosos para os proprietários, aumentando em alguns metros a superfície construída, eram, em contrapartida, prejudiciais para a vivência do espaço público, estreitando a via, impedindo uma boa servidão e empachando-a «*no andar e parecer dellas*», como referia D. João II, em 1485, a propósito de Lisboa[76]. Para além de tornarem a rua mais escura, menos ventilada e húmida, os elementos projetados, tal como os seus apoios, provocavam acidentes vários, sobretudo em quem circulava a cavalo ou no transporte de cargas e peças altas como, por exemplo, a arca e cruzes usadas na procissão do Corpo de Deus[77]. Por isso, tanto o poder central como o local tentaram evitar esta prática, proibindo-a nas posturas e regulamentos. Já em 1391, a câmara do Porto determinava que em casas da Rua da Lada «*o sobrado primeiro não saia fora, segundo a ordenação da vila*[78]». (Fig. 9)

---

75 Mário Jorge Barroca, «Arquitetura gótica civil», Carlos Alberto Ferreira de Almeida, Mário Jorge Barroca, *História da Arte em Portugal, o Gótico*, Lisboa, Presença, 2002, p. 88.

76 Sandra M.G. Pinto, «A regulação jurídica das fachadas em Portugal (séc. XIV-XIX)», *Revista de Estudios Histórico-Jurídicos* [Sección historia del derecho europeo] XXXVIII (2016), p. 157.

77 Documento em que o rei tenta pôr cobro aos «litigios e demandas que sse faziam [em] Lisboa sobre os atravesssadoyros dos balcões que sam feytos e que sse fazem polas ruas e travessas e becos della», mandando destruir de imediato os que estão desde a Porta da Cruz até à Sé, pela Rua Direita por onde vai o Corpo de Deus. Lisboa, ANTT, *Leitura Nova*, Livro 4 da Estremadura, fl.s 10.

78 «*Vereações*», *op. cit.*, p. 424. Um dos exemplos de sobrado projetado conservado, dos mais antigos e particularmente significativo pela sua dimensão, é o da Casa do Beco da Achada, na encosta do castelo de Lisboa.

FIG. 9 – Lisboa, Beco da Achada, fotografia de Machado & Sousa,
1901, Arquivo Municipal de Lisboa-Arquivo Fotográfico.

Na verdade, a prática decorria em parte do importante papel que
a madeira desempenhava entre os materiais utilizados na construção
urbana, pelo que uma e outra, no uso como na proibição, foram frequentemente associadas. É isso mesmo que a disposição que obriga a erguer
«*parede direita de pedra e call*» expressa: a tentativa de pôr fim a edifícios
de paredes em ressaltos, levantadas a partir de diferentes técnicas, mas
qualquer delas à base de travejamentos de madeira.

A forte presença da madeira na construção urbana explica-se facilmente: a um custo relativamente baixo[79] e à facilidade de transporte
associava-se, por um lado, um saber-fazer pouco exigente dependente
de ferramentas comuns, em ambos os casos pelo menos em parte ao
alcance dos próprios moradores[80], por outro, a eficácia em erguer pare-

79 Dependendo das diferentes qualidades e dimensões da madeira utilizada. Sílvio Alves
    Conde, «Tipologias, materiais e técnicas construtivas na casa comum das cidades do
    Vale do Tejo, em finais da Idade Média», Sílvio Alves Conde, *Construir, habitar: a casa
    medieval*, Porto, CITCEM, 2011, p. 114.
80 A componente de «auto-construção» coexistiria com a atividade profissional de car-
    pinteiros. Rodrigues de Oliveira diz que em Lisboa, entre os 22 tipos de carpinteiros

des altas, estreitas e flexíveis[81]. Algo fundamental na cidade, sobretudo nos bairros onde a construção era obrigada a subir. Não admira, por isso, que, mesmo em regiões onde a pedra era abundante, a madeira fosse escolhida. Castanho, sobreiro, carvalho, pinho, faia e loureiro, foram algumas das espécies mais utilizadas: na construção em altura das fachadas (frontais), nos sobrados, na divisão dos espaços interiores (repartimentos de *taboado*), para forrar compartimentos (*olivelados de*), na armação da cobertura, como guarnição de portas e janelas, nas portadas ou em escadas. Pelas mesmas razões, era o material preferido para a construção de todo um conjunto de acrescentos ligeiros que, à semelhança do «*sobrado ladrom*», e tão ou mais prejudiciais que ele, avançavam sobre a via pública[82]: alpendres, sacadas e balcões ou passadiços lançados de um lado ao outro da rua (*atrauessadoyros*), permitindo a comunicação entre imóveis fronteiros, são os mais citados nas determinações régias e concelhias que, de forma cada vez mais insistente e sistemática, lhes tentaram pôr cobro.

Entre os principiais inconvenientes da madeira destacava-se a sua extrema facilidade de combustão e curta longevidade. Vimos já como, no decorrer das décadas de 1360 e 70, a Rua Nova sofreu dois grandes incêndios. Verdadeiro flagelo da cidade medieval, o fogo fazia desaparecer, em escassas horas, ruas e bairros, causando danos elevadíssimos. As vias estreitas e atravancadas, o carácter rudimentar dos meios de combate e a enorme quantidade de madeira incorporada nas edificações, para mais cerradas em fileiras compactas, faziam do fogo um elemento temível. Em tempo de guerra, o seu poder destrutivo tornava-o numa das armas preferidas de qualquer exército assaltante. Em tempo de paz, numa época em que o homem dependia do fogo para se aquecer, cozinhar e iluminar, os incêndios nem por isso seriam menos frequentes.

---

existentes (de marcenaria, carpintaria, de navios, organistas, e até de pentes), 492 são carpinteiros de casas. Cristovão Rodrigues de Oliveira, *op. cit.* p. 95.

81   O uso da madeira no alteamento dos imóveis é comprovado por Zurara quando afirma que as casas mais altas de Lisboa «se fizeram e fazem com a madeira vinda das ilhas atlânticas». Gomes Eanes da Zurara, *op. cit.*, p. 18.

82   Em 1502, D. Manuel justifica a ordem de destruição de balcões e sacadas em todas as ruas de Lisboa, para «se escusarem inconvenientes dalguns fogos que às vezes se alevantam...», o que só faz sentido se fossem essencialmente construídos de madeira. Documento publicado por Helder Carita, *op. cit.*, p. 219.

No segundo caso, o uso da madeira num país como Portugal, com grandes amplitudes higrométricas, térmicas e sol intenso, tornava difícil a sua preservação, provocando o seu rápido apodrecimento e conferindo às casas um aspeto descuidado.

Na prática, são estes dois argumentos que sustentam todo o combate das autoridades às estruturas de madeira, procurando substitui-las por materiais mais resistentes e duráveis: D. Afonso V, ao aforar duas casas na Rua Nova ao mercador Fernam Evangelho, o Velho, identificava de forma clara o que considerava serem os melhoramentos adequados «*por a dita Rua seer milhor e mais principal da dita cidade como por havermos por muito bom serviço e homra e nobreza dell*»: a substituição «*dos frontaes de tavoado como ora tem* por *paredes de pedra e cal atee o telhado*[83]. O mesmo descontentamento por os frontais das casas das ruas principais «*estarem danificados e mal repairados que he couza que desfeya muito*», terá estado na base da notificação que, em 1502, D. Manuel I fez aos moradores da Rua Nova e da Sapataria, dando-lhes o prazo de um ano para substituírem todos «*os frontais de suas casas que estiverem feitos de madeira*» por outros feitos de alvenaria de tijolo[84].

FIG. 10 – Rua dos Maximinos, Mappa das Ruas de Braga, 1750,
Arquivo Distrital de Braga.

Lisboa, não era caso único. Em Braga, o cabido insistia com os seus arrendatários para utilizarem materiais mais resistentes: em 1515, com Rui Faleiro, «*per quanto os frontais das ditas casas estão muito velhos e feios*» devendo fazer «*outros frontais novos de tijolo com sua cal argamassados e firmes de modo que fossem duráveis e bons*[85]». Em 1509, com Jorge Lopes, para fazer nas casas que então aforava «*um frontal de brelho*» (pedra) *bem correjido com*

---

83 ANTT, *Leitura Nova, Estremadura*, liv. 8, fl. 62.
84 Helder Carita, *op. cit.*, p. 218.
85 Rui Maurício, *O Mecenato de D. Diogo de Sousa, Arcebispo de Braga, 1505-1532, Urbanismo e arquitectura*, Leiria, Magno Edições, 2000, vol. 2, p. 47-49.

suas janelas como em tal rua pertence[86]». Também o concelho de Coimbra considerava a pedra nobilitante autorizando, em 1533, Álvaro Gonçalves, saboeiro, a ocupar um pedaço do Terreiro das Tanoarias, pois as casas que pretendia construir eram *«grandes e bem feitas de pedra e cal»* ou a João Gonçalves, almocreve, por querer erguer *«casas de pedraria honradas*[87]».

A valorização deste material justificava a inclusão de cláusulas contratuais específicas, quer estimulando o seu uso em obras de benfeitoria, quer impedindo a sua retirada, findo o contrato[88].

No geral, todavia, não se tratava de pedra bem aparelhada, de silhares ou aparelho isódomo, de junta seca, quase só utilizados em edifícios de prestígio ou casas particulares de maior aparato. Casas integralmente levantadas em silharia foram uma minoria. Uma extração morosa e cara, as dificuldades de transporte e uma mão de obra especializada limitavam a sua utilização na construção corrente, mesmo no seu segmento mais qualificado, obrigando a um uso muito seletivo e racional, em cunhais e guarnições de portas e janelas. (Fig. 11)

Fig. 11 – Miranda do Douro: o uso seletivo da silharia em casas de pedra e cal.

---

86 Arnaldo Sousa Melo, Maria do Carmo Ribeiro, *Os materiais* empregues nas *construções urbanas medievais, Contributo preliminar para o estudo da região do Entre Douro e Minho*, in Arnaldo Sousa Melo e Maria do Carmo Ribeiro, coord., *História da construção, Os materiais*, Braga, CITCEM – LAMOP, 2012, p. 159, nota 120.

87 João Correia Aires de Campos, *Indice Chronologico...*, p. 67, doc. CXVII e CXVIII.

88 Rui Maurício, *op. cit.*, vol. 1, p. 107, nota 14.

A pedra a que a documentação se refere era a alvenaria, de formato e dimensões irregulares, traçada com argamassas à base de cal e areias.

O seu uso foi particularmente importante ao nível dos embasamentos conferindo uma maior resistência e durabilidade, razão suficiente para que os proprietários os impusessem contratualmente: até à altura de um homem, até à altura da cinta de um homem, «*até ho andar do sobrado*[89]». (Fig. 12)

FIG. 12 – Proença a Velha: casa de pedra e cal até à altura do sobrado e piso superior em taipa de fasquio.

Na realidade, alguma documentação parece mesmo indicar que um piso térreo em pedra era condição necessária para que o imóvel pudesse receber outros pisos. Em Braga, em 1501, na «*Rua que foi Judiaria*»,

---

89   Maria Inês Gonçalves Marques, *A colegiada de S. Martinho de Sintra nos séculos XIV e XV. Património e gestão*, dissertação de mestrado apresentada à Faculdade de Ciências Sociais e Humanas da Universidade Nova de Lisboa, Lisboa, 1997, p. 39, Maria Helena da Cruz Coelho, *O Baixo Mondego nos finais da Idade Média*, Lisboa, Imprensa Nacional Casa da Moeda, 1989, p. 687.

Pedro Eanes obrigava-se a reconstruir um pardieiro erguendo uma casa com mais do que um sobrado. O alteamento, todavia, ficava dependente de o proprietário, o Cabido, fornecer a pedra necessária. Não sendo esta cláusula cumprida, o foreiro teria apenas de edificar uma casa terreira[90].

Sobre estas estruturas-base, frequentemente apenas as paredes laterais e de fundo[91], levantavam-se os pisos superiores em diferentes materiais, todos eles mais leves. A documentação é pouco pormenorizada referindo apenas *«casas de paredes de pedra e call e taypas madeiradas*[92]*»*, podendo o termo taipas indicar técnicas distintas, embora tendo sempre em comum o recurso à madeira.

Uma das mais frequentes, e especialmente usada no Norte, é a que se designa como taipa de fasquio e que corresponde a uma trama de tábuas sobrepostas: um primeiro pano de tábuas verticais, a prumo, e um ripado horizontal, o chamado fasquio. Estes panos são depois rebocados com uma argamassa de cal e areia[93].

Um outro tipo é o da taipa chamada de rodízio onde, de novo, a madeira cria uma trama reticular com os barrotes, horizontais e verticais, a serem unidos por diagonais – as cruzes de santo André – cujos intervalos são preenchidos por tijolo burro, argamassa ou barro. Esta técnica, vulgarizada em toda a Europa desde os finais da Idade Média e ativa no decorrer de toda a Época Moderna[94], conhecida por *fachwerk*, foi aí muito mais visível do que em Portugal, pelo facto de ser deixada à vista, explorando as qualidades estéticas do entramado geométrico do travejamento. Em Portugal, preferiu-se revesti-las com reboco o que tem levado muitos autores a «subvalorizar a sua utilização no nosso país[95]».

---

90 Maria da Conceição Falcão Ferreira, « Habitação popular urbana... », *op. cit.* p. 386.

91 Maria da Conceição Falcão Ferreira, « Construção corrente em Barcelos ... », *op. cit.*, p. 442.

92 Maria Ângela Beirante, *Santarém medieval*, Lisboa, Universidade Nova de Lisboa, 1980, p. 112. Maria da Conceição Falcão Ferreira, « Habitação popular urbana... », *op. cit.*, p. 389.

93 Gabriela de Barbosa Teixeira, Margarida da Cunha Belém, *Diálogos de edificação, estudo de técnicas tradicionais de construção*, CRAT, Centro Regional de Artes Tradicionais, 1998, p. 62-65.

94 Sobre a utilização no tempo longo destas técnicas veja-se António Ginja, « The medieval house of Coimbra: archaeology of architecture in the demystification of archetypes », *La casa: espacios domésticos, modos de habitar*, Granada, Universidad de Granada - Escuela Técnica Superior de Arquitectura, 2019, p. 1407-1417.

95 Mário Barroca, *op. cit.*, p. 89. Apenas a título de exemplo, uma descrição de meados do século XVI referente a uma casa na Rua do Souto, no Porto, diz explicitamente que « ...

Embasamentos de pedra e paredes altas madeiradas e rebocadas, em taipa de fasquio ou de rodízio, são seguramente o que a pintura da Rua Nova retrata. Os primeiros, embora não sejam percetíveis, terão sido condição essencial para que os prédios atingissem dois e três sobrados, constituindo as paredes das lojas e sobrelojas. Nos pisos superiores domina a madeira, aliás, aparente em várias componentes: dos lintéis aos travejamentos que separam os sobrados, definindo à face os tradicionais ressaltos[96] e suportando os pavimentos dos pisos; nas sacadas e balcões, nas ombreiras e vergas das portas e janelas, nas portadas basculantes; de forma ainda mais notória no «*frontal de tavoa*» e no ático do imóvel vizinho, onde os madeiramentos foram deixados à vista. Em todos os restantes, as taipas madeiradas foram revestidas por uma camada de reboco. (Fig. 13)

Fig. 13 – Rua Nova dos Mercadores [Lisboa], autor desconhecido, segunda metade século XVI, Kelmscott Manor Collection, The Society of Antiquaries of London inv. n° KKM 186.1, pormenor de frontal de madeira.

---

da banda da rua tem portas de tavoado e todo o frontall de tavoa... ». José Ferrão Afonso, *op. cit.*, p. 49. Em Setúbal, um contrato de 1487, inclui a obrigatoriedade de reconstruir os frontais do lado da rua em tabuado ou cortiça. Paulo Drumond Braga, *Setúbal medieval (séculos XIII-XV)*, Setúbal, Câmara Municipal - Biblioteca Pública Municipal, 1998 p. 69-70.

96 Prática ainda observável nos poucos vestígios materiais subsistentes, no caso de Lisboa, na Rua do Benformoso, n° 101-102 e no Largo do Chafariz de Dentro; em Coimbra, na Rua do Sargento-mor, n°s 2 e 4; no Porto, nas Escadas do Barredo, na Viela do Buraco ou na Rua da Vitória; em Guimarães, na Praça de S. Tiago; em Braga, na Rua D. Frei Caetano Brandão.

FIG. 14 – Estremoz, Largo D. Dinis, nº 8.

É este sistema construtivo que, partir de meados do século XV, é sistematicamente posto em causa[97]. O objetivo das autoridades é o de estender o uso da pedra à totalidade das paredes portantes, a toda a altura da casa[98]. São as casas de alvenaria ordinária de pedra irregular, sem faces aparelhadas, argamassadas com cal e por isso chamadas de «casas de pedra e cal». Sem que constituíssem uma novidade, (Foto 14) o seu uso ganha um novo fôlego nesta altura, para o que se revelou fundamental o esforço normativo.

D. Afonso V, D. João II e, sobretudo, D. Manuel I, em conjunto com as autoridades concelhias, promoveram alterações significativas na construção urbana: das restrições ao uso da madeira, associadas à proibição de todo um conjunto de elementos que, do plano da fachada, avançavam sobre a via[99], quase sempre dependentes desse mesmo material, decorre a imposição de parede direita de pedra e cal: «*E que el rei nosso senhor* [D. Manuel I] *mandava que se derribasse a dita sacada como geralmente mandava que se derribassem outras* [...] *e tiraria a dita sacada e faria parede direita de pedra e cal de maneira que fosse nobreza da dita cidade[100]*».

Nos empreendimentos urbanísticos de iniciativa régia, a pedra e cal transformava-se em opção única: da Rua Nova do Porto[101], ainda de finais do século XIV, por ordem de D. João I, à Rua da Sofia, em Coimbra[102], já da década de 1530, a mando de D. João III. No período intermédio,

97 Sílvio Alves Conde, «Alterações estruturais e superficiais na construção corrente urbana do ocidente peninsular em finais da Idade Média», *Construir, habitar: a casa medieval*, CITCEM, 2011, p. 179-202 e Maria da Conceição Falcão Ferreira, «A casa comum em Guimarães...», *op. cit.*, p. 279-296.

98 Em 1502, Bartolomeu Pires diz que reformara as casas da Rua Nova del Rei que trazia aforadas «dos alicerces até ao cimo, fazendo-lhes as paredes grossas e boas de pedra e cal, travejando-as, assoalhando-as madeirando-as, e fazendo-as de um sobrado todas de novo». TT, *Hospital de S. José*, liv. 1123, fls. 47v-54 Pedro Pinto, *op. cit.*, p. 370.

99 Sobre as medidas tomadas contra a proliferação de todos estes acrescentos ligeiros veja-se Helder Carita, *Lisboa Manuelina...*, *op. cit.*, p. 81-87, 214 e 218; Luísa Trindade, *A casa corrente*, *op. cit.*, p. 60-62 e Sandra M.G. Pinto, *op. cit.*, p. 156-160.

100 O documento, de 1502, é relativo à venda de um chão junto à igreja de S. Nicolau. *Documentos para a História da cidade de Lisboa, Livro I de Místicos, Livro II del Rei D. Fernando*, doc. 28, p. 131-132.

101 As casas da Rua Nova do Porto, de pedra e carpintaria, devem ter sido, «*as primeiras na cidade gótica, e de forma sistemática, a utilizar a pedra*». José Ferrão Afonso, *op. cit.*, p. 44.

102 As casas seriam de «dous sobrados dalto do amdar da dita Rua para çima e toda ha fromtarja della fara de pedra e call...». Walter Rossa, *Divercidade. Urbanografia do espaço de Coimbra até ao estabelecimento definitivo da Universidade*, dissertação de doutoramento apresentada à Faculdade de Ciências e Tecnologia da Universidade de Coimbra, 2001, p. 680, nota 800.

pela insistência, alcance e viragem que viria a imprimir, ganhou relevância a ação de D. Manuel nas realizações que levou a cabo em Lisboa, sobretudo nas que mandou erguer de raiz: na frente da Ribeira, nos quarteirões de Cata que Farás, junto ao rio, no segmento norte da Rua Nova d'El Rei, cujo «abrimento» o monarca tão cuidadosamente vigiava ou, de forma ainda hoje visível, em Vila Nova do Andrade (Bairro Alto), como salientou Helder Carita[103]. (Fig. 15)

É o mesmo autor que chama a atenção para como, neste reinado e no âmbito de uma cultura de normalização e regulação da construção urbana[104], se constata o aperfeiçoamento das técnicas de argamassas à base de cal, referidas na documentação como «pedra e call» ou apenas «call». E se nas construções de aparato os paramentos assim erguidos eram delimitados por pedra aparelhada, com especial expressão nos cunhais, conferindo-lhe maior solidez e prestígio, nas soluções mais comuns utilizava-se simplesmente a «massa de terra áspera e pedra traçada como cal», depois regularizada pelo reboco, cafelando-se e pincelando-se[105].

É com base nesta «pedra e cal» que se promulga todo um conjunto de normas tendentes a acabar com o peso da madeira – e práticas construtivas decorrentes – e a promover casas de «parede direita», todas «iguays e por cordel e que hua não saya mays que a outra». Uma ação cujos efeitos serão desiguais sobre o espaço urbano, bem sucedida em obra nova, mais lenta e limitada em áreas consolidadas. A fileira de prédios representada na pintura que temos vindo a analisar pode evidenciar os limites da ação manuelina. É o próprio monarca, afinal, que trata excecionalmente a Rua Nova dos Mercadores, isentando-a da sua própria lei geral – «como geralmente mandava» –, quer em 1499, quando proíbe que façam sacadas novas e que as velhas, necessitando de obras, se desfaçam e substituam por

---

103 Para além da obra já por diversas vezes aqui citada, *Lisboa Manuelina... op. cit.*, p. 62-79, veja-se, também de Helder Carita, « Reforma urbanística da Lisboa Manuelina, Início da escola moderna de arquitectura », *História*, 26 (Ano XXII), Junho, 2000, p. 36-45.

104 *Livro das Posturas Antigas*, leitura e transcrição de Maria Teresa Campos Rodrigues, Lisboa, Câmara Municipal, 1974, p. 229-238. As medidas tomadas para Lisboa serviam depois de modelo a outras cidades. Helder Carita, « Legislação e administração urbana no século XVI », Actas do Colóquio Internacional *Universo Urbanístico Português 1415-1822*, Lisboa, CNCDP, 2001, p. 173.

105 « *...todas estas casas seram cafelladas e pinçelladas muito bem de dentro e de fora...* ». Pedro Dias, *Visitações da Ordem de Cristo de 1507 a 1519, aspectos artísticos*, Coimbra, Universidade de Coimbra, 1979, p. 128.

parede direita, quer em abril de 1502, quando obriga a derrubar todos os balcões e sacadas existentes em todas as ruas, travessas e becos de Lisboa.

FIG. 15 – Lisboa, Rua da Atalaia, Bairro Alto, fotógrafo não identificado, c. 1900, Arquivo Municipal de Lisboa- Arquivo Fotográfico.

Mas a Rua Nova é apenas um exemplo. Na realidade, em toda a cidade, como de resto um pouco por todo o país, casas madeiradas, andares em ressalto, balcões e sacadas, sobreviveram em parte aos diversos prazos sucessivamente estipulados para o seu desaparecimento. (Fig. 16)

FIG. 16 - Aguarela e desenhos de Alfredo Roque Gameiro, finais do século XIX: (1 e 2) Rua do Bemformoso; (3) entrada da Rua de S. Miguel (Alfama).

Muitos resistiram até ao terramoto de 1755, alguns mantiveram-se mesmo até finais do século XIX, outros ainda, já muito poucos, chegaram à atualidade.

Em síntese, e em resposta à questão inicial, tudo aponta, de facto, para um processo de "petrificação" da construção urbana. E a pintura da Rua Nova, ao expor em detalhe o segmento mais qualificado do casario corrente tardo-medieval constitui um elo fundamental para a reconstituição desse processo, denunciando uma paisagem urbana que progressiva e lentamente desapareceria, para dar lugar a uma outra arquitetura, maioritariamente de *parede direita de pedra e call*.

Luísa TRINDADE
Universidade de Coimbra

DAL LEGNO ALLA PIETRA

Genova: tempi e modalità di una trasformazione

Il contributo che segue[1] intende tracciare un quadro il più possibile esaustivo sulla presenza e la diffusione a Genova, nel basso e tardo medioevo, dell'architettura in legno o, meglio, della costruzione in legno, comprendendo quindi anche opere di tipo infrastrutturale, come quelle portuali.

L'idea della Genova medievale come una città di pietra, marmo e mattoni, che ci restituiscono i libri di architettura e che anche i contemporanei ci hanno tramandato attraverso le loro descrizioni[2], è quella stessa che si forma il visitatore percorrendo le vie del centro storico. Come ha dimostrato la "Mappatura culturale della città vecchia" condotta a partire dal 1992 in tutta l'area un tempo racchiusa dalle mura dette del Barbarossa (XII secolo), un numero significativo di case (361 su 1570 edifici analizzati) conserva tracce più o meno consistenti della sua origine medievale (XII-XIV secolo)[3]. Si tratta di basamenti in "pietra nera" locale (calcare marnoso) accuratamente squadrata, di portici in pietra a uno o più fornici,

---

1   Desidero ringraziare chi, a vario titolo e in diversi modi, ha gentilmente accolto le mie richieste di aiuto nel corso della sua stesura: personale dell'Archivio di Stato di Lucca e della Biblioteca Palatina di Parma, Monica Baldassarri, Fabrizio Benente, Philippe Bernardi, Enrico Giannichedda, Piera Melli, Gianluca Pesce, Rita Vecchiattini.

2   Giovanna Petti Balbi, *Genova medievale vista dai contemporanei*, Genova, Sagep, 1978, con descrizioni sia di genovesi sia di visitatori, tra il 1352 (il noto poeta e umanista Francesco Petrarca) e il 1514. Solo nella breve descrizione di Petrarca, non a caso l'unica risalente al XIV secolo, si accenna alla presenza di solai lignei arricchiti da dorature (*atria auratis trabibus*) che ancora dovevano vedersi nei porticati di ingresso alle case, mentre tutte le altre descrizioni elogiano la città per le torri di pietra e i palazzi di marmo. Anche l'annalista Giorgio Stella, alla fine del XIV secolo, sottolinea con un certo orgoglio come ai suoi tempi le case cittadine fossero di pietra e avessero muri robusti, differenziandosi da quanto doveva essere intorno al 1196, secondo l'opinione corrente e i pochi vecchi edifici ancora visibili: «*nec erant tunc, ut est opinio et iterum ex paucis edificiis vetustis apparet, civitatis edes ita lapidibus et forti muro constructe, ut nunc videntur*» (Giovanna Petti Balbi, a cura di, *Georgii et Iohannis Stellae Annales Genuenses*, Bologna, Zanichelli, 1975, p. 25).

3   Anna Boato, Rita Vecchiattini, «Archeologia delle architetture medievali a Genova», *Archeologia dell'architettura*, XIV/2009, 2011, p. 155-175, tav. 5.

di colonne e capitelli lapidei talvolta di reimpiego, di cornici ad archetti pensili, di facciate con paramenti bicromi in marmo e pietra nera, di elevati in muratura di mattoni posati con cura, di finestre polifore ad arco o architravate con esili colonnine in marmo bianco di Carrara (figg. 1, 2).

FIG. 1 – Frammenti restaurati della Genova medievale: edifici in via San Siro.

FIG. 2 – Frammenti restaurati della Genova medievale: dettaglio di una cornice
ad archetti pensili sopra i fornici di una loggia.

Tuttavia, l'immagine di questa città lapidea risulta ridimensionata alla luce delle fonti coeve che, attraverso i racconti degli annalisti, le scritture dei notai, i registri e i cartari dei grandi enti religiosi, i resoconti delle ispezioni delle magistrature pubbliche, dimostrano che una città medievale di legno ha continuato a esistere per tutto il medioevo a fianco alla città in muratura e che essa ancora sopravviveva, nei suoi ultimi e ormai antiquati residui, in pieno XVI secolo.

Se, dunque, in altre città italiane e, soprattutto nord-europee la costruzione medievale in legno e, soprattutto, quella in materiale misto, dotata di parti portanti lignee anche sui fronti esterni, è sopravvissuta almeno in parte ai cambiamenti successivi[4], a Genova essa non ha lasciato alcuna traccia. Solo negli interni delle case la presenza del legno non è stata del tutto soppiantata, anche se i solai e i tetti lignei (talvolta ancora tardomedievali, più spesso ricostruiti), sono stati quasi sempre nascosti sotto i nuovi controsoffitti in canniccio intonacato entrati in auge nel corso del XVI secolo[5].

Interessarsi alle dinamiche, alle cronologie e alle cause della progressiva e inesorabile sostituzione della cosiddetta «architettura in materiale deperibile» con quella, più duratura e solida, in pietra, significa spesso studiare il fenomeno focalizzando l'attenzione su quest'ultima. È indubbiamente interessante capire in che modo, e in relazione a quali fattori economici, sociali o culturali, la costruzione in pietra abbia progressivamente riconquistato molte città europee dopo la lunga parentesi del tardo antico e dell'alto medioevo, in cui sembra abbia prevalso l'architettura deperibile. Ora, dopo decenni di studi dedicati alla costruzione in pietra, alla riapertura delle cave, alla reintroduzione dell'opera quadrata, mi sembra interessante sottolineare, piuttosto, la resistenza che l'architettura in legno ha opposto all'innovazione.

Si tratta, mi pare, di una resistenza passiva, di una sopravvivenza, ma non per questo il fenomeno risulta meno significativo o rilevante, anche numericamente.

---

4   Si pensi, a titolo di esempio, ai portici lignei di Bologna o agli sporti lignei e alle pareti intelaiate di Como, Cividale del Friuli, Cortona e, non ultima, della "casa gotica" di Arquata Scrivia (Alessandria), all'epoca feudo genovese.
5   Anna Boato, «Volte di canne a Genova: uso e diffusione», *Lexicon. Storie e architettura in Sicilia e nel Mediterraneo*, 18, 2014, p. 17-30; Anna Boato, «Solai lignei medievali a Genova. Tecniche costruttive e decorative», in Pilar Giráldez, Màrius Vendrell, a cura di, *Una mirada enlaire... Sostres, teginats i voltes: construcció, història i conservació*, Barcellona, Patrimoni 2.0 Edicions, 2019, serie "Trobades de les Egipcíaques", p. 137-155.

L'osservatorio di Genova sembra indicare che inizialmente (secoli XII-XIII) la presenza delle costruzioni lignee fosse piuttosto cospicua, e che esse siano scomparse solo in un tempo abbastanza dilatato, riducendosi progressivamente a una permanenza interstiziale, laddove la inarrestabile opera di sostituzione non era ancora arrivata. I dati disponibili non permettono per ora di definire le diverse velocità che, probabilmente, hanno caratterizzato tale processo. Tuttavia, è possibile cogliere alcune delle condizioni che lo hanno favorito e talvolta accelerato.

LE TESTIMONIANZE ARCHEOLOGICHE

Mentre per diverse parti di Italia, soprattutto settentrionale, i contributi sull'architettura in materiale deperibile sono ormai abbastanza significativi[6], ancora poco si sa per la Liguria e soprattutto per Genova.

Una sintesi sulle strutture abitative liguri altomedievali in rapporto ai secoli precedenti e seguenti è stata offerta da Aurora Cagnana nel 1994[7]. L'autrice cita alcuni scavi condotti a Luni e nell'Appennino ligure, in contesti diversificati, che hanno portato in luce basamenti in pietra a secco o legata da argilla di abitazioni databili tra V e VII secolo che si è

---

6   Come quadri di sintesi delle testimonianze archeologiche cfr.: Marco Valenti, Vittorio Fronza, «Un archivio per l'edilizia in materiale deperibile nell'altomedioevo», in *Poggio Imperiale a Poggibonsi: dal villaggio di capanne al castello di pietra. I. Diagnostica archeologica e campagne di scavo 1991-1994*, a cura di M. Valenti, Firenze, All'Insegna del Giglio, 1996, p. 159-218; Sauro Gelichi, Mauro Librenti, «L'edilizia in legno altomedievale nell'Italia del Nord: alcune osservazioni», in *I Congresso Nazionale di Archeologia Medievale (Pisa 29-31 maggio 1997)*, Firenze, All'Insegna del Giglio, 2000, p. 215-220; Andrea Augenti, «Fonti archeologiche per l'uso del legno nell'edilizia medievale in Italia», in Paola Galetti, a cura di, *Civiltà del legno: per una storia del legno come materia per costruire dall'antichità ad oggi*, Bologna, CLUEB, 2004; Anna Antonini, *Architettura in terra e legno in Italia Settentrionale dall'età romana al Medioevo: la trasmissione dei saperi attraverso il dato archeologico*, tesi del Dottorato in Conservazione dei Beni Architettonici – XXVI ciclo, relatore: prof. Alberto Grimoldi, correlatore: dott. Fabio Saggioro, Dipartimento di Architettura e Studi urbani, Politecnico di Milano, 2014.

7   Aurora Cagnana, «Considerazioni sulle strutture abitative liguri fra VI e XIII secolo», in Gian Pietro Brogiolo, a cura di, *Edilizia residenziale tra V e VIII secolo. 4° Seminario sul tardoantico e l'altomedioevo in Italia centro-settentrionale. Monte Barro (Galbiate-Lecco, 2-4 settembre 1993)*, collana Documenti di Archeologia, 4, Quingentole (Mantova), SAP, 1994, p. 169-177.

ritenuto fossero dotate di un alzato ligneo, in relazione alla presenza di buche da palo sulla sommità dei muretti o al loro esterno, o di probabili appoggi per pali posti in mezzeria. Secondo Tiziano Mannoni che, nel 2004, ha affrontato il tema delle case liguri in un'ampia prospettiva storica, anche a Genova sarebbero attestate in periodo tardo antico case rettangolari con telai di legno su uno zoccolo in pietra, di un solo piano, simili a quelle del territorio e delle fortificazioni bizantine[8].

Più avaro di informazioni è ritenuto il periodo compreso tra l'VIII e il XII secolo, per il quale non si conosce alcun testimonianza archeologica di edifici di abitazione[9], salvo per l'edilizia urbana genovese in pietra, dove nel corso dell'XI secolo si costruiscono alcune importanti edifici civili in parte connessi alla committenza vescovile e dove, durante il XII secolo, si assiste ad una vera a propria "rivoluzione" dei modi di abitare e di costruire in pietra ad opera dei *magistri antelami* provenienti dalle valli comasche e luganesi.

Continuando il suo *excursus* Cagnana osserva come a partire dal XIII secolo si abbiano diverse testimonianze archeologiche per il territorio rurale ligure dell'adozione di case in muratura di pietra posata a secco o con legante argilloso (utilizzando solo in alcuni punti anche calce selvatica), sia in abitati arroccati, sia in abitati sparsi (Zignago, Anteggi)[10], e come occorra aspettare la fine del XIV secolo per osservare la diffusione, nell'entroterra, di quelle case a più piani in muratura a calce che ormai da duecento anni caratterizzavano il volto delle città. Nulla sembra invece di poter dire per quanto riguarda l'uso della costruzione in legno o in tecnica mista.

---

8   Tiziano Mannoni, «Case di città e case di campagna», in Storia della cultura ligure, 2, a cura di Dino Puncuh, *Atti della Società Ligure di Storia Patria*, Nuova Serie XLIV (CXVIII), Fasc. II, 2004, p. 227-260.

9   Secondo Mannoni l'assenza si spiegherebbe con la difficoltà di datare le case in legno, rurali o urbane, in un periodo in cui, cessato l'arrivo del vasellame orientale, ci si basi solo sulla presenza di produzioni locali rimaste invariate nei diversi secoli dell'alto medioevo. Sarebbe, dunque, proprio l'assenza di reperti di provenienza mediterranea a divenire un indicatore di case lignee realizzate tra VIII e X secolo.

10   Forse a costruzioni deperibili di questo tipo fa riferimento un contratto in base a cui viene concesso al Monastero di Santo Stefano il diritto di prendere pietre, frasche e terra da un terreno privato in val Bisagno «*pro paratis et domo et molino preparando et faciendo et meliorando*» (Domenico Ciarlo, , a cura di, *Codice diplomatico del monastero di Santo Stefano di Genova, vol. II (1201-1257)*, Genova, Società Ligure di Storia Patria, 2008, doc. 321 del 12 marzo 1211). Nel 1250 abbiamo testimonianza di una casa con muri legati da terra («*muros dicte domus facere de lapidibus et terra*») e pilastri lignei per il portico (cfr. fig. 13, doc. 11).

Secondo Cagnana, quindi, anche in relazione all'esiguità dei dati disponibili, resta aperta la questione della origine culturale e tecnica (alloctona o autoctona) delle case in legno liguri. Incerte risultano anche le tappe cronologiche del passaggio dall'uso del legno a quello della pietra nella costruzione dei muri portanti delle abitazioni. Tuttavia:

> È lecito però supporre che nell'VIII e IX secolo i due tipi coesistessero ancora e che la progressiva sostituzione delle case in legno con quelle in pietra si sia andata affermando nel corso dei secoli successivi. Sembra certo comunque che nel Duecento il più antico modello di case in legno era ormai caduto in disuso e scomparso quasi ovunque anche se ancora riprodotto nel suo schema funzionale[11].

A parziale integrazione delle considerazioni precedenti possiamo dire che, sebbene nell'area urbana di Genova non siano emerse ad oggi evidenze significative di costruzioni lignee di epoca bassomedievale, alcune tracce archeologiche di case costruite in tecnica mista, con basamento in pietra legata da argilla, sembrano invece esistere per il periodo compreso tra il VII e il X secolo[12].

Se dunque l'archeologia non è ad oggi in grado di fornire molte informazioni sulla presenza di case lignee né nel territorio rurale né in ambito urbano, per quest'ultimo le fonti scritte bassomedievali, tardomedievali e anche di età moderna ci offrono diverse notizie. Già agli studiosi di inizio '900 non era sfuggita l'importante presenza di questo tipo di abitazioni al nascere della città medievale, come è ad esempio evidenziato nella premessa al lettore scritta da Francesco Podestà in apertura al suo studio sul Colle di Sant'Andrea, collina che chiudeva a ponente la parte centrale (*civitas*) dell'abitato medievale e presso cui, tra il VI e il VII secolo d.C., si erano rifugiati i milanesi in fuga dai Longobardi[13]. Scrive Podestà, con enfasi quasi poetica:

---

11 Aurora Cagnana, *op. cit.*, p. 176.

12 Scavi di Mattoni Rossi, S. Silvestro, Scuole Pie (cfr. Piera Melli, a cura di, *La città ritrovata. Archeologia urbana a Genova 1984-1994*, Genova, Tormena, 1996, p. 196-197, 285-286; Piera Melli, a cura di, *Genova dalle origini all'anno Mille. Archeologia e storia*, Genova, Sagep, 2014, p. 235-242). Le distruzioni dovute a incendi degli edifici di Mattoni rossi sembrano significative (segnalazioni di Fabrizio Benente e Piera Melli, che ringrazio).

13 Scavi di emergenza presso la chiesa di Sant'Ambrogio (oggi del Gesù) hanno evidenziato la presenza di muri in pietra a secco relativi ad edifici genericamente databili tra la caduta dell'impero romano e l'XI secolo, che potrebbe corrispondere a tale insediamento (cfr. Anna Boato, Flavia Varaldo Grottin, a cura di, *Genova. Archeologia della città. Palazzo Ducale*, Genova, Sagep, 1992, p. 22).

[...] un Colle dapprima rivestito di boschi, messo poi gradatamente a coltura. Sentieri listati da siepi che lo percorrono in vario senso, cingendo i campicelli o poderi attigui. Case in legno che agglomerate in molte sono facile alimento al divampare di gravi incendi. Rari ancora gli edifici in pietra, che però col volgere degli anni si moltiplicano e si addensano [...][14].

EDIFICI LIGNEI TRA XII E XIV SECOLO: UNA PRESENZA SIGNIFICATIVA

Analizzando sia alcune sistematiche elaborazioni condotte al fine di ricostruire l'origine della città di Genova e la sua storia urbanistica[15], sia le fonti scritte edite disponibili in Liguria per il basso medioevo[16], si

---

14   Francesco Podestà, «Il colle di S. Andrea in Genova e le regioni circostanti», *Atti della Società Ligure di Storia Patria*, XXXIII, 1901, p. 7. Alle p. 25-30 è dedicato un approfondimento sulle case in legno, che si basa in gran parte, ma non solo, sugli spogli dei documenti notarili condotti nel Settecento da Giovanni Battista Richeri, utilizzando presumibilmente i registri noti come *Pandette richeriane*, in Archivio di Stato di Genova (ASGe), Manoscritti, nn. 533-546, o forse anche l'altra serie sostanzialmente identica, sempre in ASGe, Manoscritti, nn. 93-101, Giovanni Battista Richeri, *Notae desumptae ex foliatiis diversorum notariorum* (Una terza serie - *Foliatium Notariorum genuensium* - è conservata sempre a Genova presso la Biblioteca Civica Berio, cfr. Valeria Polonio, «Erudizione settecentesca a Genova. I manoscritti Beriani e Nicolò Domenico Muzio», *La Berio*, anno VII, n. 3, settembre-dicembre 1967, p. 6, nota 4). Non è stato ad oggi possibile verificare né gli appunti di Richeri, né le fonti alla base delle sue annotazioni.

15   Francesco Podestà, *op. cit.*; Luciano Grossi Bianchi, Ennio Poleggi, *Una città portuale del Medioevo. Genova nei secoli X-XVI*, Genova, Sagep, 1987 (1ª ed.1979). Un breve capitolo su «L'edilizia medievale» è anche in Piero Barbieri, *Forma Genuæ*, Genova, Municipio di Genova, 1938, p. 19-21; cfr. anche Piero Barbieri, «Genova romanica», *Genova*, anno XVIII - n.5, 1938-XVI, p. 39-50 (in particolare la «Cronologia edilizia», alle p. 47-50).

16   Per una completa e accurata disamina delle stesse cfr. Paola Guglielmotti, *Genova*, collana Il Medioevo nelle città italiane, 6, Spoleto, Fondazione CISAM, 2013, p. 97-158. Hanno fornito dati utili alla presente ricerca le seguenti: Gabriella Airaldi, *Le carte di Santa Maria delle Vigne di Genova (1103-1392)*, Genova, Fratelli Bozzi, 1969; Luigi T. Belgrano, «Il Registro della Curia Arcivescovile di Genova», *Atti della Società Ligure di Storia patria*, II-2, 1862; Luigi Beretta, Luigi T. Belgrano, «Il secondo Registro della Curia Arcivescovile di Genova», *Atti della Società Ligure di Storia patria*, XVIII, 1887; Marta Calleri, a cura di, *Le carte del Monastero di San Siro di Genova (952-1224). Vol. I*, Genova, Regione Liguria-Assessorato alla Cultura, Società Ligure di Storia Patria, 1997; Marta Calleri, a cura di, *Le carte del Monastero di San Siro di Genova (1254-1278). Vol. III*, Genova, Regione Liguria-Assessorato alla Cultura, Società Ligure di Storia Patria, 1997; Mario Chiaudano, Mattia Moresco, *Il cartolare di Giovanni Scriba*, voll. I-II, Torino, Lattes,

sono raccolte tutte le citazioni di case di legno (nei documenti compare in genere la semplice dicitura *domus lignaminis* o *edificium lignaminis*) o, anche, di edifici aventi pareti, colonne[17] o mensole lignee. Alle testimonianze già note si aggiungono alcuni documenti inediti reperiti nel corso delle ricerche condotte dalla scrivente sul fondo notarile del locale Archivio di Stato (fig. 13).

La maggior parte dei documenti non sembra lasciare dubbi sull'identificazione dell'oggetto con una casa totalmente o prevalentemente lignea, tuttavia occorre considerare che una definizione schematica a scopo contrattuale può corrispondere a un mondo reale ricco di sfumature. In cosa consisteva la *domus lignaminis* dei contratti duecenteschi? In mancanza di descrizioni coeve e di resti archeologici, non abbiamo risposte a tale quesito e dobbiamo quindi accontentarci degli schematismi che i documenti stessi ci propongono, con qualche attenzione.

1935; Domenico Ciarlo, *op. cit.*; Arturo Ferretto, «Codice diplomatico delle relazioni fra la Liguria la Toscana e la Lunigiana ai tempi di Dante (1265-1231). Parte seconda: dal 1275 al 1281», *Atti della Società Ligure di Storia patria*, XXXI-2, 1903 (documenti in parte trascritti, in parte regestati); Arturo Ferretto, «Liber magistri Salmonis sacri Palatii notarii (1222-1226)», *Atti della Società Ligure di Storia patria*, XXXVI, 1906 (documenti in parte trascritti, in parte regestati); Michele Lupo Gentile, «Il regesto del Codice Pelavicino», *Atti della Società Ligure di Storia Patria*, XLIV, 1912; Sandra Macchiavello, Maria Traino, a cura di, *Le carte del Monastero di San Siro di Genova (1225-1253. Vol. II*, Genova, Regione Liguria-Assessorato alla Cultura, Società Ligure di Storia Patria, 1997; Dino Puncuh, a cura di, *Il Cartulario del notaio Martino. Savona, 1203-1206*, Genova 1974; Dino Puncuh, a cura di, *I Libri Iurium della Repubblica di Genova. Vol. I/3*, Genova, Regione Liguria-Assessorato alla Cultura, Società Ligure di Storia Patria, 1998; Cristina Soave, *Le carte del monastero di S. Andrea della Porta di Genova (1109-1370)*, Genova, Regione Liguria-Assessorato alla Cultura, Società Ligure di Storia Patria, 2002 (Fonti per la storia della Liguria XVIII); Vito Vitale, «Documenti sul castello di Bonifacio nel secolo XIII», *Atti della Società Ligure di Storia Patria*, LXV (1936).

17 Il termine *columpne* nei documenti bassomedievali è riferito ai sostegni verticali del portico antistante le case, sormontato in genere da uno sporto (cfr. fig. 13, docc. 10 e 13). I sostegni in pietra (talvolta di riuso) delle logge esistenti sono di diversa forma (circolare o ottagonale), materiale (marmo bianco, granito, calcare marnoso) e tipologia (monolitici o a conci sovrapposti). Possiamo quindi immaginare le *columpne* lignee sia cilindriche, sia squadrate più o meno accuratamente. La parola *columna* è utilizzata, nella prima metà del XV secolo, per indicare i montanti lignei verticali a sezione quadrangolare usati nelle pareti divisorie sottili di case e conventi (ASGe, Notai antichi, 511, 2 diversi documenti dell'8 luglio 1433, c. CLXXXXVII v., c. CLXXXXVIII v.), che, almeno dalla metà del XVI e nel XVII secolo, sono chiamati invece *stantiroli* (Anna Boato, *Costruire "alla moderna". Materiali e tecniche a Genova tra XV e XVI secolo*, Firenze, All'Insegna del Giglio, 2005, p. 65; Anna Decri, *Un cantiere di parole. Glossario dell'architettura genovese tra Cinque e Seicento*, Borgo S. Lorenzo (FI), 2009, p. 121). Visti i diversi significati che le parole possono assumere non solo diacronicamente occorre considerare sempre attentamente il contesto della frase o del documento, che spesso aiuta nell'interpretazione (come per i docc. 11 e 13 in fig. 13).

È del 1244 una vertenza relativa all'eredità di un certo Pasquale Buca, parrocchiano di San Siro: uno dei testimoni interpellati afferma che la casa in cui egli abitava «*erat lapidea et lignamine*», altri due sostengono invece che essa «*est et erat lapidea*», un quarto che la *domus* in oggetto era un «*astricus muratus lapidibus et madonis*[18]». A chi dobbiamo credere? È possibile che qualcuno dei testimoni fosse poco attendibile, ma è assai più probabile che la realtà materiale della casa non avesse confini così netti. Sappiamo, ad esempio, che tra la fine del XII e la metà circa del XIII secolo esistevano sicuramente in città case con alcune pareti di muratura e altre di legno (fig. 13, in particolare docc. 8 e 44).

La sinteticità della scrittura, inoltre, può portare facilmente a fraintendimenti, ancor più quando la scrittura paleografica e la brachigrafia medievale lasciano spazio all'interpretazione del lettore. A tale proposito si segnala come una aggiornata edizione delle fonti abbia talvolta evidenziato errori di identificazione commessi dagli studiosi a causa di trascrizioni incomplete o inesatte, come si è ad esempio verificato per una casa a Fossatello costruita nel 1225 e ritenuta in legno sulla base di un'annotazione secentesca:

> Anno 1225: Rubaldo Rubeos testimonio ad una cartina di S. Sijro in atti di … (sic) de s.to Michele notaro e in quella notisi che le case erano di legno come dice la d.a cartina 23. *Domus supra dictam terram optima de bono muro legnaminis castanee*[19].

La recente edizione delle carte del Monastero di San Siro tuttavia, grazie alla presenza di una semplice congiunzione che era stata trascurata,

> *facere cum mea voluntate et consilio domum unam supra dicta terra bene et optime de bono muro et lignamine castanee et roboris et abietis et duorum solariorum*[20],

lascia invece pensare che la casa fosse in muratura (*de bono muro*) e che il legname di tre diverse specie dovesse essere utilizzato nel tetto e nei

---

18   Sandra Macchiavello, Maria Traino, *op. cit.*, doc. 474.

19   Giovanni Battista Cicala, *Memorie della città di Genova et di tutto il suo dominio (…) tomo primo*, ms. del sec XVII, p. 438 in Archivio Storico del Comune di Genova (ASCG), Manoscritti, Molfino, 438 disponibile online sul sito della Società Ligure di Storia Patria alla pagina Liguria Storica Digitale. Per le citazioni da Cicala cfr. Luciano Grossi Bianchi, Ennio Poleggi, *op. cit.*, p. 156 nota 40 e Piero Barbieri, *Forma…*, *op. cit.*, p. 20.

20   Sandra Macchiavello, Maria Traino, *op. cit.*, doc. 352, 15 settembre 1225, il terreno situato in Fossatello è affittato a Guido *magister* (forse un maestro costruttore).

solai lignei, evidentemente presenti in una casa a più piani (*duorum sola-riorum*). Purtroppo, pur consapevoli di tale rischio, non è stato ancora possibile verificare tutte le referenze consultando le fonti primarie, come evidenziato in fig. 13.

In alcuni casi, infine, si è giunti all'identificazione per via congetturale. È ad esempio il caso dei docc. 1 e 15 di fig. 13, in cui la clausola che la casa possa essere spostata altrove, allo scadere della concessione del terreno su cui essa è stata inizialmente costruita, lascia ipotizzare che essa sia smontabile e trasportabile con una certa facilità[21]. Ciò sembra compatibile più con una casa in legno che con una casa in muratura a calce, mentre non si può escludere che la casa fosse in pietrame a secco o legato da argilla, come quelle documentate dalle fonti archeologiche.

Ad oggi, e tenuto conto di quanto sopra, il totale dei riferimenti reperiti ammonta a 46. Da tale casistica sono escluse ovviamente tutte le case con solai e coperture lignee, che rimangono di uso consueto fino al Novecento, o con parti lignee di completamento e finitura (tramezze e volte a scheletro ligneo, in uso per tutte l'età moderna). Sono invece compresi gli elementi portanti verticali isolati (colonne o pilastri di portici o logge) e le mensole utilizzate per realizzare la parte superiore della casa a sbalzo rispetto al piano terra (*sportam de lignamine*, cfr. fig. 13, doc. 12), che già nel XII-XIII secolo venivano normalmente realizzate in pietra (*sportum de archetis*), come risulta da alcuni contratti di costruzione e come si osserva nelle case medievali del centro storico[22].

La maggior parte della documentazione raccolta è relativa al XIII secolo (34 occorrenze)[23], con un range complessivo che spazia con una certa continuità dal 1156 al 1347. Tuttavia, esistono anche alcuni sporadici

---

21   Vedi anche un documento del 23 ottobre 1222, in cui il Monastero di Santo Stefano impone a Richelda figlia di un certo Rogerio *Callegarius*, di portare via un *edificium* costruito abusivamente (Domenico Ciarlo, *op. cit.*, doc. 447, p. 215-216); una sentenza del 1270 in base a cui, analogamente, Alberto *cultelerius*, deve rimuovere un *edificium* abusivo da lui eretto su terra del Monastero delle Vigne o, in alternativa, restituire alla chiesa la terra con il soprastante edificio (Gabriella Airaldi, *op. cit.*, doc. 148); una vertenza del 1247 in cui la chiesa delle Vigne ricorda il proprio diritto di poter chiedere la rimozione di edifici posti sopra terre di proprietà del monastero (*ibid.*, doc. 130 del 29 giugno 1247). L'uso dei verbi *auferre*, *tollere* e *removere* lasciano pensare che tali edifici potessero essere davvero "portati via", forse proprio perché lignei o di tipo provvisorio.

22   Luciano Grossi Bianchi, Ennio Poleggi, *op. cit.*, p. 142-152.

23   7 casi sono pertinenti al XII secolo e 2 al XIV secolo. Tali numeri, oltre a essere troppo limitati per consentire considerazioni statistiche, risentono delle fonti consultate e in

riferimenti assai più recenti (3 casi relativi al XVI-XVII secolo, di cui uno fuori Genova). A tali casi possiamo aggiungere la citazione di una non meglio definita costruzione («*constructio, quæ ex tabulis et lignis erat*») posta in una zona centrale della città, bruciata nel 1398 nel corso di discordie civili, che difficilmente può essere identificata con una casa, ma che indubbiamente era realizzata in legno[24].

Non tutti i documenti reperiti sono riferiti a Genova, dove le case lignee sembrano distribuite un po' ovunque, sia in zone povere, sia in zone di maggior reddito[25], tranne forse nella fascia a ridosso del porto e sulla collina del Castello (fig. 3). Alcuni riferimenti, infatti, riguardano borghi o località un tempo extra-urbani (come Nervi, Multedo, Morego, Struppa), che sono stati inglobati nei nuovi confini amministrativi della "Grande Genova" solo nella prima metà del Novecento; alcuni sono relativi ad altre città o centri liguri (Savona, Rapallo); alcuni, infine, riguardano città fondate dai genovesi fuori della Liguria (Bonifacio in Corsica). Ulteriori riferimenti dubitativi riguardano infine Pareto, castello nell'area di influenza genovese al confine tra Liguria e Piemonte dove, nel 1223, si stabilisce a chi spettino l'incombenza e le spese di preparare e trasportare i legnami da costruzione («*lignamen operis*») e le scandole per i tetti («*scandulas*»), in caso si voglia edificare un abitato presso il castello, e Sarzana, all'estremo levante della Liguria, dove nel 1231 si stabilisce che i nuovi abitanti provenienti da Arcola debbano contribuire a preparare e a portare il legname per costruire le case loro assegnate. In entrambi i casi il fatto che si faccia riferimento esclusivamente al legno fa pensare a case costruite prevalentemente con tale materiale.

---

particolare della disponibilità di fonti edite (anche se non sappiamo valutare in quale misura).

24   Giovanna Petti Balbi, *Georgii et Iohannis Stellae...*, *op. cit.*, p. 232. L'identificazione con una casa è proposta in Luciano Grossi Bianchi, Ennio Poleggi, *op. cit.*, p. 237. Poteva, piuttosto, trattarsi di una bottega, come quelle per la macellazione e la vendita dei capretti che affiancavano la chiesa di Sant'Ambrogio e che nel 1689 dovevano essere ricostruire in muratura, di una costruzione provvisoria, come quella ad uso degli scalpellini prevista nel 1627 a fianco alla cattedrale, o di un sovrappasso stradale, come quelli, di muratura o di legno («*voltam ullam seu cooperturam lignaminis*»), di cui nel 1180 si vieta la costruzione sopra la via principale (Francesco Podestà, *op. cit.*, p. 67-68 e 101; Antonella Rovere, a cura di, *I Libri Iurium della Repubblica di Genova*, vol. I/1, doc. 247).

25   Osservazione già presente in Luciano Grossi Bianchi, Ennio Poleggi, *op. cit.*, p. 148, dove si nota come molte di esse siano di proprietà di importanti consorterie.

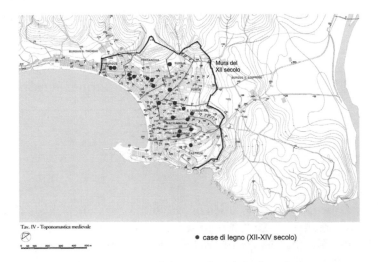

FIG. 3 – Localizzazione indicativa delle case di legno di cui alla tabella di fig. 13 (1158-1347) sulla mappa della toponomastica medievale tratta da Luciano Grossi Bianchi, Ennio Poleggi, *op. cit.*, pp. 86-87 (rielaborata).

Tuttavia, è sembrato corretto prendere in considerazione anche tali citazioni, vista l'affinità culturale esistente tra tali luoghi, tutti in qualche modo legati a Genova, anche quando vi erano forme di conflitto o di concorrenza, come nel caso di Savona.

Dei 46 casi individuati, 33 sono relativi a case già (o ancora) esistenti al momento della redazione del relativo documento (tra 1172 e 1614), e solo 13 a case di nuova costruzione (tra 1156 e 1293). Tra questi ultimi, oltre ad annoverare alcune identificazioni di tipo congetturale, si notano diverse testimonianze fuori Genova, ad indicare forse un attardamento rispetto alle dinamiche urbane.

Benché il numero delle referenze considerate sia esiguo, si nota come poco più del 25% sia relativo a nuovi edifici. Si nota inoltre come nei moltissimi documenti di vendita o affitto disponibili per il XIII secolo si faccia in genere riferimento all'edificio oggetto del contratto come *domus* o *edificium* o *edificium domus* senza aggiunta di specificazioni, salvo per le *domus lignaminis* di cui si è detto[26]: ciò fa pensare che queste ultime rappresentas-

---

26 Conosciamo un unico riferimento del 1217 a una *domus lapidea* e due riferimenti del 1204 e del 1270 a *domus* di mattoni (*facta madonibus*, *de madonibus*), cfr. Luciano Grossi Bianchi, Ennio Poleggi, *op. cit.*, p. 144.

sero una anomalia o una particolarità rispetto alla norma, costituita dalle *domus* in muratura. La convivenza e, entro certi limiti, la equivalenza delle due tecniche di costruzione è comunque testimoniata tra XII e XIII secolo da alcuni documenti che lasciano agli interessati la libertà di scelta tra la pietra e il legno, sia per costruire pilastri, sia per costruire intere case[27].

L'IMPATTO DEGLI INCENDI

La frequenza e le conseguenze, talvolta devastanti, degli incendi accidentali registrati dagli Annalisti ufficiali della Repubblica[28] tra il 1122 e il 1240 (fig. 14, prima parte della tabella) sembrano indicare come nel XII secolo e agli inizi di quello successivo le case della città fossero facilmente infiammabili e il rischio di propagazione degli incendi assai alto. Intere *contratæ* (strade, contrade) vengono distrutte e talvolta il fuoco si estende anche alle strade vicine, come avviene per l'incendio divampato nella contrada di Palazzolo nel 1181. Anche la loro frequenza risulta impressionante: nell'arco di tempo considerato si ha un grave incendio (*ignis magnus*, *ignis maximum*) in media ogni 11 anni. Le piccole ma drammatiche raffigurazioni che accompagnano le notizie (figg. 4 e 5), oltre alla loro stessa registrazione, dimostrano come si trattasse di eventi luttuosi e di grande impatto emotivo, a cui però non sembra siano seguiti significativi provvedimenti pubblici, come avvenne invece in altre città[29].

---

27 Licenza al Monastero di San Siro *«quod in ipsis paramuriis faciat columpnas, lapideas vel ligneas, et potestatem habeat exiendi in ipsis columpnis cum domibus ligneis vel voltis»* (Marta Calleri, *Le carte... Vol. I, op. cit.,* doc. 105 del gennaio 1143); affitto di terra *«ad superhedificandum in ipsa terra de opere ligneo vel lapideo»* (Gabriella Airaldi, *op. cit.,* doc. 109 del 22 luglio 1229).

28 Luigi T. Belgrano, a cura di, *Annali genovesi di Caffaro e de' suoi continuatori dal 1099 al 1293. Vol. primo,* Genova, Sordomuti, 1890; Luigi T. Belgrano, Cesare Imperiale di Sant'Angelo, a cura di, *Annali genovesi di Caffaro e de' suoi continuatori dal 1174 al 1224,* vol. II, Genova, Sordomuti, 1901; Cesare Imperiale di Sant'Angelo, a cura di, *Annali genovesi di Caffaro e de' suoi continuatori dal 1225 al 1250. Vol. terzo,* Roma, Tipografia del Senato, 1923. Il manoscritto degli Annali (Bibliothèque nationale de France, Département des Manuscrits, Latin 10136) è consultabile sul sito gallica.bnf.fr.

29 Ad esempio a Firenze esisteva uno specifico ufficio istituito nella prima metà del Trecento (Maria Pia Contessa, *L'Ufficio del Fuoco nella Firenze del Trecento,* Firenze, Le Lettere, 2000), a Bologna gli Statuti comprendevano norme atte a prevenire gli incendi, tra

FIG. 4 – Gli incendi del 1122 (a), del 1141 (b) e del 1154 (c) (riproduzioni dei
disegni del manoscritto degli Annali genovesi conservato presso la Biblioteca
Nazionale di Parigi, da Luigi T. Belgrano, *Annali... op. cit., ad annum*).

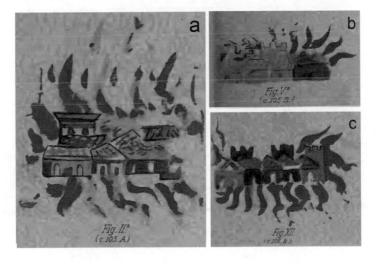

FIG. 5 – Gli incendi del 1174 (a), del 1175 (b) e del 1181 (c) (riproduzione
cromolitografica delle miniature del manoscritto degli Annali genovesi
conservato presso la Biblioteca Nazionale di Parigi, da Luigi T. Belgrano,
Cesare Imperiale di Sant'Angelo, *op. cit.*, Tav. II).

l'altro evitando nelle costruzioni l'uso di materiali infiammabili, e a punire chi li avesse
provocati (Gina Fasoli, Pietro Sella, *Statuti di Bologna dell'anno 1288*, 2 vol., Città del
Vaticano, Biblioteca apostolica vaticana, 1937-1939), a Siena nel 1309-1310 si impone a
tutti i fabbri di coprire le loro fabbriche con una volta di mattoni affinché «non possa
essere alcuna arsura ne la città et borghi» (Antonio Lauria, «L'affermazione delle strutture
in materiale incombustibile», *Costruire in laterizio*, 35, 1993, p. 434-439).

Il fuoco poteva partire da esercizi commerciali, come il *furnus* «*quem tenebat Carellus*» (fig. 6), forse un forno per la cottura del pane, visto che esso si trovava nella zona del centrale mercato di San Giorgio. Ma, ovviamente, qualsiasi fiamma o fuoco utilizzato per cucinare, riscaldare o illuminare le abitazioni private poteva fare da esca: è presumibilmente del XII secolo il richiamo normativo a un importante compito del *cintragus* (banditore), che, quando soffiava il forte vento di tramontana, doveva ricordare a tutti i cittadini di prestare particolare attenzione al fuoco («*quando ventus Acquilo regnat debet ire per civitatem et per castrum et per burgum admonendo ut bene caveant ignem*[30]»). Ed è infatti da abitazione privata, talvolta individuate con precisione, che il più delle volte aveva inizio il tutto: «*in quadam domuscula*» nel 1154, «*in domo Bellamuti*» nel 1174, «*in domo Nicholosi Stabilis*» nel 1218 (fig. 7).

FIG. 6 – Il forno di Carello da cui si propagò un incendio nel 1194 (riproduzione cromolitografica della miniatura presente nel manoscritto degli Annali genovesi conservato presso la Biblioteca Nazionale di Parigi, da Luigi T. Belgrano, Cesare Imperiale di Sant'Angelo, *op. cit.*, Tav. VI).

---

30   Antonella Rovere, *op. cit.*, doc. 5, p. 14, datazione *post quem* 2 febbraio 1142, già citato da Francesco Podestà, *op. cit.*, p. 28-29. Si tratta dell'unico provvedimento pubblico inerente il problema degli incendi.

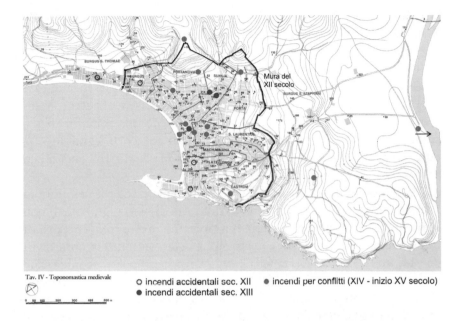

Tav. IV - Toponomastica medievale

○ incendi accidentali sec. XII   ● incendi per conflitti (XIV - inizio XV secolo)
● incendi accidentali sec. XIII

FIG. 7 – Localizzazione indicativa degli incendi di cui alla tabella di fig. 14 sulla mappa della toponomastica medievale tratta da Luciano Grossi Bianchi, Ennio Poleggi, *op. cit.*, pp. 86-87 (rielaborata).

Indubbiamente, in un abitato denso come doveva essere quello genovese già all'epoca, la presenza di solai e tetti lignei "a vista" o di divisori lignei, in aggiunta al mobilio e agli altri beni domestici, poteva essere sufficiente per provocare la completa combustione interna di un edificio e per trasmettere il fuoco alle case vicine, a causa delle scintille disperse dal vento. Nel caso di edifici in muratura, ma con manto di copertura forse in materiale infiammabile (paglia, canne o scandole lignee)[31], era possibile circoscrivere le fiamme demolendo prontamente il tetto delle case confinanti, come avvenne nel 1218. Tuttavia, in occasione dell'incendio che interessò nel 1154 uno dei sobborghi della città, per

---

31 Anche Giorgio Stella suppone che nel XII secolo i tetti non fossero ancora in pietra, come invece erano ormai ai suoi tempi (fine del XIV secolo). Ricordando l'incendio del 1194 nel mercato di San Giorgio afferma infatti: «*Creditur ut, si domorum fuisset tunc forte lapideum tegimen, tantam non potuisset igni lesionem inferre*» (Giovanna Petti Balbi, *Georgii et Iohannis Stellae...*, *op. cit.*, p. 25).

arginare il fuoco si dovettero abbattere intere case (*mansiones destruendo*) e, nonostante ciò, una parte, per quanto limitata, del borgo (*particula burgi*) venne distrutta dal fuoco.

Resta quindi plausibile l'ipotesi, già avanzata da diversi studiosi, che incendi così vasti siano stati alimentati dalla cospicua presenza di case prevalentemente lignee, le uniche che potessero essere abbattute velocemente in una situazione di emergenza. Almeno una volta, in effetti, si nota la corrispondenza tra localizzazione di edifici di legno (fig. 13, doc. 30) e divampare di un incendio che provocò la distruzione di ben 30 case (fig. 14, anno 1240).

Forse non è un caso se dopo il 1240, in una città che sempre più velocemente si stava trasformando in una città di pietra, gli Annali non registrino più incendi accidentali, ma riportino invece frequenti casi di incendi appiccati volutamente in occasione delle continue discordie civili (fig. 14, seconda parte della tabella, e fig. 7). Anch'essi potevano interessare molte case di una fazione o dell'altra, proprio per la loro natura dolosa, e l'entità dei danni provocati quindi non ci stupisce[32]. Tuttavia, anche gli incendi punitivi, in molte situazioni, sembrano avere avuto conseguenze indesiderate o assai più ampie del prevedibile, come nel 1398, quando, a seguito di una violenta azione dei ghibellini, bruciano ben quattro case della famiglia ghibellina dei De Mari e una sola dei guelfi, o come nel caso della guerra civile del 1414-1415, che provocò la distruzione di ben 146 case poste dentro e fuori le mura. Queste ultime erano, nella quasi totalità («*omnes, nisi ferme decem*»), case modeste, di persone del popolo probabilmente estranee al conflitto in cui si fronteggiavano due raggruppamenti nobiliari avversi. A questo proposito ci si domanda: le *domuncule* e le *parvae domus* erano semplicemente più numerose delle *domus magni valori*, come in effetti risulta nell'estimo del 1459 per il quartiere di Portanova particolarmente colpito dagli incendi[33]? O forse

---

32   Incendi e distruzioni connessi alle guerre civili nel 1397 furono tali da essere registrati anche dal lucchese Giovanni Sercambi (1348-1424) sotto il titolo «Come tra i guelfi e ghibellini di Genova e del contado fu smizurata guerra e uccizione tra lloro, ardendo le ville et taglando le vingne» (vedi oltre fig. 10): «(...) Sono li loro palagi e chase di fuori dalla ciptà arse et comsumate, e i loro giardini, in ne' quali il più dell'anno si soleano per loro godere et habitare, sono facto sterili e guasti e factone habitacoli di serpi e carogna. Le loro ville, le quali ciascuna per sé parea uno ramo di ciptà, quelle essere arse e disfacte» (Salvatore Bongi, a cura di, *Le croniche di Giovanni Sercambi lucchese. Volume primo*, Lucca, Giusti, 1892, p. 373-374).

33   Luciano Grossi Bianchi, Ennio Poleggi, *op. cit.*, p. 191, tab. 6.

all'epoca esse erano anche più facilmente combustibili, perché ancora in parte lignee?

Certamente agli inizi del Cinquecento la città doveva essere ormai a prova di fuoco, o almeno così si presentava agli occhi dei visitatori. Secondo Jean d'Auton, non solo l'uso delle volte in muratura, certamente diffuse ai piani bassi degli edifici, ma anche l'abitudine di rivestire di lamiera di ferro i portoni di legno delle case derivava dall'esigenza di difendersi dai pericoli del fuoco:

> «*Les maisons sont toutes à quatre ou à cinq étages de hauteur, fermées et closes de grosses portes de fer et voûtées de pierre, pour obvier au danger du feu*[34]».

L'idea forse gli era stata data da qualche genovese, memore dei modi utilizzati per fare irruzione nelle case degli avversari e distruggerle, durante le guerre tra fazioni del secolo precedente.

Ad ogni incendio seguivano ricostruzioni, di cui però sappiamo poco: una notizia interessante riguarda la piazza di Banchi, dove erano collocati i banchi che il Comune affittava, con un ragguardevole introito, a banchieri, cambiavalute, notai, collettori di imposte e altre simili figure e che erano andati a fuoco nel 1414 nel corso della guerra civile. La necessità di ripristinare al più presto tali indispensabili postazioni, unita al desiderio di ampliare la piazza ormai ritenuta insufficiente ad accogliere la grande quantità di persone che vi confluivano per i loro affari, portò il Comune, nel 1415, ad un accordo con i fratelli Angelo e Ottobono Di Negro, alla cui casa, prima dell'incendio, si appoggiavano i banchi protetti da una tettoia pensile[35]. L'accordo prevedeva la realizzazione di un ampio, alto e luminoso porticato voltato alla base della casa e di quelle vicine («*poni facere dictam eorum domum ac aliam et alias domus contiguas* [...] *in arcu seu arcubus voltis, altis, claris, pulcris et bene aptis ad rem de qua tractatur*») e, lungo le sue pareti, per una lunghezza di 75 palmi (m 18,5) e una profondità di 30 palmi (m 7,4), la ricostruzione dei banchi. L'intera operazione era a spese dei De Nigro, che, divenendone però proprietari, sarebbero subentrati indefinitamente

---

34 Descrizione di Genova nelle *Chroniques de Jean d'Auton*, trascritta e tradotta in Giovanna Petti Balbi, *Genova... op. cit.*, p. 152 e seg. dalla edizione di L. Jacob, Paris, 1834, tomo II, p. 208-213.

35 Michela Lorenzetti, Francesca Mambrini, a cura di, *I Libri Iurium della Repubblica di Genova*. *Vol. II/2*, Genova, Società Ligure di Storia Patria, 2007, doc. 15, p. 74-81, 29 novembre 1415.

al Comune nella lucrosa gestione dell'attività. Interesse collettivo e interesse privato trovano quindi una sintesi in questo impegnativo progetto di trasformazione e abbellimento dello spazio urbano, che resta però essenzialmente espressione delle esigenze e delle ambizioni della classe dirigente.

PRESCRIZIONI, SCELTE E POSSIBILI MOTIVAZIONI
DELLE SOSTITUZIONI EDILIZIE

Se le distruzioni dovute agli incendi possono avere innescato o favorito processi di aggiornamento urbanistico e edilizio che altrimenti non si sarebbero verificati[36], il loro ricorrere ha forse suggerito azioni preventive, soprattutto in caso di edifici ormai vecchi e degradati.

A corollario e giustificazione della cessione in enfiteusi perpetua di alcune case lignee in cattive condizioni da parte del Monastero di San Siro (fig. 13, docc. 33 e 34) è specificato che tali case necessitano di miglioramento:

cum ipsa domus lignea esset et ruinosa (...) nos pro ipsa melioranda ipsam concesserimus[37]; *cum dicta domus irruinosa esset et melioracione indigeat*[38],

e che il Monastero che ne detiene la proprietà avrà quindi un vantaggio, e non un danno, nel cederle anche per un canone annuo modesto, ma lasciando ad altri l'onere economico dell'intervento. Il "miglioramento" richiesto potrà consistere in una vera e propria ricostruzione, come previsto in uno degli accordi:

ipsamque domum possis et possint heredes predicti edificare et diruere et in aliam formam mutare, meliorando et non deteriorando.

---

36 Ad esempio: affitto di terreno nel 1243 con patto di ricostruire la casa nello stesso posto ma «*meliorem quam non erat alia domus antequam esset combusta*» (da Sandra Macchiavello, Maria Traino, *op. cit.*, doc. 471).

37 Marta Calleri, *Le carte... Vol. III, op. cit.*, doc. 662, alle p. 156-157. A p. 155 è precisato il divieto di soprelevazione oltre 3 piani: «*nec ipsam exaltare ultra tria solaria altitudinis usitate supra meçanetos*». Difficile pensare che si potesse soprelevare una casa di legno, senza ricostruirla dalle fondamenta.

38 Marta Calleri, *Le carte... Vol. III, op. cit.*, doc. 692, p. 201-205.

È assai probabile, anche se non abbiamo dati che lo confermino, che nella ricostruzione la casa lignea venga sostituita da una casa in muratura, secondo le nuove tecniche costruttive divenute ormai consuete. Ciò sembra indirettamente confermato dal fatto che, in occasione dell'affitto a vita di un *hedifficium domus* situato, come i precedenti, a Genova, il medesimo Monastero di San Siro chiede che entro un anno venga costruita una nuova casa «*de bono muro*[39]».

Anche le monache di Sant'Andrea, nel 1286, affittano un terreno con il preciso impegno per il locatario di demolire la casa lignea pericolante che vi insiste (e che già è di proprietà del padre) e di ricostruirla in muratura nell'arco di 16 mesi («*hediffcare sive hediffcari facere hediffcium unum domus de lapidimus* (sic), *cemento, madonibus et lignamine ad minus sollario*», cfr. fig. 13, doc. 36). Sembra quindi esistere un processo di sostituzione indotto, o quantomeno facilitato, dalla proprietà ecclesiastica di ampie porzioni di suolo ceduto inizialmente in enfiteusi, in genere ad artigiani, con la clausola *ad incasandum* o *ad edificandum*[40]. Possiamo immaginare che, con il passare del tempo e l'aumento del valore dei suoli nelle aree ormai divenute centrali e densamente abitate, le case probabilmente modeste e di piccole dimensioni costruite inizialmente, talvolta acquisite dai monasteri che detenevano i terreni, talvolta di proprietà degli affittuari, vengano progressivamente aggiornate.

Nei casi sopra menzionati un fattore significativo a favore della ricostruzione potrebbe essere stato anche quello della portanza statica delle pareti: nella città di Genova già alla fine del XII secolo si costruivano case alte 33 piedi (m 9,8)[41], ma l'esame dell'esistente evidenzia la presenza di edifici duecenteschi alti più del doppio, con 3 o 4 piani sopra il porticato terreno. Per costruire edifici di tale altezza occorrevano buone fondazioni e, alla base, pareti tali da reggere i carichi propri della soprastante costruzione. È molto probabile che le case modeste

---

39 Sandra Macchiavello, Maria Traino, *op. cit.*, doc. 352 (vedi prima nel testo e a nota 20).

40 Le dinamiche proprietarie che hanno governato il mercato delle aree edificabili tra XII e XIV secolo e l'espansione urbana sono ampiamente in Luciano Grossi Bianchi, Ennio Poleggi, *op. cit.*, p. 72-78.

41 Margaret W. Hall, Hilmar C. Krueger, Robert L. Reynolds, a cura di, *Guglielmo Cassinese (1190-1192)*, 2 voll., Genova, R. Deputazione di Storia Patria per la Liguria, 1938, vol. II, doc. 1415 del 14 dicembre 1191 (contratto di costruzione di edificio porticato in cui si prevede, se necessario, di ingrossare i muri laterali, evidentemente presistenti). L'altezza è calcolata sulla base del valore del piede genovese, pari a m 0,2973 (Pietro Rocca, *Pesi e misure antiche di Genova e del genovesato*, Genova, Sordomuti, 1871, p. 106)

più antiche non fossero tali da sopportare soprelevazioni e siano quindi
state oggetto di ricostruzione anche per motivi economici, in modo
da sfruttare intensivamente i suoli sempre più ambiti e redditizi delle
aree centrali.

È quindi possibile che la straordinaria sopravvivenza di una casa
lignea posta nella trafficata Croce di Canneto fino alle soglie del XVII
secolo (fig. 13, doc. 43) sia dovuta proprio al divieto di soprelevazione
(*altius non tollendi*) da cui la casa era gravata e che innescò nel tempo
successive controversie tra vicini. Nel 1691, dopo una denuncia, si scava
negli archivi e si raccolgono in una dettagliata relazione tutti i passaggi di
proprietà e le informazioni sulla casa[42]. Alcune testimonianze risalenti al
1584, in occasione di una precedente vertenza, offrono così informazioni
sulle sue caratteristiche negli anni immediatamente precedenti alla sua
prima ricostruzione, avvenuta poco dopo l'acquisto da parte dei fratelli
Rosa nel 1577. Ai testi si chiede, tra l'altro, di confermare o smentire la
seguente affermazione, utile evidentemente a provare l'antichità della
casa nelle forme in cui essa era pervenuta ai Rosa:

> *quod dicta domus que predictis fratres redificatur erat quasi lignea pro maiori parte ab*
> *antiquo, et ita sic lignea perduravit usque quo dicti fratres de Rosa eam redificarunt,*
> *nec in dicta cruce caneti a memoria hominum citra fuit visa alia domus lignea nisi*
> *ista, et alia domuncula ipsi coherens.*

Un primo testimone afferma che le case in oggetto erano «fabbricate
(...) sopra legni»; un secondo che la case dei Rosa, così come quella,
più piccola, ad essa vicina, era effettivamente «quasi di legno» e che era
«fatta a sporta»; un terzo, che nella casa «fatta a sporta» aveva avuto
occasione di entrare mentre si fabbricava la cisterna, sostiene che «vi ha
visto li fondamenti, e le fenestre sopra li coronelli ma tutto di legno» e
che anche le due casette con unico ingresso ad essa confinanti sono «un

---

42   La supplica al Senato del 3 agosto 1691 è dovuta al fatto che «Il capo d'opra Gio Antonio
      Ricca, che negli anni passati fece acquisto d'una casa posta in Canetto, si è già fatto lecito
      di alzarla un poco di più di quello che era nello stato antico e pretende sollevarla anco di
      più» (ASCG, Atti dei Padri del Comune, 155, doc. 122). Si segnala che nei molti atti di
      compravendita riportati nel *Factum* la casa è definita semplicemente *domus*, ciò che non
      avrebbe consentito di identificarla con una casa lignea in assenza delle testimonianze
      citate. Si potrebbero invece trovare informazioni sulla tipologia delle case esistenti nei
      Registri Possessionum del XV secolo, in cui la casa in oggetto è detta *lignaminis*, anche se
      tale fonte sembra fornire definizioni e aggettivazioni in modo piuttosto casuale (Luciano
      Grossi Bianchi, Ennio Poleggi, *op. cit.*, p. 195)

poco a sporta»; un quarto, infine, definisce «casetta di legno» quella adiacente in cui egli stesso abita.

Pur nella stringatezza delle affermazioni, non vi è dubbio che le due case fossero a struttura lignea e dotate di sporto anch'esso ligneo sulla via pubblica, come quelle di cui si ha notizia per il XII secolo. La «casa antica» dei fratelli Rosa, secondo le misurazioni del 1694 che cercano di ricostruirne la dimensione, doveva essere alta da terra non più di 42 palmi (m 10,40). Una casa piuttosto piccola, dunque, che sembrerebbe essere una delle ultime testimonianze di un mondo ormai lontano, ma che, avendo evidentemente superato una lunga prova del tempo, non possiamo certo ritenere una "architettura deperibile".

FIG. 8 – Solai lignei di restauro nel porticato della Ripa.

Alcuni documenti, tuttavia, richiamano esplicitamente il pericolo degli incendi («*maxime ad evitandum periculum ignis*») nella richiesta di licenza per procedere a parziali ricostruzioni. Siamo ormai nel Cinquecento e oggetto delle suppliche alle autorità sono alcune case, insistenti in parte su sovrappassi stradali, poste nella zona del Molo vecchio, ad una estremità del porticato della Ripa (fig. 8):

> (Pandolfo) *habet quandam domum sittam in contracta modulli ubi dicitur versus cavam que ab uno latere versus mare subsistit super pillastris lapideis verum solaria in combentia ipsis pillastris sunt trabibus et ex ligno a materia constructa et quia huiusmodi sollaria prope vetustatem indiguent necessaria reparatione et refectione et ipse pro maiori tutella et maxime ad evitandum periculum ignis vellit eadem sollaria refficere calce et lapidibus pro ut iam per aliquos ex vicinis factum est*[43];
> *Mariola uxor q Bernardi Ritij habet domum in contracta moduli que prospicit mare sub qua est via ad modum fornicum seu archivoltorum qui fornix est fabricatus lignis, et sustentamenta seu pillastra sunt nimis imbicillia, quod facile timere possit de ruina domus, et ob id ipsa Mariola compulsa necessitate intendit et dicta sustentamenta seu pilastra instaurare et dictum fornicem ligneum seu archivoltum conficere ex calce et lapidibus ad hoc ne ignis succenderetur comburet domum et illam corrueret*[44].

Nessun vicino si oppone, non si evidenziano improprie occupazioni di spazio, l'opera, anzi, contribuirà «*ad ornamentum publicum*». Mariola Rizzo nel 1545, Pandolfo de Terrile nel 1540 e, prima di loro, alcuni vicini ottengono così il permesso di ricostruire i vecchi sovrappassi lignei su pilastri di pietra, sostituendoli con volte di muratura e se necessario, rinforzando i pilastri.

Anche la forma compatta dell'edificato urbano ha avuto probabilmente un ruolo nei processi di trasformazione edilizia che hanno coinvolto le case lignee. Trattandosi spesso di case a schiera accostate le une alle altre, può capitare che alla costruzione in muratura di una casa concorra economicamente, limitatamente al muro intermedio, anche il vicino, benché la casa di quest'ultimo risulti essere di legno[45]. Grazie a tale partecipazione, il muro intermedio diviene a tutti gli effetti di proprietà comune, e entrambi i vicini potranno soprelevarlo e appoggiarvi travi

---

43   ASCG, Atti dei Padri del Comune, 16, doc. 7, gennaio 1540, cfr. anche Francesco Podestà, *op. cit.*, p. 29, Luciano Grossi Bianchi, Ennio Poleggi, *op. cit.*, p. 148 e nota 39.

44   ASCG, Atti dei Padri del Comune, 19 (1545-1548), 19 giugno 1545, cfr. anche Francesco Podestà, *op. cit.*, p. 29, Luciano Grossi Bianchi, Ennio Poleggi, *op. cit.*, p. 223 nota 67.

45   Il proprietario della casa di legno si trova così a pagare 11 lire «*pro equamento et dispendio muri facti inter domum tuam novam, quam modo levasti, et domum meam lignaminis quam latus eius est*» (ASGe, Notai antichi, 17, c. 13 r., 10 agosto 1234).

o altro[46]. Ciò sembra preludere ad un successivo aggiornamento della adiacente casa lignea, che probabilmente non rimarrà a lungo tale, ma sarà ben presto ristrutturata, secondo il costume assai consueto dell'imitazione e dell'emulazione reciproca.

FIG. 9 – La palazzata della Ripa, un tempo affacciata sulla spiaggia.

46 Interessante che nel 1233 un *edificium unum domus* confini su un lato con un altro *edificium* e sull'altro con il "mezzo muro" (*medius murus*) di una *domus* (Gabriella Airaldi, *op. cit.*, doc. 122 del 2 luglio 1233; stessa situazione nel doc. 131 del 2 agosto 1247, mentre nel doc. 139 del 16 luglio 1260 un *edificium domus* confina mediante muri comuni con due *edificia*). L'uso di termini diversi in uno stesso documento non sembra casuale ma non è chiaro in base a quali caratteri (architettonici? costruttivi? funzionali?) gli *edificia* e gli *edificia domus* differissero dalle *domus*.

A tale proposito non bisogna dimenticare le probabili ricadute culturali che ebbe un lodo consolare del novembre 1133 in cui era prescritto che le colonne del porticato antistante la spiaggia del porto (*ripa maris*) non potessero essere di legno, ma dovessero essere esclusivamente di pietra (fig. 9):

> *laudaverunt ut columne ille que ab hac die in antea facte fuerint in ripa maris, tam ille que concesse sunt iam per consules quam et ille que concesse fuerint in futuris temporibus, sint omnes petrine et nulla collumpna ibi sit de ligno*[47].

Sopra tali colonne o pilastri si dovevano costruire archi, anch'essi in muratura («*ad summitatem de unoquoque arco qui facti fuerint super ipsas columpnas*»), mentre la copertura del porticato poteva essere sia piana, sia voltata (figg. 8, 9):

> *Et laudaverunt ut desuper illis columpnis a columpnis usque ad mansiones ante quas fuerint sit edificium aut de astrico cum malta et calcina aut sit volta*[48].

Tale documento denuncia implicitamente che all'epoca era consueto, o perlomeno frequente, costruire i sostegni dei portici in legno, come confermato da altri documenti per edifici situati anche in zone prossime alla Ripa[49]. Non si spiegherebbe altrimenti, infatti, la necessità di vietarlo tramite una norma, né la specifica che tale divieto non dovesse essere considerato retroattivo[50].

Il lodo non spiega il perché della decisione dei Consoli, che, senza dubbio, doveva essere determinata da motivi di interesse generale: il porticato della Ripa, infatti, era destinato all'uso e al transito pubblico, oltre a fornire uno spazio libero e protetto a servizio del porto e del commercio. Possiamo quindi solo ipotizzare che l'adozione della pietra fosse finalizzata a garantire una maggiore robustezza e durata della costruzione a fronte al duplice rischio degli incendi, da una parte, e dell'umidità o della

---

47   Dino Puncuh, *I Libri... op. cit.*, doc. 567, p. 282: *Laus quod columpne que fient in ripa maris sint petrine et non lignee.*

48   *Ibidem.*

49   «*quod in ipsis paramuriis faciat columpnas, lapideas vel ligneas, et potestatem habeat exiendi in ipsis columpnis cum domibus ligneis vel voltis*» (Marta Calleri, *Le carte... Vol. I, op. cit.*, doc. 105 del gennaio 1143, proprietà del Monastero *in Fossatello*). Cfr. anche fig. 13, docc. 10, 11 e 13.

50   Fa eccezione il caso in cui, pur avendo già ottenuto il permesso di erigere un avancorpo porticato davanti alla propria casa, non si fosse ancora dato inizio ai lavori di costruzione.

salsedine, dall'altra[51]. Non si può inoltre trascurare la possibilità, prevista probabilmente fin dall'inizio, di ampliamento delle case sopra il porticato: i sostegni dello stesso dovevano dunque essere in grado di sostenere il peso non di una semplice copertura a terrazza, ma di edifici in muratura di 2 o 3 piani sopra quello terreno. Il fatto che i costi, probabilmente più elevati, di una costruzione lapidea anziché lignea fossero sopportati dai proprietari degli edifici retrostanti (a fronte al vantaggio, per questi ultimi, di poter avanzare con le proprie case verso il mare[52]) rendeva l'operazione conveniente sia per la comunità, sia per i singoli, ciò che ha portato alla precoce edificazione di una infrastruttura urbana davvero straordinaria.

LE INFRASTRUTTURE

Un'altra faccia della città medievale è data proprio dalle sue infrastrutture: nel caso di Genova erano di primaria importanza quelle portuali, in particolare quelle che garantivano la sicurezza dell'approdo e un comodo carico/scarico delle merci.

Il porto venne quindi ampliato e aggiornato in più riprese, via via che i commerci crescevano e che la quantità delle merci in arrivo e in partenza si ampliava, ma anche in relazione alla capienza e alla dimensione delle navi. Gli scavi archeologici eseguiti in occasione delle manifestazioni per il cinquecentesimo anniversario dello sbarco di Cristoforo Colombo in America (Expo 1992) hanno evidenziato la struttura a scatole cinesi delle banchine e dei pontili, costruiti in pietra solo a partire dagli inizi del XV secolo, come dimostrato dai reperti di scavo e dalle fonti documentarie disponibili[53].

---

51 Improbabile, invece, che la norma fosse finalizzata a riservare il legno per il settore navale, nonostante l'innegabile importanza di quest'ultimo per la ricchezza di una città mercantile che cercava di primeggiare nel Mediterraneo. Si troverebbero infatti altri riferimenti in proposito, vista l'abbondanza delle norme conservate. Inoltre non si spiegherebbe la coeva autorizzazione a costruire portici privati in legno.

52 Dino Puncuh, *I Libri... op. cit.*, doc. 568 del 7 gennaio 1134, p. 286. Per una lettura della vicenda urbanistica cfr. Luciano Grossi Bianchi, Ennio Poleggi, *op. cit.*, p. 57-60.

53 «Il Porto», in Piera Melli, *La città... op. cit.*, p. 57-164, in particolare tav. 3 a p. 61. La datazione al XIV secolo dei reperti ceramici presenti nei riempimenti del ponte del

Prima di tale epoca l'unica opera in muratura era costituita dal Molo Vecchio, che, prolungando una scogliera naturale, proteggeva a sud lo specchio d'acqua. Di esso abbiamo notizia a partire dal XII secolo[54]. Nel corso del basso medioevo, quindi, davanti alla città e al porticato della Ripa si estendeva la spiaggia[55], dove le imbarcazioni più piccole potevano essere tirate in secco e da cui si protendevano in mare pontili lignei per l'imbarco e lo sbarco dei passeggeri e delle merci (fig. 10 a, b; fig. 11).

Pedaggio fornisce un temine *post quem* sia per questo, sia per gli altri ponti da sbarco costruttivamente simili individuati nel corso degli scavi. L'abbondante documentazione archivistica informa di lavori in muratura nel XV secolo su tutti i sei ponti presenti: Ponte Spinola - 1430, 1439 riparato, 1455 prolungato; Ponte del Pedaggio -?, 1443 prolungato (1449 definito *pons lapideum*); Ponte dei Pesci, o Mercanzia - 1432 ampliato in pietra, 1444-1445 prolungato (1449 definito *pons lapideum*); Ponte delle Legne, o Calvi - 1460 costruito "in buone pietre piccate come quelli esistenti"; Ponte dei Coltellieri, o Clavari - 1460 circa costruito, 1465 prolungato; Ponte dei Cattanei -? (entro il 1528-1535, cfr. Annali del Giustiniani), (cfr. anche Francesco Podestà, *Il porto di Genova*, Genova, Spiotti, 1913).

54   Per la costruzione di tale struttura, vitale per la sicurezza dell'approdo, venne istituita una tassa nel 1134. Acquisti di pietre per il suo prolungamento (sia pietre "da gettare in mare" per la scogliera di fondazione e/o di protezione, sia pietre lavorate per il molo vero e proprio) sono documentati nel 1257 e nel 1260 (Anna Boato, «Il ciclo produttivo della pietra e i suoi protagonisti: il caso di Genova medievale (secc. XII-XIV)», in *Le pietre delle città medievali. Materiali, uomini, tecniche (area mediterranea, secc. XIII-XV) / Les pierres des villes médiévales. Matériaux, hommes, techniques (aire méditerranéenne, XIIIᵉ - XVᵉ siècles)*, Atti del Convegno Internazionale (*Torino/Cherasco, 20-22 ottobre 2017*), a cura di Enrico Basso, Philippe Bernardi, Giuliano Pinto, Cherasco, CISIM, 2020, p. 157-183, con rimando alle fonti).

55   Tale spiaggia ha fornito la sabbia per la fabbricazione delle malte fino al XV secolo, cioè fino a quando essa è scomparsa a causa della ormai completa "pietrificazione" del porto (Tiziano Mannoni, «Analisi di intonaci e malte genovesi. Formule, materiali e cause di degrado», in *Facciate dipinte. Conservazione e restauro*, Genova, Sagep, 1984, p. 141-149, 195-197).

FIG. 10 a, b – Rappresentazione del porto di Genova in una miniatura della fine del XIV secolo (dalle *Croniche di Giovanni Sercambi*, Archivio di Stato di Lucca, Biblioteca, Manoscritti, 107, c. 166 r. (a) e sua riproduzione in Salvatore Bongi, *op. cit.*, p. 375, dettaglio (b). (A termini di legge, la pubblicazione dell'immagine 10 a, fornita dall'archivio e che non può essere riprodotta con finalità di lucro, è esente da autorizzazione).

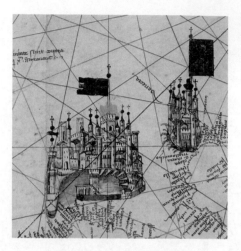

Fig. 11 – Rappresentazione del porto di Genova nella carta nautica redatta nel
1435 dal genovese Battista Beccari (Biblioteca Palatina di Parma, ms. Parm.
1613, dettaglio) (su concessione del Ministero per i Beni e le attività culturali -
Complesso monumentale della Pilotta, prot. 5820 del 15/12/2020).

Di uno di essi abbiamo notizia in un frammento membranaceo del
secolo XIII, in cui si stabilisce la costruzione di un pontile di legno (*pons
lignaminis*), da affiancare a quello del pedaggio, ormai troppo affollato di
merci diverse e di materiali ingombranti (legni, mattoni, sabbia, pietre):

> *Quia multe incomoditates ingeruntur ad pontem pedagii ex lignis madonibus arena
> lapidibus et alio lignamine, que omnia attenus huc usque exhonerata fuerunt in ipso
> ponte pedagii, mercantiis mercatorum que deferuntur Ianuam de diversis partibus
> mundi et de Ianua ad diversas mundi partes deferuntur; idcirco statuimus et ordina-
> mus quod fiat, et fieri debeat intra menses VI regiminis potestatis Ianue qui nunc est,
> pons quidam lignaminis in mari, videlicet in loco qui respicit in directum carubium
> in quo sunt domus illorum de Mari et Bucutiorum, in ea longitudine et latitudine
> de quibus et prout visum fuerit illi qui est constitutus ad opus portus et moduli; et
> qui pons per eumdem constitutum ad dictum opus fieri debeat de pecunia deputata ad
> dictum opus. In quo quidem ponte debeant exhonerari ligna lignamina oleum et alie
> res prout deferentibus placuerit. In ponte vero pedagii qui nunc est, facto dicto alio
> ponte, non possit vel debeat aliquid exhonerari nisi merces et victualia que defuruntur
> in rayba et fructus et asinxia mercatorum*[56].

56   Cornelio Desimoni, Luigi T. Belgrano, Vittorio Poggi (a cura di), *Leges genuenses*, collana
     Historiae patriae monumenta, XVIII, Torino, Fratelli Bocca, 1901, col. 27, rubrica «*De
     ponte faciendo iuxta clapam olei et piscariam*».

Agli inizi del Trecento se ne contano quattro[57], di proprietà pubblica; la loro manutenzione, demandata all'Ufficio del Porto e del Molo, doveva essere attenta e costante, onde evitare il pericolo di crollo a cui tali strutture erano evidentemente soggette:

> *Iniungam quoque iliis qui preerunt offitio portus et moduli quod pontes ligni quattuor factos in portu manuteneant in statu ne destruantur; et ipsos refici faciant et aptari, quociens refici et aptari eos contingerit, de introytu portus et moduli secundum quod eis melius videbitur*[58].

I costi dei necessari interventi periodici erano probabilmente elevati, tenuto conto anche della loro probabile frequenza, sia nelle normali condizioni di esercizio, a causa dei continui cicli asciutto-bagnato, dei carichi che dovevano sopportare e dell'usura, sia per eventi eccezionali come le mareggiate, a cui gran parte del porto rimarrà esposta fino alla costruzione del Molo Nuovo nel Seicento: è forse anche per questo che si provvederà a sostituire progressivamente i pontili lignei con delle robuste strutture in pietra.

In questo caso, tuttavia, le nuove tecniche costruttive potranno fare in parte tesoro della precedente esperienza: benché i nuovi ponti quattrocenteschi fossero in pietra, infatti, le loro fondazioni rimasero lignee. Per garantire un buon appoggio sui fondali melmosi, si ricorse sistematicamente a fitte e robuste palificate, che gli archeologi hanno ritrovato ancora integre, nel corso delle loro ricerche (fig. 12).

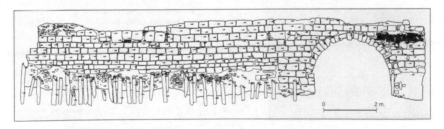

FIG. 12 – Lato sud del Ponte dei Chiavari (metà XV secolo) (rilievo pubblicato in Piera Melli, *La città...*, *op. cit.*, p. 80, per gentile concessione Soprintendenza ABAP GE-SP, area patrimonio archeologico).

---

57 Nel 1405 o poco prima ne era stato costruito uno, sempre in legno, presso il molo: «*in locum, qui modus dicitur, ubi pons erat nuper ex lignis constructus*» (Giovanna Petti Balbi, *Georgii et Iohannis Stellae...*, *op. cit.*, p. 275.

58 Cornelio Desimoni, Luigi T. Belgrano, Vittorio Poggi, *op. cit.*,, col. 119 (dalle *Regulae comperarum capituli*, manoscritto membranaceo del 1303, in ASGe, Manoscritti, IV).

Un porto, allora come ora, fondava la sua attività e la sua ricchezza anche sulla viabilità a cui era collegato. Nel caso della Liguria una fitta rete di mulattiere che si inerpicavano sull'Appennino permetteva i collegamenti di Genova e degli altri borghi costieri con le città della Pianura Padana e con i paesi del Nord. Mentre tali percorsi, seguendo i crinali, non avevano in genere necessità di grandi opere di sistemazione, in corrispondenza delle piccole insenature lungo la costa, che nel Medioevo hanno costituito altrettanti punti di approdo, poteva esservi necessità di attraversare le foci dei torrenti e di mettere in comunicazione abitati vicini. È la situazione che si riscontra, ad esempio, per il borgo di Voltri, oggi all'estremo ponente di Genova, da cui partiva una importante via di comunicazione diretta in Piemonte e in Lombardia, adibita, tra l'altro al commercio del sale[59]. Ed è lì, sopra il torrente Leira, che nel XIII secolo il podestà doveva far costruire e, successivamente, mantenere in buono stato un ponte «*de lignamine bono et firmo*» a spese della comunità di Voltri e delle vicine Arenzano e Cogoleto, in modo da consentire un transito che sembra fosse assai intenso («*ita quod gentes possint transire eundo et redeundo per ipsum*»)[60]. Anche se oggi rimangono solo ponti medievali in pietra, costruire in legno un ponte della viabilità terrestre nel XIII secolo non doveva costituire una eccezione, come dimostra un documento del 20 maggio 1260 relativo alla non lontana Carrara[61].

CONSIDERAZIONI CONCLUSIVE

I resti materiali mostrano che Genova nel basso medioevo era a pieno titolo una "città di pietra", ma i documenti d'archivio evidenziano anche l'esistenza di una residuale "città di legno" che è sopravvissuta per alcuni secoli all'incalzare delle trasformazioni. Data la sua natura, essa non si è conservata, come è invece successo per le molte strutture in pietra del XII, dell'XI e financo del IX-X secolo che costituiscono il più antico

---

59   Flavia Varaldo Grottin, *Porti antichi. Archeologia del commercio*, Genova, Sagep, 1996.
60   Cornelio Desimoni, Luigi T. Belgrano, Vittorio Poggi, *op. cit.*, col. 24.
61   «*Item teneatur potestas facere fieri pontes de Trepunzio de lignamine vel alias ita quod inde possint viatores transire*» (Michele Lupo Gentile, *op. cit.*, doc. 313).

nucleo di quella complessa stratificazione muraria che caratterizza quasi tutti gli edifici del centro storico: una ininterrotta sequenza di interventi (parziali demolizioni, ricostruzioni, soprelevazioni, accorpamenti, modifiche interne, sottomurazioni, …), che sono l'altra faccia della ricchezza della città. Essa, nel Medioevo, ha fondato la sua fortuna sulle capacità militari che la videro protagonista nel Mediterraneo, sugli intensi traffici mercantili che ad essa facevano capo già nel X-XI secolo, e sulla evoluta tecnica finanziaria dei propri banchieri[62].

Non è facile delineare i confini di questa città di legno, né stabilire se essa sia davvero esistita, e quando, in assenza di una parallela città di pietra: le risorse naturali certamente esistevano per l'una e per l'altra, anche se localmente la buona pietra da costruzione era probabilmente più abbondante degli alberi di alto fusto, indispensabili anche per la costruzione delle navi. I documenti offrono però qualche spunto per ipotizzare le cause e le congiunture della sua progressiva scomparsa, che sembrano molte e intrecciate.

Come abbiamo cercato di dimostrare, quella degli incendi è stata sicuramente una di esse, a partire forse da un primo incendio appiccato dai fatimidi dopo aver saccheggiato la già ricca città mercantile nel 934 d.C.[63]. Tuttavia, essa non fu certamente l'unica, né, forse, la più importante.

La ricchezza della Genova medievale era legata al dinamismo di una società aperta, in continuo fermento, che con grande spirito pratico cercava il meglio di ciò che le si offriva e che era pronta a cogliere le sollecitazioni che le arrivavano da ogni parte del Mediterraneo. In alcune città vicine, come la rivale Pisa, già nell'XI secolo si costruivano chiese in opera quadrata, mentre a Genova il mastio del vescovo e gli edifici religiosi erano ancora fabbricati con pietre semplicemente sbozzate; sulle altre sponde del Mediterraneo, dove l'arte della squadratura non era mai caduta in disuso, strutture commerciali, come i caravanserragli, architetture religiose, come la grande moschea di Damasco, e porte urbiche, come quella del Cairo, fornivano idee e modelli[64]. Nello stesso tempo per

---

62 Alireza Naser Eslami, a cura di, *Genova, una capitale del Mediterraneo tra Bisanzio e il mondo islamico. Storia, arte, architettura. Atti del Convegno internazionale (Genova 26-27 maggio 2016)*, Milano Torino, Bruno Mondadori-Pearson Italia, 2016.

63 Gabriella Airaldi, «Genova e l'Islam, una storia a n dimensioni», in Alireza Naser Eslami, *op. cit.*, p. 53-62, alla p. 56.

64 Tiziano Mannoni, Anna Boato, «I paramenti murari squadrati e non squadrati. Rapporti tra la Liguria e le Valli d'Intelvi», in *I magistri commacini. Mito e realtà del Medioevo*

emergere occorreva predominare, e il predominio si otteneva, in città, anche attraverso l'altezza delle torri familiari (circa 40 metri una delle poche conservate per tutta la sua altezza) e, al di fuori di essa, con la possanza dei castelli che presidiavano il territorio, controllando le vie di transito e i pedaggi. Torri e castelli in grossi blocchi di pietra squadrata e bugnata, come quelli che si costruiscono a partire dagli inizi del XII secolo, non avevano solo una evidente valenza militare, grazie alla loro robustezza e al loro potere offensivo, ma erano anche la trasposizione, nel linguaggio dell'architettura, della capacità economica e del peso sociale dei loro committenti. Il *novum opus* con cui furono ricostruite alcune fortezze genovesi intorno al 1161 è celebrato negli Annales per la sua capacità di rallegrare il cuore degli amici e atterrire i nemici, ciò che ci fa ben comprendere il valore anche psicologico di una robusta e imponente opera in pietra[65]. Analogo valore sociale e rappresentativo dovevano avere le case porticate adorne di marmi vermigli o bianchi, fatti arrivare con le navi da Deiva, nella riviera ligure, o dalla più distante Carrara, le cui cave vennero riattivate probabilmente proprio su impulso dei genovesi[66].

Se, dunque, le famiglie più influenti e dotate di grandi capacità economiche erano spinte a costruire le proprie case in pietra e mattoni per vari motivi concorrenti (sicurezza, prestigio, comodità, aggiornamento formale), cosa sappiamo invece delle frange più modeste della popolazione? Il fatto che nel 1248 (fig. 13, doc. 8) il committente di una abitazione a struttura mista debba fornire le pietre per l'unica parete in muratura (quando, di norma, i materiali di più largo impiego e facile reperibilità erano invece procurati dai costruttori), lascia pensare che il materiale lapideo avesse un costo per qualcuno impegnativo. E forse, dunque, la diversa velocità delle trasformazioni che sembrano investire le residenze dei ceti dominanti rispetto alle case dei piccoli proprietari

lombardo. Atti del XIX Congresso internazionale di studio sull'alto medioevo (Varese-Como, 23-25 ottobre 2008), Spoleto, Fondazione CISAM, 2009, Tomo 2°, p. 745-779 e tav. I-XII; Alireza Naser Eslami, *op. cit.*, in particolare la sezione dedicata all'architettura.

65 Aurora Cagnana, Roberta Mussardo, «Le torri di Genova fra XII e XIII secolo: caratteri architettonici, committenti, costruttori», *Archeologia dell'architettura*, XVII, 2012 (2014), p. 94-110; Aurora Cagnana, Roberta Mussardo, «"Opus novum". Murature a bugnato del XII secolo a Genova: caratteri tipologici, significato politico, legami con l'architettura crociata», in *Atti del VI Congresso nazionale di archeologia medievale (L'Aquila 2012)*, a cura di Fabio Redi, Alfonso Forgione, Firenze 2012, p. 87-92.

66 Anna Boato, «Il ciclo...», *op. cit.*

o degli affittuari dei grandi enti religiosi, è dettata da motivi squisitamente economici.

La permanenza di edifici certamente modesti, *domuncule* e anche, case di legno, posseduti dalle grandi famiglie e associati o affiancati alle loro case, è invece probabilmente dovuto al loro uso come annessi di servizio (fig. 13, doc. 28) o, forse, come edifici da reddito. Un approfondimento sulle proprietà e le destinazioni d'uso delle case di legno citate nei contratti (edifici in vendita, in affitto, tenuti a disposizione), che per ora non è stato possibile intraprendere, potrebbe meglio precisare tale aspetto.

Un'ultima questione che sembra interessante considerare è quella della cultura costruttiva, o cultura materiale, che comunque sta alla base di ogni realizzazione e la rende possibile. Chi erano gli artefici delle costruzioni in pietra e di quelle in legno e che posto avevano nella società?

Come in più occasioni ha sostenuto Aurora Cagnana[67], è possibile che i *magistri antelami* operanti a Genova nel XII secolo, provenienti dalla lombarda Val d'Intelvi e noti per la loro abilità nella lavorazione della pietra, ai quali gli studiosi hanno unanimemente associato la rivoluzione tecnica dell'opera in pietra squadrata, siano in qualche modo collegati con i carpentieri di condizione servile citati alla metà dell'XI secolo e originari di quella stessa valle. Tale connessione non è ad oggi provata, e i legami tra arte carpentaria e arte muraria non sono così evidenti, ne' facili da spiegare.

Senza alcuna pretesa di portare elementi a favore o contro tale ipotesi, posso solo notare che, nel 1248, il costruttore di una casa a struttura mista (fig. 13, doc. 8) è definito «*magister murator et lignaminis*» e che, ancora nella seconda metà del Quattrocento, le due qualifiche di *magister antelami* e di *magister asie* potevano essere riunite in una sola persona[68], a indicare una certa fusione di competenze e una possibile commistione tra i due ruoli, pur nella loro dichiarata diversità[69]. Anche l'importanza che fino a tale secolo si attribuiva alla figura del falegname-carpentiere, a cui ancora capitava di affidare la responsabilità di intere costruzioni e

---

67 Aurora Cagnana, Roberta Mussardo, «"Opus novum"...», *op. cit.*, p. 91-92. Per il ruolo dei *magistri axie* cfr. anche fig. 13, doc. 13.

68 Anna Boato, *Costruire...*, *op. cit.*, p. 23 e 25.

69 Distinzione confermata da un documento del 1270 (ASGe, Notai antichi, 72, 14 luglio: «*edificare domum unam de opere et laborerio magisterii pertinentiis ad artem sive laborerium antelami*») e da moltissimi documenti successivi.

l'esecuzione di opere anche murarie (cosa che non avverrà più nei secoli successivi), sembra rappresentativa di una cultura in cui la costruzione in legno aveva un ruolo anche formale, che le derivava dalla precedente tradizione. Tra XIII e XV secolo, infatti, entrambe le figure professionali assumono direttamente incarichi edili, spesso in collaborazione, ad indicare che non vi era quella netta prevalenza che il *magister antelami* assumerà in seguito, divenendo indiscusso coordinatore e *caput operis*.

Non dobbiamo infatti dimenticare che le sale e le camere delle case più ricche, ancora per tutto il Quattrocento, erano coperte da tetti e solai lignei accuratamente lavorati e spesso dipinti e che anche i soffitti delle chiese erano, nel Medioevo, perlopiù a travature lignee. Una città di legno, quindi, ha continuato a esistere e in parte esiste tutt'oggi all'interno degli edifici, assai più nascosta e segreta di quella delle perdute *domus lignaminis*, ma più ricercata e preziosa.

Anna BOATO
Università di Genova

	Data	Oggetto	Luogo	Proprietà	Fonte	Citazione bibliografica
Case lignee – costruzione						
1	1158	*Mansio / edificium* (presumibilmente lignea dato che Anselmus (…) *possit transferre edifitium ubi voluerit*)	*prope ecclesiam Sancti Laurencii*	Anselmo de Morta *calderarius* (su terra del vescovo)	L.T. Belgrano, *op. cit.*, p. 326-327	F. Podestà, *op. cit.*, p. 105.
2	1170	*Et de arboribus terre* (…) *possit inde capere curia et truncare covenienti modo, pro lignanime domus faciendo*	*in villa Medolici* (Morego)	Terra della curia vescovile, concessa a *Dondedeus*, Alberto e Michele q Ottobono de Suaro	L. Beretta, L.T. Belgrano, *op. cit.*, p. 76-77	L. Grossi Bianchi, E. Poleggi, *op. cit.*, p. 156
3	1175 circa	*domus lignaminis* (ricostruita in muratura nel 1200 circa)	Savona	Alberto Beliamine	D. Puncuh, *Il Cartulario… op. cit.*, doc. 372	
4	1239	*reficere, fieri facere et edificare domos undecim* (…) *et levare de lignamine*	Bonifacio (Corsica)	Giovanni Stregia	V. Vitale, *op. cit.*, doc. DII	
5	1223	Case di legno? (*si dominus castri caseçaret infra castrum, debent trahere et facere lignamen operis vel operi sicut exit de bosco*)	Pareto (AL)		D. Puncuh, *I Libri… op. cit.*, doc. 506 alla p. 151	
6	1231	Case di legno? (*ad tractum facere de eorum lignamine* (…) *pro eorum casis faciendis usque quo fuerint hedificate*)	Sarzana		M. Lupo Gentile, *op. cit.*, doc. 35	

Case con alcune pareti perimetrali in legno - costruzione					
7	1218	*domus sive hediffi-cium - facere murum de lapidibus et cemento domus antea et retro* (da cui si deduce che le altre pareti fossero lignee)	*in Murtedo*	*Laçarus de Murtedo*	D. Ciarlo, *op. cit.,* doc. 387, p. 153-154	
8	1248	*superficere et rehe-dificare quoddam hedificium domus* (…) *de muro vero fuerit murandum retro et de lignamine ante et a lateribus*	*in burgo Sacherio*	*Bartholomeo ferrario de Carmaino*	ASGe, Notai Antichi 22, c. 106 v.	
9	1252	*de lignamine parietis sit in sententia et arbitrio pre-dictorum magis-trorum* (accordo per costruzione muro intermedio comune)	*super eccle-siam Sancti Laurencii in contrata salicis*	*Salvo Sellario e Raimondo di Segnorando Belmosto*	ASGe, Notai Antichi 34, c. 74 r.	
Case con elementi portanti lignei (colonne, sporti) - costruzione					
10	1156	*potestatem habeant ponendi duas colunpnas ligneas in anteriori parte domus sue*	*Fassatello*	Fratelli Piccamiglio	M. Chiaudano, M. Moresco, *op. cit.,* vol. 1, p. 51	
11	1250	*fare una casa tam de muris quam de lignamine* (…) *ipsam domum de omni lignamine hediffcare* (…) *tam de trabibus, canteriis, tabulis et colompnis* (…)	*Prope glaram in Costeiolo* (Nervi?)	Giacomo Simia	ASGe, Notai Antichi 27, 17 dicembre	

12	1255	Guido ha costruito *sportam de lignamine* tra la sua casa e quella di Guglielmo Sapiens, da rimuovere per sentenza arbitrale, mentre potrà *in bordonali posito super pilastrum* (…) *muros domus sue levare*	Non compare	Guido di Santo Stefano tintore	ASGe, Notai Antichi 34, c.115 v.	
13	1293	(contratto con due magistri axie) *in dicta domo faciendum cum columnis et sportis*	Contrata Sancti Damiani	fratelli De Volta	ASGe, Notai antichi, 89, c. 183 v.	L. Grossi Bianchi, E. Poleggi, *op. cit.*, p. 152
Case di legno esistenti - citazioni						
14	1172	*edificium lignaminis* (prezzo Lire 7)	*in Campo*	Lanfranco Pevere vende a Bertolotto de Campo, su terre di San Siro	M. Calleri, *Le carte…* *Vol. I,* *op. cit.,* doc. 158, p. 214-215	L. Grossi Bianchi, E. Poleggi, *op. cit.*, p. 156 nota 32
15	1174	*domus* (lignea?) - se la Curia non comprerà la casa *possint inde auferre suum edificium et facere quod voluerint*	Non compare	Fazio *canevarius* e la moglie Sofia, su terreno concesso per 29 anni dalla Curia vescovile	L. Beretta, L.T. Belgrano, *op. cit.,* doc. 26, p. 44-45	F. Podestà, *op. cit.,* p. 106
16	1204	*hedifitium lignaminis*	Savona	Richelda de Gregorio	D. Puncuh, *Il Cartulario…* *op. cit.,* doc. 516 p. 223-224	
17	1205	casa di legno	contrada della Chiavica	Bartolomeo Pancino		F. Podestà, *op. cit.,* p. 27

18	1205	*domus quinque de lignamine*	Savona, *ante Sanctam Mariam Magdalenam*	Eredi di Villano Scalia	D. Puncuh, Il Cartulario… *op. cit.*, doc. 957, p. 412 e sgg.	
19	1222	casa di legno	Non compare	Sibilina q. Bonifacio de Rodoano che cede i diritti sulla casa allo zio Maurino de Platealonga	A. Ferretto, «Codice…», *op. cit.*, doc. 125, p. 46 (regesto)	
20	1226	*in domo lignaminis Ogerii Panis*	Non compare (ma vedi n. 21)	*Ogerius Panis*	A. Ferretto, «Liber magis-tri…», *op. cit.*, doc. 1423, p. 535-536	L. Grossi Bianchi, E. Poleggi, *op. cit.*, p. 157, nota 41
21	1226	*domos duas lignaminis*	*in contracta erbariorum*	*Ogerius Panis* e *Nicolosus* suo figlio	A. Ferretto, «Liber magis-tri…», *op. cit.*, doc. 1615, p. 583	
22	1226	*in domo lignaminis*	Non compare (ma vedi n. 21)	*Ogerius Panis, Nicolosus* suo figlio e *Symona* sua nipote	A. Ferretto, «Liber magis-tri…», *op. cit.*, doc. 1623, p. 586-587	
23	1230	*domus lignaminis* (di lato muro comune)	*in mercato feni*	Giovanni Noxencia	ASGe, Notai antichi, 11, c. 42 r.	
24	1234	*domus lignaminis*	Non compare	Pietro Silvano	ASGe, Notai antichi, 17, c. 13 r.	

25	1237	casa di legno	*in contrata calderariorum*			F. Podestà, *op. cit.*, p. 28; L. Grossi Bianchi, E. Poleggi, *op. cit.*, p. 157 nota 41
26	1245	casa di legno	*in carrubeo cassariorum*			L. Grossi Bianchi, E. Poleggi, *op. cit.*, p. 157 nota 40
27	1248	casa di legno	*in carrubeo de Amandorla super terram Sancti Donati*	Martino Bancherio		F. Podestà, *op. cit.*, p. 28; L. Grossi Bianchi, E. Poleggi, *op. cit.*, p. 157 nota 40
28	1251	*domum, sive astricum cum domibus lignaminis*		Bonifacio De Fornari e consorteria, in affitto al Podestà		L. Beretta, L.T. Belgrano, *op. cit.*, p. 537; F. Podestà, *op. cit.*, p. 27
29	1251	case di legno	*in carrubeo de clavoneriis*	Aidela e Giannino Lercari suo figlio		F. Podestà, *op. cit.*, p. 26; L. Grossi Bianchi, E. Poleggi, *op. cit.*, p. 148.

30	1252	*in domibus lignaminis* (acquisto diritti)	*in Suxilia*	Ansaldo de Nigro e fratelli	regesti in http://archividelmediterranco.org (da ASGe, Notai antichi 27, c. 235 v. e c. 255 r.)	F. Podestà, *op. cit.*, p. 27; L. Grossi Bianchi, E. Poleggi, *op. cit.*, p. 148)
31	1253	casa di legno	Piazza dei Lercari	Giovanni Bisaccia		F. Podestà, *op. cit.*, p. 28
32	1254	casa di legno	Piazza San Lorenzo	Enrico di Negro (residente)		F. Podestà, *op. cit.*, p. 28; L. Grossi Bianchi, E. Poleggi, *op. cit.*, p. 148
33	1263	*domus lignea et ruinosa, in qua sunt tres habitaciones* (con promessa di migliorarla)	*in vicinia Sancti Syri*	Giacomino del fu Giacomo Bestagno in enfiteusi dal Monastero di S.Siro	M. Calleri, Le carte… Vol. III, *op. cit.*, doc. 662, p. 153-157	
34	1266	*domus lignaminis irruinosa* (con possibilità di migliorarla, anche ricostruendola)	*in Campo*	*Tatanus Speçapetra* in enfiteusi perpetua dal Monastero di S.Siro	M. Calleri, Le carte… Vol. III, *op. cit.*, doc. 692, p. 201-205	F. Podestà, *op. cit.*, p. 27
35	1281	*domus lignaminis*	*in carubio sancti Syri et sancti Pancratii*	Leonetta, sorella di Piperino Sardena (che loca a Oberto da Levaggi, taverniere)	A. Ferretto, «Codice…», *op. cit.*, p. 398 nota 2 (regesto)	L. Grossi Bianchi, E. Poleggi, *op. cit.*, p. 157 nota 40

36	1286	*hedifficium domus lignaminis*	Non compare (forse presso S. Siro di Struppa)	Giovanni di San Siro Emiliano, calzolaio, su terra del monastero	C. Soave, *op. cit.*, doc. 85, p. 259-260	
37	1291	*domum unam lignaminis*	*in contrata Salvagorum*	Alberto de Incissa vende a Domenico Salvago	ASGe, Notai Antichi 75/I, c. 116 r. (data dedotta)	
38	1294	*ediffica tria lignaminis*		Corrado di Campoantico, pittore, e Guidotto di Clavarezza (su terra del monastero)	C. Soave, *op. cit.*, doc. 49, p. 163	F. Podestà, *op. cit.*, p. 26
39	1294	*hedificium lignaminis*	*in contrata Castelletti*	*super terra domini Branche Aurie*		A. Ferretto, « Codice diploma-tico...», *op. cit.*, p. XLVIII, nota 1
40	1308	casa di legno	*in carrubeo recto fossatelli*	Angioini e De Bulgaro		L. Grossi Bianchi, E. Poleggi, *op. cit.*, p. 157 nota 41
41	1347	casa di legno	*in curia ante domos Piperorum*			L. Grossi Bianchi, E. Poleggi, *op. cit.*, p. 157 nota 40; F. Podestà, *op. cit.*, p. 28

42	1549	«stancie di legname poste sopra pilastri di legname»	Rapallo (GE)	Battista Borzone		F. Podestà, *op. cit.*, p. 29-30
43	1584	A - *domus lignea* (1459 descritta come *domus cum apotecis tribus lignaminis*, ricostruita tra 1577-1582) B - *domuncula*/casa o casetta lignea	*in cruce caneti*	A - acquistata nel 1577 dai fratelli Rosa, che la vendono nel 1582 a Geronimo Luxoro B - Geronimo Luxoro	ASCG, Atti dei Padri del Comune, f. 155, doc. 122, 17 agosto 1691	L. Grossi Bianchi, E. Poleggi, *op. cit.*, p. 252, nota 51
44	1614	Casetta costruita in tavole di legno	presso la porta di Palazzo Ducale	Tommaso Bottario		F. Podestà, *op. cit.*, p. 82
Case con pareti perimetrali parte in legno e parte in muratura - esistenti						
45	1193	*edificium .I. domus lignaminis et muri*	*supra terram Nicolai de Auria et nepotum*	*Iohannes Salcicia* e la matrigna Alda	G. Airaldi, *op. cit.*, doc. 50	L. Grossi Bianchi, E. Poleggi, *op. cit.*, p. 157 nota 40
46	1227	*domos duas, que consueverunt esse lignee sed modo habente murum ante de madonis* (confini della torre adiacente: *ab alio latere domus* (…) *que consuevit esse lignea*)	La torre è *in curia ante domo Piperorum* (in doc. del 1343: *in contrata Mansure*)	Simone Embrono che eredita dal padre	ASGe, Notai Antichi, 7, c. 278 v.	F. Podestà, *op. cit.*, p. 27-28; L. Grossi Bianchi, E. Poleggi, *op. cit.*, p. 157, nota 40

FIG. 13 – Case lignee nei documenti d'archivio.

DATA	TRASCRIZIONE	FONTE
Parte 1 - Incendi accidentali		
1122	*ignis sancti Ambrosii in isto consulatu fuit, anni Domini .M.C.XXII.*	L.T. Belgrano, *Annali... op. cit.*, p. 18
1141	*et in eodem consulatu secundus ignis in ciuitate fuit; et hoc fuit in uigilia sancti Iacobi*	*ibid.*, p. 31
1154	*Adhuc uero in predicto consulatu, die nativitatis Domini recedente et nocte veniente, fortuito casu, accidit in quadam domuscula burgi ciuitatis quod ignis accensus fuit, et iuxta manentes super alias mansiones comburendo ascendit. Cives illico qui in civitate erant, ferocissimi bellatores et contra omnia adversa fortissimi deffensores, sine mora ad ignem cucurrerunt, et mansiones destruendo et aquam proiciendo, ignem ita extinxerunt, quod postquam particula burgi combusta fuit, omnes alie mansiones burgi et civitatis incolumes remanserunt. Interea cunctas res combuste particule cives in tuto loco posuerunt, preter edificia et vasa que combusta fuerunt.*	*ibid.*, p. 39
1174	*Presenti quidem anno, in quadragesima, maximus ignis extitit accensus in domo Bellamuti.*	L.T. Belgrano, C. Imperiale di Sant'Angelo, *op. cit.*, p. 7
1175	*Eodem quidem anno ignis maximus accensus fuit extra civitatem, iuxta sanctum Victorem in mense ianuario*	*ibid.*, p. 7
1181	*Hoc anno ignis maximus fuit accensus in Palazolo, in nocte dominicae Natiuitatis, ueniente festo beati Stephani prothomartyris, hic nempe ignis maximum dampnum intulit ciuitati; totam enim fere contratam et uiciniam Palazoli combussit et consumpsit.*	*ibid.*, p. 16
1194	*Hoc etiam anno, mense iulii, maximus ignis fuit accensus in mercato sancti Georgii, qui totam fere viciniam illam combussit atque consumpsit (...) Hoc anno ignis maximus accensus fuit in contrata sancti Georgii, in furno quem tenebat Carellus.*	*ibid.*, p. 53
1204 (1205)	*In eodem quippe anno, in mense ianuarii, XI vero die, fuit ignis magnus in contrata obraderiorum, qui maximum dampnum intulit.*	*ibid.*, p. 93

1213 (1214)	*In eodem quippe consulatu nono die ianuarii ignis maximus fuit in civitate iuxta merchatum vetus ad banchos cambiatorum, et fuerunt combuste domus ultra quinquaginta quatuor*	*ibid.*, p. 130
1218	*Die vero mercurii xviii die iulii in sero ignis accensus fuit in domo Nicholosi Stabilis prope Sanctam Mariam Magdalenam, et fuit per homines sic viriliter defensus, quod non cremavit nisi solummodo domus illa, in qua accensus fuit; et altera domus iuxta illam fuit discohoperta, sic quod ignis non potuit virtutem habere neque transitum ad alias domos.*	*ibid.*, p. 147
1240	*Item eodem anno die terciadecima intrantis septembris modicum post campanam in Susila parum infra ab ecclesia Sancte Marie Magdalene usque macellum ipse comprehenso ignis magnus accensus fuit, cuius quoque accensione circa domos triginta concremate et dirupte fuerunt*	C. Imperiale di Sant'Angelo, *op. cit.*, p. 99

Parte 2 - Incendi in occasione di conflitti

1310	*Hoc anno MCCCX, licet MCCCVIIII alibi scriptum fuerit, (…) burgum nuncupatum Buzalae Spinulorum de Luculo, devastavit et comburi fecit; insuper et Ianue dominatio palatia et domos Opicini, Rainaldi et Odoardi Spinolarum, que erant in Luculo queque fuerant anno præsenti combusta, usque funditus dirui fecit.*	G. Petti Balbi, *Georgii et Iohannis Stellae…*, *op. cit.*, p. 76
1345	*volentibus transitum facere per vicos Squarsaficorum (…) igne nempe posito in una domo eorumdem Squarsaficorum (…)*	*ibid.*, p. 142
1394	*et guelfi (…) Antonii Iustiniani olim Longi palatium de Albario combusserunt; et quidam gibellini accedentes in Carignanum, combusserunt domos templi Sancte Marie de Vialata, ubi steterant dicti guelfi, et illam Karoli de Flisco, domum etiam Dagmiani Catanei legum doctoris domumque magnam tunc nuper constructam Gerardi de Ronco guelfi de populo*	*ibid.*, p. 212

1398	(11 agosto) *pauci gibellini domum veterem reipublice Ianuensis, que sub pretorio est (…) ingressi sunt, unde guelfi accepto igne domum combusserunt ipsam, eaque die ipsi guelfi in eo vico dicte domus combuste, qui (…) dicitur Scutaria, rursum ignem posuerunt, ut quasdam ibi domos comburerent: ibi ergo domus parve decem septem cremate sunt.* (12 agosto) *gibellini (…) iuxta litus maris sub basilica Sancti Petri, ubi pisces venduntur, et ibi prope circum plateam mummulariorum, que Bancorum vocata est, viriliter forte et acre commiserunt bellum utque aptius possent intra vicos ingredi, quos guelfi clauserant, apud unam ex clausuris fecerunt incendium; quocirca sero quinque domus non parvi valoris ad visum maris combusserunt, ubi pisces emuntur et ibi tectum alterius combustum est etiam: quarum domus erant quatuor Nobilium de Mari gibellinorum et unius guelfi nobilis Lomellini reliqua: illis enim domibus fortificati guelfi erant, et multos lapides aliaque offendibilia iaciebant; fuit tunc insuper apud eum locum combusta reipublicæ mansio, qua venditur oleum cum habitaculo ipsi mansioni contiguo, et fuerunt combusta lignamina turris nobilium Ususmaris cum duabus suis domibus* (23 agosto) *instanter ipsum hospitale (di Santo Stefano) incendiis tradiderunt: incensum est igitur et diruptum, unde Guibellini reliquerunt eum locum; combusta sunt autem eo suburbio Sancti Stephani per presens bellum ferme undecim habitacula.* (3 settembre) *gibellini iuxta plateam nobilium Lercariorum (…) ignem insuper ponunt (…) ne autem sic valeant capere turrim nobilium de Camilla, supra basilicam Sancti Pauli, intrinseca ligna guelfi combustione consumunt. Ipsa die nempe fuit ignis positus iuxta basilicam Sancti Petri et construtio, que ex tabulis et lignis erat intra nobilium Malocellorum turrim apud basilicam ipsam, cum atriis circumpositis et parte dicte basilice combusta est, cum atriis etiam quasi omnibus premisse Lercariorum platee et cum domibus aliis usque fere ad nobilium Squarsaficorum plateam; dieque illa habitationes ferme viginti due, que magni valoris erant et pretii, combuste sunt.*	*ibid.*, p. 231-232
1400	*illis de Segestro, omnes gibellini, acriter surrexerunt ad arma ex odio partis Aurie et Spinule (…) quare in eidem loco incendia secuta sunt, diruptiones et multa dispendia.*	*ibid.*, p. 244

1409	*tres domus prope Castelletum combuste a Gallis sunt, qui loco illo clientes erant et qui illuc pro sui salute confugerant*	*ibid.*, p. 292
1414	*Heu, penes edem, qua fabricatur pecunia, in facie urbis ad maris aspectum, (…) die vigesima secunda decembris domus quedam combuste sunt et ipsius mensis die vigesima tercia apud nummulariorum plateam, quam Bancorum vulgus dicit, due quoque domus fuere combuste: quandoque vero pars una, quandoque altera, tale inferebat.*	*ibid.*, p. 322
1415	(2 gennaio) *eaque die, antequam super terram lux esset, in domibus apud basilicam Sancti Germani apposito igne, domus ipse combuste sunt* (…) *Ea nempe die iovis post meridiem fuit incensa domus unan penes nummulariorum plateam* (5 febbraio) *penes plateam que de Picapetris nome habet bellum fieret, quinque domus et alia publica, que logia dicitur, combuste sunt.* (12 febbraio) *et domus apud ecclesiam Sancti Siri, ubi fondicus dicitur, combuste sunt* (…) *domus vero combuste atque dirupte per urbem et suburbia fuerunt centum quadraginta sex numero, de quibus in Porta Nova plures quam alibi sunt igne consumpte; omnes, nisi ferme decem, parve domus habebantur. Quis tantum et inestimabile detrimentum personarum et rerum putasset? Quis tantum opprobrium? Nam in sinu civitatis in generali mercatorum platea, in erarii publici utraque porticu incendium actum est.*	*ibid.*, p. 323-325

FIG. 14 – Incendi registrati negli Annali genovesi.

COMPTES RENDUS

Joan Domenge et Jacobo Vidal (texte), Aleix Bagué (Photographies),
Santa Maria del Mar, Barcelone, Fundació Uriach 1838, 2018, 142 p.

Dans une revue spécialisée comme la nôtre, les comptes rendus proposés portent essentiellement, reconnaissons-le, sur des ouvrages dont la diffusion ne déborde que peu le cercle d'un public averti. Il n'y a pas lieu de revenir sur l'intérêt d'user de l'outil « compte-rendu » pour faire connaître aussi largement que possible ce type de publications. Il ne semble pas moins légitime de s'intéresser à des ouvrages destinés à un large public, quand ceux-ci ont la qualité du *Santa Maria del Mar* que propose la Fundació Uriach 1838. Il faut dire un mot, une fois n'est pas coutume, de l'éditeur et du nom étrange qu'il porte car l'histoire même du livre s'ancre dans celle du quartier de la Ribera (l'ancienne Villanova de Mar), bordant la mer, que domine la basilique. Un quartier dans lequel Joan Uriach fit ses débuts, en 1838, avant de diriger une importante entreprise pharmaceutique. C'est par la commande d'un ouvrage sur cette église que la fondation souhaita, en 1988, lors de sa création, marquer les 150 ans de la firme. En qualifiant l'église paroissiale de Santa Maria del Mar de « *catedral de la Ribera* », Francesc Tort i Mitjans[1] cherche à rendre compte de la monumentalité de cet édifice de 33 mètres de haut sur autant de large. L'image de la cathédrale a depuis été reprise, avec le succès que l'on sait, par Ildefonso Falcones dans son roman historique *La Catedral del Mar*, publié en 2006[2].

En 2018, alors même qu'une série télévisée s'emparait de cette *Catedral del Mar*, l'entreprise Uriach décida, pour ses 180 ans, de proposer au public une autre vision de cette œuvre majeure du gothique catalan. C'est à Joan Domenge Mesquida et Jacobo Vidal Franquet, tous deux enseignants d'Histoire de l'Art médiéval à l'Université de Barcelone, qu'a été confiée la rédaction de cette monographie grand public, aujourd'hui

---

1   Francesc Tort i Mitjans, *Santa Maria del Mar, catedral de la Ribera*, Barcelone, Fundació Uriach 1838, 1990.
2   Ildefonso Falcones, *La Catedral del Mar*, Barcelone, Grijalbo, 2006, traduction française sous le titre *La Cathédrale de la Mer*, Paris, Robert Laffont, 2008.

disponible en catalan, en espagnol et en anglais, magnifiquement illustrée de nombreuses photographies dues à Aleix Bagué Trias de Bes,
photographe spécialisé dans les vues d'architecture.

Le livre que nous proposent ces fins connaisseurs de l'architecture
gothique aborde l'histoire de Santa Maria del Mar par celle du quartier
de marins et de commerçants dans lequel elle prit place au début du
XIVe siècle. Si le livre se plie volontiers à l'exercice de la description, ame-
nant le regard du lecteur sur le détail de la construction et du décor, il
enrichit considérablement celle-ci par une constante mise en perspective
des observations proposées. Le chantier de Santa Maria del Mar s'apprécie
ainsi à l'aune des constructions contemporaines. Il s'anime de ce que
l'érudition des auteurs nous livre des allées et venues des bâtisseurs,
peintres, sculpteurs ou peintres-verriers, de leurs formations et de leurs
carrières. Il conserve aussi ses zones d'ombres qui recouvrent la plupart
des artisans ayant travaillé à cette édification, comme nombre de ceux
qui ont dirigé leurs actions. Les sources sont là, elles-aussi, avec leurs
richesses et leurs limites, et le travail de l'historien se donne à voir
comme celui du maçon.

Photographies, plans et schémas encadrent le texte et en soutiennent
la lecture alors que de superbes clichés en pleine page ou en double
page invitent régulièrement à la contemplation. La lecture elle-même
peut emprunter des chemins de traverse et s'arrêter sur l'un des multiples encarts qui ménagent ponctuellement des fenêtres sur certains
points du discours. Le plan choisi est chronologique. Si le souvenir
de la basilique tardo-antique de Santa Maria de les Arenes, première
église paroissiale de la Villanova de Mar, est évoqué, Santa Maria del
Mar semble s'implanter plutôt dans le terrain dégagé d'une nécropole
que sur les vestiges d'un autre bâtiment. La construction de la nouvelle
paroissiale s'inscrit dans un temps fort de l'activité constructive de
Barcelone qui, sous l'impulsion de la croissance économique de la ville
au XIIIe siècle, voit de nombreux chantiers publics, privés, religieux
et royaux fleurir au début du XIVe siècle. Portée par l'expansion de la
cité, la nouvelle organisation religieuse voit la dotation conséquente de
l'archidiaconé dont elle dépend et la demande croissante de chapelles,
la construction de Santa Maria del Mar est officiellement lancée en
1329, ce dont témoigne la pose d'une première pierre par l'archidiacre
Bernat Llull, et le contrat détaillé passé alors avec les deux constructeurs

Ramon Despuig et Berenguer de Montagut. Le chantier de la paroissiale présente plusieurs originalités dont la première est de commencer
par une ceinture de chapelles privées qui a dû assurer en grande partie
le financement de l'ensemble. C'est de l'extérieur vers l'intérieur que
l'édification va être menée, en grande partie grâce au financement de
marchands du quartiers tels que Berenguer Bertran ; les pouvoirs publics
et, en premier lieu, la monarchie prenant le relais des financeurs privés,
après la Peste Noire de 1348.

Une autre originalité du chantier consiste dans la rapidité avec laquelle
il est conduit ; une cinquantaine d'années suffisant à bâtir l'essentiel de la
nouvelle église. Grâce au soutien de Pierre le Cérémonieux, les travaux ne
furent pas arrêtés par la Peste Noire qui sévit au milieu du siècle, mais
le rythme soutenu de la construction a également été servi par le choix
fait de bâtir les murailles avec des pierres de dimensions réduites dont la
mise en œuvre s'avérait moins complexe. En 1384, Santa Maria del Mar
disposait déjà de ses trois nefs et de son chœur, aux voûtes reposant sur
de fins supports octogonaux. Les trois nefs, à peu près de même hauteur,
composent un espace homogène, sans interruption visuelle du fait de
l'espacement des supports, ce qui renforce l'harmonie de l'ensemble,
basée sur des rapports simples entre les parties (10 pieds (de 33 cm)
de large pour les chapelles, 20 pour les nefs latérales, 40 pour la nef
centrale…). Intérieurement comme extérieurement, c'est la sévérité des
lignes, l'harmonie des proportions et la simplicité des structures qui
règnent. Comprendre Santa Maria del Mar implique de se dégager des
références esthétiques du gothique septentrional pour se laisser porter
par un jeu subtil de pleins et de vides que renforce la sobriété du décor.

De décor, il en est question dans les derniers chapitres du livre qui
évoquent successivement les portails, les vitraux et le mobilier pour
finir sur « la rénovation du chœur et les autres splendeurs d'époque
moderne ». C'est l'occasion pour les auteurs de revenir sur certains
épisodes de la vie du monument : le tremblement de terre de 1428, qui
entraîna l'effondrement de la rose primitive de la façade occidentale,
remplacée en 1460 ; la Guerre Civile, aussi, et l'incendie dévastateur
du mois de juillet 1936.

Lire *Santa Maria del Mar* ce n'est pas uniquement s'extraire du Moyen
Âge fantasmé dans lequel notre XXIe siècle se met en scène. C'est revenir à ce qui a fait la force et l'étrangeté, aussi, de l'un des monuments

médiévaux les plus marquants de Barcelone. C'est également une porte
ouverte sur l'art catalan mais, au-delà, sur ce monde d'échanges et de
voyages qui, au XIVe siècle, engendra Santa Maria del Mar. Ce livre fait
la démonstration que la « vulgarisation » ne va pas nécessairement de
pair avec la pauvreté catastrophique, abrutissante, que l'on constate
trop souvent à la lecture des guides proposés. On ne peut que sou-
haiter vivement que les volumes de cette qualité se multiplient pour
combler le fossé qui sépare les publications savantes de celles destinées
au « grand public ».

Philippe BERNARDI
CNRS, LaMOP UMR 8589

* *
*

Louis CELLAURO et Gilbert RICHAUD, *Palladio and Concrete. Archaeology,
Innovation, Legacy*, Roma-Bristol, L'Erma di Bretschneider, 2020,
113 p, 34 fig.

Le volume *Palladio and Concrete* s'intéresse à la résurgence du béton
romain dans les livres d'architecture des XVe et XVIe siècles. Le béton
non armé de l'époque moderne fait depuis quelques années l'objet de
l'attention des historiens et des restaurateurs. L'histoire de sa réappari-
tion au XVIIIe siècle a été retracée et mise en relation avec la réinvention
d'une autre technique de construction : le pisé. L'introduction positionne
d'emblée l'étude par rapport aux travaux existants, notamment au volume
publié en 2013 par Roberto Gargiani sur les débuts du béton non armé
(*Concrete, from Archeology to Invention 1700-1769*). Tandis que Gargiani
situe les origines du béton contemporain dans les études et les essais
sur les ciments menés au siècle des Lumières, les deux auteurs invitent
à remonter plus loin et à considérer les écrits de Palladio comme une

source d'inspiration majeure des maçonneries en béton moulées. À la fin des années 1950, l'historien de l'art Peter Collins avait avancé l'idée que les publications et les expérimentations de la fin du XVIIIe siècle sur les maçonneries de terre coffrée avaient ouvert la voie au développement du béton au siècle suivant (*The Vision of a New Architecture. A Study of Auguste Perret and his Precursors*, Londres, 1959). Louis Cellauro et Gilbert Richaud montrent en définitive ce que ces expérimentations doivent aux humanistes et aux praticiens de la Renaissance. Les auteurs reviennent se faisant sur un sujet qui les occupe de longue date. Tous deux ont étudié de près l'œuvre d'un des principaux promoteurs du pisé, l'entrepreneur et architecte lyonnais François Cointeraux. Gilbert Richaud a par ailleurs consacré plusieurs articles au béton non armé employé dans la région lyonnaise, au tournant des XIXe et XXe siècles.

L'introduction rappelle brièvement quelle connaissance nous avons aujourd'hui de l'usage du béton à la Renaissance. Son emploi est surtout attesté à Rome et dans le Lazio, où l'ancienne tradition romaine de construction de murs et de voûtes en béton se poursuit sans interruption au cours du Moyen Âge. Deux architectes jouent un rôle central dans sa diffusion aux XVe et XVIe siècles : Donato Bramante (1444-1514) et Andrea Palladio (1508-1580). Le premier expérimente le matériau à grande échelle en l'employant à la construction des voûtes et du cœur des piliers de la croisée du transept de la basilique Saint-Pierre (1511-1513). Le second ne l'utilise pas, mais le décrit et le représente dans son fameux ouvrage *I Quattro libri dell'architettura* (Venise, 1570). Parmi les sept types de maçonneries restituées à partir du texte de Vitruve (*De architectura libri decem*, fin du Ier siècle avant notre ère) et des ruines romaines, Palladio présente quatre sortes de murs qui emploient le béton comme matériau de remplissage (livre I, chapitre IX « *Delle maniere de' muri* » (« Différentes manières de construire le murs »). L'étude se concentre sur deux de ces types qui jouent, selon les auteurs, un rôle majeur dans le développement des maçonneries en béton coffré en France : les « *muri di cementi, ò cuocoli di fiume* » (« murs faits de petites pierres ou de cailloux de rivière ») et « *la maniera riempiuta, che si dice ancho cassà* » (« la méthode de remplissage également nommée coffrage »). Louis Cellauro et Gilbert Richaud soulignent le fait que Palladio est le premier à représenter graphiquement sous le nom de *maniera riempiuta* un mur coffré en béton dans des planches mobiles. Il s'agit dès lors de comprendre comment l'architecte de la Renaissance en vient à une telle représentation.

L'ouvrage commence par une brève histoire des termes employés pour désigner ce que l'on nomme aujourd'hui *béton* (*concrete*). L'amplitude à la fois chronologique (Antiquité - XIXᵉ siècle) et géographique (Italie, France, Angleterre) ne permet pas d'entrer dans une étude sémantique fine. L'objectif est d'attirer l'attention des lecteurs sur l'obscurité des termes techniques vitruviens et sur les multiples traductions dont il font l'objet à la Renaissance. À l'époque moderne, les mots ont aussi des significations multiples. Le terme *ciment* (*cementi/cement*) en usage à partir du XVIᵉ siècle, signifie tantôt les petites pierres, cailloux ou morceaux de briques composant le béton (*caementa* vitruvien), tantôt la poudre qui fait la qualité du liant (poudre volcanique ou poudre de brique), tantôt encore, à la fin de la période moderne, l'agrégat (cailloux et liant). Les mots *concrete* (vers 1835 en Angleterre) et *béton* (utilisé depuis le XVᵉ siècle en France, mais relativement peu en usage) s'imposent au moment où se diffusent les chaux hydrauliques artificielles et le béton coffré entre des planches.

Le deuxième chapitre fait le point sur ce que l'on sait aujourd'hui des premières descriptions et utilisations du béton par les Romains. Les recherches récentes situent l'apparition du matériau au milieu du IIᵉ siècle avant notre ère. Son expansion à grande échelle advient deux ou trois générations après Vitruve (c. 80-70 – c. 10 avant notre ère). On sait que le béton permet alors la construction d'arcs et de voûtes de grandes portées. Au vu des connaissances actuelles, Vitruve semble ne pas s'être intéressé aux techniques de construction des voûtes en béton qui commençaient à se répandre en son temps ; peut-être manquait-il d'informations. Quoi qu'il en soi, il ne décrit pas de structures coffrées en bois. Il donne en revanche des renseignements sur les mortiers réalisés avec de la *pozzolane*, une poudre volcanique produisant, selon lui, des « résultats extraordinaires ». Dans le livre II de son *De architectura* (chap. 8 *De generibus structurae* (*Sur différents types de murs*), l'architecte romain fait référence à plusieurs types de maçonneries en usage nommées *emplekton*. Il s'agit de murs dont les parements extérieurs en matériaux taillés, posés par lits, enserrent un remplissage en matériaux non équarris. Dans un cas, les pierres intérieures sont assisées ; dans l'autre, elles sont jetées en vrac (méthode nommée dans l'ouvrage *shortcut emplekton*). Cette deuxième méthode, vue par certains historiens comme une variante archaïque, rurale et économique de la première se rapproche du béton contemporain, à la différence que le matériau n'est pas coffré dans des planches, mais dans une paroi fixe.

Partant de là, les auteurs examinent les traductions et les reconstructions « créatives » que les humanistes et les praticiens de la Renaissance donnent de l'*emplekton* et du *shortcut emplekton* avant Palladio. L'étude met l'accent sur l'analogie établie par Alberti entre les anciennes constructions romaines en béton et les maçonneries en terre compactée et moulée dans des planches décrites par Pline l'Ancien (*Naturalis Historia*). Louis Cellauro et Gilbert Richaud portent une attention particulière aux représentations graphiques, notamment aux premières illustrations de l'*emplekton* (*Vitruvio ferrarese*, entre 1497 et 1518), du *shortcut emplekton* par Fra Giocondo (*Vitruvius*, Venise, 1511) et a certaines variantes, comme les murs en galets et béton dessinés par Cesare Cesariano (*Di Lucio Vitruvio Pollione*, Come, 1521).

La quatrième partie fait ressortir l'originalité de l'interprétation que Daniele Barbaro, aidé d'Andrea Palladio, donne de l'*emplekton* dans sa traduction de Vitruve (1556 et deux éditions en 1567). Barbaro fournit la première description d'un coffrage en bois utilisé pour la construction d'un mur en béton. Quatorze ans plus tard Palladio est le premier à en donner un dessin qu'il présente comme « la méthode de remplissage également nommée coffrage » (« *la maniera riempiuta, che si dice ancho cassà* »). Le chapitre montre que les deux auteurs s'appuient à la fois sur leur connaissance du texte vitruvien, sur l'analogie établie par Alberti entre construction en béton et construction en terre et sur leurs observations personnelles des ruines romaines. Palladio fait explicitement référence à des ruines situées à Sirmione, identifiées aujourd'hui comme les ruines de la villa dite *Grotte di Catullo* (fin du Ier siècle avant notre ère). Dans cette villa sont encore visibles aujourd'hui des murs en béton moulé dans des planches amovibles.

Le cinquième chapitre examine la postérité de la *maniera riempiuta* en France. Il faut attendre la fin du XVIIe siècle pour voir réapparaître la technique de construction par coffrage dans un traité d'architecture. L'architecte et sculpteur néerlandais d'origine française Charles Philippe Dieussart la voit comme une technique antique et vernaculaire utilisée par les paysans « dans la région de Milan et sur les bords du lac de Garde, comme en Champagne en France » (*Theatrum architecturae civilis*, Güstrow, 1679). De là, les auteurs suivent chronologiquement ses descriptions dans les publications architecturales françaises, évoquant successivement l'article « Maçonnerie » de l'*Encyclopédie* de Jacques Raymond Lucotte (vol. IX, 1765) ; le cinquième volume du *Cours d'architecture* de Jacques François Blondel rédigé par Pierre Patte (*Cours d'architecture*, Paris, vol. 5, 1777) ; *L'Art de la maçonnerie* (1783) du même Lucotte ; l'article de Georges Claude Goiffon publié dans le *Journal de Physique* (1772) ; les cahiers de l'*École d'architecture rurale* de François Cointeraux (Paris, 1790) ; le *Traité de l'art de bâtir* de Jean Rondelet (Paris, 1802-1817) et *L'Art de composer les pierres factices*, de Claude Fleuret (Paris, 1807).

Signalons la belle mise en page du volume. Les nombreuses figures extraites des traités d'architecture et les photographies de ruines romaines sont parfaitement reproduites. Elles facilitent grandement la lecture du texte.

Au total, Louis Cellauro et Gilbert Richaud livrent une étude innovante et érudite de l'interprétation de Palladio et de sa postérité. Comme le note Howard Burns dans la préface du livre, l'enquête invite à une réévaluation de la contribution de l'architecte aux recherches savantes de son temps. Le volume complète en fin de compte l'approche culturelle développée par Adrian Forty dans *Concerte and Culture* (2012). Il ouvre la voie à une histoire des manières dont le matériau est vu à travers les siècles.

Valérie NÈGRE
Université Paris 1
Panthéon-Sorbonne
Institut d'histoire moderne et
contemporaine

COMPENDIA

Introduction

This thematic issue is the result of the programme "Dynamiques urbaines et construction dans l'Occident médiéval" (Urban Dynamics and Construction in the Medieval West) and its final colloquium, "Pierre et dynamique urbaine" (Stone and Urban Dynamics). The aim of the project was to study construction activity in relation to the different phases of urban development in the cities of the medieval West, in order to examine the relationship between techniques, materials and builders and the transformations in urban morphology in the 13th and 16th centuries. New concepts, such as that of "transformission", allow us to consider the social production of urban morphology in a different way. Indeed, men and societies produce particular urban systems at any given moment and according to specific contingencies and purposes. Defined by the specific arrangement of its road, plot, and building components, the urban system may – or may not – be taken over by societies that subsequently develop in the same space, through processes of readjustment. And while social practices evolve, spatial structures can continue to serve as a system for new actors who adapt them to their new needs. With these new approaches in mind, but also by drawing on the latest publications on the history of medieval construction, the project's team has sought to point out the strengths and weaknesses of current research traditions and the most fashionable questionnaires. In their submissions, the contributors have thus highlighted the importance of the relationship between the use of specific construction techniques and the major developments in the life of the city (a general or partial boom, be it economic, demographic, etc.; a general or partial decline; a crisis; a political reconfiguration; etc.). From a methodological point of view, and unsurprisingly, the imperative need to establish an intrinsic link between the history of texts and the archaeology of material culture in order to fully grasp the objects being studied also became apparent at the same time. This critical survey has made it possible to identify the most interesting approaches to the more traditional models of urban history, which are often overly rigid or disconnected because they only grant secondary importance to the question of materials and construction. The clear ideas and perspectives that have emerged from this dual work underline the importance of modulating the scales of analysis (both chronological and geographical) when dealing with the link between stone and urban dynamics, which is too often treated in broad terms, or quickly summarised using the term "pétrification". The challenge here was to reconsider this historiographic point by proposing new scales, angles of observation, and terrains. The link between stone and urban dynamics would appear to be more complex and less deterministic than has long been thought.

Sandrine VICTOR
INU Champollion – Framespa
UMR 5136

Philippe BERNARDI
CNRS, LaMOP UMR 8589

Paulo CHARRUADAS
Centre de recherches en Archéologie
et Patrimoine de l'Université libre
de Bruxelles

Philippe SOSNOWSKA
Faculté d'Architecture de
l'Université de Liège

Arnaldo Sousa MELO
LAb2Pt, Universidade do Minho

Hélène NOIZET
Université Paris 1, LaMOP UMR
8589

* *
*

« De pierres dures et résistantes ». Paving Streets with Stones in Paris (12th–15th Century) Resolutions, Symbolisms and Practices

In Paris, as in many cities, the process of paving streets in the Middle Ages was designed to meet several needs. First, such streets were intended to favour exchanges by making it easier for people and vehicles to circulate within the city. In fact, the frequent circulation of heavily loaded vehicles damaged the roads and turned the earth into mud, which tended to make them impassable, as testified by some ordinances from the 14th century. Second, the process was also intended to help city dwellers dispense with mud, which was considered to be unhealthy, by burying the existing filth under pavements, as well as by making it easier for rainwater to eliminate the dirt. This second objective is directly attested to by Rigord's narrative about Philippe Auguste's order for Parisian streets to be paved: the king was said to have decided to act in 1184 after having been profoundly disturbed by the smell emanating from the mud on the streets. In the old historiography, this episode is often described as a turning point in Parisian history, which entered a new era with the introduction of these measures.

One reason why this anecdote has become so symbolic is because of the technical constraints inherent in the process of paving streets: to be truly efficient, it requires not only significant funding but also a major coordinated effort that a central authority is more apt to achieve. This partly explains why the king gives the impression, around 1260, that by entrusting the coordination of the paving to the equivalent of the municipality (the "prévôté des marchands") he has strengthened his authority. The distinctive features of stone pavements also partly explain the key place they occupy in literature.

Studying the paving expenses incurred by the "prévôté des marchands" of Paris between 1424 and 1489 enables us to delve deeper than the original needs and symbolic aspects of the process. To help the "prévôté des marchands" finance the paving of some of the busiest streets (called "la Croisée de Paris"), King Philippe le Bel granted them the right to lease the city gates. An analysis of the accounts of the *prévôté des marchands* shows that, for the most part, the number of paved surfaces correlates with the amount of money earned by leasing out the gates. This depended on the context, however: during the 15th century, paving costs fell during the 1440s and then slowly increased again after the end of the Hundred Years' War. Some funding patterns, practical issues and investments logics have been studied by other researchers for Amiens, Troyes and Ghent for instance. These studies all show that, beyond the resolutions and symbolic considerations involved, the dynamics of the "petrifaction" of streets in the 15th century were heavily dependent on the tax revenues required to finance such work.

Léa HERMENAULT
Universiteit van Amsterdam

*   *
*

Wood and Straw, Stone and Brick. Building Techniques and Urban Decorum in the Settlements of Late Medieval Piedmont

Drawing upon both published and unpublished documents, this study aims to examine the real building dimension of subalpine urban settlements from the 13th to 15th century, moving beyond clichés and the opinions of historiography, which are grounded to varying degrees. The 13th century has always been seen as an essential moment in the transformation of building techniques. The reopening of quarries, the increased production capacity of furnaces, as well as the first attempts to standardise the construction elements – together with more precise, stricter laws – have often been understood as clear signs of a rapid transition from construction using perishable materials to an extensive use of stones and bricks. While the general idea seems valid, many aspects remain to be studied. It goes without saying that in the 14th and 15th centuries, one of the primary efforts of the institutions governing cities was still geared at limiting the use of wood and straw in buildings and roofs, for reasons of safety and urban decorum. Through a more careful examination of the building processes employed, from the production stage to the construction yard, as well as of the chronology of the use of bricks, we can better define the real image of some of the main settlements in Piedmont at the end of the Middle Ages.

Despite the introduction of coordinated policies as early as the end of the 13th century, which attracted and encouraged the activity of kinsmen and, at the same time, limited the use of perishable materials, many settlements, as mentioned, still consisted of houses which made extensive use of such materials in their structures and coatings. It was not until the end of the 14th century that bricks seem to have become established as the most widespread and economical solution for the construction of civil buildings. As a result, laws needed to be introduced that guaranteed a minimal degree of production and dimensional standardisation. In the 15th century, the rapidly growing demand for bricks, also supported by the political desire to carry out an extensive renovation of the building heritage in order to improve the quality of the urban space, caused problems with the supply of products. More than a production problem, this phenomenon – which is suggested by the introduction of protectionist policies – seems to relate to the difficulty of sourcing the fuel required to power the furnaces. The priority then became to protect forestry resources, but this was probably not sufficient. It was not until that point in time, on the threshold of the modern age, that stone gradually began to be used, having thus far been limited to mountainous and pre-mountainous areas.

Enrico Lusso
Università degli Studi di Torino

*   *
*

Ghent and the Medieval Houses of the 12th and 13th Centuries. An Example of a "Petrified" Urban Landscape?

Ghent is the fourth largest city in Belgium, with around 250,000 inhabitants. Thanks to its fortunate location at the confluence of the Scheldt and Lys rivers, the Ghent region has always been an attractive place to live. In medieval times, it was one of the largest cities of Northwestern Europe. From the 10th to the 16th century, Ghent was also the most important town of the County of Flanders. The development of medieval urban Ghent began in the 9th century. After the urban centre was expanded into a town measuring some 80 hectares, a new rampart, which underscores the emancipation of the urban community, was created.

Over a few decades, the Ghent archaeological team registered and documented some two hundred and thirty late medieval house-structures made of stone. Most of these, built using limestone imported from Tournai, could be interpreted as the remnants of multi-storied stone houses, and for nearly half of them, the upper levels are still in place today. The first floor, the most representative and best lit room of the house, was generally accessible directly from the street *via* a stairway. The upper two to four floors were very low and hardly lit at all. Several houses have kept their original roof constructions to this day. The houses were surrounded by a yard, where annexes are yet to be identified. Some chronological indications have been distinguished, which, together, could provide us with a sort of housing family tree. Originally, the enclosures must have been larger and the oldest constructions (probably from the 12th century) are always the furthest from the actual building line. By gradual parceling-out, the enclosures have been split up. A few narrow streets can be identified as separations between larger medieval premises. From the middle of the 14th century onwards, the main streets and squares of the medieval town were completely built-up, with mostly stone and even a few brick houses.

The architecture inspired by castle architecture is supposed to reflect the owners' prestige and financial means. The high stone houses can be associated with the *viri hereditarii*, the urban elite which clearly distinguished itself from the other citizens. The names of several families are recorded in written sources and in some cases it has been possible to reconstruct their original domains, such as for the families uten Hove, Bette, and van der Spiegel. These houses indirectly reflected the wealth of the internationally renowned Flemish drapers. Centuries later, they also supported the depiction of Ghent as a "petrified" wealthy city.

Marie Christine LALEMAN
Archéologie Urbaine Gand

* *
*

A City Made of Wood, Stone, and Brick. The "Petrification" of Urban Housing in Relation to the Question of Plots (Brussels, 13th–16th Century)

The use of stone and brick in the cities of the Low Countries (present-day Belgium and the Netherlands) has traditionally been understood based on normative sources. This approach, which has long been dominant, nonetheless offers a relatively unnuanced vision: municipal authorities' actions are brought to the fore whereas the complexity of the urban territory is overlooked. In particular, this masks the local peculiarities of certain neighbourhoods and relegates the mechanisms at work at the local scale of the plots and the urban fabric to the background. Involving an innovative analysis that combines both historical and archaeological perspectives, this study aims to propose a new approach by focusing on urban geography and the relationships between dwellers on their plots.

Firstly, we offer a *status quaestionis* regarding the building materials landscape in Brussels from a diachronic perspective. What materials were available in and around the city (given the natural environment and the operating conditions)? What were the regional and interregional contexts? What production structures were in place (especially for brick and stone) and how has the building materials market developed? This part of the study sheds light on why, before the 18th century, Brussels was characterised by the use of locally sourced construction materials, mainly originating from its hinterland (spanning roughly twenty kilometres around the city). To underscore the distinctiveness of the different neighbourhoods, we then attempt to map written records and archaeological data (regarding timber-framed houses, stone and brick houses, and party and/or common masonry walls, for the period of 13th–15th century). The result reveals an overwhelming opposition between the central area, where the main market spaces were located (especially around the Grand-Place), and the peripheral areas (characterised more by handicraft districts), on the margins of and outside the first city walls. Finally, we try to analyse the practical functioning of the plots by using some significant property deeds, archaeological data, and urban regulations. The result, combined with previous studies, enables us to grasp the geographical, chronological, and human complexity of the petrification process.

In conclusion, we call for a comprehensive approach adopted from a "ground level" perspective and on a case-by-case basis. This Brussels-focused case study marks an initial step in that direction and, needless to say, will require further development.

Paulo CHARRUADAS
Centre de recherches en Archéologie
et Patrimoine de l'Université libre
de Bruxelles

Philippe SOSNOWSKA
Faculté d'Architecture de
l'Université de Liège

* *
*

Building Stone in the Architecture of Orléans between the 12th and 16th Century (France)

Orléans boasts numerous natural resources that could have been used for the construction of structural works in the Middle Ages. These include: hard limestone from neighbouring towns or from the centre of the city itself, thanks to underground quarries whose locations testify to periods of urban expansion; wood from a large forest adjoining the north of the city; and clay from the Sologne and the Orléanais, which has been used since Antiquity to produce bricks and tiles. Its position as a warehouse-town and commercial port located on the northern loop of the Loire River is also a major asset for the supply of stone sourced from quarries located upstream or downstream, up to a distance of a hundred kilometres.

Through observations based mainly on archaeological building studies, cross-checked with archives (notarised deeds, building contracts, and accounts), we gain a better understanding of the reasoned choices made by builders and project managers working on various buildings in the town between the 12th and 16th centuries, whether these were houses, churches, or public and military buildings. They underline the frequent reuse of materials and masonries, together with the implementation of construction techniques that combine stone and wood.

Thus, after the Hundred Years' War, lake limestone rubble and timber-framed architecture were used to reconstruct houses and create housing estates located, respectively, in the previously occupied districts and those resulting from the expansion of the town (new urban enclosures dating from the 15th and 16th centuries). From the 12th century onward, the use of ashlar was centred on some specific architectural elements, but also on the façades of wealthy residences or huge private mansions, competing with the use of bricks from the 1500s. The analysis of the accounts of Saint-Aignan in the years 1468–1469 and 1471–1472, regarding the reconstruction of the collegiate church and the creation of a new urban enclosure, sheds light on the terms of supply of some types of stones whose use significantly increased from the 15th century onwards. Moreover, a certain hierarchy can be seen in the use of several types of lithic materials within one and the same elevation or between the different walls of one and the same building (hard lacustrine limestone from the Orléanais, Jurassic Era limestone from the Nivernais, and tuffeau stone from the Cher valley); these are the result of both technical and aesthetic choices and reveal the development of economic networks.

Clément ALIX
Pôle d'Archéologie, ville d'Orléans/
UMR 7323 CESR

Daniel MORLEGHEM
Docteur en Archéologie/UMR 7324
Citeres-LAT

* *
*

The Relationship between Stone and Other Building Materials in Portuguese Cities in the Middle Ages

The aim of this paper is to analyse how stone was combined with other construction materials in order to determine whether the tendency to increase the use of stone in Portuguese towns between the 13th and 16th centuries is a question worthy of further analysis. The answer is not simple or unique, however, and includes several chronologies. Thus far, only a few studies have considered the question of building materials as their central object of analysis.

To this end, this paper analyses different typologies of buildings as well as the combined application of different building materials. We have used data from written and archaeological sources, along with information recovered from surviving buildings.

The paper begins with a general view of construction in medieval Portuguese towns and the access to different types of building materials, such as stone and timber, among others.

To further develop this approach, we then analyse specific types of buildings or constructed structures, such as urban defensive systems, cathedrals, and other religious buildings, royal or feudal palaces, town hall buildings, and a series of other types of buildings, such as hospitals from the late 15th century onwards, royal customs buildings and butcheries and structures with a related economic purpose. Indeed, the materials used in Portuguese medieval urban constructions display great variability; this was due not only to the diversity of the raw materials available in the different regions but also to the ingenuity, talent, and techniques of the men working them.

In relation to the increased use of stone in towns from the 13th to early 16th centuries, known as the *pétrification des villes*, we conclude that this model – which has been proposed for several European towns and regions – cannot be easily applied to Portuguese towns. The dominant factor during this period seems, instead, to be the coexistence of several different materials in urban constructions such as stone and timber, of several different types and qualities, as well as bricks, clay, and other materials.

We conclude by suggesting that this increased use of stone could possibly be observed in an earlier time period, from the 11th to the 12th centuries, which nonetheless precedes the period studied in this paper.

Arnaldo Sousa MELO
and Maria do Carmo RIBEIRO
LAb2Pt – Universidade do Minho

*   *

*

To Build a "Straight Wall of Stone and Lime". The Paradigm Shift in Standard Construction Practices in Late Medieval Portugal

As Jacques Le Goff observed, "[...] the Middle Ages is, for us, a glorious collection of stones: cathedrals and castles. But these stones represent only a small part of what existed. We were left with some bones of a body made of wood and even more humble materials...". This observation is essential for understanding, on the one hand, the almost total disappearance of standard medieval houses and, on the other, the persistence of a very significant number of others, dating from the 16th century onwards. In other words – and in response to the challenge posed by the colloquium "Pierre et dynamiques urbaines", held in Albi in 2019, – this paper focuses on the changes witnessed in construction practices during the 15th and 16th centuries, of which the royal directive "to build a straight wall of stone and lime mortar", as set out in the title, is a clear example. The main question is to ascertain whether the "petrification of standard urban construction" also occurred in Portugal, similarly to what happened in other European countries, that is, whether or not stone became predominant over other materials and how this led to structural changes.

Along with the existing studies on the question and the scarce remaining material vestiges, which have generally been overly altered and studied with little input from archaeology, this paper also draws upon a recently identified iconographic source: the 16th-century painting of Rua Nova dos Mercadores in Lisbon. The painting was most likely produced by a Flemish artist, and is now part of the Kelmscott Manor Collection (London). Adopting a frontal view, as if the painter, and thus the observer, were standing on the opposite side of the street looking at the facades, the scene offers an unprecedented view of a row of almost thirty buildings belonging to what historians have identified as the upper segment of standard urban housing, the houses of merchants. These buildings – several stories high – were systematically located in central and commercial areas, with porticoes on the ground floor.

Through a thorough analysis of this image, written sources relating to Rua Nova, and coeval regulations on construction, the architectures represented in the painting can be identified with the types of buildings that – present in various Portuguese cities, even if in modest numbers compared to Lisbon – were repeatedly condemned and progressively replaced with others, built with straight walls made of stone and lime.

Luísa TRINDADE
Universidade de Coimbra

* *
*

The Timings and Processes Involved in the Transformation of Genoa, from Wood to Stone

The city of Genoa, once the capital of the Mediterranean Sea, is characterised by a large and well-preserved historic centre, consisting of many residential buildings dating back to the 12th–14th century AD. These four or five-storey houses are characterised by stone colonnades, stone or brick walls, and the white marble of gothic-style windows.

The medieval Genoa that can be reconstructed by observing the existing buildings is, however, partially different from how the city must have looked in the Middle Ages. In fact, the written sources preserved in the archives suggest that, in the 12th–13th century AD, the city made of stone and bricks was also accompanied by a city made of timber.

Current research has identified 46 documents that mention "timber houses" (*domus lignaminis*), houses with wooden walls, columns or shelves, and 5 houses that, despite not being clearly described as made of timber, can be considered to be similar to the other "timber houses". The timespan of these documents is mostly between 1156 and 1347 AD, with three cases dating back to the 16th and 17th centuries AD. Most of the quotes found in the documents (33) relate to existing buildings, whereas the other cases refer to new constructions. Most of the timber buildings are situated in the city centre, although some are located on its outskirts or in other parts of its territory. Overall, research has highlighted a small but significant number of cases that refer to a lost world, the outlines of which are still not very well defined.

This "wooden city" has gradually disappeared, due both to recurring, devastating fires (as reported in the Annals of the city) and to its inhabitants and administrators' desire to modernise the city. Changes in construction materials and techniques not only relate to the houses but also to the city's urban infrastructures supporting its rich commercial activity (such as the large public colonnade of the Ripa), and the port that was the source of its wealth and power. There, the presence of wooden piers is still documented in the 13th and 14th centuries AD, before the last timber structures were replaced with sturdy piers made of stone masonry in the 15th century AD.

This paper seeks to reconstruct the process of petrifaction of the city and to discuss the combination of factors and causes that led to the unavoidable replacement and eradication of the wooden constructions.

Anna BOATO
Università di Genova

PRÉSENTATION DES AUTEURS ET RÉSUMÉS

Dominique BARJOT, « Éditorial. Aux sources de la création de valeur : entreprises, entrepreneurs, ingénieurs et ouvriers »

Dominique Barjot est professeur émérite à Sorbonne Univ., président du Comité français des sciences historiques, vice-président de la 2ᵉ sect. de l'Académie des sciences d'outre-mer. Il a publié *Travaux publics de France. Un siècle d'entrepreneurs et d'entreprises* (1993) ; *La Grande Entreprise Française de Travaux Publics (1883-1974)*, 2006 ; *Bouygues. Les ressorts d'un destin entrepreneurial*, 2013.

L'histoire de la construction demeure encore largement à écrire dans nos pays occidentaux. Elle l'est davantage dans les pays émergents et en développement. L'hétérogénéité y contribue beaucoup : faut-il s'en tenir au BTP ou considérer l'intégralité du secteur ? En France, la construction constitue une filière majeure, portée par un oligopole restreint de groupes de taille mondiale, mais hétérogène, où la source de la valeur réside dans le capital humain (entrepreneurs, ingénieurs et ouvriers).

Mots-clés : filière construction, Bâtiment et travaux publics, majors du BTP, valeur et compétitivité, entrepreneurs, ingénieurs et ouvriers, tradition et modernité.

Dominique BARJOT, *"Editorial. The Sources of Value Creation: Companies, Entrepreneurs, Engineers, and Workers"*

Dominique Barjot is Emeritus Professor at Sorbonne University, Paris, president of the Comité français des sciences historiques (French Committee of Historical Sciences), and vice-president of the 2nd section of the Académie des sciences d'outre-mer (French Academy of Overseas Sciences). He has published Travaux publics de France. Un siècle d'entrepreneurs et d'entreprises *(1993);* La grande entreprise française de travaux publics (1883–1974) *(2006);* Bouygues. Les ressorts d'un destin entrepreneurial *(2013).*

The history of construction is as yet still largely unwritten in the countries of the West. This is even more the case in emerging and developing countries. Heterogeneity is an important factor: should accounts focus on the building and public works industry (known as BTP in France) or consider the entire sector? In France, construction is a major sector, supported by a small but varied oligopoly of groups of global scope, where the source of value lies in human capital (contractors, engineers, and laborers).

Keywords: construction sector, building and public works (BTP), construction leaders, value and competitiveness, contractors, engineers and laborers, tradition and modernity.

Sandrine VICTOR, Philippe BERNARDI, Paulo CHARRUADAS, Philippe SOSNOWSKA, Arnaldo Sousa MELO et Hélène NOIZET, « Introduction »

Sandrine Victor est maîtresse de conférences HDR en Histoire médiévale à l'Institut Univ. Champollion d'Albi, membre du laboratoire Framespa (UMR 5136). Elle travaille sur la société et l'économie des chantiers à la fin du Moyen Âge en Catalogne, et dans le Midi. Elle s'intéresse aux figures des entrepreneurs de bâtiment, aux experts, et à la gestion administrative et comptable des chantiers.

Philippe Bernardi, directeur de recherche au CNRS (LaMOP) est médiéviste. Ses travaux portent sur l'histoire économique et sociale des techniques de construction dans le Midi méditerranéen. Il a écrit et dirigé plusieurs ouvrages dont *Bâtir au Moyen Âge* (2011); *Maîtres, Valets et apprentis au Moyen Âge : Essai sur une production bien ordonnée* (2009) et *Rémunérer le travail au Moyen Âge* (2014).

Paulo Charruadas, archéologue et historien médiéviste au Centre de recherches en Archéologie et Patrimoine de l'ULB s'intéresse à l'histoire socioéconomique, matérielle et environnementale des villes. Il a publié en collaboration, « Les caves et salles basses à Bruxelles », in C. Alix, L. Gaugain et A. Salamagne, éd., *Caves et celliers dans l'Europe médiévale et moderne*, Tours, 2019.

Philippe Sosnowska, archéologue, professeur à la Faculté d'Architecture de l'U. de Liège, travaille sur l'histoire de l'habitat d'Ancien Régime et l'histoire de la construction. Il a publié en collaboration, « Archaeometric and archaeological characterization of the fired clay brick production in the Brussels-Capital Region between the 14th and the end of the 18th c. », in *Archéoscience*, 2019.

Arnaldo Sousa Melo est professeur au département d'histoire de l'Université de Minho (UM - Braga, Portugal) et chercheur au Lab2Pt. Il dirige également le projet Medcrafts. Il travaille sur l'Histoire médiévale portugaise, les métiers aux XIVᵉ-XVIᵉ siècles, ainsi que sur les sociétés, les économies, les politiques des espaces urbains médiévaux et, pour finir, sur l'histoire de la construction.

Hélène Noizet, maîtresse de conférences HDR en Histoire médiévale à UP1 travaille sur le fait urbain médiéval, et la question de la fabrique urbaine. Intégrant les propositions conceptuelles et méthodologiques de l'archéologie et de la géographie, elle s'intéresse à la production sociale de la morphologie urbaine, soit la traduction en dispositifs formels des pratiques et représentations sociales.

Ce numéro thématique est le fruit du programme « Dynamiques urbaines et construction dans l'Occident médiéval », et de son colloque final « Pierre et dynamiques urbaines ». Le projet a eu pour objet l'étude de l'activité constructive en relation avec les différentes phases de développement urbain dans les villes de l'Occident médiéval. Son propos était de mettre en rapport les techniques, les matériaux et les bâtisseurs avec les transformations de la morphologie urbaine des XIIIe et XVIe siècles.

Mots-clés : histoire de la construction, matériaux, pétrification, pierre, développement urbain.

Sandrine VICTOR, Philippe BERNARDI, Paulo CHARRUADAS, Philippe SOSNOWSKA, Arnaldo Sousa MELO and Hélène NOIZET, *"Introduction"*

Sandrine Victor is a senior lecturer and supervisor of postgraduate studies (HDR) in Medieval History at the National University Institute of Champollion, Albi, France, and a member of the FRAMESPA research group (UMR 5136). She works on the society and economy of construction sites at the end of the Middle Ages in Catalonia and in the south of France. She is interested in construction contractors, experts, and the administrative and financial management of construction sites.

Philippe Bernardi, research director at CNRS (LaMOP), is a medievalist. His work focuses on the economic and social history of construction techniques in the French Mediterranean region. He has written and edited a number of books including Bâtir au Moyen Âge *(2011);* Maîtres, valets et apprentis au Moyen Âge: Essai sur une production bien ordonnée *(2009) and* Rémunérer le travail au Moyen Âge *(2014).*

Paulo Charruadas, archaeologist and medievalist historian at the ULB Research Center in Archeology and Heritage (CReA-Patrimoine, Brussels), is interested in the socioeconomic, material, and environmental history of cities. He is co-author of "Les caves et salles basses à Bruxelles," in C. Alix, L. Gaugain, and A. Salamagne (eds.), Caves et celliers dans l'Europe médiévale et moderne, Tours *(2019).*

Philippe Sosnowska, archaeologist and professor at the Faculty of Architecture at the University of Liège, works on the history of habitats of the Ancien Régime and the history of construction. He is co-author of "Archaeometric and Archaeological Characterization of the Fired Clay Brick Production in the Brussels-Capital Region Between the 14th and the End of the 18th Century" in Archéoscience *(2019).*

Arnaldo Sousa Melo is professor of history at the University of Minho (Braga, Portugal) and a researcher at Lab2Pt. He also leads the Medcrafts project. He works on Portuguese medieval history, trades in the fourteenth to sixteenth centuries, as well as on societies, economies, and policies of medieval urban spaces and on the history of construction.

Hélène Noizet, a senior lecturer and supervisor of postgraduate studies (HDR) in Medieval History at University of Paris 1 (UP1), works on medieval urbanization and the question of urban fabric. Integrating the theoretical and methodological aspects of archaeology and geography, she is interested in the social production of urban morphology, namely the transformation of social practices and representations into formal mechanisms.

This special issue is the result of the research project "Dynamiques urbaines et construction dans l'Occident medieval" (Urban Dynamics and Construction in the Medieval West), and its closing conference "Pierre et dynamiques urbaines" (Stone and Urban Dynamics). The purpose of the project was to study construction activity in relation to the various phases of urban development in the cities of the medieval West. Its aim was to draw attention to the relationships between techniques, materials, and builders and the transformations of urban morphology of the thirteenth to sixteenth centuries.
Keywords: history of construction, materials, petrification, stone, urban development.

Léa HERMENAULT, « "De pierres dures et résistantes". Paver les rues de pierres à Paris (XIIᵉ-XVᵉ siècle), résolutions, symboliques et pratiques »

Léa Hermenault est docteure en archéologie médiévale et moderne, rattachée à l'équipe « Archéologies environnementales » de l'UMR 7041 ArScAn, et actuellement post-doctorante au sein du projet ERC « Healthscaping Urban Europe : Biopower, Space and Society, 1200-1500 » à l'Univ. van Amsterdam. Ses recherches portent sur les interactions entre la matérialité de l'espace et les processus sociaux.

À Paris comme ailleurs, le pavage des rues au Moyen Âge répond à plusieurs nécessités. Il doit permettre de faciliter la circulation des véhicules et d'aider au nettoyage des rues, ce qui, ajouté aux contraintes techniques qu'il implique, lui confèrent une forte charge symbolique. Au-delà de l'emblème, l'étude des dépenses de pavage réalisées par la prévôté des marchands de Paris au XVᵉ siècle montre que le pavage dépend très largement de la disponibilité des fonds pour le financer.
Mots-clés : Paris, pavage des rues, pouvoir, symbole, techniques.

Léa HERMENAULT, "'De pierres dures et résistantes.' *Paving Streets with Stones in Paris (12th–15th Century), Resolutions, Symbolisms and Practices*"

Léa Hermenault has a doctorate in medieval and modern archaeology, is a member of the Environmental Archaeologies research team at ArScAn (UMR 7041), and is currently a post-doctoral researcher in the ERC project "Healthscaping Urban Europe: Biopower, Space and Society, 1200-1500" at the University of Amsterdam (UvA). Her research focuses on the interactions between the materiality of space and social processes.

In Paris as elsewhere, the paving of streets in the Middle Ages met a number of needs. It was intended to facilitate the movement of vehicles and help with the cleaning of the streets, which, when added to the technical constraints involved, means it is heavily invested with symbolic meaning. Beyond this symbolism, an examination of paving expenses incurred by the prévôté des Marchands *of Paris in the fifteenth century shows that paving depends heavily on the availability of funds to finance it.*
Keywords: Paris, paving the streets, power, symbol, techniques.

Enrico LUSSO, « Legno e paglia, pietra e mattone. Tecniche edilizie e decoro urbano negli insediamenti del Piemonte bassomedievale »

Enrico Lusso est professeur d'histoire de l'architecture à l'Univ. de Turin. Ses recherches concernent les dynamiques de transformation des structures fortifiées et l'organisation urbaine au Moyen Âge. Parmi ses ouvrages on trouve *La torre di Masio*, 2013 ; *Domus hospitales*, 2010 ; *Forme dell'insediamento e dell'architettura nel basso medioevo*, 2010. Il a écrit de nombreux articles spécialisés.

L'essai analyse la consistance du bâti des villes subalpines des XIIᵉ-XVᵉ siècles. On a toujours supposé que le XIIIᵉ siècle représente un moment de transformation dans les procédés de construction, caractérisé par une transition de l'emploi de matériaux périssables vers l'utilisation de la pierre et de la brique. L'interprétation est cependant simpliste, car on constate que, aux XIVᵉ et XVᵉ siècles encore, l'effort d'imposer une limitation dans l'emploi du bois et de la paille était constant.
Mots-clés : Moyen Âge, histoire de l'architecture, chantier, matériaux de construction, décorum urbain.

Enrico LUSSO, "*Wood and Straw, Stone and Brick. Building Techniques and Urban Decorum in the Settlements of Late Medieval Piedmont*"

Enrico Lusso is professor of architectural history at the University of Turin. His research concerns the dynamics of the transformation of fortified structures and urban organization in the Middle Ages. His publications include La torre di Masio *(2013);* Domus hospitalales *(2010);* Forme dell'insediamento e dell'architettura nel basso medioevo *(2010). He has written numerous specialist articles.*

This article analyses the consistency of the built environment in subalpine towns from the twelfth to the fifteenth century. It has always been assumed that the thirteenth century represents a moment of transformation in construction processes, characterized by a transition from the use of perishable materials to the use of stone and brick. This is, however, a simplistic interpretation because it is evident that, in the fourteenth and fifteenth centuries, there was a constant effort to impose a limitation on the use of wood and straw.

Keywords: Middle Ages, architectural history, construction site, construction materials, urban decorum.

Marie Christine LALEMAN, « Gand et les maisons médiévales des XIIe et XIIIe siècles. Exemple d'un paysage urbain "pétrifié" ? »

Marie Christine Laleman, directrice honoraire du Département d'Archéologie urbaine de la ville de Gand, a étudié l'archéologie et d'histoire de l'art à l'Université de Gand. Médiéviste et archéologue, spécialisée en archéologie urbaine et histoire du bâti, elle a publiée depuis 1973 des études relatives à l'archéologie et l'histoire urbaine.

Au XIIe siècle déjà, des textes mentionnent des « maisons hautes comme des tours » qui dominaient Gand. Elles étaient construites en pierre du Tournaisis, un calcaire grisâtre amené par l'Escaut. L'archéologie urbaine a permis de documenter plus de 230 maisons, replacées ici dans leur contexte politique et économique. Elles reflètent la vie des « viri hereditarii », qui se voit traduite par l'implantation, l'aménagement, la hauteur et des caractéristiques architecturales de ces maisons.

Mots-clés : maisons médiévales, Gand, pierre de Tournai, pétrification, archéologie urbaine.

Marie Christine LALEMAN, *"Ghent and the Medieval Houses of the 12th and 13th Centuries. An Example of a 'Petrified' Urban Landscape?"*

Marie Christine Laleman, honorary director of the Department of Urban Archaeology of the city of Ghent, studied archaeology and art history at the University of Ghent. A medievalist and archaeologist specializing in urban archaeology and the history of building, she has published numerous studies since 1973 in the areas of archaeology and urban history.

As early as the twelfth century, there are written records of the "houses as tall as towers" that dominated Ghent. They were built in Tournai stone, a grey limestone brought in via the Scheldt River. Urban archaeology has made it possible to document more than 230 houses, which are located within their political and economic context in this article. They provide insight into the life of the "viri hereditarii," reflected in the location, layout, height, and architectural features of these houses.

Keywords: medieval houses, Ghent, Tournai stone, petrification, urban archaeology.

Paulo CHARRUADAS et Philippe SOSNOWSKA, « La ville de bois, de pierre et de brique. La "pétrification" de la maison urbaine du point de vue des parcelles (Bruxelles, XIIIᵉ-XVIᵉ siècles) »

Paulo Charruadas, archéologue et historien médiéviste au Centre de recherches en Archéologie et Patrimoine de l'ULB s'intéresse à l'histoire socioéconomique, matérielle et environnementale des villes. Il a publié en collaboration, « Les caves et salles basses à Bruxelles », in C. Alix, L. Gaugain et A. Salamagne, éd., *Caves et celliers dans l'Europe médiévale et moderne*, Tours, 2019.

L'adoption de la pierre et de la brique dans les villes des anciens Pays-Bas est généralement appréhendée par le biais des sources normatives. Le processus y apparaît relativement imprécis, masquant la spécificité des quartiers et les éventuels mécanismes à l'œuvre au niveau des parcelles. Cette contribution, nourrie d'un regard croisé entre l'histoire et l'archéologie, propose une approche renouvelée en s'intéressant précisément à la géographie urbaine et au fonctionnement des parcelles.

Mots-clés : pétrification, parcelles, histoire, archéologie du bâti, Bruxelles.

Paulo CHARRUADAS and Philippe SOSNOWSKA, *"A City Made of Wood, Stone, and Brick. The 'Petrification' of Urban Housing in Relation to the Question of Plots (Brussels, 13th–16th Century)"*

Paulo Charruadas, archaeologist and medievalist historian at the ULB Research Center in Archeology and Heritage (CReA-Patrimoine, Brussels), is interested in the socioeconomic, material, and environmental history of cities. He is co-author of "Les caves et salles basses à Bruxelles," in C. Alix, L. Gaugain and A. Salamagne, (eds.), Caves et celliers dans l'Europe médiévale et moderne, *Tours (2019).*

The adoption of stone and brick in the towns of the former Low Countries has generally been analyzed using traditional sources. This process is somewhat imprecise, masking the specificity of different town quarters and the various mechanisms that may have been at work at the level of individual plots. This article, which draws on

an interdisciplinary approach between history and archaeology, offers a fresh perspective by focusing specifically on urban geography and the functioning of building plots.
Keywords: petrification, plots, history, building archaeology, Brussels.

Clément ALIX et Daniel MORLEGHEM, « Usages de la pierre à bâtir dans les constructions d'Orléans aux XIIᵉ-XVIᵉ siècles »

Clément Alix est archéologue au Pôle d'Archéologie, Ville d'Orléans / UMR 7323 CESR. Il a dirigé avec F. Épaud, *La construction en pan de bois au Moyen Âge et à la Renaissance* (2013), avec L. Gaugain et A. Salamagne, *Caves et celliers dans l'Europe médiévale et moderne*, (2019) et avec M.-L. Demonet, D. Rivaud et P. Vendrix, *Orléans, ville de la Renaissance*, (2019).

Daniel Morleghem est docteur en archéologie, membre associé à l'UMR 7324 Citeres-LAT. Spécialisé dans le monde souterrain et surtout les carrières de sarcophages alto-médiévales, il collabore depuis 2016 aux recherches sur les cavités orléanaises notamment sur les aspects méthodologiques et informatiques : élaboration et gestion du système de base de données géographiques, relevés 3D, etc.

Disposant de ressources naturelles multiples pour la construction (calcaire dur, bois et argile), la ville d'Orléans était, grâce à son port, également approvisionnée en matériaux lithiques venant de régions plus éloignées (Nivernais, Blésois). Les observations issues d'études d'archéologie du bâti croisées avec des archives permettent d'appréhender les choix économiques, techniques et esthétiques effectués par les maîtres d'ouvrage et constructeurs des bâtiments urbains.
Mots-clés : ville, carrières, archéologie du bâti, calcaire, architecture.

Clément ALIX and Daniel MORLEGHEM, *"Building Stone in the Architecture of Orléans between the 12th and 16th Century (France)"*

Clément Alix is an archaeologist at the Pôle d'Archéologie (Center for Archaeology), Orleans (UMR 7323, CESR). He has co-edited La construction en pan de bois au Moyen Âge et à la Renaissance *(2013), with F. Épaud,* Caves et celliers dans l'Europe médiévale et moderne *(2019) with L. Gaugain and A. Salamagne, and* Orléans, ville de la Renaissance *(2019) with M.-L. Demonet, D. Rivaud, and P. Vendrix.*

Daniel Morleghem has a doctorate in archaeology, and is an associate member of the research network Citeres-LAT (UMR 7324), Tours, France. Specialized in the subterranean world and especially in early medieval sarcophagus quarry sites, since 2016 he has been collaborating in research on the Orleans caves, focusing particularly on methodological and technological aspects: development and management of the geographic database system, 3D surveys, etc.

With plentiful natural resources for construction (hard limestone, wood, and clay), the city of Orleans was, thanks to its river port, also supplied with stone from more distant regions surrounding the towns of Nevers and Blois. Observations from archaeological studies of buildings alongside archival evidence allow us to better understand the economic, technical, and aesthetic choices made by the commissioners and constructors of urban buildings.

Keywords: city, quarries, archaeology of buildings, limestone, architecture.

Arnaldo Sousa MELO et Maria do Carmo RIBEIRO, « Les rapports entre la pierre et les autres matériaux de construction dans les villes portugaises au Moyen Âge »

Maria do Carmo Ribeiro, professeure au département d'histoire de l'Univ. de Minho (UM - Braga, Portugal) et chercheure au Lab2Pt, centre ses recherches sur l'archéologie et l'histoire urbaine, en particulier sur les questions de la transformation morphologique et de la construction du paysage urbain en rapport avec des aspects sociaux, économiques et politiques (du XIIIᵉ au début du XVIᵉ siècle).

Comment la pierre a-t-elle été combinée avec d'autres matériaux, comment savoir si on peut considérer l'existence d'une tendance à l'augmentation de l'usage de la pierre dans les villes portugaises entre les XIIIᵉ et XVIᵉ siècles ? La réponse n'est ni simple ni univoque, et elle présente plusieurs chronologies. À cet effet, différentes typologies de bâtiments sont analysées, comme autant d'applications combinées de différents matériaux de construction.

Mots-clés : histoire et archéologie, histoire de la construction, histoire urbaine médiévale, matériaux de construction, pétrification des villes.

Arnaldo Sousa MELO and Maria DO CARMO RIBEIRO, *"The Relationship between Stone and Other Building Materials in Portuguese Cities in the Middle Ages"*

Maria do Carmo Ribeiro, professor of history at the University of Minho (Braga, Portugal) and researcher at Lab2Pt, focuses her research on archaeology and urban history, in particular on the issues of morphological transformation and construction of the urban landscape in relation to social, economic an political aspects (from the thirteenth to the beginning of the sixteenth century).

How has stone been combined with other materials, and is it feasible to consider the existence of a tendency to increase the use of stone in Portuguese cities between the thirteenth and sixteenth centuries? The answer to this question is neither simple nor unequivocal, and spans several chronologies. In this article, different types of buildings are analyzed, demonstrating that each is a different combination of building materials.

Keywords: history and archaeology, construction history, medieval urban history, building materials, petrification of cities.

Luísa TRINDADE, « Que se erga "parede direita de pedra e call". A mudança de paradigma na construção corrente em finais da Idade Média portuguesa »

Luísa Trindade, historienne de l'art et professeure associée à l'Université de Coimbra, étudie l'urbanisme et l'architecture portugais (XIIᵉ-XVIᵉ siècle). Parmi ses travaux se démarquent *Urbanismo na composição de Portugal* (2013) ; *A Casa urbana em Coimbra. Dos finais da Idade Média aos inícios da Época Moderna* (2002) ; *História do Urbanismo : investigação, fontes e instrumentos* (2018).

Ce texte se concentre sur les changements dans les pratiques de construction courantes, au cours des XVᵉ et XVIᵉ siècles au Portugal. La question principale est de savoir si, à l'instar de ce qui s'est passé dans d'autres régions européennes, il y avait aussi ce que certains auteurs ont appelé la « pétrification de la construction urbaine », c'est-à-dire si la pierre a gagné en prépondérance sur d'autres matériaux et comment cela a conduit à des changements structurels.

Mots-clés : maison urbaine, bâtiment, bois, pierre, XVIᵉ siècle.

Luísa TRINDADE, *"To Build a 'Straight Wall of Stone and Lime'. The Paradigm Shift in Standard Construction Practices in Late Medieval Portugal"*

Luísa Trindade, art historian and associate professor at the University of Coimbra, researches Portuguese town planning and architecture (twelfth to sixteenth centuries). Her publications include Urbanismo na composição de Portugal *(2013);* A Casa urbana em Coimbra. Dos finais da Idade Média aos inícios da Época Moderna *(2002);* História do Urbanismo: investigação, fontes e instrumentos *(2018).*

This article focuses on changes in building practices during the fifteenth and sixteenth centuries in Portugal. The discussion focuses on whether, as in other European regions, Portugal experienced what some authors have called the "petrification of urban construction," or in other words whether stone gained prominence over other materials and how this led to structural changes.

Keywords: urban house, building, wood, stone, sixteenth century.

Anna BOATO, « Dal legno alla pietra. Genova: tempi e modalità di una trasformazione »

Anna Boato, professeure de Restauration à l'Univ. de Gênes (Dip. Architettura e Design). Ses recherches portent sur l'archéologie du bâti, les techniques constructives pré-industrielles, le lexique technique ancien. Elle a publié *Costruire "alla moderna". Materiali e tecniche a Genova tra XV e XVI secolo*, 2005 ; *L'archeologia in architettura. Misurazioni, stratigrafie, datazioni, restauro*, 2008.

Dans le centre historique de Gênes, se trouvent de nombreux vestiges de maisons des XIIᵉ-XIVᵉ siècles, à plusieurs étages et construites de pierre et de brique. Les documents montrent cependant que celles-ci étaient flanquées de nombreuses domus lignaminis, qui ont progressivement disparu en raison de fréquents incendies et, surtout, de la richesse et du dynamisme de la cité. C'est sur cet entrelacement de causes et de motivations que la présente contribution cherche à faire la lumière.

Mots-clés : Gênes (Italie), Moyen Âge, maisons en bois, incendies, pétrification.

Anna BOATO, *"The Timings and Processes Involved in the Transformation of Genoa, from Wood to Stone"*

Anna Boato is a professor in Restoration at the University of Genoa (Department of Architecture and Design). Her research focuses on the archaeology of buildings, pre-industrial construction techniques, and the early technical lexicon. She has published Costruire "alla moderna." Materiali e tecniche a Genova tra XV e XVI secolo *(2005);* L'archeologia in architettura. Misurazioni, stratigrafie, datazioni, restauro *(2008).*

In the historic center of Genoa, there are many remains of twelfth- to fourteenth-century houses comprising several floors and built of stone and brick. The documents show, however, that these were flanked by numerous domus lignaminis (wooden houses), which gradually disappeared due to frequent fires and, above all, the wealth and dynamism of the city. This article seeks to shed light on this interweaving of causes and motivations.

Keywords: Genoa (Italy), Middle Ages, wooden houses, fires, petrification.

Achevé d'imprimer par Corlet,
Condé-en-Normandie (Calvados),
en Mai 2022
N° d'impression : 176023 - dépôt légal : Mai 2022
Imprimé en France

CLASSIQUES GARNIER

Bulletin d'abonnement revue 2022

Ædificare

Revue internationale d'histoire de la construction

2 numéros par an

M., Mme :

Adresse :

Code postal :   Ville :

Pays :

Téléphone :   Fax :

Courriel :

Prix TTC abonnement France, frais de port inclus		Prix HT abonnement étranger, frais de port inclus	
Particulier	Institution	Particulier	Institution
▪ 49 €	▪ 80 €	▪ 56 €	▪ 87 €

Cet abonnement concerne les parutions papier du 1ᵉʳ janvier 2022 au 31 décembre 2022.

Les numéros parus avant le 1ᵉʳ janvier 2022 sont disponibles à l'unité (hors abonnement) sur notre site web.

Modalités de règlement (en euros) :

▪ Par carte bancaire sur notre site web : www.classiques-garnier.com
▪ Par virement bancaire sur le compte :
Banque : Société Générale – BIC : SOGEFRPP
IBAN : FR 76 3000 3018 7700 0208 3910 870
RIB : 30003 01877 00020839108 70
▪ Par chèque à l'ordre de Classiques Garnier

Classiques Garnier
6, rue de la Sorbonne – 75005 Paris – France
Fax : + 33 1 43 54 00 44
Courriel : revues@classiques-garnier.com

mis à jour le 26/08/2021

Abonnez-vous sur notre site web :
www.classiques-garnier.com